ENCYCLOPÉDIE DES TRAVAUX PUBLICS
FONDÉE PAR M.-C. LECHALAS, INSPECTEUR GÉNÉRAL DES PONTS ET CHAUSSÉES
Médaille d'or à l'Exposition Universelle de 1889

PONTS SOUS RAILS ET PONTS-ROUTES
A TRAVÉES MÉTALLIQUES INDÉPENDANTES

FORMULES BARÈMES ET TABLEAUX

PAR

ERNEST HENRY
Inspecteur général des Ponts et Chaussées

*CALCULS RAPIDES
DES MOMENTS FLÉCHISSANTS ET EFFORTS TRANCHANTS
POUR LES
PONTS SUPPORTANT DES VOIES FERRÉES DE LARGEUR NORMALE
DES VOIES DE UN MÈTRE, DES ROUTES ET CHEMINS VICINAUX*

PARIS
GAUTHIER-VILLARS ET FILS, IMPRIMEURS-LIBRAIRES
DE L'ÉCOLE POLYTECHNIQUE, DU BUREAU DES LONGITUDES, ETC.
Quai des Grands-Augustins, 55

ENCYCLOPÉDIE DES TRAVAUX PUBLICS

PONTS SOUS RAILS ET PONTS-ROUTES

A travées métalliques indépendantes

FORMULES, BARÊMES ET TABLEAUX

Tous les exemplaires de *Formules, Barêmes et Tableaux* devront être revêtus de la signature de l'auteur.

ENCYCLOPÉDIE DES TRAVAUX PUBLICS
FONDÉE PAR M.-C. LECHALAS, INSPECTEUR GÉNÉRAL DES PONTS ET CHAUSSÉES
Médaille d'or à l'Exposition Universelle de 1889

PONTS SOUS RAILS ET PONTS-ROUTES

A TRAVÉES MÉTALLIQUES INDÉPENDANTES

FORMULES BARÈMES ET TABLEAUX

PAR

ERNEST HENRY
Inspecteur général des Ponts et Chaussées

CALCULS RAPIDES
DES MOMENTS FLÉCHISSANTS ET EFFORTS TRANCHANTS
POUR LES
PONTS SUPPORTANT DES VOIES FERRÉES DE LARGEUR NORMALE,
DES VOIES DE UN MÈTRE, DES ROUTES ET CHEMINS VICINAUX

PARIS
GAUTHIER-VILLARS ET FILS, IMPRIMEURS-LIBRAIRES
DE L'ÉCOLE POLYTECHNIQUE, DU BUREAU DES LONGITUDES, ETC.
Quai des Grands-Augustins, 55

1894

PRÉFACE

La détermination des moments fléchissants et des efforts tranchants, dans les pièces des tabliers métalliques, comporte des calculs assez longs et parfois des épures assez laborieuses. En outre, les ingénieurs qui ne dressent qu'accidentellement des projets de ponts métalliques sont souvent obligés de se livrer préalablement à des recherches plus ou moins pénibles dans les traités spéciaux afin d'en déduire les formules ou les procédés à employer.

Depuis longtemps, le besoin s'est fait sentir d'un ouvrage véritablement pratique, indiquant des solutions rapides et immédiatement applicables sans qu'il soit besoin d'avoir recours aux enseignements des traités théoriques.

C'est cet ouvrage que nous avons essayé de faire en ce qui concerne les tabliers à travées indépendantes, tant pour les ponts supportant des chemins de fer à voie normale, ou à voie de 1 mètre, que pour les ponts supportant des voies de terre.

Nous avons admis, pour les ponts recevant des voies ferrées, que la charge roulante est constituée par les trains-types décrits au règlement ministériel du

29 août 1891. Pour les ponts-routes, nous avons prévu les trois types de convois indiqués au même règlement, mais nous les avons complétés par un quatrième type de convoi, qui conduit à un moindre travail des pièces. Ce dernier type nous a paru susceptible d'être adopté, en matière de routes ou de chemins vicinaux, quand on ne juge pas nécessaire d'assurer le passage des véhicules mentionnés au règlement précité.

C'est dans l'hypothèse de la circulation de ces trains ou convois qu'ont été établies les expressions ou les valeurs des moments fléchissants ou des efforts tranchants.

Les poutres longitudinales sont, suivant leur portée, disposées avec une section constante ou bien avec une section variable. Dans le premier cas, il suffit de connaître le moment ou l'effort maximum. Nous en donnons l'expression, qui est très simple, en fonction de la portée de la poutre. — Dans le second cas, il est nécessaire de construire les courbes représentatives des moments ou des efforts. Si l'on se contente, pour tracer ces courbes, des moments ou des efforts développés à des intervalles égaux au dixième de la portée de la poutre, on les trouve tout calculés pour des portées variant de mètre en mètre, jusqu'à 100 mètres en ce qui concerne les chemins de fer à voie large et jusqu'à 75 mètres en ce qui concerne les chemins de fer à voie de 1 mètre ainsi que les voies de terre. Il n'y a donc pas de calculs à faire: une simple lecture suffit.

Bien que les courbes ainsi obtenues comportent une approximation généralement très acceptable en pratique, nous indiquons les moyens de calculer rapidement les moments ou les efforts dans des sections quelconques, notamment au droit des points d'attache des entretoises par l'intermédiaire desquelles les charges sont transmises à la poutre longitudinale. Les calculs sont très simplifiés par l'emploi des barêmes que nous avons établis.

Il y a lieu toutefois de remarquer que les calculs des moments fléchissants ne peuvent être effectués, pour les ponts sous rails, qu'autant que l'on a déterminé préalablement la position à assigner au train-type en vue de produire le moment fléchissant maximum au droit de la section considérée. La recherche de cette position à l'aide des procédés de la statique graphique est laborieuse. Elle est supprimée en matière de chemins de fer à voie large et remplacée par une simple lecture dans un tableau qui fait connaître l'essieu à appliquer à la section, eu égard à la portée de la poutre.

De même que les poutres longitudinales, les entretoises sont à section constante ou à section variable. Dans le premier cas, nous fournissons des formules très simples qui expriment le moment ou l'effort maximum. — Dans le second cas, nous indiquons le tracé des courbes représentatives des moments ou des efforts. Ces courbes s'obtiennent par des constructions faciles, quand il s'agit de ponts sous rails, par la raison que les points d'application de la charge roulante sur les entretoises sont invariables. Il n'en est pas de même en matière de ponts-routes, par suite du déplacement à prévoir pour les roues des voitures sur la longueur des entretoises. Nous n'avons pu trouver, à l'égard de ces entretoises, de solutions rapides suffisamment approchées, et nous avons dû décrire les tracés des courbes exactes en envisageant les divers cas qui peuvent se présenter, suivant que les ponts sont à une ou deux voies charretières et suivant que le tablier est composé d'un ou de plusieurs cours d'entretoises.

Une dernière remarque à l'égard des ponts-routes. Des diagrammes figurent les moments et les efforts maximum pour les portées comprises entre 0 mètre et 75 mètres, lors du passage des quatre convois-types. Ces diagrammes permettent d'apprécier l'importance du travail déterminé par chacun des convois et de faire un choix entre eux, si l'on a toute latitude à ce sujet. Lorsqu'il s'agit de ponts relevant du ministère des Travaux publics, l'examen des diagrammes nous a conduit à formuler des règles qui dispensent d'opérer les quatre vérifications prescrites par le règlement du 29 août 1891. Ces règles font immédiatement connaître, pour une portée déterminée, le seul convoi-type dont il y ait lieu d'envisager le passage.

PREMIÈRE PARTIE

FORMULES

TITRE PREMIER

MOMENTS FLÉCHISSANTS

CHAP. I. — Poutres supportant des charges uniformément réparties.

CHAP. II. — Poutres chargées de poids fixes.

CHAP. III. — Poutres chargées de poids mobiles.

TITRE II

EFFORTS TRANCHANTS

CHAP. I. — Poutres supportant des charges uniformément réparties.

CHAP. II. — Poutres chargées de poids fixes.

CHAP. III. — Poutres chargées de poids mobiles.

TITRE PREMIER

MOMENTS FLÉCHISSANTS

CHAPITRE PREMIER

Poutres supportant des charges uniformément réparties

SECTION PREMIÈRE. — Poutre chargée uniformément sur toute sa longueur

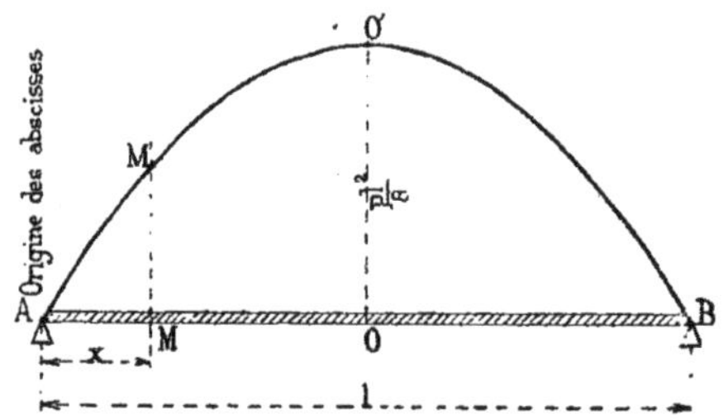

FIG. 1.
l, portée de la poutre.
p, charge par unité de longueur.

§ 1. — Ligne représentative des moments fléchissants

1. — Les moments fléchissants sont représentés par les ordonnées de la parabole AO'B qui passe par les deux appuis A et B, dont l'axe est formé par une perpendiculaire élevée au milieu O de la poutre, et dont le sommet O' est à une distance de cette poutre égale à :

$$OO' = \frac{pl^2}{8}.$$

Ces données permettent de tracer la parabole à l'aide du procédé indiqué au n° 335.

§ 2. — Expression du moment fléchissant dans une section quelconque de la poutre

2. — Dans une section quelconque M, le moment fléchissant a pour expression :

$$M_f = MM' = \frac{p}{2} x (l - x).$$

Moment fléchissant maximum. — Il se produit au milieu de la portée et il a pour valeur :

$$M_f = OO' = \frac{pl^2}{8}.$$

SECTION II. — Poutre chargée uniformément sur toute sa longueur, sauf sur un tronçon aboutissant à un appui

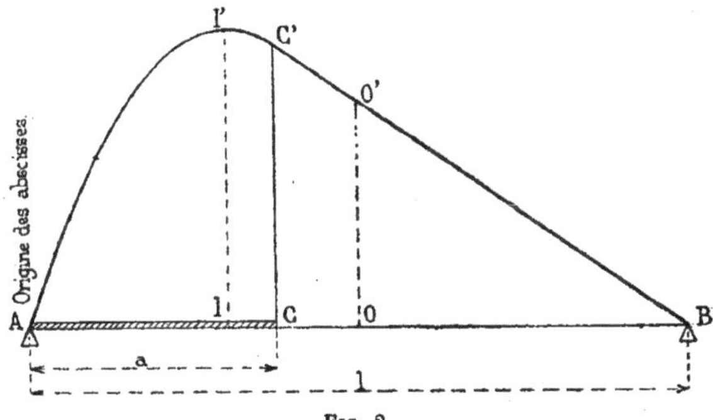

FIG. 2.

l, portée de la poutre.
a, longueur du tronçon supportant une charge p par unité de longueur.

§ 1. — Ligne représentative des moments fléchissants

3. — Cette ligne se compose d'un arc de parabole AC' et d'une droite C'B, tangente à cette parabole et aboutissant au second appui B.

La parabole passe par l'appui A. Son axe, perpendiculaire à la poutre, est en-deçà du point C, extrémité du tronçon chargé, et à une distance de ce point égale à :

$$IC = \frac{a^2}{2l}.$$

Enfin l'ordonnée du sommet a pour valeur :

$$II' = \frac{pa^2}{2l^2}\left(l - \frac{a}{2}\right)^2.$$

Ces données permettent de tracer la parabole à l'aide du procédé indiqué au n° 335.

§ 2. — Expression du moment fléchissant dans une section quelconque de la poutre

4. — Entre A et C :

$$M_f = \frac{pa}{l}\left(l - \frac{a}{2}\right)x - \frac{px^2}{2}$$

au point C :

$$M_f = CC' = \frac{pa^2}{2l}(l - a)$$

entre C et B :

$$M_f = \frac{pa^2}{2l}(l - x).$$

Au milieu de la poutre :

Si, comme dans la figure 2, ce milieu se trouve dans le

tronçon non chargé :

$$OO' = \frac{pa^2}{4}.$$

Si, au contraire, ce milieu se trouve dans le tronçon chargé :

$$OO' = \frac{p}{4}\left[\frac{l^2}{2} - (l-a)^2\right].$$

Moment fléchissant maximum. — Il se produit dans la section I située en-deçà du point C, extrémité du tronçon chargé, et à une distance de ce point égale à :

$$IC = \frac{a^2}{2l}.$$

Ce moment maximum a pour valeur :

$$M_f = II' = \frac{pa^2}{2l^2}\left(l - \frac{a}{2}\right)^2.$$

SECTION III. — Poutre chargée uniformément sur toute sa longueur, sauf sur deux tronçons d'égale étendue aboutissant à chaque appui

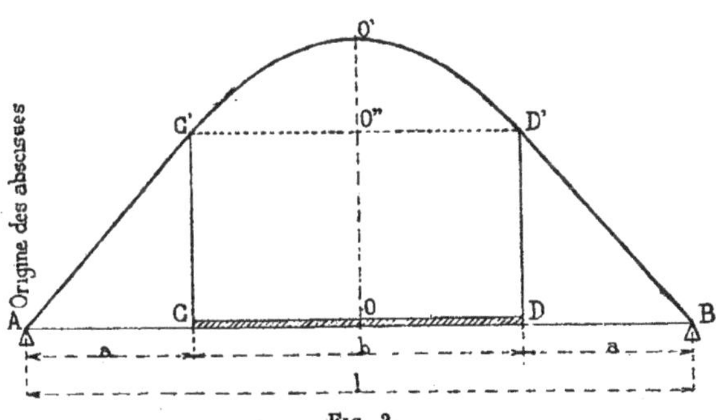

FIG. 3.

l, portée de la poutre.
a, longueur de chaque tronçon non chargé.
b, longueur du tronçon supportant une charge *p* par unité de longueur.

§ 1. — Ligne représentative des moments fléchissants

5. — Cette ligne est formée de deux parties symétriques par rapport à la perpendiculaire élevée au milieu O de la poutre.

On n'envisagera ci-après que la moitié de gauche.

Cette moitié se compose d'une droite AC′ et d'un arc de parabole C′O′ tangent à cette droite.

La droite AC′ joint l'appui A au point C′, extrémité d'une perpendiculaire élevée au point C, origine du tronçon chargé, avec une hauteur égale à :

$$CC' = \frac{pab}{2}.$$

Quant à la parabole, elle passe par le point C′. Son axe est formé par une perpendiculaire élevée au milieu O de la poutre. Enfin l'ordonnée de son sommet, mesurée à partir de la parallèle à la poutre passant par le point C′, a pour valeur :

$$O''O' = \frac{pb^2}{8}.$$

Ces données permettent de tracer la parabole à l'aide du procédé indiqué au n° 335.

§ 2. — Expression du moment fléchissant dans une section quelconque de la poutre

6. — Entre A et C :

$$M_f = \frac{pb}{2}x,$$

au point C :

$$M_f = CC' = \frac{pab}{2}.$$

entre C et le milieu O de la poutre :

$$M_f = \frac{p}{2}\left[bx - (x - a)^2\right].$$

Moment fléchissant maximum. — Il se produit au milieu de la poutre, et il a pour valeur :

$$M_f = OO' = \frac{p}{2}\left(\frac{l^2}{4} - a^2\right).$$

SECTION IV. — **Poutre chargée uniformément sur toute sa longueur, sauf sur deux tronçons d'inégale étendue aboutissant à chaque appui.**

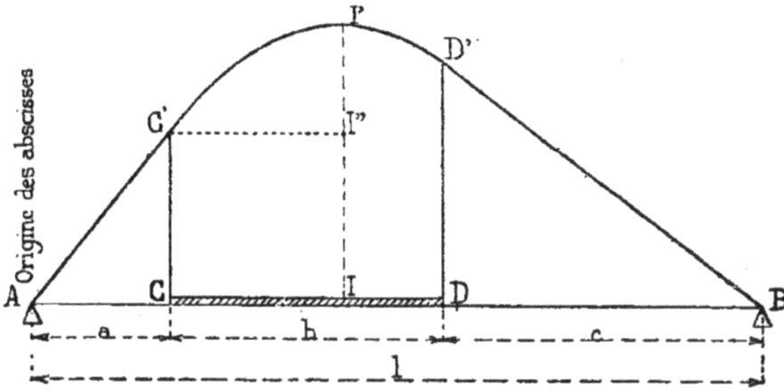

FIG. 4.

l, portée de la poutre.
a et c, longueurs des deux tronçons non chargés.
b, longueur du tronçon supportant une charge p par unité de longueur.

§ 1. — Ligne représentative des moments fléchissants

7. — Cette ligne se compose d'un arc de parabole C'D' compris entre deux droites AC' et D'B qui sont tangentes à cet arc, et qui aboutissent à chaque appui.

La droite AC' joint l'appui A au point C', extrémité d'une perpendiculaire élevée au point C, origine du tronçon chargé, avec une hauteur égale à :

$$CC' = \frac{pab}{l}\left(c + \frac{b}{2}\right).$$

La parabole passe par le point C'. Son axe, perpendiculaire à la poutre, est situé au-delà du point C, origine du tronçon chargé, et à une distance de ce point égale à :

$$CI = \frac{b}{l}\left(c + \frac{b}{2}\right).$$

Enfin l'ordonnée du sommet, mesurée à partir de la parallèle à la poutre passant par le point C', a pour valeur :

$$I''I' = \frac{pb^2}{2l^2}\left(c + \frac{b}{2}\right)^2.$$

Ces données permettent de tracer la parabole à l'aide du procédé indiqué au n° 335. On limite cette courbe, en D', à l'ordonnée élevée à l'extrémité du tronçon chargé, et on joint le point D' au deuxième appui B.

§ 2. — Expression du moment fléchissant dans une section quelconque de la poutre

8. — Entre A et C :

$$Mf = \frac{pb}{l}\left(c + \frac{b}{2}\right)x,$$

au point C :

$$Mf = CC' = \frac{pab}{l}\left(c + \frac{b}{2}\right).$$

entre C et D :

$$Mf = \frac{pb}{l}\left(c + \frac{b}{2}\right)x - \frac{p}{2}(x - a)^2,$$

au point D :

$$Mf = DD' = \frac{pbc}{l}\left(a + \frac{b}{2}\right).$$

entre D et B :

$$Mf = \frac{pb}{l}\left(a + \frac{b}{2}\right)(l - x).$$

Moment fléchissant maximum. — Il se produit dans la section I située au-delà du point C, origine du tronçon chargé, et à une distance de ce point égale à :

$$CI = \frac{b}{l}\left(c + \frac{b}{2}\right).$$

Ce moment maximum a pour valeur :

$$Mf = II' = \frac{pb}{l^2}\left(a + \frac{b}{2}\right)\left(c + \frac{b}{2}\right)\left(l - \frac{b}{2}\right).$$

SECTION V. — **Poutre chargée uniformément, mais inégalement, sur deux parties de sa longueur**

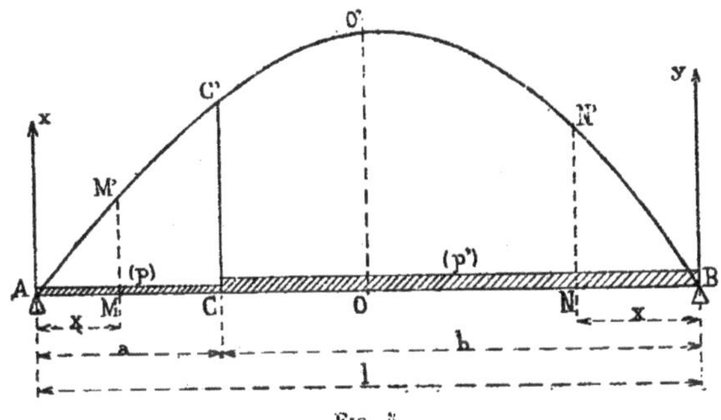

FIG. 5.

l, portée de la poutre.
a, longueur du tronçon supportant une charge p par unité de longueur.
b, longueur du tronçon supportant une charge p' par unité de longueur.
X, réaction du premier appui A :

$$X = \frac{1}{l}\left[pa\left(b + \frac{a}{2}\right) + \frac{p'b^2}{2}\right]$$

Y, réaction du deuxième appui B :

$$Y = pa + p'b - X$$

ou bien

$$Y = \frac{1}{l}\left[\frac{pa^2}{2} + p'b\left(a + \frac{b}{2}\right)\right]$$

§ 1. — Ligne représentative des moments fléchissants

9. — Cette ligne est formée par les deux arcs de parabole AC′ et C′B, qui se raccordent tangentiellement au droit de l'ordonnée élevée au point de séparation des deux tronçons.

La première parabole AC′ passe par l'appui A. Son axe, perpendiculaire à la poutre, est à une distance de cet appui égale à $\frac{X}{p}$. Enfin l'ordonnée de son sommet a pour valeur $\frac{X^2}{2p}$.

Quant à la seconde parabole, qui passe par l'appui B, son axe est perpendiculaire à la poutre et à une distance de l'appui B égale à $\frac{Y}{p'}$. L'ordonnée de son sommet a pour valeur $\frac{Y^2}{2p'}$.

Ces données permettent de tracer les deux paraboles à l'aide du procédé indiqué au n° 335.

§ 2. — Expression du moment fléchissant dans une section quelconque de la poutre

10. — Entre A et C, dans une section quelconque M :

$$Mf = MM' = Xx - \frac{px_2}{2},$$

les abscisses x étant comptées à partir de l'appui A.

Entre C et B, dans une section quelconque N :

$$Mf = NN' = Yx - \frac{p'x^2}{2},$$

les abscisses x étant comptées à partir de l'appui B.

Dans la section C :

$$Mf = CC' = Xa - \frac{pa^2}{2}$$

ou bien :

$$Mf = Yb - \frac{p'b^2}{2}.$$

Au milieu O de la poutre :

Si, comme dans la figure 5, ce milieu se trouve dans le tronçon supportant la charge p' :

$$OO' = \frac{1}{4}\left[\frac{p'l^2}{2} - (p' - p)\, a^2\right].$$

Si, au contraire, ce milieu se trouve dans le tronçon supportant la charge p :

$$OO' = \frac{1}{4}\left[\frac{pl^2}{2} + (p' - p)\, b^2\right].$$

Moment fléchissant maximum. — Il se produit au droit du tronçon CB, lorsque $p'b^2$ est supérieur à pa^2. Il a lieu dans la section située à une distance de l'appui B égale à $\frac{Y}{p'}$, et il a pour valeur :

$$M_f = \frac{Y^2}{2p'}$$

ou :

$$M_f = \frac{[pa^2 + p'b\,(l + a)]^2}{8p'l^2}.$$

Le moment maximum se produit, au contraire, au droit du tronçon AC, lorsque $p'b^2$ est inférieur à pa^2. Il a lieu dans la section située à une distance de l'appui A égale à $\frac{X}{p}$, et il a pour valeur :

$$M_f = \frac{X^2}{2p}$$

ou :

$$M_f = \frac{[pa\,(l + b) + p'b^2]^2}{8pl^2}.$$

SECTION VI. — Poutre chargée uniformément, mais inégalement, sur deux tronçons contigus, dont l'un seulement aboutit à un appui

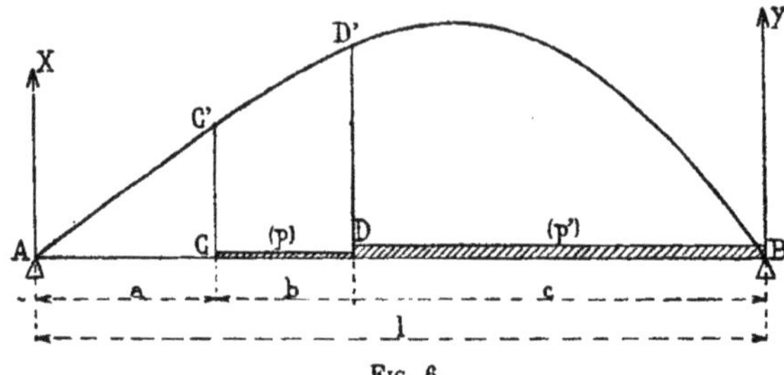

FIG. 6.

l, portée de la poutre.
a, longueur du tronçon non chargé.
b, longueur du tronçon supportant une charge p par unité de longueur.
c, longueur du tronçon supportant une charge p' par unité de longueur.
X, réaction du premier appui A :

$$X = \frac{1}{l}\left[pb\left(c + \frac{b}{2}\right) + p'\frac{c^2}{2}\right].$$

Y, réaction du deuxième appui B :

$$Y = pb + p'c - X$$

ou bien :

$$Y = \frac{1}{l}\left[pb\left(a + \frac{b}{2}\right) + p'c\left(l - \frac{c}{2}\right)\right].$$

§ 1. — Ligne représentative des moments fléchissants

11. — Cette ligne se compose d'une droite AC′ tangente à un premier arc de parabole C′D′, auquel se raccorde tangentiellement un second arc de parabole D′B.

La droite AC′ joint l'appui A au point C′, extrémité d'une perpendiculaire élevée à l'origine du premier tronçon chargé avec une hauteur :

$$CC' = Xa.$$

La première parabole passe par le point C′. Son axe, perpendiculaire à la poutre, est au-delà du point C, origine du premier tronçon chargé, et à une distance de ce point C égale à $\frac{X}{p}$. Enfin, l'ordonnée du sommet, mesurée à partir de la parallèle à la poutre menée par le point C′, a pour valeur $\frac{X^2}{2p}$.

Quant à la seconde parabole, elle passe par l'appui B. Son axe, qui est perpendiculaire à la poutre, est à une distance de l'appui B égale à $\frac{Y}{p'}$. Enfin, l'ordonnée de son sommet, mesurée à partir de la poutre, a pour valeur $\frac{Y^2}{2p'}$.

Ces données permettent de tracer les deux paraboles à l'aide du procédé indiqué au n° 335.

§ 2. — Expression du moment fléchissant dans une section quelconque de la poutre

12. — Entre A et C :

$$M_f = Xx,$$

les abscisses x étant comptées à partir de l'appui A.

Au point C :

$$M_f = CC' = Xa.$$

Entre C et D :

$$M_f = Xx - \frac{p}{2}(x-a)^2.$$

Entre D et B :

$$M_f = Yx - \frac{p'x^2}{2},$$

les abscisses étant comptées à partir de l'appui B.

Au point D :

$$M_f = DD' = X(a+b) - \frac{pb^2}{2}$$

ou :

$$M_f = Yc - \frac{p'c^2}{2}.$$

Moment fléchissant maximum. — Il se produit soit dans une section du tronçon CD, soit dans une section du tronçon DB, suivant que X est inférieur ou supérieur à pb.

Dans le premier cas, la section est située à une distance de l'origine C du premier tronçon égale à $\frac{X}{p}$, et le moment maximum a pour valeur :

$$Mf = Xa + \frac{X^2}{2p}.$$

Dans le second cas, la section est à une distance de l'appui B égale à $\frac{Y}{p'}$, et le moment maximum a pour valeur :

$$Mf = \frac{Y^2}{2p'}.$$

SECTION VII. — **Poutre supportant: 1° une charge uniforme sur deux tronçons d'égale longueur aboutissant à chaque appui ; 2° une autre charge uniforme entre ces deux tronçons.**

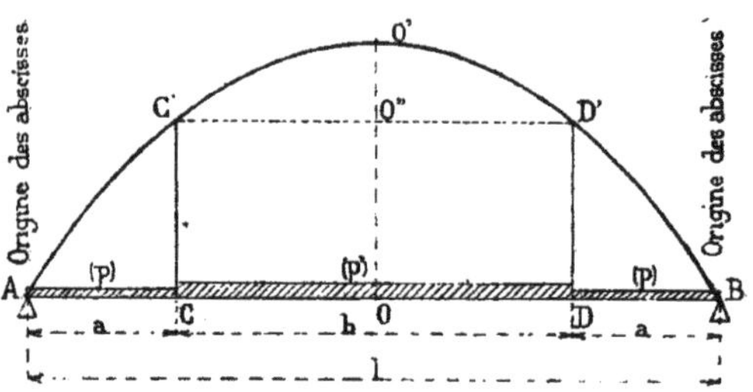

FIG. 7.

l, portée de la poutre.
a, longueur de chacun des deux tronçons supportant une charge p par unité de longueur.
b, longueur du tronçon supportant une charge p' par unité de longueur.

§ 1. — Ligne représentative des moments fléchissants

13. — Cette ligne est formée de deux parties symétriques par rapport à la perpendiculaire élevée au milieu O de la poutre.

On n'envisagera ci-après que la moitié de gauche.

Cette moitié se compose de deux arcs de parabole AC′ et C′O′ qui se raccordent tangentiellement.

La première parabole AC′ passe par l'appui A. Son axe, qui est perpendiculaire à la poutre, est situé à une distance de cet appui égale à :

$$a + \frac{p'b}{2p},$$

Enfin, l'ordonnée de son sommet, mesurée à partir de la poutre, a pour valeur :

$$\frac{p}{2}\left(a + \frac{p'b}{2p}\right)^2.$$

Ces données permettent de tracer la parabole à l'aide du procédé indiqué au n° 335. On l'arrête à l'ordonnée du point C, extrémité du premier tronçon. On peut vérifier que cette ordonnée a pour valeur :

$$CC' = \frac{a}{2}(pa + p'b).$$

Quant à la deuxième parabole, elle passe par l'extrémité C′ de l'ordonnée dont il vient d'être question. Son axe est formé par une perpendiculaire élevée au milieu O de la poutre. Enfin, l'ordonnée de son sommet, mesurée à partir de la parallèle à la poutre menée par le point C′, a pour valeur :

$$O''O' = \frac{p'b^2}{8}.$$

Ces données suffisent pour effectuer le tracé de la parabole.

§ 2. — Expression du moment fléchissant dans une section quelconque de la poutre

14. — Entre A et C :

$$Mf = \frac{p}{2} x (2a - x) + \frac{p'}{2} bx,$$

au point C :

$$Mf = CC' = \frac{a}{2} (pa + p'b).$$

Entre C et le milieu O :

$$Mf = \frac{p}{2} a^2 + \frac{p'}{2} [bx - (x - a)^2].$$

Moment fléchissant maximum. — Il se produit au milieu de la portée et il a pour valeur :

$$Mf = OO' = \frac{p}{2} a^2 + \frac{p'}{2} b \left(a + \frac{b}{4}\right).$$

Section VIII. — Poutre supportant: 1° une charge uniforme sur deux tronçons d'égale longueur situés à la même distance de chaque appui; 2° une autre charge uniforme entre ces deux tronçons.

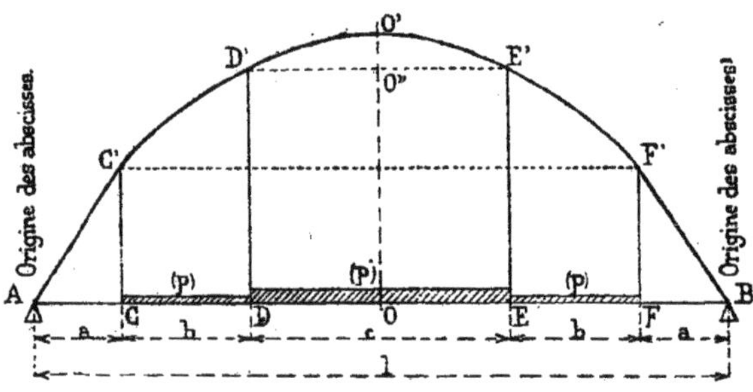

Fig. 8.

l, portée de la poutre.
a, longueur de chaque tronçon non chargé.
b, longueur de chaque tronçon supportant une charge p par unité de longueur.
c, longueur du tronçon supportant une charge p' par unité de longueur.

§ 1. — Ligne représentative des moments fléchissants

15. — Cette ligne est formée de deux parties symétriques par rapport à la perpendiculaire élevée au milieu O de la poutre.

On n'envisagera ci-après que la moitié de gauche.

Cette moitié se compose d'une droite AC', tangente à un arc de parabole C'D', auquel se raccorde tangentiellement un second arc de parabole D'O'.

La droite AC' joint l'appui A au point C', extrémité d'une perpendiculaire élevée à l'origine du premier tronçon chargé avec une hauteur CC' égale à :

$$CC' = a\left(pb + \frac{p'c}{2}\right).$$

La première parabole passe par le point C'. Son axe, perpendiculaire à la poutre, est situé à une distance de ce point C' égale à :

$$b + \frac{p'c}{2p}.$$

Enfin, l'ordonnée du sommet, mesurée à partir de la parallèle à la poutre passant par le point C', a pour valeur :

$$\frac{p}{2}\left(b + \frac{p'c}{2p}\right)^2.$$

Ces données permettent de tracer la parabole à l'aide du procédé indiqué au n° 335. On la limite, en D', à l'ordonnée élevée à l'extrémité du premier tronçon chargé.

Quant à la seconde parabole, elle passe par le point D'. Son axe est formé par une perpendiculaire élevée au milieu O de la poutre. Enfin, l'ordonnée de son sommet, mesurée à partir de la parallèle à la poutre passant par le point D', a pour valeur :

$$O''O' = \frac{p'c^2}{8}.$$

§ 2. — Expression du moment fléchissant dans une section quelconque de la poutre

16. — Entre A et C :

$$Mf = \left(pb + \frac{p'c}{2}\right) x,$$

au point C :

$$Mf = CC' = a\left(pb + \frac{p'c}{2}\right).$$

Entre C et D :

$$Mf = px\left(a + b - \frac{x}{2}\right) + \frac{p'c}{2} x - \frac{pa^2}{2},$$

au point D :

$$Mf = DD' = \frac{pb}{2}(2a + b) + \frac{p'c}{2}(a + b).$$

Entre D et le milieu O :

$$Mf = \frac{pb}{2}(2a + b) + \frac{p'}{2}[cx - (x - a - b)^2].$$

Moment fléchissant maximum. — Il se produit au milieu de la portée et il a pour valeur :

$$Mf = OO' = \frac{pb}{2}(2a + b) + \frac{p'c}{4}\left(l - \frac{c}{2}\right).$$

SECTION IX. — Poutre chargée uniformément sur deux tronçons d'égale longueur aboutissant à chaque appui

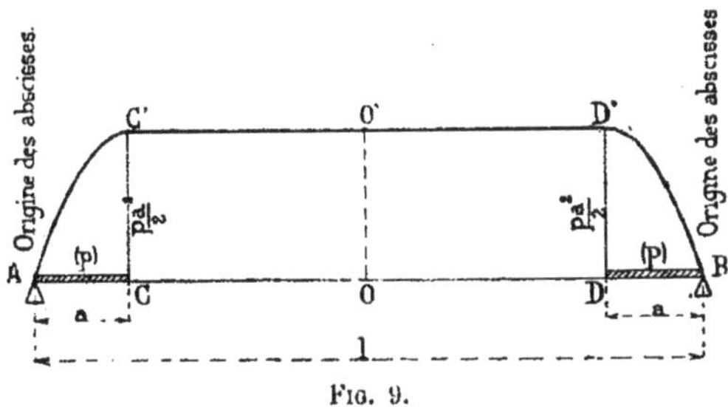

FIG. 9.

l, portée de la poutre.
a, longueur de chacun des deux tronçons supportant une charge p par unité de longueur.

§ 1. — Ligne représentative des moments fléchissants

17. — Cette ligne présente deux parties symétriques par rapport à la perpendiculaire élevée au milieu O de la poutre.

On n'envisagera ci-après que la moitié de gauche.

Cette moitié se compose d'un arc de parabole AC′ et d'une droite C′O′ qui est parallèle à la poutre et se raccorde tangentiellement avec la parabole.

Cette parabole passe par l'appui A. Son axe est formé par une perpendiculaire à la poutre, élevée au point C, extrémité du premier tronçon. Enfin, l'ordonnée du sommet C′ est égale à $\frac{pa^2}{2}$.

Ces données permettent de tracer la parabole à l'aide du procédé indiqué au n° 335.

§ 2. — Expression du moment fléchissant dans une section quelconque de la poutre

18. — Entre A et C :

$$Mf = \frac{p}{2} x (2a - x),$$

au point C :

$$M_f = CC' = \frac{pa^2}{2}.$$

Entre C et le milieu O :

$$M_f = \frac{pa^2}{2}.$$

Moment fléchissant maximum. — Il se produit entre C et O et il a pour valeur :

$$M_f = CC' = OO' = \frac{pa^2}{2}.$$

SECTION X. — **Poutre chargée uniformément sur deux tronçons de même longueur situés à égale distance de chaque appui**

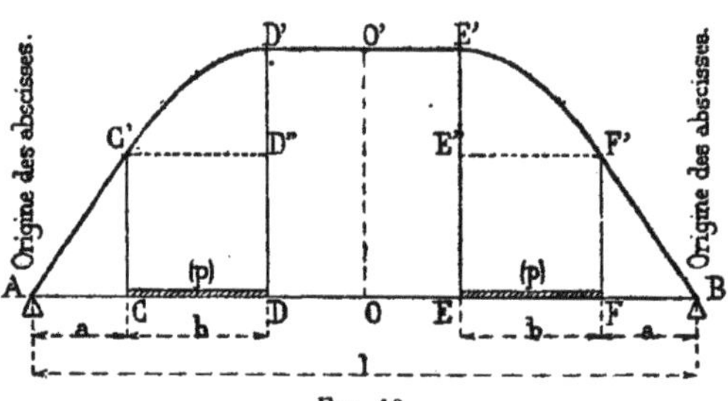

FIG. 10.

l, portée de la poutre.
a, longueur de chaque tronçon non chargé.
b, longueur de chaque tronçon supportant une charge p par unité de longueur.

§ 1. — Ligne représentative des moments fléchissants

19. — Cette ligne est formée de deux parties symétriques par rapport à la perpendiculaire élevée au milieu O de la poutre.

On n'envisagera ci-après que la moitié de gauche.

Cette moitié se compose d'un arc de parabole C'D' compris entre deux droites AC' et D'O' qui sont tangentes à cet arc, l'une passant par l'appui A et l'autre parallèle à la poutre.

La droite AC' joint l'appui A au point C', extrémité d'une perpendiculaire élevée à l'origine du premier tronçon chargé avec une hauteur CC' égale à :

$$CC' = pab.$$

La parabole passe par le point C'. Son axe est formé par une perpendiculaire élevée au point D, extrémité du premier tronçon chargé. Enfin, l'ordonnée du sommet D', mesurée à partir de la parallèle à la poutre passant par le point C', a pour valeur :

$$D''D' = \frac{pb^2}{2}.$$

Ces données permettent de tracer la parabole à l'aide du procédé indiqué au n° 335. On la limite au sommet D', à partir duquel on mène la droite D'O' parallèle à la poutre.

§ 2. — Expression du moment fléchissant dans une section quelconque de la poutre

20. — Entre A et C :

$$Mf = pbx,$$

au point C :

$$Mf = CC' = pab.$$

Entre C et D :

$$Mf = pbx - \frac{p}{2}(x - a)^2,$$

au point D :

$$Mf = DD' = \frac{pb}{2}(2a + b).$$

Moment fléchissant maximum. — Il se produit entre D et O, et il a pour valeur :

$$Mf = DD' = OO' = \frac{pb}{2}(2a + b).$$

SECTION XI. — **Poutre chargée uniformément sur deux tronçons de même longueur situés à des distances quelconques des appuis**

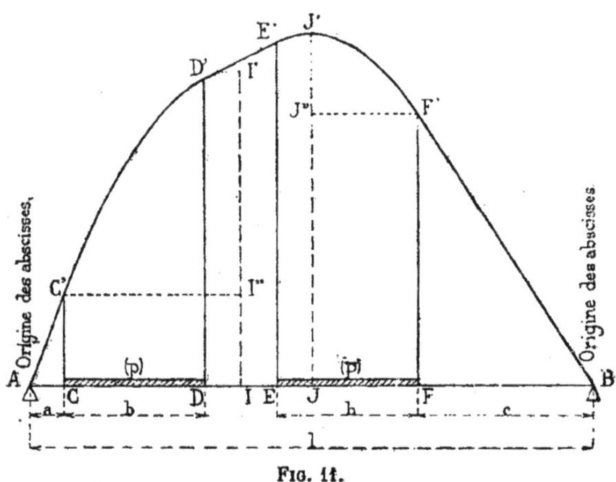

FIG. 11.

l, portée de la poutre.
a et c, longueurs des tronçons non chargés aboutissant à chaque appui.
b, longueur de chaque tronçon supportant une charge p par unité de longueur.

§ 1. — **Ligne représentative des moments fléchissants**

21. — Cette ligne se compose de deux arcs de parabole C'D' et E'F', d'une part, réunis entre eux par la tangente commune D'E' et, d'autre part, réunis aux appuis A et B par les droites AC' et F'B auxquelles ces arcs sont respectivement tangents.

La droite AC' joint l'appui A au point C', extrémité d'une perpendiculaire élevée à l'origine du premier tronçon chargé, avec une hauteur CC′ égale à :

$$CC' = \frac{pab}{l}(l + c - a).$$

Pareillement, la droite BF′ joint l'appui B au point F′, sommet d'une perpendiculaire élevée à l'extrémité du second tronçon chargé, avec une hauteur FF′ égale à :

$$FF' = \frac{pbc}{l}(l + a - c).$$

La première parabole passe par le point C′. Son axe est formé par une perpendiculaire élevée au point I, situé au-delà de l'extrémité D du premier tronçon chargé, et à une distance de cette extrémité égale à :

$$DI = \frac{c - a}{l} b.$$

Enfin, l'ordonnée du sommet I′ de la parabole, mesurée à partir de la parallèle à la poutre menée par le point C′, a pour valeur :

$$I''I' = \frac{pb^2}{2l^2}(l + c - a)^2.$$

Ces données permettent de tracer la parabole à l'aide du procédé indiqué au n° 335. On la limite au point D′, extrémité de l'ordonnée du point D.

Pareillement, la seconde parabole passe par le point F′. Son axe est formé par une perpendiculaire élevée au point J, situé au-delà de l'origine E du second tronçon chargé, et à une distance de cette origine égale à :

$$EJ = \frac{c - a}{l} b.$$

Enfin, l'ordonnée du sommet J′ de la parabole, mesurée

à partir de la parallèle menée par le point F', a pour valeur :

$$J''J' = \frac{pb^2}{2l^2}(l + a - c)^2.$$

Ces données permettent de tracer la parabole, qu'on limite au point E', extrémité de l'ordonnée du point E (1).

Il ne reste plus, pour achever le tracé de la ligne représentative des moments, qu'à réunir par une droite les points D' et E'.

§ 2. — Expression du moment fléchissant dans une section quelconque de la poutre

22. — Entre A et C :

$$M_f = \frac{pb}{l}(l + c - a)\,x,$$

les abscisses x étant comptées à partir de l'appui A.

Au point C :

$$M_f = CC' = \frac{pab}{l}(l + c - a).$$

Entre C et D :

$$M_f = \frac{pb}{l}(l + c - a)\,x - \frac{p}{2}(x - a).$$

Au point D :

$$M_f = DD' = \frac{pb}{2}(2a + b) + \frac{pb}{l}(c - a)(a + b).$$

(1) Les deux paraboles se rencontrent en un point qui a pour abscisse :

$$\frac{l + a - c}{2}$$

(cette abscisse étant comptée à partir de l'appui A), et pour ordonnée :

$$\frac{b}{2l}(l + a - c)(l - a + c) - \frac{1}{8}(l - a - c)^2.$$

Entre D et E :

$$M_f = \frac{pb}{2}(2a + b) + \frac{pb}{l}(c - a)\,x.$$

Au point E :

$$M_f = EE' = \frac{pb}{2}(2c + b) - \frac{pb}{l}(c - a)(b + c),$$

les abscisses x étant comptées à partir de l'appui B.

Entre E et F :

$$M_f = \frac{pb}{l}(l + a - c)\,x - \frac{p}{2}(x - c)^2.$$

Au point F :

$$M_f = FF' = \frac{pbc}{l}(l + a - c).$$

Entre F et B :

$$M_f = \frac{pb}{l}(l + a - c)\,x.$$

Moment fléchissant maximum. — Il se produit dans le tronçon chargé le plus éloigné de l'appui voisin.

Si c est plus grand que a, comme dans la figure 11, le maximum a lieu dans le second tronçon chargé EF, au droit de la section J située à une distance de l'origine de ce tronçon égale à :

$$EJ = (c - a)\frac{b}{l},$$

et le moment fléchissant maximum a pour expression :

$$M_f = JJ' = \frac{pb}{l}(l + a - c)\left(c + \frac{b}{2} - \frac{c - a}{2l}\right).$$

Si, au contraire, c est plus petit que a, le maximum se produit dans le premier tronçon chargé, au droit d'une section située à une distance du bout de ce tronçon égale à :

$$(a - c)\frac{b}{l},$$

et le moment fléchissant maximum a pour expression :

$$M_f = \frac{pb}{l}(l + c - a)\left(a + \frac{b}{2} - \frac{a - c}{l}\right).$$

23. — Remarque. — Si l'on suppose que le système des deux tronçons se déplace, l'intervalle compris entre ces deux tronçons restant invariable, le moment fléchissant

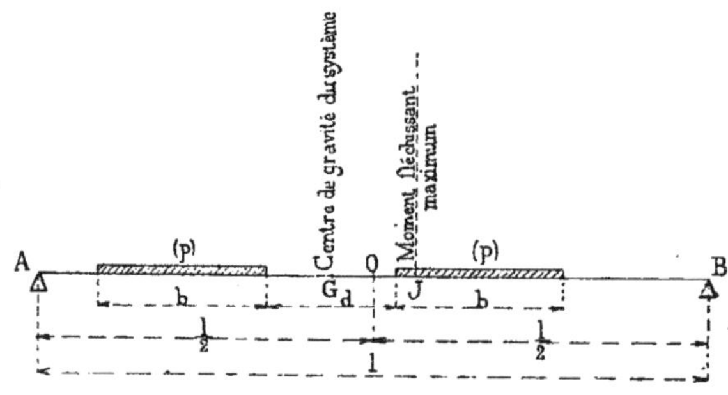

Fig. 12.

l, portée de la poutre.
b, longueur de chaque tronçon supportant une charge p par unité de longueur.
d, intervalle compris entre les deux tronçons.
O, milieu de la poutre.
G, centre de gravité du système des deux tronçons (milieu de l'intervalle d).

maximum se produit quand la distance du milieu O de la poutre au centre de gravité G du système a pour valeur:

$$OG = \frac{dl}{4(l - b)}.$$

Quant au moment fléchissant maximum, il a pour expression :

$$M_f = \frac{pb}{2(l - b)} \left(l - b - \frac{d}{2} \right)^2.$$

CHAPITRE II

Poutres chargées de poids fixes

SECTION PREMIÈRE. — Poutre chargée d'un poids unique

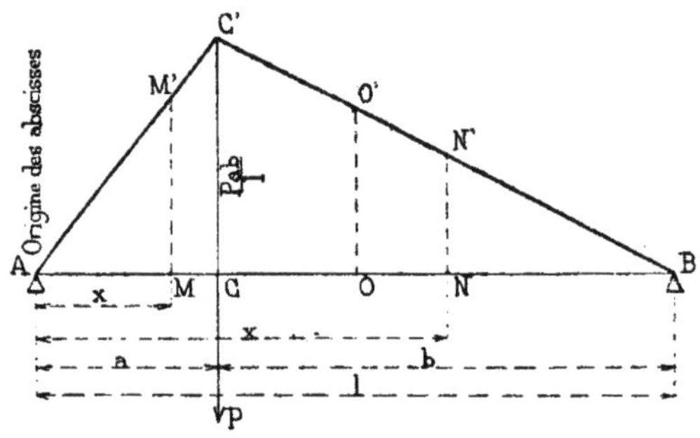

FIG. 13.

l, portée de la poutre.
P, poids fixe.
a et b, distances de ce poids à chacun des deux appuis.

§ 1. — Ligne représentative des moments fléchissants

24. — Les moments fléchissants sont représentés par les ordonnées de la ligne brisée AC'B.

Pour tracer cette ligne, on élève sur la poutre, au point d'application du poids P, une perpendiculaire avec une hauteur :

$$CC' = \frac{Pab}{l},$$

et l'on joint l'extrémité de cette perpendiculaire à chacun des appuis A et B.

§ 2. — Expression du mouvement fléchissant dans une section quelconque de la poutre

25. — En deçà du poids P, c'est-à-dire en un point quelconque M situé entre A et C :

$$M_f = MM' = \frac{Pbx}{l}.$$

Au droit du poids P, où le moment fléchissant atteint sa valeur maximum :

$$M_f = CC' = \frac{Pab}{l}.$$

Au delà du poids P, c'est-à-dire en un point quelconque N compris entre C et B :

$$M_f = NN' = \frac{Pa(l-x)}{l}.$$

Et particulièrement au milieu O de la poutre :

$$M_f = OO' = \frac{Pa}{2},$$

a représentant toujours la distance du poids P à l'appui le plus voisin.

26. — *Cas où le poids est appliqué au milieu de la poutre*

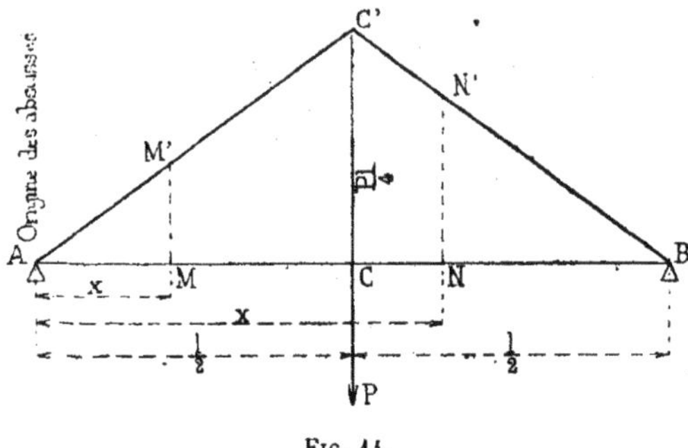

Fig. 14.

En deçà du poids P, c'est-à-dire en un point quelconque M situé entre A et C :

$$M_f = MM' = \frac{Px}{2}.$$

Au droit du poids P, où le moment fléchissant atteint sa valeur maximum :

$$M_f = CC' = \frac{Pl}{4}.$$

Au delà du poids P, c'est-à-dire en un point quelconque N compris entre C et B :

$$M_f = NN' = \frac{P(l-x)}{2}.$$

SECTION II. — Poutre chargée de deux poids égaux situés à égale distance des appuis

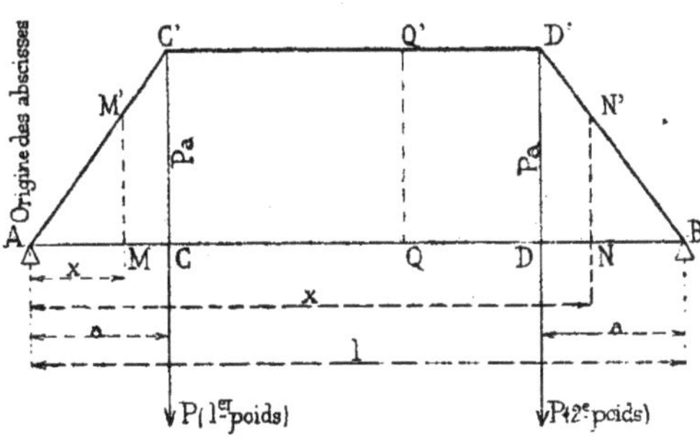

FIG. 15.

l, portée de la poutre.
P, P, poids égaux.
a, distance de chaque poids à l'appui le plus voisin.

§ 1. — Ligne représentative des moments fléchissants

27. — Les moments fléchissants sont représentés par les ordonnées de la ligne polygonale AC'D'B.

Pour tracer cette ligne, on élève sur la poutre, aux points d'application des poids P, deux perpendiculaires CC' et DD' égales à Pa. Après avoir réuni les extrémités de ces perpendiculaires, on joint chacune d'elles à l'appui le plus voisin.

§ 2. — Expression du moment fléchissant dans une section quelconque de la poutre

28. — En deçà du premier poids P, c'est-à-dire en un point quelconque M situé entre A et C :

$$M_f = MM' = Px.$$

Entre les deux poids P, c'est-à-dire en un point quelconque Q compris entre C et D :

$$M_f = QQ' = Pa.$$

Au delà du second poids P, c'est-à-dire en un point quelconque N placé entre D et B :

$$M_f = NN' = P(l - x),$$

les abscisses x étant toujours mesurées à partir du premier appui A.

Section III. — Poutre chargée de deux poids égaux situés à des distances quelconques des appuis

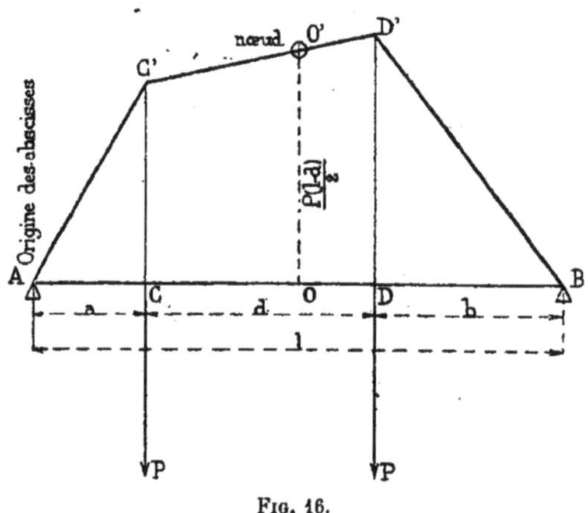

Fig. 16.

l, portée de la poutre.
P, P, poids égaux.
a et b, distances des deux poids aux appuis les plus voisins.
d, écartement des deux poids.

§ 1. — Ligne représentative des moments fléchissants

29. — Les moments fléchissants sont représentés par les ordonnées de la ligne polygonale AC'D'B.

Pour tracer cette ligne, on élève sur la poutre, aux points d'application des poids P, deux perpendiculaires CC' et DD', savoir :

$$CC' = \frac{Pa}{l}(2b + d) \qquad \text{et} \qquad DD' = \frac{Pb}{l}(2a + d).$$

Puis, après avoir réuni les extrémités de ces perpendiculaires, on joint chacune d'elles à l'appui le plus voisin (1).

On peut vérifier que la droite C'D' (prolongée au besoin) passe par le *nœud* O' (2). Ce nœud se trouve à l'extrémité d'une perpendiculaire élevée au milieu O de la poutre avec une hauteur :

$$OO' = P\frac{l - d}{2}.$$

§ 2. — Expression du moment fléchissant dans une section quelconque de la poutre

30. — Entre A et C :

$$M_f = \frac{P}{l}(2b + d)\,x.$$

Au point C :

$$M_f = CC' = \frac{Pa}{l}(2b + d).$$

Entre C et D :

$$M_f = Pa + \frac{P}{l}(b - a)\,x.$$

Au point D :

$$M_f = DD' = \frac{Pb}{l}(2a + d).$$

Entre D et B :

$$M_f = \frac{P}{l}(2a + d)(l - x).$$

(1) Voir une autre solution dans la note du n° 36.
(2) Voir la note a, § 1.

SECTION IV. — Poutre chargée de deux poids inégaux situés à des distances quelconques des appuis

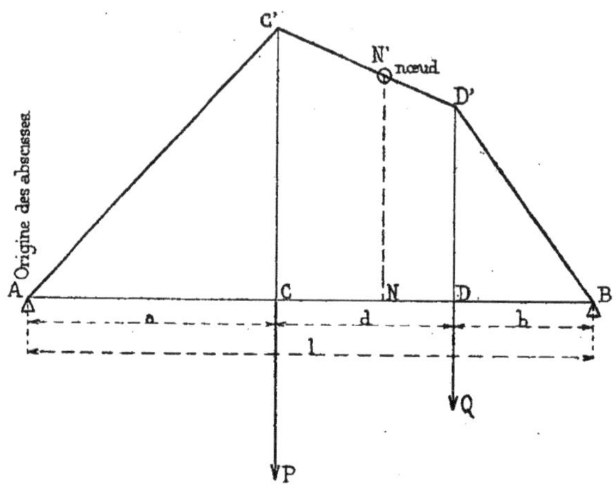

FIG. 17.

l, portée de la poutre.
P, Q, poids inégaux.
a et b, distances des deux poids aux appuis les plus voisins.
d, écartement des deux poids.

§ 1. — Ligne représentative des moments fléchissants

31. — Les moments fléchissants sont représentés par les ordonnées de la ligne polygonale AC'D'B.

Pour tracer cette ligne, on élève sur la poutre, aux points d'application des poids P et Q, deux perpendiculaires CC' et DD', savoir :

$$CC' = \frac{a}{l}[P(b+d)+Qb]$$

et

$$DD' = \frac{b}{l}[Pa+Q(a+d)].$$

Puis, après avoir réuni les extrémités de ces perpendiculaires, on joint chacune d'elles à l'appui le plus voisin.

On peut vérifier que la droite C'D' (prolongée au besoin) passe par le nœud N' (1). Ce nœud a pour abscisse :

$$AN = \frac{P}{P+Q} l$$

et pour ordonnée :

$$NN' = \frac{P \times Q}{P+Q} (l - d).$$

§ 2. — Expression du moment fléchissant dans une section quelconque de la poutre

32. — Entre A et C :

$$M_f = \{P(b+d) + Qb\} \frac{x}{l}.$$

Au point C :

$$M_f = CC' = \frac{a}{l} \{P(b+d) + Qb\}.$$

Entre C et D :

$$M_f = Pa - (Pa - Qb) \frac{x}{l}.$$

Au point D :

$$M_f = DD' = \frac{b}{l} \{Pa + Q(a+d)\}.$$

Entre D et B :

$$M_f = \frac{Pa + Q(a+d)}{l} (l - x).$$

(1) Voir la note a, § 2.

Section V. — **Poutre chargée de trois poids égaux et également distants, situés à des distances quelconques des appuis**

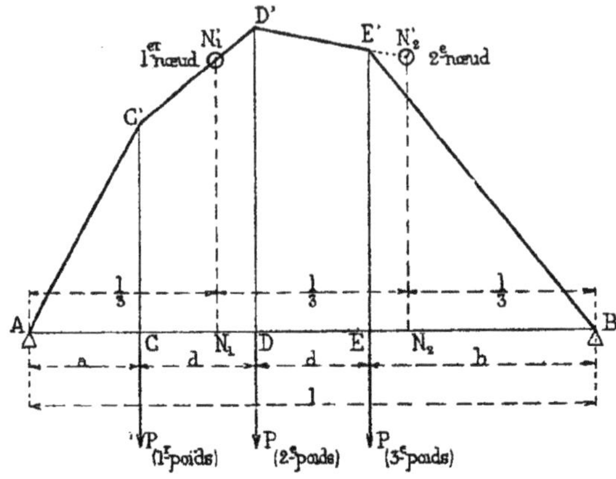

Fig. 18.

l, portée de la poutre.
P, P, P, poids égaux.
d, écartement de deux poids consécutifs.
a, distance du premier poids au premier appui.
b, distance du dernier poids au second appui.

Ligne représentative des moments fléchissants

33. — Les moments fléchissants sont représentés par les ordonnées de la ligne polygonale AC'D'E'B.

Pour tracer cette ligne, on élève sur la poutre, aux points d'application des trois poids, des perpendiculaires ayant les valeurs suivantes :

$$CC' = \frac{3Pa}{l}(b + d),$$

$$DD' = \frac{3P(a + d)}{l}(b + d) - Pd,$$

$$EE' = \frac{3Pb}{l}(a + d).$$

On réunit ensuite les appuis et les extrémités de ces perpendiculaires.

On peut vérifier que les droites C'D' et D'E' (prolongées au besoin) passent par les *nœuds* N_1' et N_2' (1). Le premier de ces nœuds est situé au droit du premier tiers de la portée de la poutre, et le second nœud au droit du second tiers. Chacun d'eux se trouve à l'extrémité d'une ordonnée :

$$N_1N_1' = N_2N_2' = P\left(\frac{2l}{3} - d\right).$$

Les deux nœuds sont, par conséquent, symétriques par rapport à la perpendiculaire élevée au milieu de la poutre.

34. — Autre solution. — La propriété des nœuds N_1' et N_2' peut être utilisée pour le tracé de la ligne polygonale qui représente les moments fléchissants.

Puisque les droites C'D' et D'E' doivent passer par ces nœuds et que la ligne polygonale doit, en outre, aboutir aux appuis A et B, il suffit de connaître un point de cette ligne pour être à même de tracer toutes les droites qui la composent.

On peut choisir pour ce point l'extrémité de l'ordonnée qui représente le moment fléchissant au droit du premier poids.

Le tracé de la ligne polygonale s'opère dès lors ainsi qu'il suit :

Au point d'application du premier poids, on élève la perpendiculaire :

$$CC' = \frac{3Pa}{l}(b + d).$$

Au droit du premier et du second tiers de la portée de la

(1) Voir la note a, § 4.

poutre, on élève les perpendiculaires N_1N_1' et N_2N_2' qui ont chacune pour valeur :

$$N_1N_1' = N_2N_2' = P\left(\frac{2l}{3} - d\right).$$

On joint le point C' au premier nœud N_1' et on prolonge la droite jusqu'en D', c'est-à-dire jusqu'à la rencontre de la perpendiculaire élevée au point d'application du deuxième poids. Puis on joint le point D' au second nœud N_2', en traçant la droite jusqu'en E', c'est-à-dire jusqu'à la rencontre de la perpendiculaire élevée au point d'application du troisième poids. On réunit enfin les points C' et E' aux appuis A et B.

Section VI. — Poutre chargée de trois poids égaux et inégalement distants, situés à des distances quelconques des appuis

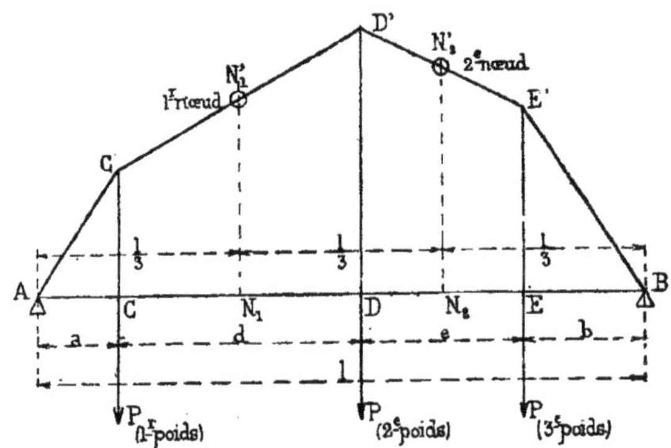

Fig. 19.

l, portée de la poutre.
P, P, P, poids égaux.
d, écartement des deux premiers poids.
e, écartement des deux derniers.
a, distance du premier poids au premier appui.
b, distance du dernier poids au second appui.

Ligne représentative des moments fléchissants

35. — Les moments fléchissants sont représentés par les ordonnées de la ligne polygonale AC'D'E'B.

Pour tracer cette ligne, on élève sur la poutre, aux points d'application des trois poids, des perpendiculaires ayant les valeurs suivantes :

$$CC' = \frac{Pa}{l}(3b + d + 2e),$$

$$DD' = \frac{P(a+d)}{l}(3b + d + 2e) - Pd,$$

$$EE' = \frac{Pb}{l}(3a + 2d + e).$$

On réunit ensuite les appuis et les extrémités de ces perpendiculaires.

On peut vérifier que les droites C'D' et D'E' (prolongées au besoin) passent par les *nœuds* N_1' et N_2' (1). Le premier de ces nœuds est situé au droit du premier tiers de la portée de la poutre, à l'extrémité d'une ordonnée :

$$N_1N_1' = \frac{P}{3}(2l - 2d - e)$$

Le second nœud se trouve au droit du second tiers de la portée, à l'extrémité d'une ordonnée :

$$N_2N_2' = \frac{P}{3}(2l - d - 2e).$$

36. — Autre solution. — La propriété des nœuds N_1'

(1) Voir la note **a**, § 3.

et N_2' peut être utilisée pour le tracé de la ligne polygonale qui représente les moments fléchissants.

Puisque les droites C'D' et D'E' doivent passer par ces nœuds et que la ligne polygonale doit, en outre, aboutir aux appuis A et B, il suffit de connaître un point de cette ligne pour être à même de tracer toutes les droites qui la composent.

On peut choisir pour ce point l'extrémité de l'ordonnée qui représente le moment fléchissant au droit du premier poids.

Le tracé de la ligne polygonale s'opère dès lors ainsi qu'il suit :

Au point d'application du premier poids, on élève la perpendiculaire :

$$CC' = \frac{Pa}{l}(3b + d + 2e).$$

Au droit du premier tiers de la portée de la poutre, on mène la perpendiculaire :

$$N_1N_1' = \frac{P}{3}(2l - 2d - e),$$

et, au droit du second tiers, la perpendiculaire :

$$N_2N_2' = \frac{P}{3}(2l - d - 2e).$$

On joint le point C' au premier nœud N_1' et on prolonge la droite jusqu'en D', c'est-à-dire jusqu'à la rencontre de la perpendiculaire élevée au point d'application du second poids. Puis on joint le point D' au second nœud N_2', en prolongeant la droite jusqu'en E', c'est-à-dire jusqu'à la rencontre de la perpendiculaire élevée au point d'application du troisième poids. On réunit enfin les points C′ et E′ aux appuis A et B (1).

(1) On tire de cette solution un nouveau moyen de tracer la ligne représentative des moments produits dans une poutre par deux poids égaux, situés à des distances quelconques des appuis.

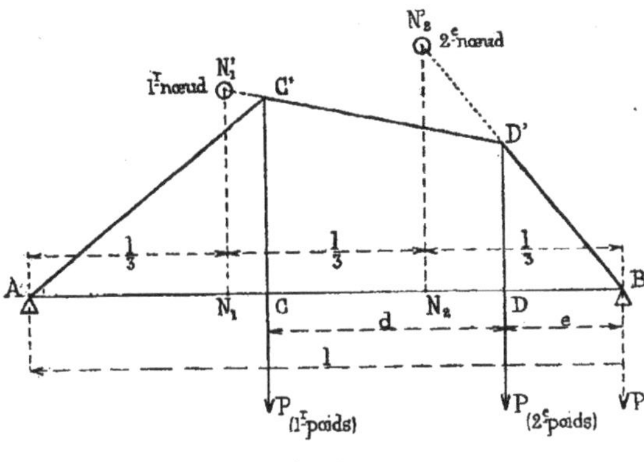

Fig. 20.

Si l'on imagine un troisième poids P passant par l'appui B, ce qui ne change rien aux moments développés dans la poutre, on se trouve dans le cas qui vient d'être examiné et l'on peut dès lors tracer la ligne représentative à l'aide des nœuds relatifs à un système de trois poids égaux séparés par les distances *d* et *e*.

On élève, au droit du premier tiers de la portée de la poutre, une perpendiculaire :

$$N_1N_1' = \frac{P}{3}(2l - 2d - 2e),$$

et, au droit du deuxième tiers, une perpendiculaire :

$$N_2N_2' = \frac{P}{3}(2l - d - 2e)$$

On joint l'appui B au second nœud N_2' et on trace la droite jusqu'en D′, c'est-à-dire jusqu'à la rencontre de la perpendiculaire élevée au point d'application du second poids P. Puis on joint le point D′ au premier nœud N_1' en traçant la droite jusqu'en C′, c'est-à-dire jusqu'à la rencontre de la perpendiculaire élevée au point d'application du premier poids P. On réunit enfin le point C′ au premier appui A.

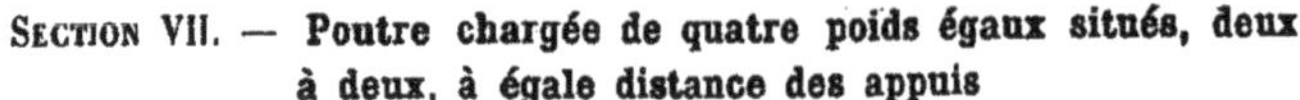

SECTION VII. — Poutre chargée de quatre poids égaux situés, deux à deux, à égale distance des appuis

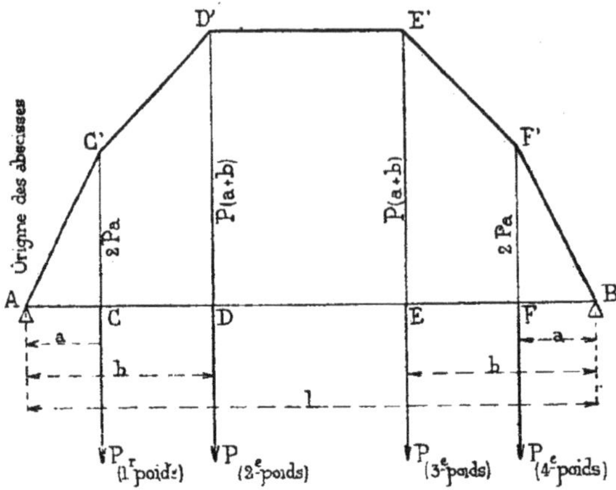

FIG. 21.

l, portée de la poutre.
P, P, P, P, poids égaux.
a, distance des deux poids extrêmes à l'appui le plus voisin.
b, distance des deux poids intermédiaires à l'appui le plus voisin.

§ 1. — Ligne représentative des moments fléchissants

37. — Les moments fléchissants sont représentés par les ordonnées de la ligne polygonale AC'D'E'F'B.

Pour tracer cette ligne, on élève sur la poutre: 1° aux points d'application C et F des deux poids extrêmes, deux perpendiculaires égales à $2Pa$; 2° aux points d'application D et E des deux poids intermédiaires, deux perpendiculaires égales à $P(a + b)$. On réunit ensuite les appuis et les extrémités de ces perpendiculaires.

§ 2. — Expression du moment fléchissant dans une section quelconque de la poutre

38. — En deçà du premier poids P, c'est-à-dire entre A et C:

$$M_f = 2Px.$$

Entre le premier et le deuxième poids, c'est-à-dire entre C et D :

$$M_f = P(a + x).$$

Entre le deuxième et le troisième poids, c'est-à-dire entre D et E :

$$M_f = P(a + b).$$

Entre le troisième et le quatrième poids, c'est-à-dire entre E et F :

$$M_f = P(a + l - x).$$

Au-delà du quatrième poids, c'est-à-dire entre F et B :

$$M_f = 2P(l - x),$$

les abscisses x étant toujours mesurées à partir du premier appui A.

SECTION VIII. — **Poutre chargée de quatre poids égaux situés à des distances quelconques des appuis, l'écartement des deux premiers poids étant égal à celui des deux derniers.**

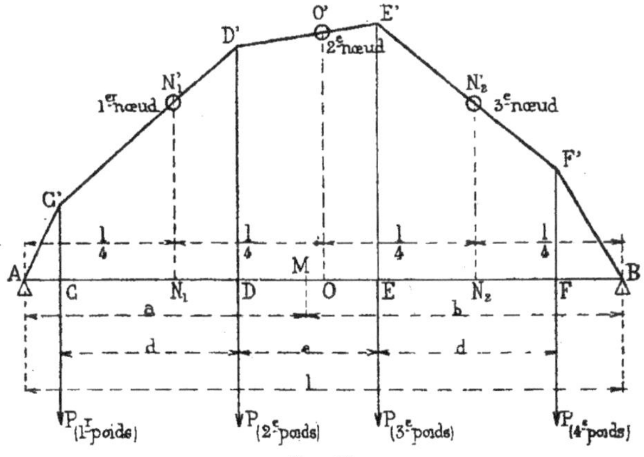

FIG. 22.

l, portée de la poutre.
P, P, P, P, poids égaux.
d, écartement des deux premiers et des deux derniers poids.
e, écartement des deux poids intermédiaires.
M, milieu de ce dernier écartement.
a et b, distances de ce milieu à chacun des deux appuis.
O, milieu de la poutre.

Ligne représentative des moments fléchissants

39. — Les moments fléchissants sont représentés par les ordonnées de la ligne polygonale AC'D'E'F'B.

Pour tracer cette ligne, on élève sur la poutre, aux points d'application des quatre poids, des perpendiculaires ayant les valeurs suivantes :

$$CC' = \frac{4Pb}{l}\left(a - d - \frac{e}{2}\right),$$

$$DD' = \frac{4Pb}{l}\left(a - \frac{e}{2}\right) - Pd,$$

$$EE' = \frac{4Pa}{l}\left(b - \frac{e}{2}\right) - Pd,$$

$$FF' = \frac{4Pa}{l}\left(b - d - \frac{e}{2}\right).$$

On réunit ensuite les appuis et les extrémités de ces perpendiculaires.

On peut vérifier que les droites C'D', D'E' et E'F' (prolongées au besoin) passent par les *nœuds* N_1', O' et N_2' (1). Ces nœuds sont situés au droit du premier quart, au droit de la moitié (ou second quart) et enfin au droit du troisième quart de la portée de la poutre. Ils se trouvent à l'extrémité des ordonnées dont voici l'expression :

Pour le premier et le troisième nœuds :

$$N_1N_1' = N_2N_2' = P\left(\frac{3l}{4} - d - \frac{e}{2}\right).$$

Pour le deuxième nœud :

$$OO' = P(l - d - e).$$

(1) Voir la note **a**, § 5.

40. — Autre solution. — La propriété des nœuds N_1', O' et N_2' peut être utilisée pour le tracé de la ligne polygonale qui représente les moments fléchissants.

Puisque les droites $C'D'$, $D'E'$ et $E'F'$ doivent passer par ces nœuds et qu'en outre la ligne polygonale doit aboutir aux appuis A et B, il suffit de connaître un point de cette ligne pour être à même de tracer toutes les droites qui la composent.

On peut choisir pour ce point l'extrémité de l'ordonnée qui représente le moment fléchissant au droit du premier poids.

Le tracé de la ligne polygonale s'opère dès lors ainsi qu'il suit :

Au point d'application du premier poids, on élève la perpendiculaire :

$$CC' = \frac{4Pb}{l}\left(a - d - \frac{e}{2}\right).$$

Au droit du premier et du troisième quarts de la portée de la poutre, on mène les perpendiculaires N_1N_1' et N_2N_2', qui ont chacune pour valeur :

$$N_1N_1' = N_2N_2' = P\left(\frac{3l}{4} - d - \frac{e}{2}\right),$$

et, au milieu de la portée, la perpendiculaire :

$$OO' = P\,(l - d - e).$$

On joint le point C' au premier nœud N_1' et on prolonge la droite jusqu'en D', c'est-à-dire jusqu'à la rencontre de la perpendiculaire élevée au point d'application du deuxième poids. Puis on joint le point D' au second nœud O', en prolongeant la droite jusqu'en E', c'est-à-dire jusqu'à la rencontre de la perpendiculaire élevée au point d'application du troisième poids. On joint de même le point E' au troisième nœud

N_3' et on prolonge la droite jusqu'en F'. On réunit enfin les points C' et F' aux appuis A et B.

SECTION IX. — Poutre chargée de quatre poids égaux et également distants, situés à des distances quelconques des appuis

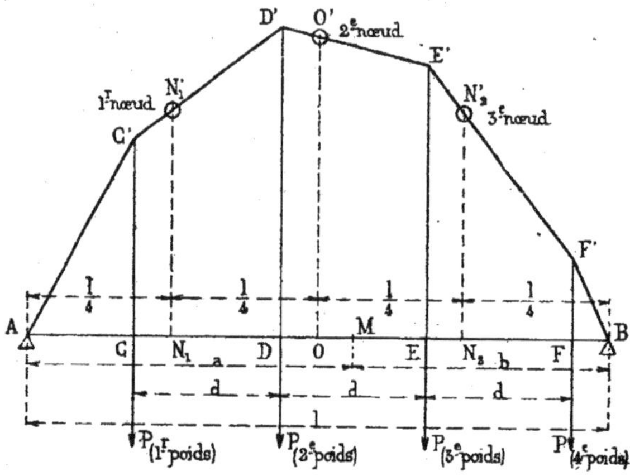

FIG. 23.

l, portée de la poutre.
P, P, P, P, poids égaux.
d, écartement de deux poids consécutifs.
M, milieu de l'intervalle compris entre les deux poids intermédiaires.
a et b, distances de ce milieu à chacun des deux appuis.
O, milieu de la poutre.

Ligne représentative des moments fléchissants

41. — Les moments fléchissants sont représentés par les ordonnées de la ligne polygonale AC'D'E'F'B.

Pour tracer cette ligne, on élève sur la poutre, aux points d'application des quatre poids, des perpendiculaires ayant les valeurs suivantes :

$$CC' = \frac{4Pb}{l}\left(a - \frac{3d}{2}\right),$$

$$DD' = \frac{4Pb}{l}\left(a - \frac{d}{2}\right) - Pd,$$

$$EE' = \frac{4Pa}{l}\left(b - \frac{d}{2}\right) - Pd,$$

$$FF' = \frac{4Pa}{l}\left(b - \frac{3d}{2}\right).$$

On réunit ensuite les appuis et les extrémités de ces perpendiculaires.

On peut vérifier que les droites C'D', D'E' et E'F' (prolongées au besoin) passent par les *nœuds* N_1', O' et N_2' (1). Ces nœuds sont situés au droit du premier quart, au droit de la moitié (ou second quart) et enfin au droit du troisième quart de la portée de la poutre. Ils se trouvent à l'extrémité des ordonnées dont voici l'expression :

Pour le premier et le troisième nœuds :

$$N_1N_1' = N_2N_2' = \frac{3P}{4}(l - 2d).$$

Pour le second nœuds :

$$OO' = P(l - 2d).$$

42. — Autre solution. — La propriété des nœuds N_1', O' et N_2' peut être utilisée pour le tracé de la ligne polygonale qui représente les moments fléchissants.

Puisque les droites C'D', D'E' et E'F' doivent passer par ces nœuds et qu'en outre la ligne polygonale doit aboutir aux appuis A et B, il suffit de connaître un point de cette ligne pour être à même de tracer toutes les droites qui la composent.

On peut choisir pour ce point l'extrémité de l'ordonnée qui représente le moment fléchissant au droit du premier poids.

(1) Voir la note a, § 6.

Le tracé de la ligne polygonale s'opère dès lors ainsi qu'il suit :

Au point d'application du premier poids, on élève la perpendiculaire :

$$CC' = \frac{4Pb}{l}\left(a - \frac{3d}{2}\right).$$

Au droit du premier et du troisième quarts de la portée de la poutre, on mène les perpendiculaires N_1N_1' et N_2N_2' qui ont chacune pour valeur :

$$N_1N_1' = N_2N_2' = \frac{3P}{4}(l - 2d),$$

et, au milieu de la poutre, la perpendiculaire :

$$OO' = P(l - 2d).$$

On joint le point C' au premier nœud N_1' et on prolonge la droite jusqu'en D', c'est-à-dire jusqu'à la rencontre de a perpendiculaire élevée au point d'application du deuxième poids. Puis on joint le point D' au second nœud O', en prolongeant la droite jusqu'en E', c'est-à-dire jusqu'à la rencontre de la perpendiculaire élevée au point d'application du troisième poids. On joint de même le point E' au troisième nœud N_2' et on prolonge la droite jusqu'en F'. On réunit enfin les points C' et F' aux appuis A et B.

SECTION X. — **Poutre chargée de poids égaux, situés à des distances égales les uns des autres ou des appuis**

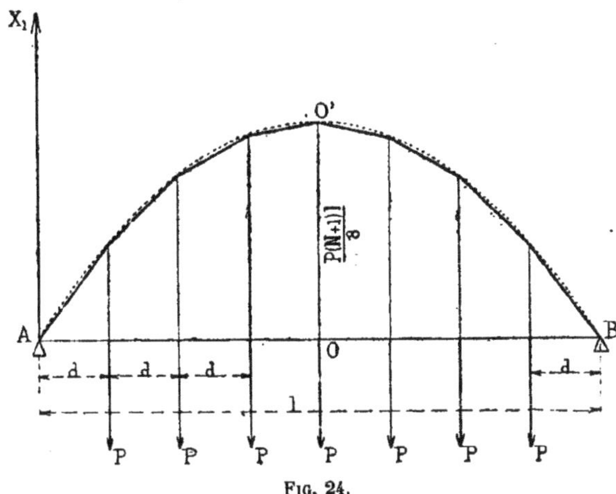

FIG. 24.

l, portée de la poutre.

P, P, P, poids égaux placés à des distances égales les uns des autres ou des appuis.

d, intervalle compris entre deux poids consécutifs.

N, nombre total (pair ou impair) des poids P.

§ 1. — **Ligne représentative des moments fléchissants** (1)

43. — Les moments fléchissants sont représentés par les ordonnées d'une ligne polygonale AO'B inscrite dans une parabole qui passe par les deux appuis A et B, dont l'axe est formé par une perpendiculaire élevée au milieu O de la poutre et dont le sommet O' est à une distance de cette poutre égale à :

$$OO' = \frac{P(N+1)l}{8}.$$

Ces données permettent de tracer la parabole à l'aide du procédé décrit au n° 335. En menant des perpendiculaires à

(1) Voir la note **b**.

la poutre par les points d'application des poids, on obtient les sommets de la ligne polygonale.

Le tracé de cette ligne a lieu ainsi qu'il vient d'être indiqué, aussi bien lorsque le nombre N est impair que lorsqu'il est pair.

§ 2. — Expression du moment fléchissant au droit d'un poids quelconque

44. — Au droit d'un poids quelconque situé à n intervalles du premier appui, le moment fléchissant a pour expression :

$$M_f = \frac{Pnl}{2}\left(1 - \frac{n}{N+1}\right).$$

Moment fléchissant maximum. — Si N est impair, le moment maximum a lieu au milieu de la poutre et il a pour valeur :

$$M_f = \frac{P(N+1)l}{8}.$$

Si N est pair, le moment maximum se produit dans l'intervalle d compris entre les deux poids situés immédiatement de part et d'autre du milieu de la poutre et il a pour valeur :

$$M_f = \frac{PNl}{8}\left(\frac{N+2}{N+1}\right)$$

ou bien :

$$M_f = \frac{P(N+1)l}{8} - \frac{Pd}{8}.$$

45. — Remarque. — Dans les tabliers où la charge permanente est transmise aux poutres longitudinales par des entretoises également espacées, ces poutres se trouvent chargées, de ce chef, comme dans le cas qui vient d'être examiné.

Au lieu de les envisager ainsi, on admet d'ordinaire qu'elles supportent une charge uniformément répartie, ce qui permet d'ajouter la charge transmise par les entretoises à celle qui provient du poids propre de la poutre.

Mais, pour que le résultat soit le même, il faut se garder de répartir sur toute la longueur de la portée le poids total réellement transmis par les entretoises, c'est-à-dire le poids NP. Si l'on opérait de la sorte, l'ordonnée au sommet de la parabole aurait pour valeur (n° 1):

$$\frac{NP}{l} \times \frac{l^2}{8}$$

ou :

$$\frac{PNl}{8}$$

ou bien encore :

$$\frac{P(N+1)l}{8} - \frac{Pl}{8}.$$

Cette ordonnée serait, par conséquent, inférieure de $\frac{Pl}{8}$ à celle qui a été trouvée plus haut, dans le cas où le nombre N est impair.

Pour obtenir cette dernière, il faut supposer que le poids total à répartir est égal à $(N+1)P$, auquel cas l'ordonnée maximum de la parabole s'élève à :

$$\frac{(N+1)P}{l} \times \frac{l^2}{8}$$

ou :

$$\frac{P(N+1)l}{8}.$$

Cela revient à admettre que le poids à répartir doit être le poids total du tablier compris entre les appuis. C'est ce que l'on fait d'ailleurs quand on calcule la charge uniforme par mètre courant en déterminant le poids transmis par une entretoise et en divisant ce poids par l'intervalle d.

Si le nombre N était pair, l'ordonnée de la parabole due à la charge uniformément répartie, soit :

$$\frac{P(N+1)l}{8} - \frac{Pl}{8},$$

serait également inférieure au moment maximum trouvé plus haut :

$$\frac{P(N+1)l}{8} - \frac{Pd}{8}.$$

En déterminant la charge permanente ainsi qu'il vient d'être indiqué, l'ordonnée de la parabole, qui devient :

$$\frac{P(N+1)l}{8},$$

l'emporte, au contraire, sur le moment maximum. Elle n'en diffère toutefois que d'une quantité égale à $\frac{Pd}{8}$.

Section XI. — Poutre chargée de poids quelconques situés à des distances quelconques les uns des autres

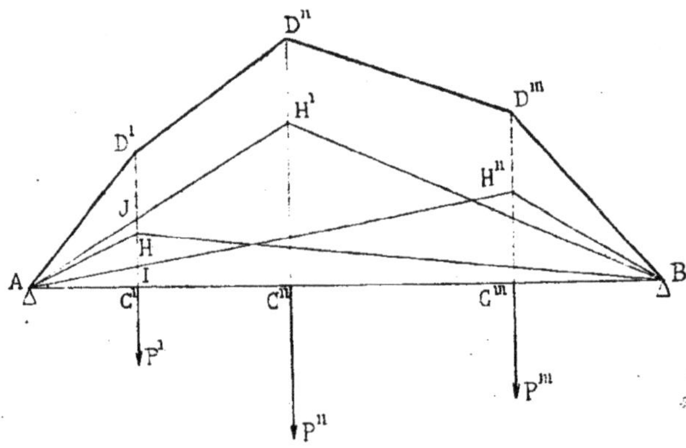

Fig. 25.
P^{I}, P^{II}, P^{III}, poids quelconques en nombre quelconque.

§ 1. — Ligne représentative des moments fléchissants

46. — Les moments fléchissants sont représentés par les ordonnées de la ligne polygonale $AD^{I}D^{II}D^{III}B$, dont les sommets s'obtiennent en élevant, au droit du point d'application de chaque poids, une perpendiculaire avec une hauteur égale à la somme des moments produits en ce point par les divers poids P^{I}, P^{II}, P^{III}.

Ces moments se déterminent ainsi qu'il a été dit au n° 24, en traçant les lignes brisées représentatives des moments fléchissants dus aux poids dont il s'agit. Ces lignes sont AHB, $AH^{I}B$, $AH^{II}B$.

Au point C^{I}, par exemple, les moments sont représentés par $C^{I}I$ pour le poids P^{III}, par $C^{I}H$ pour le poids P^{I}, enfin par $C^{I}J$ pour le poids P^{II}. On prend donc :

$$C^{I}D^{I} = C^{I}I + C^{I}H + C^{I}J.$$

On peut aussi construire la ligne polygonale $AD^{I}D^{II}D^{III}B$ en calculant, à l'aide des formules ci-après, les valeurs des moments fléchissants au droit de chacun des poids et en portant ces valeurs sur les perpendiculaires élevées aux points d'application de ces poids.

§ 2. — Expression du moment fléchissant dans une section quelconque de la poutre

47. — *Expression en fonction de la réaction d'un appui* (1). — 1° Si la réaction est celle du premier appui A :

(1) Voir la note c.

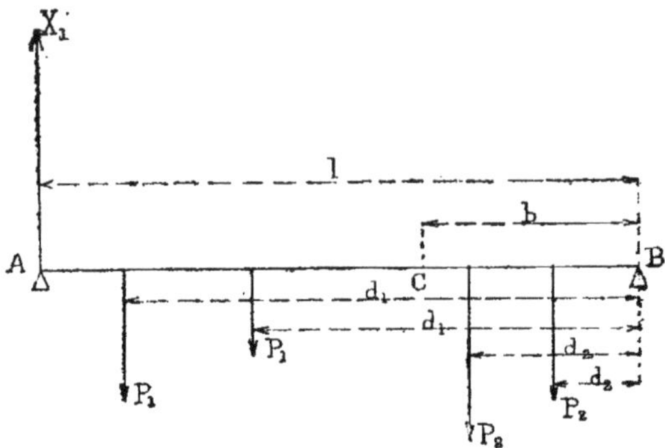

Fig. 26.

l, portée de la poutre.
C, section considérée.
b, distance de cette section au deuxième appui.
P_1..., poids, en nombre quelconque, à gauche de la section.
d_1..., distance de chacun de ces poids au deuxième appui B.
ΣP_1, somme des poids de gauche.
$\Sigma P_1 d_1$, somme des moments des poids de gauche, ces moments étant pris par rapport au deuxième appui B.
$_2$..., poids, en nombre quelconque, à droite de la section.
d_2..., distance de chacun de ces poids au deuxième appui B.
$\Sigma P_2 d_2$, somme des moments des poids de droite, ces moments étant pris par rapport au deuxième appui B.
X_1, réaction du premier appui. Cette réaction a pour valeur :

$$X_1 = \frac{\Sigma P_1 d_1 + \Sigma P_2 d_2}{l}.$$

L'expression du moment fléchissant dans la section C est la suivante :

$$M_f = \Sigma P_2 d_2 + b\,(\Sigma P_1 - X_1).$$

— 2° Si la réaction est celle du deuxième appui B :

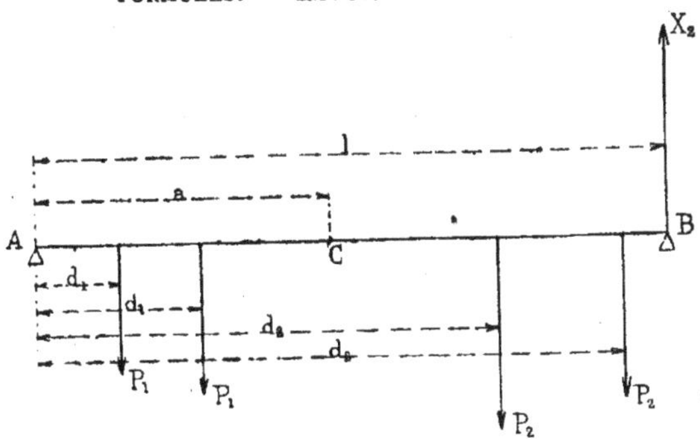

FIG. 27.

l, portée de la poutre.
C, section considérée.
a, distance de cette section au premier appui.
P_1..., poids, en nombre quelconque, à gauche de la section.
d_1..., distance de chacun de ces poids au premier appui.
$\Sigma P_1 d_1$, somme des moments des poids de gauche, ces moments étant pris par rapport au premier appui A.
P_2..., poids, en nombre quelconque, à droite de la section.
d_2..., distance de chacun de ces poids au premier appui.
ΣP_2, somme des poids de droite.
$\Sigma P_2 d_2$, somme des moments des poids de droite, ces moments étant pris par rapport au premier appui A.
X_2, réaction du deuxième appui. Cette réaction a pour valeur :

$$X_2 = \frac{\Sigma P_1 d_1 + \Sigma P_2 d_2}{l}.$$

L'expression du moment fléchissant dans la section C est la suivante :

$$M_f = \Sigma P_1 d_1 + a(\Sigma P_2 - X_2).$$

Cas où la section se trouve au droit de l'un des poids

Les formules précédentes restent applicables dans ce cas. Le poids qui passe par la section peut être compris indifféremment dans les poids de gauche ou dans ceux de droite.

48. — *Expression en fonction des moments des poids pris par rapport à la section* (1).

(1) Voir la note d.

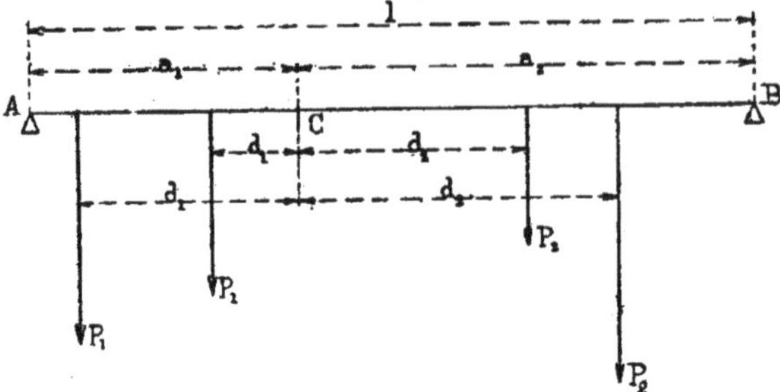

FIG. 28.

l, portée de la poutre.
C, section considérée.
a_1 et a_2, distances de cette section aux deux appuis.
P_1..., poids en nombre quelconque à gauche de la section.
d_1..., distance de chacun de ces poids à la section.
P_2..., poids en nombre quelconque à droite de la section.
d_2..., distance de chacun de ces poids à la section.
ΣP_1, somme des poids de gauche.
ΣP_2, somme des poids de droite.
$\Sigma P_1 d_1$, somme des moments des poids de gauche, ces moments étant pris par rapport à l'emplacement de la section.
$\Sigma P_2 d_2$, somme des moments des poids de droite, ces moments étant également pris par rapport à l'emplacement de la section, sans distinction de signe.

Le moment fléchissant dans la section C a pour expression :

$$M_f = \frac{a_1 a_2 (\Sigma P_1 + \Sigma P_2) - (a_1 \Sigma P_2 d_2 + a_2 \Sigma P_1 d_1)}{l}.$$

Moment fléchissant au milieu de la poutre

$$M_f = \frac{l}{4}(\Sigma P_1 + \Sigma P_2) - \frac{1}{2}(\Sigma P_1 d_1 + \Sigma P_2 d_2).$$

Cette formule peut revêtir la forme plus simple que voici :

$$M_f = \frac{l}{4}\Sigma P - \frac{1}{2}\Sigma P d.$$

ΣP désignant la somme de tous les poids qui sollicitent la poutre, et $\Sigma P d$ la somme des moments de tous ces poids par rapport au milieu de la poutre, sans distinction de signe.

Cas où la section se trouve au droit de l'un des poids

Les formules précédentes restent applicables dans ce cas. Le poids qui passe par la section peut être compris indifféremment dans les poids de gauche ou dans ceux de droite.

§ 3. — Détermination du poids au droit duquel se produit le plus grand moment fléchissant (1)

49. — Le plus grand moment fléchissant se produit au droit d'un poids, et ce poids doit satisfaire au deux conditions ci-après :

1° Il doit laisser à sa gauche des poids formant un total inférieur ou égal à la réaction du premier appui A ;

2° Ajouté aux poids situés à sa gauche, il doit donner lieu à un total égal ou supérieur à cette réaction.

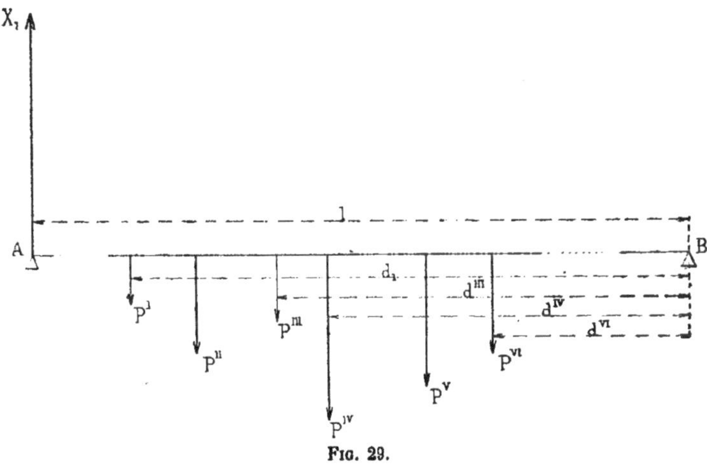

Fig. 29.

Ainsi, pour que le moment maximum se développe au

(1) Voir la note e.

droit du poids P^{IV}, il faut que l'on ait :

$$P^{I} + P^{II} + P^{III} \leqq X_1$$
$$P^{I} + P^{II} + P^{III} + P^{IV} \geqq X_1.$$

Pratiquement, pour trouver le poids au droit duquel se produit le moment fléchissant maximum, voici comment l'on peut procéder :

On commence par calculer la valeur de la réaction X_1 à l'aide de la formule :

$$X_1 = \frac{P^{I}d^{I} + P^{II}d^{II} + P^{III}d^{III} + \ldots\ldots + P^{VI}d^{VI}}{l}.$$

Puis, en partant du premier appui A et en s'avançant vers le second appui B, on fait la somme des poids, en ajoutant successivement chaque poids que l'on rencontre, jusqu'à ce que l'on obtienne un total supérieur à la réaction X_1 : le premier poids qui détermine ce résultat est le poids cherché.

Si le total, au lieu d'être supérieur, est égal à la réaction, le poids qui produit ce résultat donne lieu au moment maximum, mais il n'est pas le seul : le poids qui le suit immédiatement jouit de la même propriété. Il y a donc, dans ce cas, deux poids consécutifs au droit desquels et entre lesquels le moment fléchissant présente sa valeur maximum.

CHAPITRE III

Poutres chargées de poids mobiles

SECTION PREMIÈRE. — Poutre chargée d'un poids unique qui se déplace

PREMIER CAS. — *Le déplacement du poids s'effectue sur toute l'étendue de la portée de la poutre*

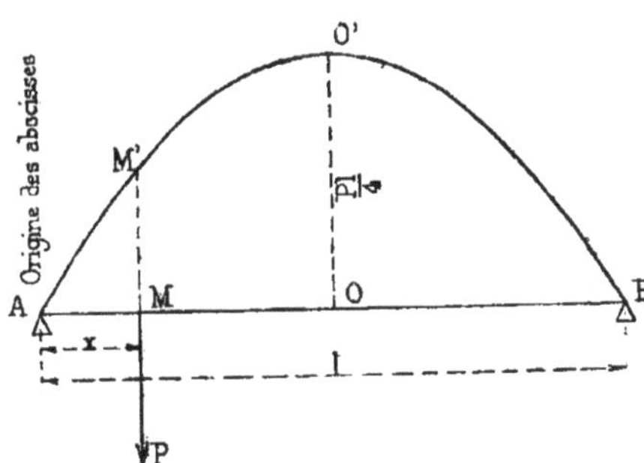

FIG. 30.

l, portée de la poutre.
P, poids qui se déplace.

§ 1. — Ligne représentative des moments fléchissants maximum

50. — Les moments fléchissants maximum sont représentés par les ordonnées d'une parabole AO'B, qui passe par les deux appuis A et B, dont l'axe est formé par une perpendiculaire élevée au milieu O de la poutre et dont le sommet O' est à une distance de cette poutre égale à :

$$OO' = \frac{Pl}{4}.$$

Ces données permettent de tracer la parabole à l'aide du procédé indiqué au n° 335.

§ 2. — Expression du moment fléchissant maximum dans une section quelconque de la poutre

51. — Le moment fléchissant maximum dans une section quelconque M a pour expression :

$$M_f = MM' = \frac{Px(l - x)}{l}.$$

Moment fléchissant maximum. — Il se produit au milieu de la poutre et il a pour valeur :

$$M_f = OO' = \frac{Pl}{4}.$$

DEUXIÈME CAS. — *Le déplacement du poids s'effectue sur une portion seulement de la portée de la poutre*

52. — C'est ce qui a lieu notamment avec les entretoises des tabliers métalliques pour voie de terre, par suite de la présence d'un trottoir qui empêche les roues des voitures de s'approcher de l'extrémité de ces entretoises.

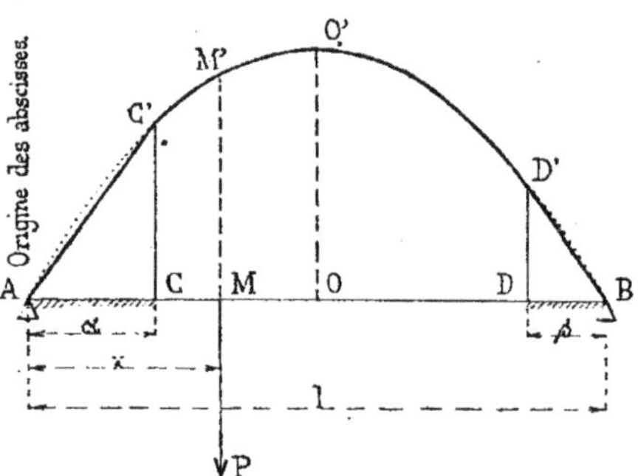

FIG. 31.

l, portée de la poutre.
P, poids qui se déplace.
α et β, tronçons de poutre soustraits au parcours du poids P.

Les moments fléchissants maximum sont toujours représentés par la parabole décrite au cas précédent, sauf dans l'étendue des tronçons AC et DB soustraits au parcours du poids P ; au droit de ces tronçons, l'arc de la parabole est remplacé par sa corde.

SECTION II. — Poutre chargée d'un système de deux poids égaux qui se déplace

53. — Quand le système des deux poids se déplace, les moments maximum se produisent au droit du premier poids sur la première moitié de la poutre et au droit du second poids sur la seconde moitié, les poids étant désignés dans l'ordre où on les rencontre, quand on parcourt la poutre à partir du premier appui A (1).

Il en résulte que la forme de la ligne représentative des moments fléchissants maximum dépend des conditions dans lesquelles le mouvement de chacun des poids peut s'opérer. De là, les divers cas suivants, dans lesquels on a supposé que le mouvement s'effectuait de la gauche vers la droite.

(1) Voir la note I, § 1.

PREMIER CAS. — *Le déplacement de chacun des poids s'effectue sur toute l'étendue de la moitié de poutre correspondante.*

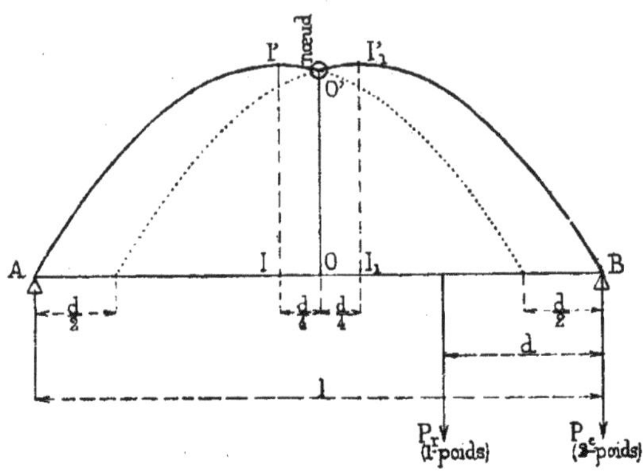

FIG. 32.

l, portée de la poutre.
P, P, poids égaux qui se déplacent.
d, distance de ces deux poids.
O, milieu de la poutre.

§ 1. — **Ligne représentative des moments fléchissants maximum** (1)

54. — Cette ligne se compose de deux parties symétriques par rapport à la perpendiculaire élevée au milieu de la poutre.

Chaque moitié est formée par un arc de parabole.

En ce qui concerne la moitié de gauche, par exemple, l'arc de parabole AI'O' passe par le premier appui A, et son axe est perpendiculaire à la poutre. Cet axe est situé en deçà du milieu de la poutre et à une distance IO de ce milieu égale à :

$$IO = \frac{d}{4}.$$

(1) Voir la note I, § 2.

De plus, l'ordonnée II′ du sommet de la parabole a pour valeur :

$$II' = \frac{P}{2l}\left(l - \frac{d}{2}\right)^2.$$

Ces données permettent de tracer la parabole à l'aide du procédé indiqué au n° 335.

Les deux courbes symétriques se coupent en un point O′ qui a pour abscisse :

$$AO = \frac{l}{2}$$

et pour ordonnée :

$$OO' = \frac{P}{2}(l - d).$$

Ce point O′ n'est autre que le *nœud* du système des deux poids égaux (1).

§ 2. — Expression du moment fléchissant maximum dans une section quelconque de la poutre

55. — Entre le premier appui A et le milieu O de la poutre :

$$M_f = \frac{P}{l}(2l - d)\,x - \frac{2P}{l}x^2,$$

les abscisses x étant mesurées à partir du premier appui A

Au milieu O de la poutre :

$$M_f = OO' = \frac{P}{2}(l - d).$$

Entre le milieu de la poutre et le deuxième appui B:

$$M_f = \frac{P}{l}(2l - d)\,x - \frac{2P}{l}x^2,$$

(1) Voir la note a, § 1.

les abscisses étant mesurées à partir du deuxième appui B.

Moment fléchissant maximum. — Il se produit dans chacune des deux sections situées de part et d'autre du milieu de la poutre et à une distance $\frac{d}{4}$ de ce milieu. Il a pour valeur :

$$M_f = II' = I_1I_1' = \frac{P}{2l}\left(l - \frac{d}{2}\right)^2.$$

Deuxième cas. — *Le déplacement d'un poids quelconque ne s'effectue pas sur toute l'étendue de la moitié de poutre correspondante.*

Ce cas se présente :

1° *Lorsque le déplacement d'un poids quelconque commence à une certaine distance de l'origine de la moitié de poutre correspondante.*

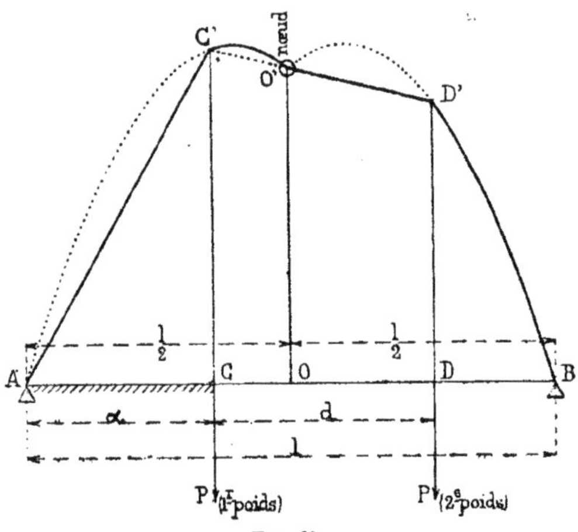

Fig. 33.

l, portée de la poutre.
P,P, poids égaux qui se déplacent.
d, écartement de ces poids.
AC, tronçon de la première moitié de poutre, qui est soustrait au parcours du premier poids.
OD, tronçon de la deuxième moitié de poutre, qui est soustrait au parcours du deuxième poids.
O, milieu de la poutre.

56. — Les moments fléchissants sont toujours représentés par les deux arcs de parabole décrits au cas précédent, sauf pour la première parabole entre l'appui A et l'ordonnée du point C, à partir duquel commence le déplacement du premier poids, et, pour la deuxième parabole, entre le milieu O de la poutre et l'ordonnée du point D, à partir duquel commence le déplacement du deuxième poids. Au droit de chacun des tronçons AC et OD, l'arc de parabole est remplacé par sa corde.

A titre de vérification, le prolongement de la corde O'D' doit passer par le point C'.

2° *Lorsque le déplacement d'un poids quelconque s'arrête à une certaine distance en deçà de l'extrémité de la moitié de poutre correspondante.*

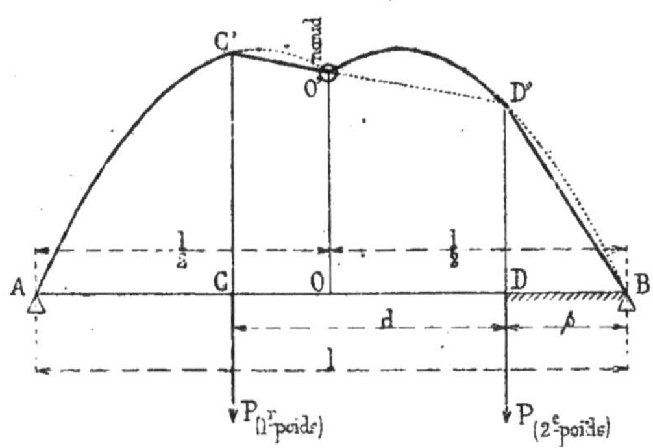

Fig. 34.

l, portée de la poutre.
P, P_1 poids égaux qui se déplacent.
d, écartement de ces poids.
DB, tronçon de la deuxième moitié de poutre, qui est soustrait au parcours du deuxième poids.
CO, tronçon de la première moitié de poutre, qui est soustrait au parcours du premier poids.
O, milieu de la poutre.

57. — Même solution que dans le cas précédent. Les

arcs de parabole sont remplacés par leur corde au droit des tronçons CO et DB.

A titre de vérification, le prolongement de la corde C'O' doit passer par le point D'.

3° *Lorsque le déplacement de l'un des poids s'effectue tout entier en dehors de la moitié de poutre correspondante.*

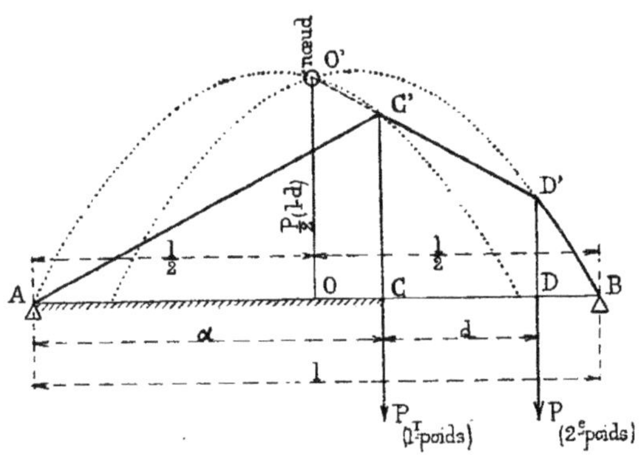

Fig. 35.

l, portée de la poutre.
P,P, poids égaux qui se déplacent.
d, écartement de ces poids.
AC, tronçon supérieur à la première moitié de la poutre, qui est soustrait au parcours des deux poids.
O, milieu de la poutre.

58. — Dans ce cas, la seconde parabole représente seule les moments fléchissants, et elle ne les représente qu'au droit du tronçon DB susceptible d'être parcouru par le deuxième poids. Entre l'appui A et le point D', la ligne représentative est formée par les deux droites AC' et D'C' qui joignent les points A et D' à l'extrémité de l'ordonnée CC'. Cette ordonnée, égale à la valeur du moment fléchissant au droit du point d'application C du premier poids, résulte du tracé de la première parabole, mais elle peut s'obtenir plus facilement en utilisant la propriété du nœud

O' (1) : il suffit de joindre le point D' à ce nœud jusqu'à l'intersection C' de la perpendiculaire élevée en C. Cette construction rend inutile le tracé de la première parabole.

TROISIÈME CAS. — *Le déplacement du système des deux poids s'effectue de telle sorte que le second poids franchit le second appui.*

59. — Ce cas se présente, dans les ponts pour voie de terre, avec les entretoises qui supportent une voie charretière, lorsqu'elles aboutissent, à l'une de leurs extrémités, à une poutre longitudinale intermédiaire.

§ 1. — *Le déplacement du premier poids s'effectue sur toute l'étendue de la poutre*

60. — Si la portée de la poutre est inférieure au double de l'écartement des deux poids, c'est-à-dire si l'on a $l < 2d$, la ligne représentative des moments fléchissants maximum est formée par la combinaison des deux paraboles décrites au n° 54 (poutre chargée d'un système de deux poids égaux qui se déplace) et de la parabole décrite au n° 50 (poutre chargée d'un poids unique qui se déplace).

Cette ligne représentative se compose de deux parties symétriques par rapport à la perpendiculaire élevée au milieu de la poutre.

La moitié de gauche, par exemple, est constituée par les deux arcs de parabole AC' et C'O' qui ont pour ordonnée commune CC' celle qui correspond au point C, c'est-à-dire au point d'application du premier poids quand le second franchit l'appui B. Le point C se trouve dès lors à une distance d de l'appui B.

La première parabole passe par l'appui A; son axe, qui

(1) Voir la note a, § 1.

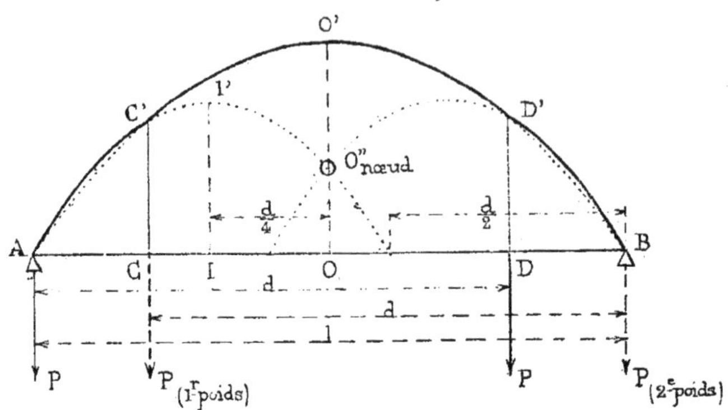

Fig. 36.

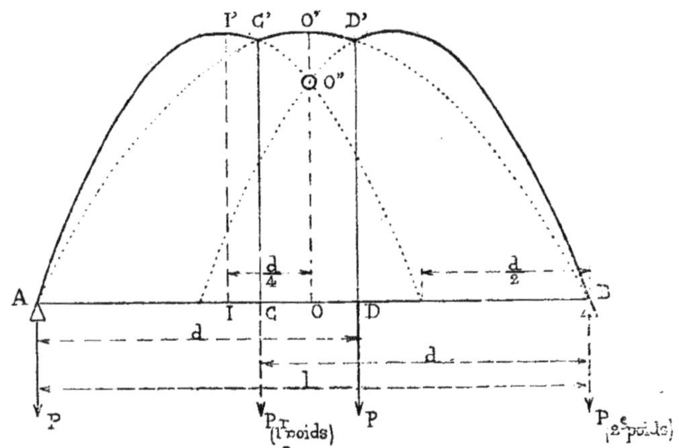

Fig. 37.

l, portée de la poutre.
P, P, poids égaux qui se déplacent.
d, écartement de ces deux poids.

est perpendiculaire à la poutre. est situé à une distance $\frac{d}{4}$ du milieu de la portée; enfin, l'ordonnée de son sommet a pour valeur :

$$II' = \frac{P}{2l}\left(l - \frac{d}{2}\right)^2.$$

Quant à la deuxième parabole, elle passe également par l'appui A. Son axe est formé par une perpendiculaire élevée au milieu O de la portée et son sommet est à une distance de la poutre égale à :

$$OO' = \frac{Pl}{4}.$$

A titre de vérification, si l'on joint par une ligne droite les points C' et B, cette ligne doit passer par le nœud O'', qui n'est autre que le point d'intersection des deux paraboles symétriques décrites au n° 54.

Moment fléchissant maximum. — Son expression varie suivant le rapport qui existe entre les valeurs de l et de d.

Si l'on a :

$$l \leq 1.707 d,$$

le moment maximum a pour expression (*fig.* 36) :

$$M_f = OO' = \frac{Pl}{4}.$$

Si, au contraire, on a :

$$l > 1.707\, d,$$

le moment maximum a pour expression (*fig.* 37) :

$$M_f = II' = \frac{P}{2l}\left(l - \frac{d}{2}\right)^2.$$

61. — Si la portée de la poutre est supérieure ou égale au double de l'écartement des deux poids, c'est-à-dire si l'on a $l \geqq 2d$, la ligne représentative des moments fléchissants maximum est celle qui a été décrite au n° 54.

Il n'y a pas lieu de la combiner avec la parabole des moments dus au déplacement d'un poids unique, par la raison que les ordonnées de cette dernière parabole sont, au droit de toutes les sections, inférieures à celles de la ligne décrite au n° 54.

§ 2. — *Le déplacement du premier poids commence à une certaine distance du premier appui*

62. — Si la portée de la poutre est inférieure au double de l'écartement des deux poids, c'est-à-dire si l'on a $l < 2d$,

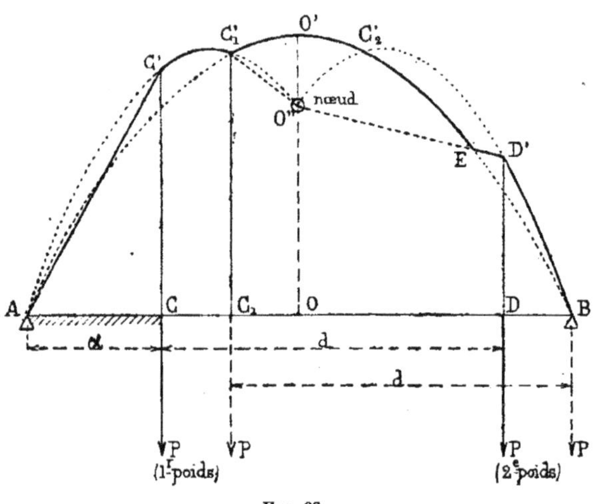

FIG. 38.

on trace d'abord la ligne représentative des moments déterminés par le déplacement des deux poids, conformément aux indications du n° 56. On obtient ainsi la ligne AC'C'₁O'D'B composée de la droite AC′, de l'arc C′C₁′, des deux droites C₁′O″ et O″D′, enfin de l'arc D′B.

A titre de vérification, le prolongement de la droite C₁′O″ doit passer par l'appui B, et le prolongement de la droite O″D′ par le point C′.

On trace ensuite la parabole AO′B représentative des moments dus au déplacement d'un poids unique (nº 50).

La ligne cherchée est formée par les portions les plus saillantes des deux lignes, soit par le contour AC′C₁′O′ED′B. Elle se compose de la droite AC′, des arcs C′C₁′ et C₁′O′E, de la portion de droite ED′ et de l'arc D′B.

63. — Si la portée de la poutre est supérieure ou égale au double de l'écartement des deux poids, c'est-à-dire si l'on a $l \geqq 2d$, la ligne représentative est celle qui a été décrite au nº 56.

Il n'y a pas lieu de la combiner avec la parabole des moments dus au déplacement d'un poids unique, par la raison que les ordonnées de cette dernière parabole sont, au droit de toutes les sections, inférieures à celles de la ligne décrite au nº 56.

QUATRIÈME CAS. — *Le déplacement du système des deux poids s'effectue de manière à franchir les deux appuis*

64. — Ce cas se présente dans les ponts pour voie de terre, avec les entretoises qui supportent une voie charretière, lorsqu'elles aboutissent, à chacune de leurs extrémités, à une poutre longitudinale intermédiaire.

Si la portée de la poutre est inférieure au double de l'écartement des deux poids, c'est-à-dire si l'on a $l < 2d$, la ligne représentative des moments fléchissants maximum s'obtient ainsi qu'il a été indiqué au nº 60.

Dans le cas contraire, la ligne représentative est celle qui a été décrite au nº 54.

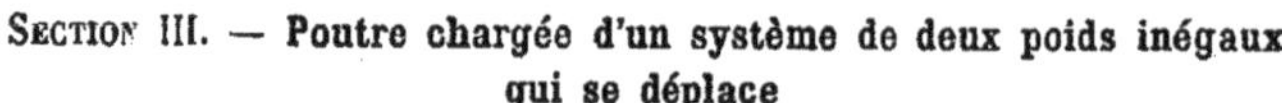

SECTION III. — Poutre chargée d'un système de deux poids inégaux qui se déplace

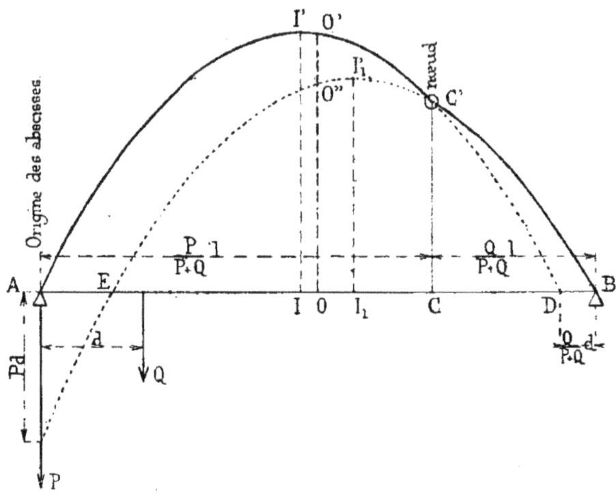

FIG. 39.

l, portée de la poutre.
P et Q, poids inégaux qui se déplacent.
d, distance de ces deux poids.
O, milieu de la poutre.

§ 1. — Ligne représentative des moments fléchissants maximum (1)

65. — Cette ligne est formée des deux arcs de parabole AC′ et C′B.

La première de ces paraboles, qui est celle des moments fléchissants au droit du poids P, passe par le premier appui A. Son axe II′ est perpendiculaire à la poutre et se trouve en deçà du milieu O de la portée et à une distance de ce milieu égale à :

$$IO = \frac{Qd}{2(P+Q)}.$$

(1) Voir la note g.

Quant à l'ordonnée du sommet I', elle a pour valeur :

$$II' = \frac{[(P+Q)\,l - Qd]^2}{4l\,(P+Q)}.$$

Connaissant le point A et le sommet I', on trace la parabole à l'aide du procédé indiqué au n° 335.

On peut vérifier que cette parabole coupe l'ordonnée du milieu de la poutre en un point O' tel que

$$OO' = \frac{l}{4}(P+Q) - \frac{Qd}{2}.$$

La seconde parabole, qui est celle des moments au droit du poids Q, passe par le second appui B. Son axe, qui est perpendiculaire à la poutre, rencontre cette poutre en un point I_1 situé au delà du milieu de la poutre et à une distance de ce milieu égale à :

$$OI_1 = \frac{Pd}{2\,(P+Q)}.$$

L'ordonnée du sommet I_1' a d'ailleurs pour valeur :

$$I_1I_1' = \frac{[(P+Q)\,l + Pd]^2}{4l\,(P+Q)} - Pd.$$

Ces données permettent de tracer la parabole.

On peut vérifier que les deux paraboles se coupent en un point C', qui a pour abscisse :

$$AC = \frac{P}{P+Q}\,l$$

et pour ordonnée :

$$CC' = \frac{P \times Q}{P+Q}(l-d).$$

Ce point C′ n'est autre que le *nœud* du système des deux poids P et Q (1).

On peut aussi vérifier que la seconde parabole rencontre l'ordonnée du milieu de la poutre en un point O″ tel que :

$$OO'' = \frac{l}{4}(P - Q) - \frac{Pd}{2}.$$

§ 2. — Expression du moment fléchissant dans une section quelconque

66. — Entre A et C :

$$M_f = \left(P + Q - Q\frac{d}{l}\right)x - \frac{P + Q}{l}x^2.$$

Au milieu O :

$$M_f = OO' = \frac{l}{4}(P + Q) - \frac{Qd}{2}.$$

Entre C et B :

$$M_f = \left(P + Q + \frac{Pd}{l}\right)x - \frac{P + Q}{l}x^2 - Pd.$$

Moment fléchissant maximum. — Si P est plus grand que Q, le moment maximum se produit dans la section I, située en deçà du milieu de la poutre et à une distance de ce milieu égale à :

$$IO = \frac{Qd}{2(P + Q)}.$$

Il a pour valeur :

$$M_f = II' = \frac{[(P + Q)l - Qd]^2}{4l(P + Q)}.$$

(1) Voir la note a, § 2.

SECTION IV. — Poutre chargée d'un système de trois poids égaux et inégalement distants qui se déplace

67. — Quand le système des trois poids se déplace, les moments maximum se produisent au droit du premier poids sur le premier tiers de la poutre, au droit du deuxième poids sur le deuxième tiers, au droit du troisième poids sur le dernier tiers, les poids étant désignés dans l'ordre où on les rencontre en parcourant la poutre à partir de l'appui A (1).

Il en résulte que la forme de la ligne représentative des moments fléchissants maximum dépend des conditions dans lesquelles le mouvement de chacun des poids peut s'opérer. De là, les cas suivants dans lesquels on a supposé que le mouvement s'opérait de la gauche vers la droite.

PREMIER CAS. — *Le déplacement de chacun des poids s'effectue sur toute l'étendue du tiers de poutre correspondant.*

§ 1. — Ligne représentative des moments fléchissants maximum (2)

68. — Cette ligne est formée des trois arcs de parabole AC′, C′D′ et D′B.

La première de ces paraboles, qui est celle des moments fléchissants au droit du premier poids, passe par le premier appui A. Son axe II′ est perpendiculaire à la poutre et se trouve en deçà du milieu O de la portée et à une distance de ce milieu égale à :

$$IO = \frac{2d + e}{6}.$$

(1) Voir la note h, § 1.
(2) Voir la note h, § 2.

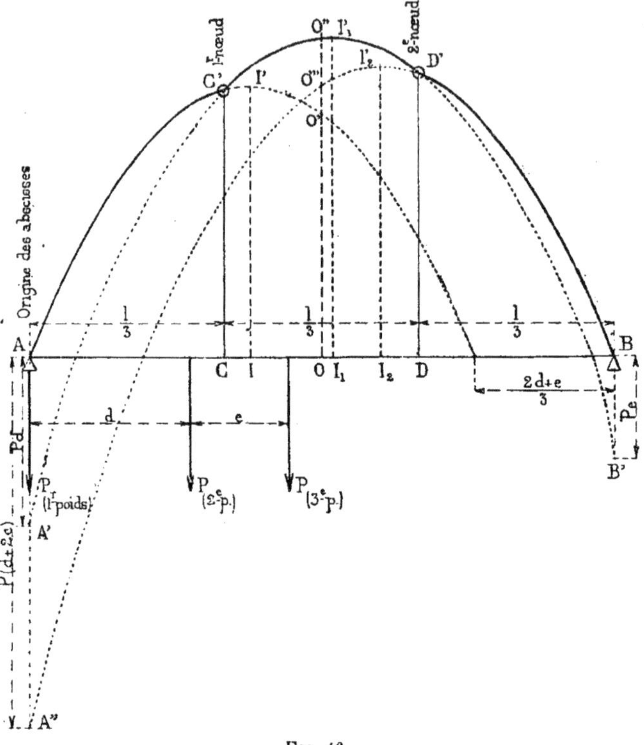

Fig. 40.

l, portée de la poutre.
P, P, P, poids égaux qui se déplacent.
d, distance des deux premiers poids.
e, distance des deux derniers poids.
O, milieu de la poutre.

Quant à l'ordonnée du sommet I', elle a pour valeur :

$$II' = \frac{P}{12l}(3l - 2d - e)^2.$$

Connaissant le point A et le sommet I', avec la direction de l'axe, on trace la parabole à l'aide du procédé indiqué au n° 335.

On peut vérifier que cette parabole coupe l'ordonnée du milieu de la poutre en un point O' tel que :

$$OO' = \frac{P}{4}(3l - 4d - 2e).$$

La seconde parabole, qui est celle des moments au droit du deuxième poids, a également son axe perpendiculaire à la poutre. Il rencontre cette poutre en un point I_1, situé au delà (1) du milieu de la poutre et à une distance de ce milieu égale à :

$$OI_1 = \frac{d - e}{6}.$$

L'ordonnée du sommet I_1' a d'ailleurs pour valeur :

$$I_1I_1' = \frac{P}{12l}(3l + d - e)^2 - Pd.$$

Enfin, cette parabole passe, au droit de l'appui B, par un point B' situé à l'extrémité d'une ordonnée négative égale, en valeur absolue, à :

$$AA' = Pe.$$

Connaissant le point B' et le sommet I_1', avec la direction de l'axe, on trace la parabole à l'aide du procédé indiqué au n° 335.

On peut vérifier que les deux paraboles se coupent en un point C' qui a pour abscisse :

$$AC = \frac{l}{3}$$

et pour ordonnée :

$$CC' = \frac{P}{3}(2l - 2d - e).$$

(1) Au delà, si $d > e$; en deçà, si $d < e$.

Ce point C′ n'est autre que le premier *nœud* du système des trois poids égaux (1).

On peut aussi vérifier que la seconde parabole rencontre l'ordonnée du milieu de la poutre en un point O″ tel que :

$$OO'' = \frac{P}{4}(3l - 2d - 2e).$$

La troisième parabole, qui est celle des moments au droit du troisième poids, passe par le second appui B. Son axe I_2I_2', qui est perpendiculaire à la poutre, se trouve au delà du milieu de la poutre et à une distance de ce milieu égale à :

$$OI_2 = \frac{d + 2e}{6}.$$

Quant à l'ordonnée du sommet I_2', elle a pour valeur :

$$I_2I_2' = \frac{P}{12l}(3l + d + 2e)^2 - P(d + 2e).$$

Ces données permettent de tracer la parabole.

On peut vérifier que la troisième parabole coupe la seconde en un point D′ qui a pour abscisse :

$$AD = \frac{2}{3}l$$

et pour ordonnée :

$$DD' = \frac{P}{3}(2l - d - 2e).$$

Ce point D′ n'est autre que le second *nœud* du système des trois poids égaux (1).

On peut vérifier aussi que la troisième parabole rencontre

(1) Voir la note a, § 3.

l'ordonnée du milieu de la poutre en un point O''' tel que

$$OO''' = \frac{P}{4}(3l - 2d - 4e).$$

§ 2. — Expression du moment fléchissant dans une section quelconque

69. — Entre A et C :

$$M_f = \frac{P}{l}(3l - 2d - e)\,x - \frac{3P}{l}\,x^2.$$

Dans la section C :

$$M_f = CC' = \frac{P}{3}(2l - 2d - e).$$

Entre C et D :

$$M_f = \frac{P}{l}(3l + d - e)\,x - \frac{3Px^2}{l} - Pd.$$

Au milieu O :

$$M_f = OO'' = \frac{P}{4}(3l - 2d - 2e).$$

Dans la section D :

$$M_f = DD' = \frac{P}{3}(2l - d - 2e).$$

Entre D et B :

$$M_f = \frac{P}{l}(3l + d + 2e)\,x - \frac{3Px^2}{l} - P(d + 2e).$$

Moment fléchissant maximum. — Il se produit dans la section I_1, située au delà du milieu de la poutre et à une distance de ce milieu égale à :

$$OI_1 = \frac{d - e}{6}.$$

Il a pour valeur:

$$M_f = I_1I_1' = \frac{P}{12l}(3l + d - e)^2 - Pd.$$

Deuxième cas. — *Le déplacement d'un poids quelconque ne s'effectue pas sur toute l'étendue du tiers de poutre correspondant.*

Ce cas se présente:

1° *Lorsque le déplacement d'un poids quelconque commence à une certaine distance de l'origine du tiers de poutre correspondant.*

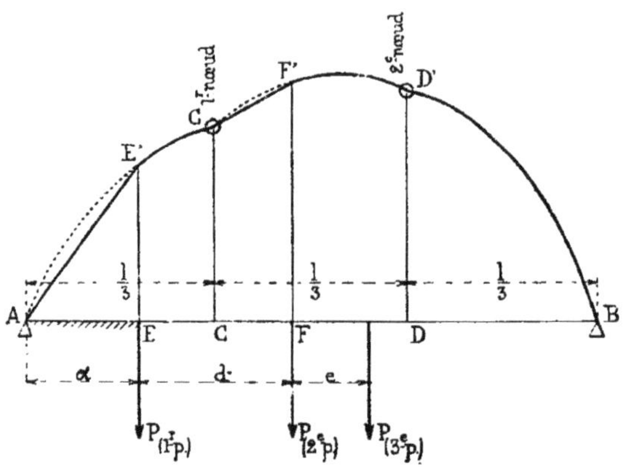

Fig. 41.

AE, tronçon du premier tiers de poutre, qui est soustrait au parcours du premier poids.

CF, tronçon du deuxième tiers de poutre, qui est soustrait au parcours du deuxième poids.

70. — Les moments fléchissants sont toujours représentés par les trois arcs de parabole décrits au cas précédent, sauf pour la première parabole entre l'appui A et l'ordonnée du point E, à partir duquel commence le déplacement du premier poids, et sauf pour la seconde parabole entre l'ordonnée du point C, origine du second tiers de poutre, et l'ordonnée du point F, à partir duquel commence le déplacement du second poids. Au droit de chacun de ces tronçons AE et CF, l'arc de parabole est remplacé par sa corde.

Il en eût été de même à l'égard de la troisième parabole, si le déplacement du troisième poids n'avait pu s'opérer qu'à partir d'un point situé au delà de l'origine D du troisième tiers de poutre.

A titre de vérification, le prolongement de la droite C'F' doit passer par le point E'.

2° *Lorsque le déplacement d'un poids quelconque s'arrête à une certaine distance en deçà de l'extrémité du tiers de poutre correspondant.*

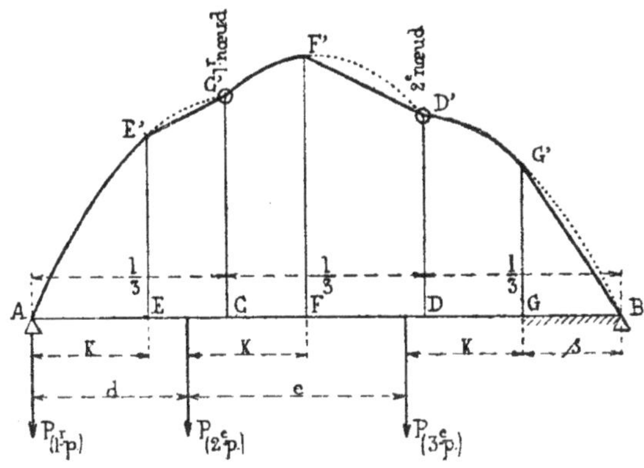

Fig. 42.

K, étendue du déplacement total susceptible d'être assigné au système des trois poids.

EC, tronçon du premier tiers de poutre, qui est soustrait au parcours du premier poids.

FD, tronçon du deuxième tiers de poutre, qui est soustrait au parcours du deuxième poids.

GB, tronçon du troisième tiers de poutre, qui est soustrait au parcours du troisième poids.

71. — Les moments fléchissants maximum sont toujours représentés par les trois arcs de parabole décrits au premier cas, sauf pour la première parabole entre l'ordonnée du point E, auquel s'arrête le déplacement du premier poids, et l'ordonnée du point C, extrémité du premier tiers de poutre ; sauf aussi pour la seconde parabole entre l'ordonnée du point F, auquel s'arrête le déplacement du second poids, et l'ordonnée du point D, extrémité du second tiers de poutre ; sauf enfin pour la troisième parabole entre l'ordonnée du point G, auquel s'arrête le déplacement du troisième poids, et l'appui B.

A titre de vérification, le prolongement de la droite E'C' doit passer par le point F', et le prolongement de la droite F'D' par le point G'.

3° *Lorsque le déplacement de l'un des poids s'effectue tout entier en dehors du tiers de poutre correspondant.*

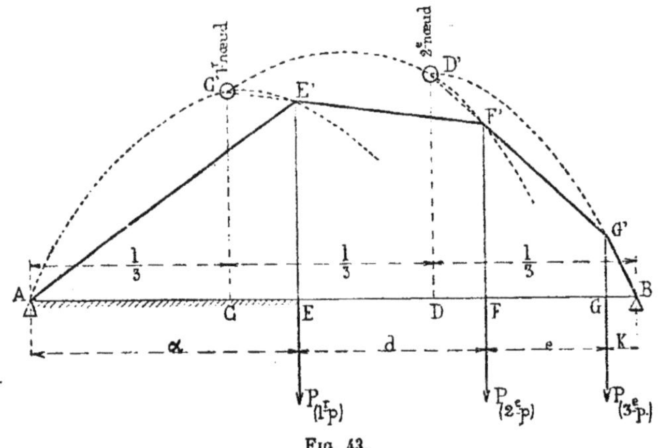

FIG. 43.

AE, tronçon supérieur au premier tiers de poutre, qui est soustrait au parcours du premier poids.

72. — Dans le cas de la figure 43, la troisième parabole est la seule qui représente les moments fléchissants et elle ne les représente qu'au droit du tronçon GB susceptible d'être parcouru par le troisième poids. Entre l'appui A et le point G', la ligne représentative est formée par les droites AE', E'F' et F'G'.

Ces trois droites joignent les points A et G' aux extrémités E' et F' des ordonnées EE' et FF', qui constituent les moments fléchissants au droit du premier et du deuxième poids. Ces ordonnées résultent du tracé de la première et de la deuxième paraboles. Mais on peut se dispenser de construire ces deux courbes, en utilisant la propriété des nœuds C' et D' (1): il suffit de joindre le point G' au second nœud D' jusqu'à l'intersection F' de la perpendiculaire élevée en F; le point F' étant ainsi déterminé, on le joint pareillement au premier nœud C' jusqu'à la rencontre E' de la perpendiculaire élevée en E; enfin, on réunit par une droite ce point E' à l'appui A.

TROISIÈME CAS. — *Le déplacement du système des trois poids s'effectue de manière à franchir un appui*

73. — Ce cas se présente dans les ponts pour voie de terre, avec les entretoises qui supportent une double voie charretière, lorsqu'elles aboutissent, à l'une de leurs extrémités, à une poutre longitudinale intermédiaire.

Dans ce cas, on trace d'abord la ligne représentative des moments déterminés par le déplacement des trois poids, conformément aux indications qui précèdent. On trace ensuite la ligne représentative des moments produits par le déplacement des deux premiers poids, conformément aux règles de la section II (nos 53 et suivants).

La ligne cherchée est formée par les portions les plus saillantes des deux lignes ainsi tracées.

(1) Voir la note a, § 3.

SECTION V. — Poutre chargée d'un système de trois poids égaux et également distants qui se déplace

74. — Quand le système des trois poids se déplace, les moments maximum se produisent au droit du premier poids sur le premier tiers de la poutre, au droit du deuxième poids sur le deuxième tiers, au droit du troisième poids sur le dernier tiers, les poids étant désignés dans l'ordre où on les rencontre en parcourant la poutre à partir de l'appui A.

Il en résulte que la forme de la ligne représentative des moments fléchissants maximum dépend des conditions dans lesquelles le mouvement de chacun des poids peut s'opérer. De là, les cas suivants dans lesquels on a supposé que le mouvement s'opérait de la gauche vers la droite.

PREMIER CAS. — *Le déplacement de chacun des poids s'effectue sur toute l'étendue du tiers de poutre correspondant.*

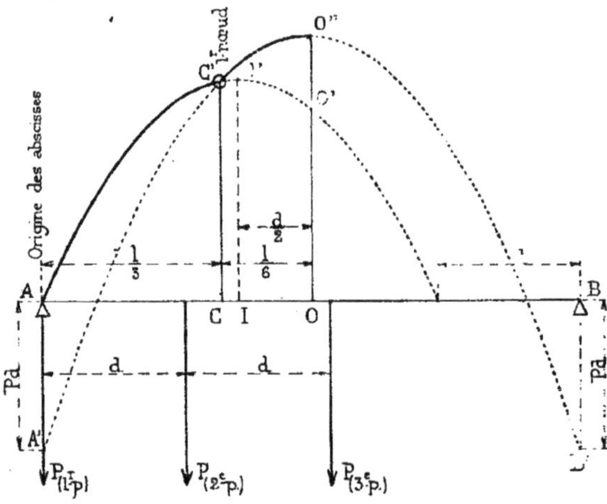

FIG. 44.

l, portée de la poutre.
P, P, P, poids égaux qui se déplacent.
d, distance de deux poids consécutifs.
O, milieu de la poutre.

§ 1. — Ligne représentative des moments fléchissants maximum

75. — Cette ligne se compose de deux parties symétriques par rapport à la perpendiculaire élevée au milieu de la poutre.

En ce qui concerne la moitié de gauche, elle est formée des deux arcs de parabole AC′ et C′O″.

La première de ces paraboles, qui est celle des moments fléchissants au droit du premier poids, passe par le premier appui A. Son axe II′ est perpendiculaire à la poutre et se trouve en deçà du milieu O de la portée et à une distance de ce milieu égale à :

$$\text{IO} = \frac{d}{2}.$$

Quant à l'ordonnée du sommet I′, elle a pour valeur :

$$\text{II}' = \frac{3}{4}\frac{\text{P}}{l}(l - d)^2.$$

Connaissant le point A et le sommet I′, avec la direction de l'axe, on trace la parabole à l'aide du procédé indiqué au n° 335.

On peut vérifier que cette parabole coupe l'ordonnée du milieu de la poutre en un point O′ tel que

$$\text{OO}' = \frac{3}{4}\text{P}(l - 2d).$$

La seconde parabole, qui est celle des moments fléchissants au droit du second poids, a également son axe perpendiculaire à la poutre. Il passe par le milieu O de la portée.

L'ordonnée du sommet O″ a pour valeur :

$$\text{OO}'' = \text{P}\left(\frac{3}{4}l - d\right).$$

Enfin cette parabole passe, au droit de l'appui A, par un point A′ situé à l'extrémité d'une ordonnée négative égale, en valeur absolue, à :

$$AA' = Pd.$$

On peut vérifier que les deux paraboles se coupent en un point C′, qui a pour abscisse :

$$AC = \frac{l}{3}$$

et pour ordonnée :

$$CC' = P\left(\frac{2}{3}l - d\right).$$

Ce point C′ n'est autre que le premier *nœud* du système des trois poids égaux (1).

§ 2. — Expression du moment fléchissant dans une section quelconque

76. — Entre A et C :

$$M_f = \frac{3P}{l}(l - d)\,x - \frac{3P}{l}x^2.$$

Dans la section C :

$$M_f = CC' = P\left(\frac{2}{3}l - d\right).$$

Entre C et O :

$$M_f = \frac{3P}{l}x\,(l - x) - Pd.$$

(1) Voir la note a, § 4.

Moment fléchissant maximum. — Il se produit au milieu O de la poutre, et il a pour valeur :

$$M_f = OO'' = P\left(\frac{3}{4}l - d\right).$$

DEUXIÈME CAS. — *Le déplacement d'un poids quelconque ne s'effectue pas sur toute l'étendue du tiers de poutre correspondant.*

77. — Comme au deuxième cas de la section précédente.

TROISIÈME CAS. — *Le déplacement du système des trois poids s'effectue de manière à franchir un appui*

78. — Comme au troisième cas de la section précédente.

SECTION VI. — **Poutre chargée d'un système de quatre poids égaux qui se déplace, la distance des deux premiers étant égale à celle des deux derniers.**

79. — Quand le système des quatre poids se déplace, les moments maximum se produisent au droit du premier poids sur le premier quart de la poutre, au droit du second poids sur le second quart, au droit du troisième poids sur le troisième quart, au droit du quatrième poids sur le dernier quart, les poids étant désignés dans l'ordre où on les rencontre en parcourant la poutre à partir de l'appui A (1).

Il en résulte que la forme de la ligne représentative des moments fléchissants maximum dépend des conditions dans lesquelles le mouvement de chacun des poids peut s'opérer. De là, les cas suivants, dans lesquels on a supposé que le mouvement s'effectuait de la gauche vers la droite.

(1) Voir la note 1, § 1.

PREMIER CAS. — *Le déplacement de chacun des poids s'effectue sur toute l'étendue du quart de poutre correspondant.*

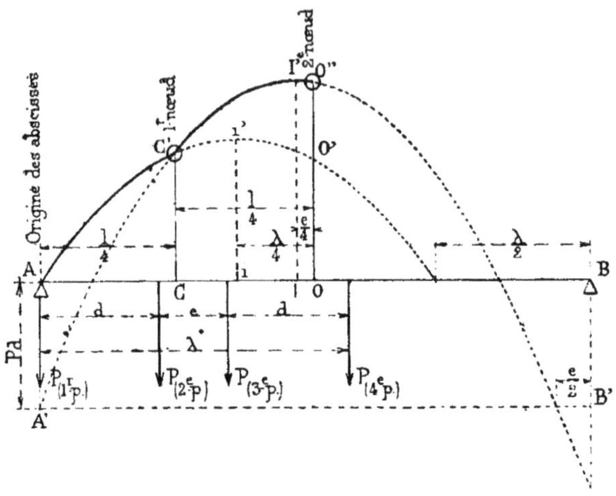

FIG. 45.

l, portée de la poutre.
P, P, P, P, poids égaux qui se déplacent.
λ, étendue occupée par le système de ces quatre poids.
d, distance des deux premiers et des deux derniers poids.
e, écartement des deux poids intermédiaires.
O, milieu de la poutre.

§ 1. — Ligne représentative des moments fléchissants maximum (1)

80. — Cette ligne se compose de deux parties symétriques par rapport à la perpendiculaire élevée au milieu de la poutre.

En ce qui concerne la moitié de gauche, elle est formée des deux arcs de parabole AC′ et C′O″.

La première de ces paraboles, qui est celle des moments au droit du premier poids, passe par le premier appui A. Son axe ii' est perpendiculaire à la poutre et se trouve à une dis-

(1) Voir la note 1, § 2.

tance iO du milieu O de la portée égale à :

$$iO = \frac{\lambda}{4}.$$

Quant à l'ordonnée du sommet i', elle a pour valeur :

$$ii' = \frac{P}{l}\left(l - \frac{\lambda}{2}\right)^2.$$

Connaissant le point A et le sommet i' avec la direction de l'axe, on trace la parabole par le procédé indiqué au n° 335.

On peut vérifier que cette parabole coupe l'ordonnée du milieu de la poutre en un point O' tel que

$$OO' = P\,(l - \lambda).$$

La seconde parabole, qui est celle des moments au droit du deuxième poids, a également son axe perpendiculaire à la poutre. Il rencontre cette poutre en un point I situé en deçà du milieu de la poutre et à une distance de ce milieu égale à :

$$IO = \frac{e}{4}.$$

L'ordonnée du sommet a d'ailleurs pour valeur :

$$II' = \frac{P}{l}\left(l - \frac{e}{2}\right)^2 - Pd.$$

Enfin cette parabole passe, au droit de l'appui A, par un point A' situé à l'extrémité d'une ordonnée négative égale, en valeur absolue, à :

$$AA' = Pd.$$

Connaissant le point A' et le sommet I' avec la direction de l'axe, on trace la parabole par le procédé indiqué au n° 335.

On peut vérifier que les deux paraboles se coupent en un point C', qui a pour abscisse :

$$AC = \frac{l}{4}$$

et pour ordonnée :

$$CC' = \frac{P}{4}(3l - 2\lambda).$$

Ce point C' n'est autre que le premier *nœud* du système des quatre poids égaux (1).

On peut aussi vérifier que la seconde parabole rencontre l'ordonnée du milieu de la poutre en un point O'' tel que

$$OO'' = P(l - d - e).$$

Ce point O'' n'est autre que le deuxième *nœud* du système des quatre poids.

§ 2. — Expression du moment fléchissant maximum dans une section quelconque

81. — Entre A et C :

$$M_f = \frac{4P}{l}\left(l - \frac{\lambda}{2}\right)x - \frac{4P}{l}x^2.$$

Dans la section C :

$$M_f = CC' = \frac{P}{4}(3l - 2\lambda).$$

Entre C et O :

$$M_f = \frac{4P}{l}\left(l - \frac{e}{2}\right)x - \frac{4P}{l}x^2 - Pd.$$

(1) Voir la note **a**, § 5.

Au milieu O :

$$M_f = OO'' = P(l - d - e).$$

Moment fléchissant maximum. — Il se produit dans la section I, situé à une distance $\frac{e}{4}$ du milieu de la poutre. Il a pour valeur :

$$M_f = II' = \frac{P}{l}\left(l - \frac{e}{2}\right)^2 - Pd.$$

DEUXIÈME CAS. — *Le déplacement d'un poids quelconque ne s'effectue pas sur toute l'étendue du quart de poutre correspondant.*

Ce cas se présente :

1° *Lorsque le déplacement de l'un des poids commence à une certaine distance de l'origine du quart de poutre correspondant.*

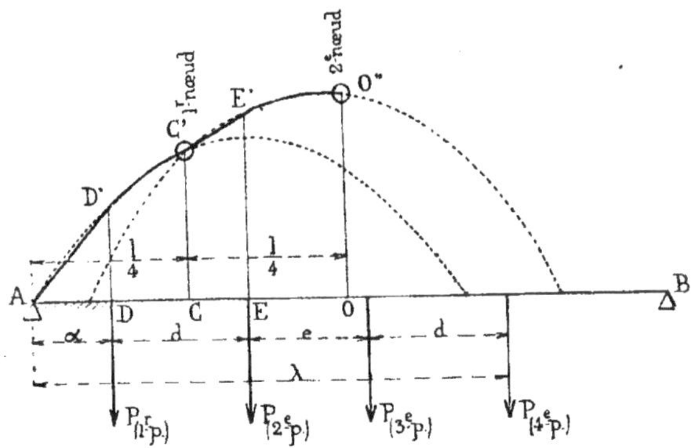

FIG. 46.

AD, tronçon du premier quart de poutre, qui est soustrait au parcours du premier poids.

CE, tronçon du second quart de poutre, qui est soustrait au parcours du second poids.

O, milieu de la poutre.

82. — Les moments fléchissants maximum sont toujours représentés par les deux arcs de parabole décrits au cas précédent, sauf pour la première parabole entre l'appui et l'ordonnée du point D, à partir duquel commence le déplacement du premier poids et, pour la seconde parabole, entre l'ordonnée du point C, origine du second quart de poutre, et l'ordonnée du point E, à partir duquel commence le déplacement du second poids. Au droit de chacun des tronçons AD et CE, chaque arc de parabole est remplacé par sa corde.

A titre de vérification, le prolongement de la droite C'E' doit passer par le point D'.

2° *Lorsque le déplacement de l'un des poids s'arrête à une certaine distance en deçà de l'extrémité du quart de poutre correspondant.*

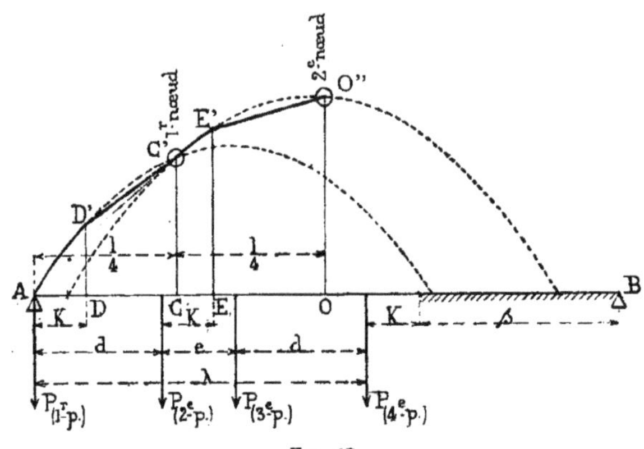

Fig. 47.

K, étendue du déplacement total susceptible d'être assigné au système des quatre poids.

DC, tronçon du premier quart de poutre, qui est soustrait au parcours du premier poids.

EO, tronçon du second quart de poutre, qui est soustrait au parcours du second poids.

83. — Les moments fléchissants maximum sont encore représentés par les deux arcs de parabole décrits au premier cas, sauf, pour la première parabole, entre l'ordonnée du point D, auquel s'arrête le déplacement du premier poids et l'ordonnée du point C, extrémité du premier quart de poutre et, pour la seconde parabole, entre l'ordonnée du point E auquel s'arrête le déplacement du second poids et l'ordonnée du point O, milieu de la poutre. Au droit de chacun des deux tronçons DC et EO, chaque arc de parabole est remplacé par sa corde.

A titre de vérification, le prolongement de la droite D′C′ doit passer par le point E′.

SECTION VII. — Poutre chargée d'un système de quatre poids égaux et également distants qui se déplace

84. — Quand le système des quatre poids se déplace, les moments fléchissants maximum se produisent au droit du premier poids sur le premier quart de la poutre, au droit du deuxième poids sur le deuxième quart, au droit du troisième poids sur le troisième quart, au droit du quatrième poids sur le dernier quart, les poids étant désignés dans l'ordre où on les rencontre, quand on parcourt la poutre à partir de l'appui A.

Il en résulte que la forme de la ligne représentative des moments fléchissants maximum dépend des conditions dans lesquelles le mouvement de chacun des poids peut s'opérer. De là, les cas suivants, dans lesquels on a supposé que le mouvement s'effectuait de la gauche vers la droite.

PREMIER CAS. — *Le déplacement de chacun des poids s'effectue sur toute l'étendue du quart de poutre correspondant.*

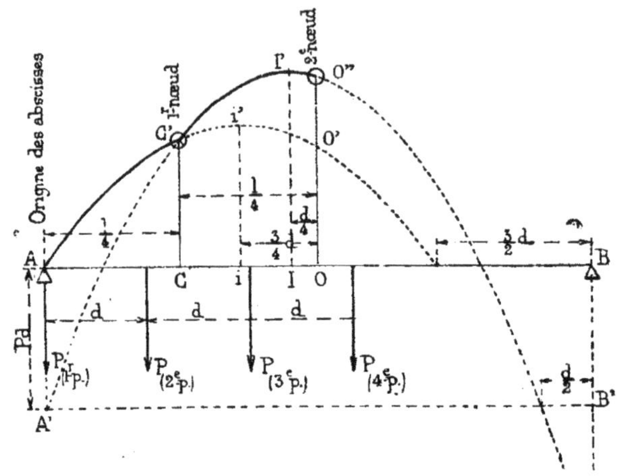

FIG. 48.

l, portée de la poutre.
P, P, P, P, poids égaux qui se déplacent.
d, écartement de deux poids consécutifs.
O, milieu de la poutre.

§ 1. — Ligne représentative des moments fléchissants maximum

85. — Cette ligne se compose de deux parties symétriques par rapport à la perpendiculaire élevée au milieu de la poutre.

En ce qui concerne la moitié de la gauche, elle est formée des deux arcs de parabole AC′ et C′O″.

La première de ces paraboles, qui est celle des moments au droit du premier poids, passe par le premier appui A. Son axe ii' est perpendiculaire à la poutre et se trouve à une distance iO du milieu O de la portée égale à:

$$iO = \frac{3}{4} d.$$

Quant à l'ordonnée du sommet i', elle a pour valeur :

$$ii' = \frac{P}{l}\left(l - \frac{3}{2}d\right)^2$$

Connaissant le point A et le sommet i' avec la direction de l'axe, on trace la parabole par le procédé indiqué au n° 335.

On peut vérifier que cette parabole coupe l'ordonnée du milieu de la poutre en un point O′ tel que

$$OO' = P\,(l - 3d).$$

La seconde parabole, qui est celle des moments au droit du deuxième poids, a également son axe perpendiculaire à la poutre. Il rencontre cette poutre en un point I situé en deçà du milieu de la poutre et à une distance de ce milieu égale à :

$$IO = \frac{d}{4}.$$

L'ordonnée du sommet a d'ailleurs pour valeur :

$$II' = \frac{P}{l}\left(l - \frac{d}{2}\right)^2 - Pd.$$

Enfin, cette parabole passe, au droit de l'appui A, par un point A′ situé à l'extrémité d'une ordonnée négative égale, en valeur absolue, à :

$$AA' = Pd.$$

Connaissant le point A′ et le sommet I′ avec la direction de l'axe, on trace la parabole par le procédé indiqué au n° 335.

On peut vérifier que les deux paraboles se coupent en un point C′, qui a pour abscisse :

$$AC = \frac{l}{4}$$

et pour ordonnée :

$$CC' = \frac{3}{4} P (l - 2d).$$

Ce point C′ n'est autre que le premier *nœud* du système des quatre poids égaux (1).

On peut aussi vérifier que la seconde parabole rencontre l'ordonnée du milieu de la poutre en un point O″ tel que

$$OO' = P (l - 2d).$$

Ce point O″ n'est autre que le deuxième *nœud* du système des quatre poids.

§ 2. — Expression du moment fléchissant maximum dans une section quelconque

86. — Entre A et C :

$$M_f = \frac{4P}{l} (l - \frac{3}{4} d) x - \frac{4P}{l} x^2.$$

Dans la section C :

$$M_f = CC' = \frac{3}{4} P (l - 2d).$$

Entre C et O :

$$M_f = \frac{4P}{l} \left(l - \frac{d}{2}\right) x - \frac{4P}{l} x^2 - Pd.$$

Au milieu O :

$$M_f = OO'' = P (l - 2d)$$

Moment fléchissant maximum. — Il se produit dans la

(1) Voir la note a, § 6.

section I, située à une distance $\frac{d}{4}$ du milieu de la poutre. Il a pour valeur :

$$M_f = II' = \frac{P}{l}\left(l - \frac{d}{2}\right)^2 - Pd.$$

DEUXIÈME CAS. — *Le déplacement d'un poids quelconque ne s'effectue pas sur toute l'étendue du quart de poutre correspondant.*

87. — Comme au deuxième cas de la section précédente.

SECTION VIII. — Poutre chargée de poids quelconques qui se déplacent

§ 1. — Recherche de la position à assigner au système des poids pour produire le moment fléchissant maximum dans une section déterminée.

PREMIER CAS. — *Le système des poids, d'une étendue inférieure à la portée de la poutre, se déplace entre les deux appuis qui ne peuvent être franchis.*

88. — Ce cas se présente notamment avec les poutres longitudinales des tabliers métalliques, quand on les suppose parcourues par un convoi d'un nombre limité de véhicules n'occupant qu'une partie de la portée de la poutre.

Première règle (1). — Le moment fléchissant maximum se produit dans une section déterminée, lorsque la position occupée par le système des poids est telle que l'un de ces poids passe par cette section.

Deuxième règle (2). — Le poids P, qui doit passer par la

(1) Voir la note **j**.
(2) Voir la note **k**.

section considérée pour engendrer le moment fléchissant maximum dans cette section, est celui qui satisfait aux deux

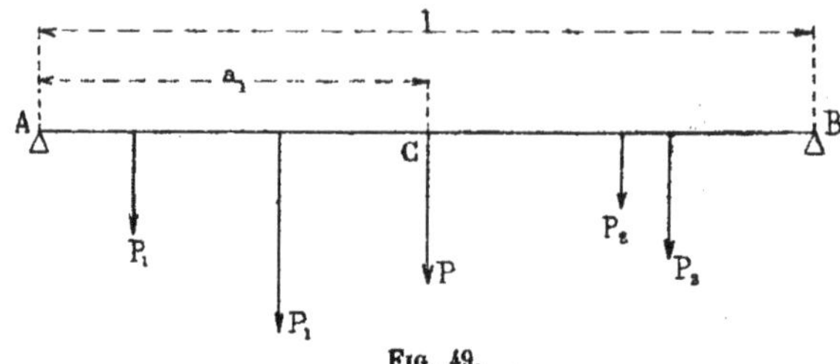

Fig. 49.

l, portée de la poutre.
C, section considérée.
a_1, distance de cette section à l'appui A.
P, poids passant par la section C.
P_1, P_1..., poids à gauche de la section.
π, somme de tous les poids qui agissent sur la poutre.

conditions suivantes :

$$\Sigma P_1 < \pi \times \frac{a_1}{l}$$

$$\Sigma P_1 + P > \pi \times \frac{a_1}{l},$$

ΣP_1 étant la somme de tous les poids situés à gauche du poids P.

Pour déterminer pratiquement le poids qui doit être appliqué à la section considérée, on fait le total π de tous les poids qui sollicitent la poutre et l'on calcule la portion de ce total représentée par $\pi \times \frac{a_1}{l}$.

Puis, en partant du premier appui A et en s'avançant vers le deuxième appui B, on fait la somme des poids, en ajoutant successivement chaque poids que l'on rencontre, jusqu'à ce que l'on obtienne un total supérieur à la portion $\pi \times \frac{a_1}{l}$. Le premier poids qui produit ce résultat est celui qu'il faut appliquer à la section. Il satisfait à la double condition énoncée.

Si, en procédant ainsi, on trouvait un total égal à la portion $\pi \times \frac{a_1}{l}$, le poids qui déterminerait ce résultat donnerait lieu au moment maximum, mais il ne serait pas le seul : le poids qui le suivrait immédiatement jouirait de la même propriété. Il y aurait donc, dans ce cas, deux poids consécutifs susceptibles d'être appliqués à la section considérée pour y engendrer le moment fléchissant maximum.

89. — On peut déterminer, à l'aide de la construction suivante, le poids qui satisfait à la double condition qui vient d'être indiquée.

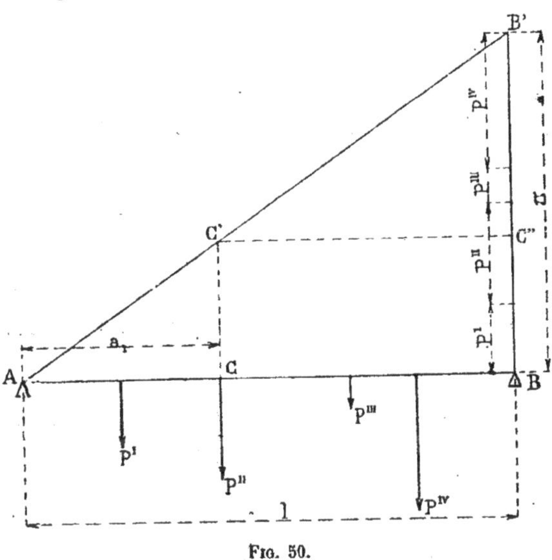

Fig. 50.

Au droit du second appui B, on élève une perpendiculaire sur laquelle on porte successivement, à partir de cet appui, chacun des poids P^{I}, P^{II}, P^{III}, P^{IV}, de telle sorte que la hauteur BB′ de cette perpendiculaire représente le total π de tous les poids. On joint l'extrémité B′ au premier appui A.

On mène, par la section considérée C, une perpendiculaire CC′ jusqu'à la rencontre de la ligne AB′ et, par le point d'intersection C′, on trace une parallèle C′C″ à la poutre.

Le poids partiel auquel cette parallèle aboutit est le poids cherché.

Dans le cas de la figure 50, on trouve ainsi le poids P''. Les divers poids du système ont été, en conséquence, disposés sur la poutre de manière à faire passer le poids P'' par la section C.

S'il arrivait que la parallèle à la poutre rencontrât la perpendiculaire BB′ au point de séparation de deux poids consécutifs, chacun des deux poids serait susceptible d'engendrer le moment fléchissant maximum dans la section considérée.

90. — *Cas où la section considérée est au milieu de la poutre.* — Dans ce cas, la première règle énoncée ci-dessus reste applicable.

Quant à la seconde règle, elle se modifie ainsi qu'il suit :

Le poids P, qui doit passer par le milieu de la poutre, est celui qui satisfait aux deux conditions ci-après :

$$\Sigma P_1 < \frac{\pi}{2},$$

$$\Sigma P_1 + P > \frac{\pi}{2}.$$

On l'obtient en totalisant les poids à partir du premier appui et en s'arrêtant au poids qui, le premier, détermine un total supérieur à la moitié de la somme de tous les poids. Le poids qui donne lieu à ce résultat est celui qui doit passer par le milieu de la poutre.

Si, en procédant ainsi, on trouvait un total égal à $\frac{\pi}{2}$, le poids qui produirait ce résultat et le poids qui le suivrait immédiatement seraient tous deux susceptibles d'être appliqués au milieu de la poutre pour y engendrer le moment fléchissant maximum.

Deuxième cas. — *Le système des poids, d'une étendue illimitée, se déplace en franchissant les appuis*

Ce cas se présente soit avec les poutres longitudinales des ponts pour voies de fer, soit avec celles des ponts pour voies de terre, quand on les suppose parcourues par un convoi de longueur illimitée.

1° Voies de fer

91. — Le moment maximum se produit dans une section déterminée quand on place un essieu au droit de cette section (1).

92. — L'essieu qui engendre le moment fléchissant maxi-

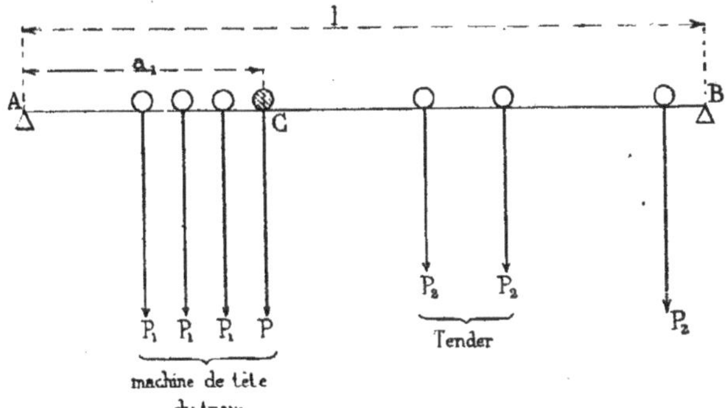

Fig. 51.

l, portée de la poutre.
C, section considérée.
a_1, distance de cette section à l'appui A.
P, poids de l'essieu passant par la section C.
$P_1, P_1...$, poids à gauche de cet essieu.
π, somme de tous les poids dont la poutre est chargée.

(1) Voir la note I, § 1.

mum doit satisfaire aux deux conditions suivantes (1):

$$\Sigma P_1 \leqq \pi \times \frac{a_1}{l},$$

$$\Sigma P_1 + P \geqq \pi \times \frac{a_1}{l},$$

ΣP_1 étant la somme de tous les poids situés à gauche du poids P.

93. — Mais il peut arriver que deux ou plusieurs essieux satisfassent à ces deux conditions.

Voici comment l'on peut procéder pour déterminer l'essieu qui donne lieu au moment maximum :

Si la section considérée appartient à la moitié de gauche de la poutre, on fait entrer le train par l'appui de droite et on le fait avancer jusqu'à ce que l'on découvre un essieu qui remplisse les deux conditions voulues.

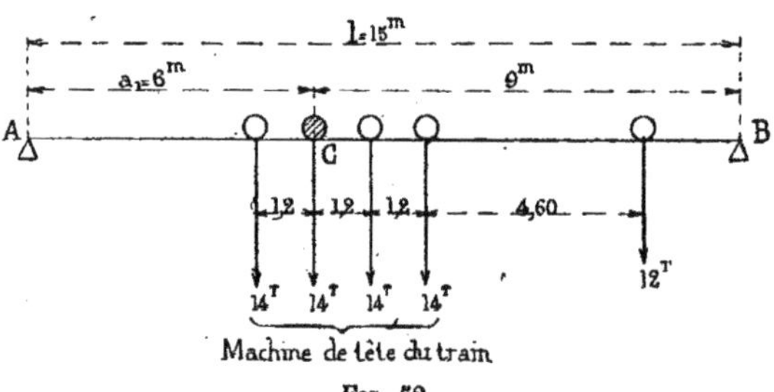

Fig. 52.

Dans l'exemple ci-dessus, on trouve que cet essieu n'est autre que le deuxième essieu de la première machine.

On a, en effet :

$$\pi = 68^T \qquad \pi \times \frac{a_1}{l} = 27^T,2$$

$$\Sigma P_1 = 14^T \qquad \Sigma P_1 + P = 28^T$$

(1) Voir la note I, § 2.

d'où :

$$\Sigma P_1 < \pi \times \frac{a_1}{l} \qquad \text{et} \qquad \Sigma P_1 + P > \pi \times \frac{a_1}{l}.$$

On continue à déplacer le train de droite à gauche, de manière à faire passer le troisième essieu de la première machine par la section considérée. La position du train est alors la suivante :

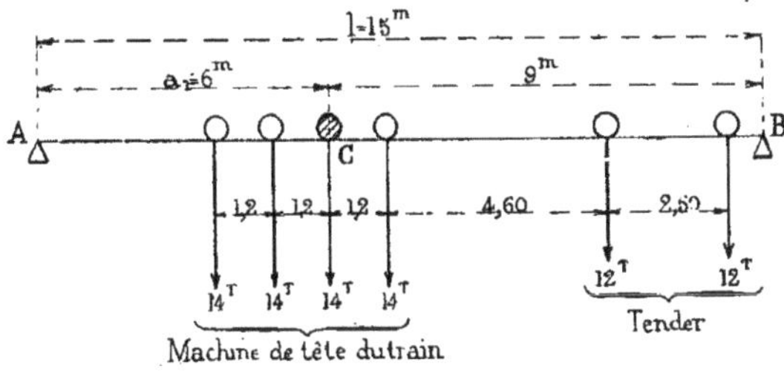

Fig. 53.

On vérifie que le troisième essieu satisfait également aux conditions voulues.

On a, en effet :

$$= 80^{\text{T}} \qquad \pi \times \frac{a_1}{l} = 32^{\text{T}}$$

$$\Sigma P_1 = 28^{\text{T}} \qquad \Sigma P_1 + P = 42^{\text{T}}$$

d'où :

$$\Sigma P_1 < \pi \times \frac{a_1}{l} \qquad \text{et} \qquad \Sigma P_1 + P > \pi \times \frac{a_1}{l}.$$

En faisant encore avancer le train de telle sorte que le quatrième essieu s'applique à la section considérée, on constate que cet essieu ne convient pas.

L'essieu qui produit le moment maximum est donc soit le deuxième, soit le troisième de la machine de tête.

On calcule les moments fléchissants déterminés quand ces deux essieux sont placés au droit de la section considérée :

l'essieu qui engendre le plus grand moment est l'essieu cherché. Dans l'exemple qui a été choisi, c'est le troisième essieu de la machine.

Lorsque la portée de la poutre n'est pas très grande, il y a lieu de déplacer le train de droite à gauche en faisant franchir l'appui de gauche à la machine de tête. Il peut se faire qu'un essieu de la seconde machine, passant par la section considérée, remplisse les deux conditions voulues, et se trouve être l'essieu conduisant au moment fléchissant maximum.

94. — La marche qui vient d'être indiquée comporte des tâtonnements. On les évite, quand il s'agit de ponts à voie normale parcourus par le train-type, en faisant usage du tableau inséré à la deuxième partie (n° 185).

Ce tableau fait connaître, sans aucun calcul, l'essieu à appliquer à une section quelconque, cette section étant définie par le rapport $\frac{a_1}{l}$.

2° Voies de terre

95. — Le moment maximum se produit dans une section déterminée lorsqu'on place un essieu au droit de cette section (1).

96. — Quand le convoi est formé de charrettes du type n° 1 (2) ou de tombereaux du type n° 2 (2), l'essieu à appliquer à la section est celui de l'un des véhicules. Il n'y a pas à s'occuper du sens dans lequel les attelages doivent être disposés par rapport aux véhicules, puisque les charges du convoi sont symétriques de part et d'autre de l'essieu passant par la section.

(1) Voir la note **III**, § 1.
(2) Type décrit à la deuxième partie, titre III, chap. I.

Quand le convoi comprend une charrette de onze tonnes intercalée entre des tombereaux de six tonnes (type n° 2bis) (1), l'essieu à appliquer à la section est celui de la charrette de 11 tonnes. Mais il conduit à deux valeurs du moment fléchissant à raison des deux sens dans lesquels les chevaux de la charrette peuvent être disposés par rapport à son essieu. Il y a, dans chaque cas, un sens suivant lequel le moment est maximum.

Enfin, quand le convoi est constitué par des chariots du type n° 3 (1), l'essieu à faire passer par la section est l'un des deux essieux d'un véhicule : c'est, suivant le cas, celui qui détermine le plus grand moment fléchissant.

97. — Remarque (2). — En ce qui concerne les convois de véhicules du type n° 2 *bis*, lorsqu'on a adopté un certain sens pour la position des attelages, le moment dans une section déterminée, pour une position de sens contraire, n'est autre que le moment dans la section symétrique par rapport au milieu de la poutre, les attelages restant dans la position adoptée.

Pareillement, en ce qui a trait aux convois de chariots du type n° 3, le moment dans une section déterminée, lorsque l'un des deux essieux y est appliqué, n'est autre que le moment dans la section symétrique, quand l'autre essieu s'y trouve placé.

De là, la marche suivante :

On adopte un certain sens pour la position des attelages des véhicules du type n° 2 *bis*, de même qu'on adopte un certain essieu pour les chariots du type n° 3. On calcule, d'après ces dispositions, les moments fléchissants dans les sections symétriques par rapport au milieu de la poutre, et l'on choisit, pour chacune des deux sections symétriques, le plus grand des deux moments obtenus.

(1) Type décrit à la deuxième partie, titre III, chapitre I.
(2) Voir la note III, § 2.

Cette manière de procéder a permis de diminuer le nombre des barêmes destinés à faciliter le calcul des moments fléchissants. Ces barêmes ont été établis pour un sens unique dans la position des attelages du type n° 2 *bis*, et pour un essieu unique des chariots du type n° 3. On a admis que les attelages étaient placés à droite des véhicules et que l'essieu du chariot à appliquer à la section était l'essieu d'arrière, le convoi marchant de gauche à droite.

§ 2. — Détermination de la valeur du moment fléchissant maximum dans une section quelconque

1° Voies de fer

98. — Pour trouver le moment fléchissant maximum dans une section déterminée, on commence par rechercher la position des poids qui donne lieu au plus grand moment, et, par suite, l'essieu qui doit être placé au droit de la section. On applique, à cette fin, les règles énoncées au paragraphe précédent.

Le problème est ainsi ramené à celui de la détermination du moment fléchissant dû à un système de poids fixes. Deux solutions ont été indiquées au chapitre II, section 11, § 2. La solution du n° 48 est celle qui se prête à l'emploi des barêmes dont il sera parlé plus loin.

Le moment fléchissant maximum dans la section C (voir la figure ci-après) a pour expression :

$$M_f = \frac{a_1 a_2 (\Sigma P_1 + \Sigma P_2) - (a_1 \Sigma P_2 d_2 + a_2 \Sigma P_1 d_1)}{l},$$

le poids P, qui passe par la section, étant indifféremment compris dans la somme ΣP_1 des poids de gauche ou dans la somme ΣP_2 des poids de droite.

Quand la section est au milieu de la poutre, cette expression devient :

$$M_f = \frac{l}{4}(\Sigma P_1 + \Sigma P_2) - \frac{1}{2}(\Sigma P_1 d_1 + \Sigma P_2 d_2).$$

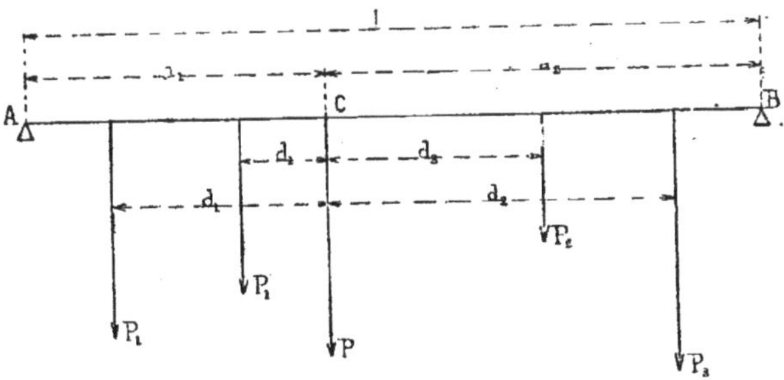

Fig. 54.

l, portée de la poutre.
C, section considérée.
a_1 et a_2, distances de cette section aux deux appuis.
P, poids passant par la section C.
P_1, P_1..., poids à gauche de la section.
d_1, d_1..., distances de ces poids à la section.
P_2, P_2..., poids à droite de la section.
d_2, d_2..., distances de ces poids à la section.
ΣP_1, somme des poids de gauche.
ΣP_2, somme des poids de droite.
$\Sigma P_1 d_1$, somme des moments des poids de gauche, ces moments étant pris par rapport à la section.
$\Sigma P_2 d_2$, somme des moments des poids de droite, ces moments étant également pris par rapport à la section, sans distinction de signe.

2° Voies de terre

99. — On procède comme il vient d'être indiqué, sauf dans le cas où le convoi est formé de véhicules des types n°s 2 *bis* et 3.

On calcule, dans ce cas, le moment fléchissant, non seulement dans la section considérée, mais encore dans la section symétrique par rapport au milieu de la poutre, et l'on choisit le plus grand des deux moments fléchissants obtenus.

§ 3. — Ligne représentative des moments fléchissants maximum quand le système des poids se déplace

100. — On choisit sur la poutre des sections en nombre d'autant plus grand que l'on veut obtenir une ligne plus exacte. On détermine pour chaque section le moment fléchissant maximum, ainsi qu'il a été dit au paragraphe précédent. On élève, à l'emplacement de chaque section, une ordonnée sur laquelle on porte la valeur du moment fléchissant et on fait passer une courbe par les extrémités de toutes les ordonnées ainsi que par les appuis.

101. — *Cas où les charges sont transmises à la poutre par l'intermédiaire d'entretoises ou de pièces de pont.* — La solution qui vient d'être indiquée suppose que tous les poids du système sont successivement appliqués à chaque section de la poutre.

Mais, généralement, les charges sont transmises à la poutre par l'intermédiaire d'entretoises plus ou moins écartées. Les poids qui agissent sur la poutre ne sont alors appliqués qu'aux sections correspondant aux entretoises.

Dans ce cas, c'est pour ces sections seulement qu'on détermine la valeur du moment fléchissant (1). Le calcul s'opère en conservant aux poids des roues ou des chevaux les positions qu'ils occupent réellement, sans avoir égard à la manière dont ces poids se transmettent à la poutre par l'intermédiaire des entretoises (2).

On élève, au droit de chaque entretoise, une ordonnée sur laquelle on porte la valeur du moment fléchissant et on fait passer une courbe par les extrémités de toutes les ordonnées ainsi que par les appuis.

(1) A moins que l'on ne se contente de construire la courbe des moments fléchissants au moyen des valeurs toutes calculées qui sont fournies par les tableaux de la deuxième partie, pour les sections situées à des intervalles égaux au dixième de la portée de la poutre.

(2) Voir la note n.

TITRE II

EFFORTS TRANCHANTS

CHAPITRE PREMIER

Poutres supportant des charges uniformément réparties

Section première. — Poutre chargée uniformément sur toute sa longueur

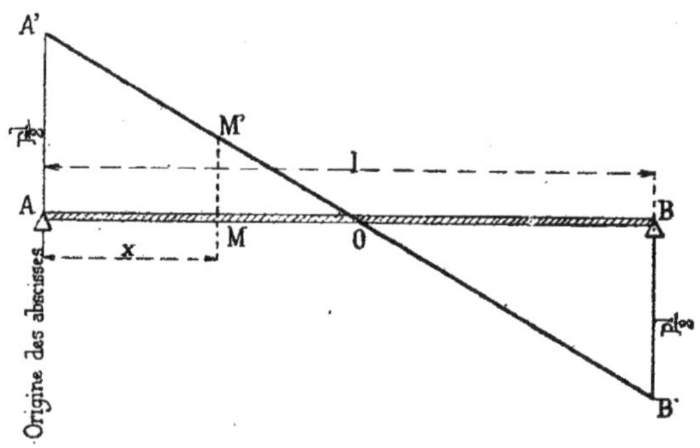

Fig. 55.
l, portée de la poutre.
p, charge par unité de longueur.

§ 1. — Ligne représentative des efforts tranchants

102. — Les efforts tranchants varient comme les ordonnées de la ligne droite A'B', les ordonnées au-dessus de la poutre représentant les efforts positifs, et les ordonnées au-dessous les efforts négatifs.

Pour tracer cette ligne, on élève, au droit du premier appui A, une perpendiculaire AA′ égale à $\frac{pl}{2}$, et on abaisse, au droit du second appui B, une perpendiculaire BB′ égale aussi à $\frac{pl}{2}$. On joint ensuite les extrémités de ces deux perpendiculaires par une droite qui coupe nécessairement la poutre en son milieu O.

§ 2. — Expression de l'effort tranchant dans une section quelconque de la poutre

103. — Dans une section quelconque M, l'effort tranchant a pour expression :

$$T = MM' = p\left(\frac{l}{2} - x\right).$$

Efforts tranchants maximum. — Les efforts tranchants positifs atteignent leur plus grande valeur au droit du premier appui A. Cette valeur est :

$$T = \frac{pl}{2}.$$

Les efforts négatifs présentent leur maximum au droit du second appui B. Ce maximum est :

$$T = -\frac{pl}{2}.$$

SECTION II. — Poutre chargée uniformément sur toute sa longueur, sauf sur un tronçon aboutissant à un appui

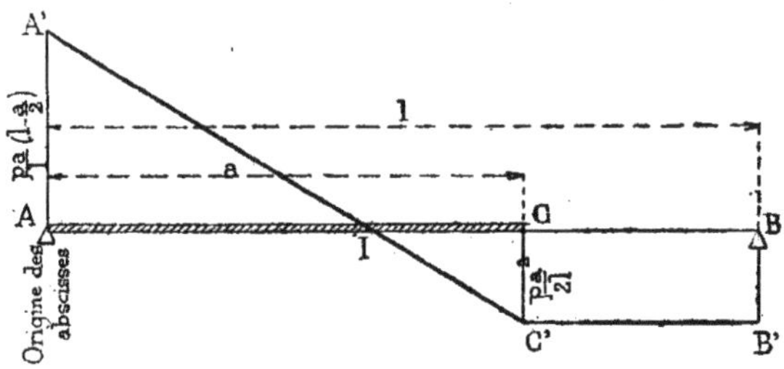

Fig. 56.

l, portée de la poutre.
a, longueur du tronçon supportant une charge p par unité de longueur.

§ 1. — **Ligne représentative des efforts tranchants**

104. — Les efforts tranchants varient comme les ordonnées de la ligne brisée A'C'B', les ordonnées au-dessus de la poutre représentant les efforts positifs et les ordonnées au-dessous les efforts négatifs.

Pour tracer cette ligne, on élève, au droit du premier appui A, une perpendiculaire :

$$AA' = \frac{pa}{l}\left(l - \frac{a}{2}\right).$$

Puis, à l'extrémité C du tronçon chargé, on abaisse une perpendiculaire :

$$CC' = \frac{pa^2}{2l}.$$

On joint les extrémités de ces deux perpendiculaires et, par l'extrémité C' de la seconde, on mène une parallèle C'B' à la poutre jusqu'à la rencontre de la perpendiculaire passant par l'appui B.

§ 2. — Expression de l'effort tranchant dans une section quelconque de la poutre

105. — Entre A et C :

$$T = \frac{pa}{l}\left(l - \frac{a}{2}\right) - px.$$

Entre C et B :

$$T = -\frac{pa^2}{2l}.$$

Efforts tranchants maximum. — Les efforts tranchants positifs atteignent leur plus grande valeur au droit du premier appui A. Cette valeur est :

$$T = \frac{pa}{l}\left(l - \frac{a}{2}\right).$$

Les efforts négatifs présentent leur maximum entre C et B, sur toute la longueur du tronçon non chargé. Ce maximum est :

$$T = -\frac{pa^2}{2l}.$$

Section III. — Poutre chargée uniformément sur toute sa longueur sauf sur deux tronçons d'égale étendue aboutissant à chaque appui

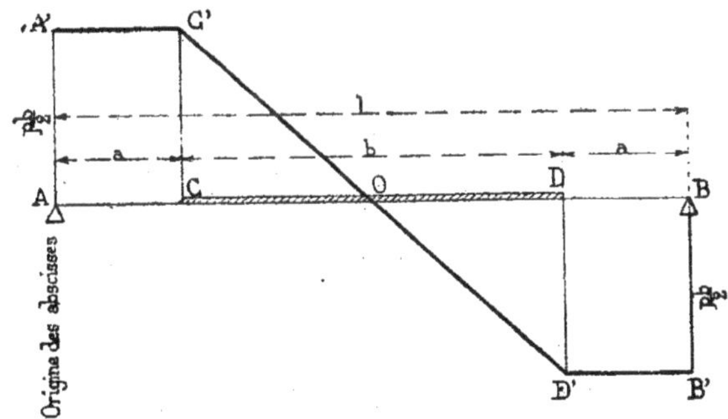

Fig. 57.

l, portée de la poutre.
a, longueur de chaque tronçon non chargé.
b, longueur du tronçon supportant une charge p par unité de longueur.

§ 1. — Ligne représentative des efforts tranchants

106. — Les efforts tranchants varient comme les ordonnées de la ligne A'C'D'B', les ordonnées au-dessus de la poutre représentant les efforts positifs et les ordonnées au-dessous les efforts négatifs.

Cette ligne se trace de la manière suivante :

On élève, au droit du premier appui A, une perpendiculaire AA' égale à $\frac{pb}{2}$ et, par l'extrémité de cette perpendiculaire, on mène une parallèle A'C' à la poutre jusqu'à la rencontre de la perpendiculaire passant par le point C, origine du tronçon chargé. D'autre part, on abaisse, au droit du deuxième appui B, une perpendiculaire BB' égale aussi à $\frac{pb}{2}$ et, par l'extrémité de cette perpendiculaire, on mène une parallèle B'D' jusqu'à la rencontre de la perpendiculaire passant par le point D, extrémité du tronçon chargé. On joint ensuite les deux points C' et D' par une droite qui coupe nécessairement la poutre en son milieu.

§ 2. — Expression de l'effort tranchant dans une section quelconque de la poutre

107. — Entre A et C :

$$T = \frac{pb}{2}.$$

Entre C et D :

$$T = p\left(a + \frac{b}{2}\right) - px.$$

Entre D et B :

$$T = \frac{pb}{2}.$$

Efforts tranchants maximum. — Les efforts tranchants positifs atteignent leur plus grande valeur entre A et C, sur toute la longueur du tronçon non chargé aboutissant au premier appui. Cette valeur est :

$$T = \frac{pb}{2}.$$

Les efforts négatifs présentent leur maximum entre D et B, sur toute la longueur du tronçon non chargé aboutissant au deuxième appui. Ce maximum est :

$$T = -\frac{pb}{2}.$$

Section IV. — **Poutre chargée uniformément sur toute sa longueur, sauf sur deux tronçons d'inégale étendue aboutissant à chaque appui.**

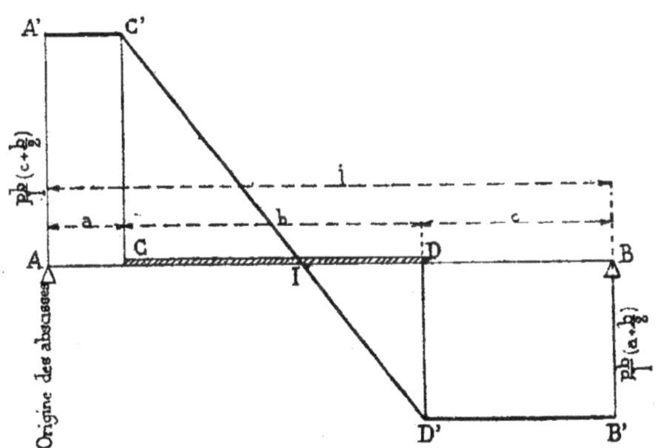

Fig. 58.

l, portée de la poutre.
a et c, longueurs des deux tronçons non chargés.
b, longueur du tronçon supportant une charge p par unité de longueur.

§ 1. — Ligne représentative des efforts tranchants

108. — Les efforts tranchants varient comme les ordonnées de la ligne brisée A'C'D'B', les ordonnées au-dessus de la poutre représentant les efforts positifs et les ordonnées au-dessous les efforts négatifs.

Cette ligne se trace de la manière suivante :

On élève, au droit du premier appui A, une perpendiculaire :

$$AA' = \frac{pb}{l}\left(c + \frac{b}{2}\right)$$

et, par l'extrémité de cette perpendiculaire, on mène une parallèle A'C' jusqu'à la rencontre de la perpendiculaire passant par le point C, origine du tronçon chargé. D'autre part, on abaisse, au droit du second appui B, une perpendiculaire :

$$BB' = \frac{pb}{l}\left(a + \frac{b}{2}\right)$$

et, par l'extrémité de cette perpendiculaire, on mène une parallèle B'D' jusqu'à la rencontre de la perpendiculaire passant par le point D, extrémité du tronçon chargé. On joint ensuite les deux points C' et D'.

§ 2. — Expression de l'effort tranchant dans une section quelconque de la poutre

109. — Entre A et C :

$$T = \frac{pb}{l}\left(c + \frac{b}{2}\right).$$

Entre C et D :

$$T = pa + \frac{pb}{l}\left(c + \frac{b}{2}\right) - px.$$

Entre D et B :

$$T = -\frac{pb}{l}\left(a + \frac{b}{2}\right).$$

Efforts tranchants maximum. — Les efforts tranchants positifs atteignent leur plus grande valeur entre A et C, sur toute la longueur du tronçon non chargé aboutissant au premier appui. Cette valeur est :

$$T = \frac{pb}{l}\left(c + \frac{b}{2}\right).$$

Les efforts négatifs présentent leur maximum entre D et B, sur toute la longueur du tronçon non chargé aboutissant au deuxième appui. Ce maximum est :

$$T = -\frac{pb}{l}\left(a + \frac{b}{2}\right).$$

SECTION V. — **Poutre chargée uniformément, mais inégalement, sur deux parties de sa longueur**

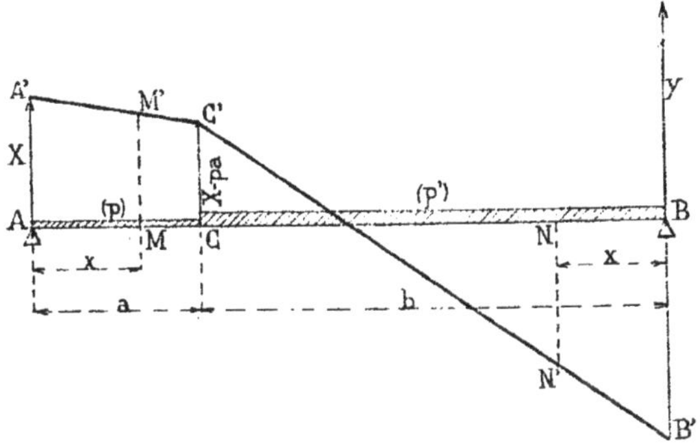

FIG. 59.

l, portée de la poutre.
a, longueur du tronçon supportant une charge p par unité de longueur.
b, longueur du tronçon supportant une charge p' par unité de longueur.
X, réaction du premier appui A :

$$X = \frac{1}{l}\left[pa\left(b + \frac{a}{2}\right) + \frac{p'b^2}{2}\right].$$

Y, réaction du deuxième appui B:

$$Y = pa + p'b - X.$$

ou bien :

$$Y = \frac{1}{l}\left[\frac{pa^2}{2} + p'b\left(a + \frac{b}{2}\right)\right]$$

§ 1. — Ligne représentative des efforts tranchants

110. — Les efforts tranchants varient comme les ordonnées de la ligne brisée A'C'B', les ordonnées au-dessus de la poutre représentant les efforts positifs et les ordonnées au-dessous les efforts négatifs.

Cette ligne se trace de la manière suivante :

On élève, au droit du premier appui A, une perpendiculaire AA' égale à X, puis au point C, qui sépare les deux tronçons inégalement chargés, on mène une perpendiculaire CC' égale à $X - pa$, cette perpendiculaire étant au-dessus ou au-dessous de la poutre suivant que la valeur de $X - pa$ est positive ou négative. On abaisse enfin, au droit du deuxième appui B, une perpendiculaire égale à Y et l'on joint les extrémités de ces trois perpendiculaires.

§ 2. — Expression de l'effort tranchant dans une section quelconque de la poutre

111. — Entre A et C :

$$T = X - px,$$

les abscisses x étant comptées à partir de l'appui A.

Entre C et B :

$$T = -(Y - p'x),$$

les abscisses x étant comptées à partir de l'appui B.

Dans la section C :

$$T = X - pa,$$

ou bien :

$$T = p'b - Y.$$

Efforts tranchants maximum. — Les efforts tranchants

positifs atteignent leur plus grande valeur au droit du premier appui A. Cette valeur est égale à X.

Les efforts négatifs présentent leur maximum au droit du deuxième appui B. Ce maximum est égal à Y.

SECTION VI. — Poutre chargée uniformément, mais inégalement, sur deux tronçons contigus, dont l'un seulement aboutit à un appui

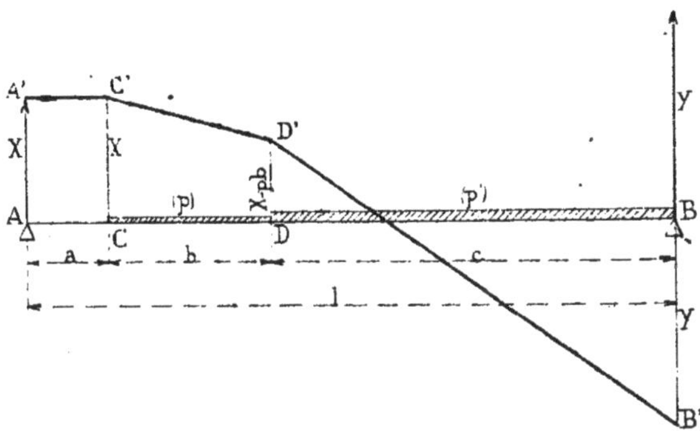

FIG. 60.

l, portée de la poutre.
a, longueur du tronçon non chargé.
b, longueur du tronçon supportant une charge p par unité de longueur.
c, longueur du tronçon supportant une charge p' par unité de longueur.
X, réaction du premier appui A :

$$X = \frac{1}{l}\left[pb\left(c + \frac{b}{2}\right) + p'\frac{c^2}{2}\right].$$

Y, réaction du deuxième appui B :

$$Y = pb + p'c - X,$$

ou bien :

$$Y = \frac{1}{l}\left[pb\left(a + \frac{b}{2}\right) + p'c\left(l - \frac{c}{2}\right)\right]$$

§ 1. — Ligne représentative des efforts tranchants

112. — Les efforts tranchants varient comme les ordonnées de la ligne brisée A'C'D'B', les ordonnées au-dessus de la poutre représentant les efforts positifs et les ordonnées au-dessous les efforts négatifs.

Cette ligne se trace de la manière suivante :

On élève une perpendiculaire égale à X au droit de chacun des points A et C, extrémités du tronçon non chargé. On mène ensuite, au point D, qui sépare les deux tronçons inégalement chargés, une perpendiculaire égale à $X - pb$, cette perpendiculaire étant au-dessus ou au-dessous de la poutre suivant que la valeur de $X - pb$ est positive ou négative. On abaisse enfin, au droit du deuxième appui B, une perpendiculaire égale à Y et l'on joint les extrémités de ces quatre perpendiculaires.

§ 2. — Expression de l'effort tranchant dans une section quelconque de la poutre

113. — Entre A et C :

$$T = X.$$

Entre C et D :

$$T = X - p\,(x - a).$$

les abscisses x étant comptées à partir de l'appui A.

Entre D et B :

$$T = -(Y - p'x),$$

les abscisses x étant comptées à partir de l'appui B.

Au point D :

$$T = X - pb$$

ou bien :

$$T = p'c - Y.$$

Efforts tranchants maximum. — Les efforts tranchants positifs atteignent leur plus grande valeur entre A et C, sur toute la longueur du tronçon non chargé. Cette valeur est égale à X.

Les efforts négatifs présentent leur maximum au droit du second appui B. Ce maximum est égal à Y.

SECTION VII. — Poutre supportant : 1° une charge uniforme sur deux tronçons d'égale longueur aboutissant à chaque appui ; 2° une autre charge uniforme entre ces deux tronçons.

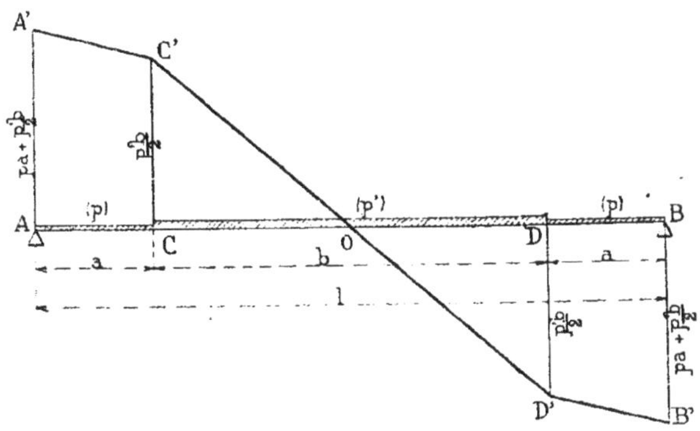

FIG. 61.

l, portée de la poutre.
a, longueur de chacun des deux tronçons supportant une charge p par unité de longueur.
b, longueur du tronçon supportant une charge p' par unité de longueur.

§ 1. — Ligne représentative des efforts tranchants

114. — Les efforts tranchants varient comme les ordonnées de la ligne brisée A'C'D'B', les ordonnées au-dessus de la poutre représentant les efforts positifs et les ordonnées au-dessous les efforts négatifs.

Cette ligne se trace de la manière suivante :

On mène, au droit de chacun des appuis A et B, une perpendiculaire égale à $pa + \frac{p'b}{2}$, la première étant au-dessus de la poutre et la seconde au-dessous. On mène pareillement, à chacune des extrémités C et D du tronçon intermédiaire, une perpendiculaire égale à $\frac{p'b}{2}$, la première étant au-dessus de la poutre et la seconde au-dessous. On joint ensuite les extrémités de ces quatre perpendiculaires.

§ 2. — Expression de l'effort tranchant dans une section quelconque de la poutre

115. — Entre A et C :

$$T = p(a - x) + \frac{p'b}{2}.$$

Au point C :

$$T = \frac{p'b}{2}.$$

Entre C et D :

$$T = p'\left(a + \frac{b}{2} - x\right).$$

Au point D:

$$T = -\frac{p'b}{2}.$$

Entre D et B :

$$T = -\left[p\,(x - a - b) + \frac{p'b}{2}\right].$$

Efforts tranchants maximum. — Les efforts tranchants positifs atteignent leur plus grande valeur au droit du premier appui A. Cette valeur est :

$$T = pa + \frac{p'b}{2}.$$

Les efforts négatifs présentent leur maximum au droit du deuxième appui B. Ce maximum est :

$$T = -\left(pa + \frac{p'b}{2}\right).$$

SECTION VIII. — Poutre supportant : 1° une charge uniforme sur deux tronçons d'égale longueur situés à la même distance de chaque appui ; 2° une autre charge uniforme entre ces deux tronçons.

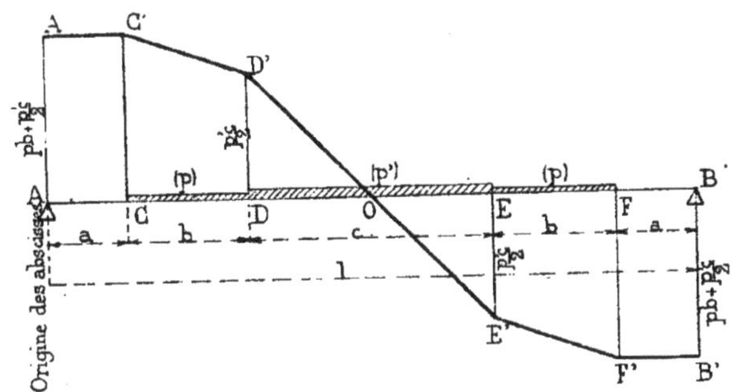

FIG. 62.

l, portée de la poutre.
a, longueur de chaque tronçon non chargé.
b, longueur de chaque tronçon supportant une charge p par unité de longueur.
c, longueur du tronçon supportant une charge p' par unité de longueur.

§ 1. — Ligne représentative des efforts tranchants

116. — Les efforts tranchants varient comme les ordonnées de la ligne brisée A'C'D'E'F'B', les ordonnées au-dessus de la poutre représentant les efforts positifs et les ordonnées au-dessous les efforts négatifs.

Cette ligne se trace de la manière suivante :

On élève une perpendiculaire égale à $pb + \frac{p'c}{2}$ au droit de chacune des extrémités A et C du premier tronçon non chargé ; on abaisse une perpendiculaire de même longueur au droit de chacune des extrémités F et B du second tronçon non chargé. On mène ensuite, à chacune des extrémités D et E du tronçon chargé intermédiaire, une perpendiculaire égale à $\frac{p'c}{2}$, la première étant au-dessus de la poutre et la seconde au-dessous. On joint enfin les extrémités de ces six perpendiculaires.

§ 2. — Expression de l'effort tranchant dans une section quelconque de la poutre

117. — Entre A et C :

$$T = pb + \frac{p'c}{2}.$$

Entre C et D :

$$T = p\,(a + b - x) + \frac{p'c}{2}.$$

Au point D :

$$T = \frac{p'c}{2}.$$

Entre D et E :

$$T = p'\left(\frac{l}{2} - x\right).$$

Au point E :

$$T = -\frac{p'c}{2}.$$

Entre E et F :

$$T = -\left[p\,(x - a - b - c) + \frac{p'c}{2}\right].$$

Entre F et B :

$$T = -\left(pb + \frac{p'c}{2}\right).$$

Efforts tranchants maximum. — Les efforts tranchants positifs atteignent leur plus grande valeur entre A et C, sur toute la longueur du premier tronçon non chargé. Cette valeur est :

$$T = pb + \frac{p'c}{2}.$$

Les efforts négatifs présentent leur maximum entre F et B, sur toute la longueur du second tronçon non chargé. Ce maximum est :

$$T = -\left(pb + \frac{p'c}{2}\right).$$

SECTION IX. — **Poutre chargée uniformément sur deux tronçons d'égale longueur aboutissant à chaque appui**

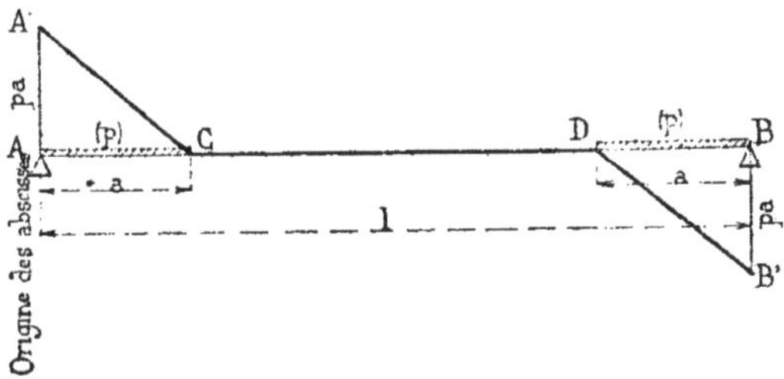

Fig. 63.

l, portée de la poutre.
a, longueur de chacun des deux tronçons supportant une charge p par unité de longueur.

§ 1. — **Ligne représentative des efforts tranchants**

118. — Les efforts tranchants varient comme les ordonnées de la ligne brisée A'CDB', les ordonnées au-dessus de la poutre représentant les efforts positifs et les ordonnées au-dessous les efforts négatifs.

Pour tracer cette ligne, on élève au droit du premier appui A une perpendiculaire AA' égale à pa et on joint l'extrémité de cette perpendiculaire au point C, extrémité du premier tronçon chargé. On abaisse, au droit du deuxième appui B, une perpendiculaire BB' de même longueur pa et on joint l'extrémité de cette perpendiculaire au point D, origine du second tronçon chargé.

§ 2. — Expression de l'effort tranchant dans une section quelconque de la poutre

119. — Entre A et C :

$$T = p\,(a - x).$$

Entre C et D :

$$T = 0.$$

Entre D et B :

$$T = -p\,(x + a - l).$$

Efforts tranchants maximum. — Les efforts tranchants positifs atteignent leur plus grande valeur au droit du premier appui A et cette valeur est pa.

Les efforts négatifs présentent leur maximum au droit du deuxième appui B et ce maximum est égal à $-pa$.

Section X. — Poutre chargée uniformément sur deux tronçons de même longueur situés à égale distance de chaque appui

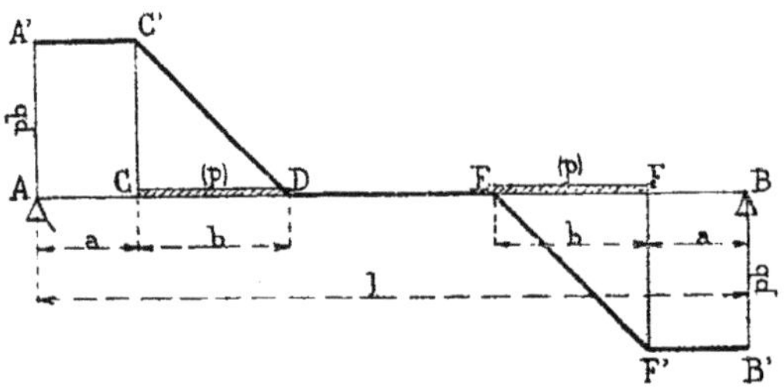

Fig. 64.

l, portée de la poutre.
a, longueur de chaque tronçon non chargé.
b, longueur de chaque tronçon supportant une charge p par unité de longueur.

§ 1. — Ligne représentative des efforts tranchants

120. — Les efforts tranchants varient comme les ordonnées de la ligne brisée A'C'DEF'B', les ordonnées au-dessus de la poutre représentant les efforts positifs et les ordonnées au-dessous les efforts négatifs.

Pour tracer cette ligne, on élève, au droit du premier appui A, une perpendiculaire AA' égale à pb et, par l'extrémité de cette perpendiculaire, on mène une parallèle à la poutre jusqu'à la rencontre de la perpendiculaire passant par le point C, origine du premier tronçon chargé. On joint le point de rencontre C' à l'extrémité D de ce premier tronçon.

On effectue une construction semblable à partir du deuxième appui B, mais en opérant au-dessous de la poutre.

§ 2. — Expression de l'effort tranchant dans une section quelconque de la poutre

121. — Entre A et C:

$$T = pb.$$

Entre C et D:

$$T = p(a + b - x).$$

Entre D et E:

$$T = 0$$

Entre E et F:

$$T = -p(x + a + b - l).$$

Entre F et B:

$$T = -pb.$$

Efforts tranchants maximum. — Les efforts tranchants positifs atteignent leur plus grande valeur entre A et C, sur toute la longueur du premier tronçon non chargé. Cette valeur est :

$$T = pb.$$

Les efforts négatifs présentent leur maximum entre F et B, sur toute la longueur du deuxième tronçon non chargé. Ce maximum est :

$$T = -pb.$$

SECTION XI. — **Poutre chargée uniformément sur deux tronçons de même longueur, situés à des distances quelconques des appuis**

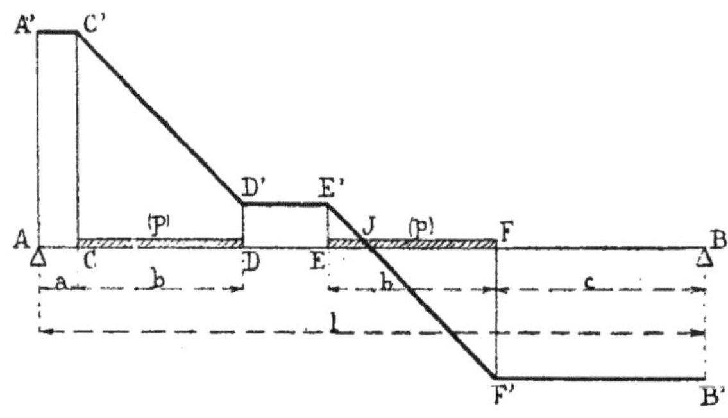

FIG. 65.

l, portée de la poutre.
a et *c*, longueurs des tronçons non chargés aboutissant à chaque appui.
b, longueur de chaque tronçon supportant une charge *p* par unité de longueur.

§ 1. — **Ligne représentative des efforts tranchants**

122. — Les efforts tranchants varient comme les ordonnées de la ligne brisée A′C′D′E′F′B′, les ordonnées au-dessus de la poutre représentant les efforts positifs et les ordonnées au-dessous les efforts négatifs.

Pour tracer cette ligne, on élève, au droit du premier appui A, une perpendiculaire AA′ égale à :

$$\frac{pb}{l}(l + c - a)$$

et, par l'extrémité de cette perpendiculaire, on mène une parallèle à la poutre jusqu'à la rencontre de la perpendiculaire passant par le point C, origine du premier tronçon chargé. On joint le point de rencontre C' au sommet d'une perpendiculaire DD' élevée au bout du premier tronçon avec une hauteur égale à :

$$DD' = \frac{pb}{l}(c - a).$$

Puis, par le sommet de cette perpendiculaire, on trace une parallèle à la poutre jusqu'à la rencontre de la perpendiculaire passant par le point E, origine du second tronçon chargé. On joint le point de rencontre E' à l'extrémité d'une perpendiculaire FF' menée au-dessus de la poutre, au bout du second tronçon, avec une hauteur égale à :

$$FF' = \frac{pb}{l}(l + a - c).$$

Enfin, par l'extrémité de cette perpendiculaire on trace la parallèle F'B' jusqu'à la rencontre de la perpendiculaire abaissée au droit de l'appui B.

§ 2. — Expression de l'effort tranchant dans une section quelconque de la poutre

123. — Entre A et C :

$$T = \frac{pb}{l}(l + c - a).$$

Entre C et D :

$$T = \frac{pb}{l}(l + c - a) - p(x - a).$$

Entre D et E :

$$T = \frac{pb}{l}(c - a).$$

Entre E et F :

$$T = \frac{pb}{l}(c - a) - p(x + b + c - l).$$

Entre F et B :

$$T = -\frac{pb}{l}(l + a - c).$$

Efforts tranchants maximum. — Les efforts tranchants positifs atteignent leur plus grande valeur entre A et C, sur toute la longueur du premier tronçon non chargé. Cette valeur est :

$$T = \frac{pb}{l}(l + c - a).$$

Les efforts négatifs présentent leur maximum entre F et B, sur toute la longueur du deuxième tronçon non chargé. Ce maximum est :

$$T = -\frac{pb}{l}(l + a - c).$$

CHAPITRE II

Poutres chargées de poids fixes

SECTION PREMIÈRE. — Poutre chargée d'un poids unique

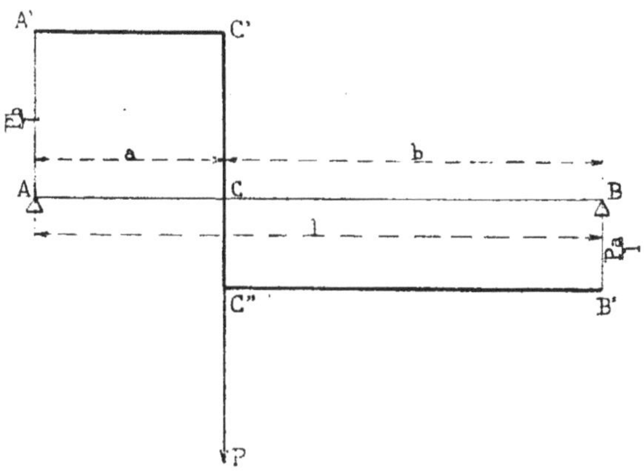

FIG. 66.

l, portée de la poutre.
P, poids fixe.
a et b, distances de ce poids à chacun des deux appuis.

§ 1. — Ligne représentative des efforts tranchants

121. — Les efforts tranchants varient comme les ordonnées de la ligne à gradins A'C'C''B', les ordonnées au-dessus de la poutre représentant les efforts positifs et les ordonnées au-dessous les efforts négatifs.

Cette ligne se trace de la manière suivante :

On élève, au droit du premier appui A, une perpendiculaire AA′ égale à $\frac{Pb}{l}$ et, par l'extrémité A′ de cette perpendiculaire, on mène à la poutre une parallèle A′C′ jusqu'à la rencontre de la perpendiculaire passant par le point d'application C du poids P. On prolonge cette dernière perpendiculaire, au-dessous de la poutre, d'une quantité CC″ égale à $\frac{Pa}{l}$. Puis, on mène par l'extrémité C″ une parallèle C″B′ jusqu'à la rencontre de la perpendiculaire passant par le deuxième appui B.

§ 2. — Expression de l'effort tranchant dans une section quelconque de la poutre

125. — Entre A et C, l'effort tranchant a pour valeur :

$$T = \frac{Pb}{l}.$$

Entre C et D :

$$T = -\frac{Pa}{l}.$$

Dans la section correspondant au poids P, il existe, pour l'effort tranchant, deux valeurs de signe contraire :

$$T = \frac{Pb}{l} \qquad \text{et} \qquad T = -\frac{Pa}{l}.$$

L'effort tranchant est représenté par $\frac{Pb}{l}$, quand la section C de la poutre est considérée comme appartenant au tronçon AC, c'est-à-dire située immédiatement à gauche du poids P ; l'effort tranchant est, au contraire, figuré par $-\frac{Pa}{l}$, quand la section C de la poutre est supposée faire partie du tronçon CB, c'est-à-dire située immédiatement à droite du poids P.

L'hypothèse à faire sur la position de la section dépend du résultat que l'on a en vue. Il y a lieu d'imaginer la section à gauche du poids, si l'on veut déterminer l'effort positif qui se développe dans cette section, et de l'imaginer à droite, si on recherche l'effort négatif.

126. — *Cas où le poids est appliqué au milieu de la poutre.*

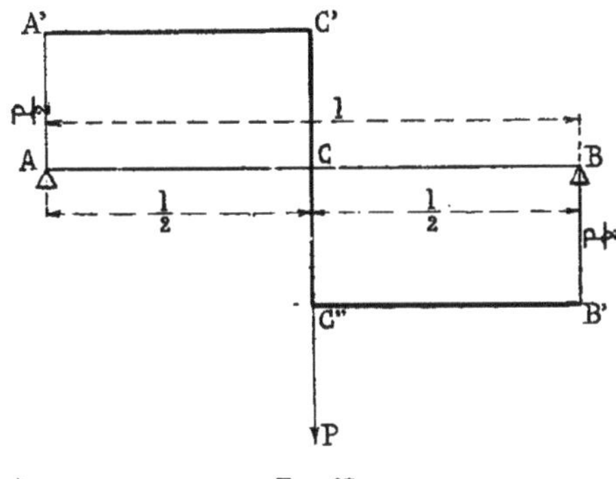

Fig. 67.

Entre A et C :

$$T = \frac{P}{2}.$$

Entre C et B :

$$T = -\frac{P}{2}.$$

Dans la section correspondant au poids P :

$$P = \pm \frac{P}{2}.$$

SECTION II. — Poutre chargée de deux poids égaux situés à égale distance des appuis

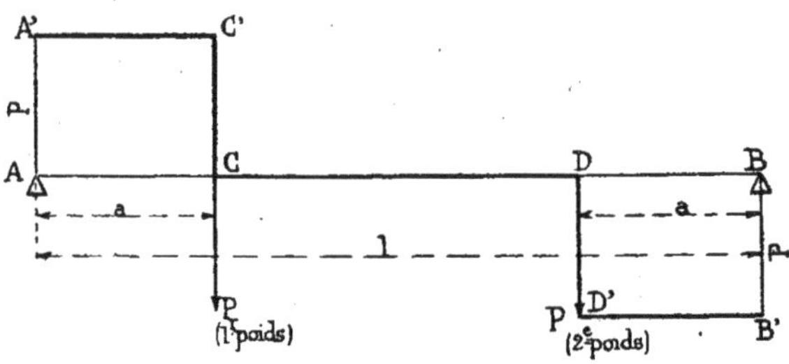

FIG. 68.

l, portée de la poutre.
P, P, poids égaux.
a, distance de chaque poids P à l'appui le plus voisin.

§ 1. — Ligne représentative des efforts tranchants

127.— Les efforts tranchants varient comme les ordonnées de la ligne à gradins A'C'CDD'B', les ordonnées au-dessus de la poutre représentant les efforts positifs et les ordonnées au-dessous les efforts négatifs.

Cette ligne s'obtient de la manière suivante :

On élève, au droit du premier appui A, une perpendiculaire AA' égale à P et, par l'extrémité A', on mène une parallèle A'C' jusqu'à la rencontre de la perpendiculaire passant par le point d'application C du premier poids P. On trace pareillement, au droit du deuxième appui B, mais au-dessous de la poutre, une perpendiculaire BB' égale à P et, par l'extrémité B', on mène une parallèle B'D' jusqu'à la rencontre de la perpendiculaire passant par le point d'application du second poids P

§ 2. — Expression de l'effort tranchant dans une section quelconque de la poutre

128. — Entre A et C :

$$T = P.$$

Entre C et D :

$$T = o.$$

Entre D et B :

$$T = -P.$$

Dans la section C correspondant au premier poids P, il existe deux valeurs de l'effort tranchant, savoir :

$$T = P \qquad \text{et} \qquad T = o.$$

L'effort tranchant est égal à P, quand la section C de la poutre est considérée comme appartenant au tronçon AC, c'est-à-dire située immédiatement à gauche du poids P ; l'effort tranchant est nul, au contraire, quand la section C de la poutre est supposée faire partie du tronçon CD, c'est-à-dire située immédiatement à droite du poids P.

Il existe pareillement deux valeurs de l'effort tranchant dans la section D correspondant au deuxième poids P, savoir :

$$T = o \qquad \text{et} \qquad T = -P.$$

L'hypothèse à faire sur la position de la section dépend du résultat que l'on a en vue. Si l'on veut avoir l'effort positif développé dans la section C, il faut imaginer que cette section est à gauche du premier poids P. Si l'on désire connaître l'effort négatif qui se produit dans la section D, il y a lieu de l'imaginer à droite du deuxième poids P.

SECTION III. — Poutre chargée de deux poids égaux situés à des distances quelconques des appuis

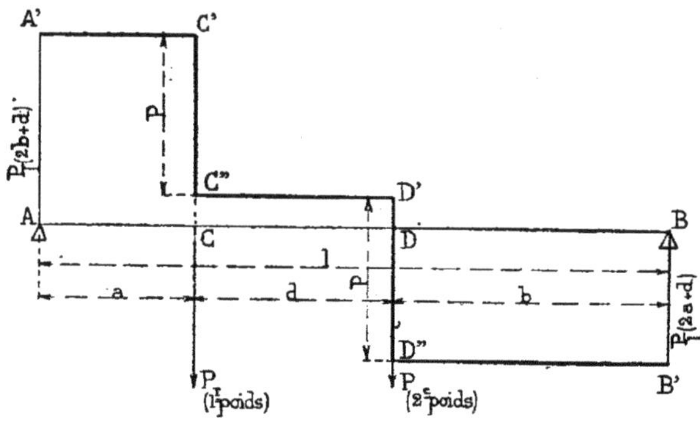

FIG. 69.

l, portée de la poutre.
P, P, poids égaux.
a et b, distances des deux poids aux appuis les plus voisins.
écartement des deux poids.

§ 1. — Ligne représentative des efforts tranchants

129. — Les efforts tranchants varient comme les ordonnées de la ligne à gradins A'C'C"D'D"B', les ordonnées au-dessus de la poutre représentant les efforts positifs et les ordonnées au-dessous les efforts négatifs.

Cette ligne se trace de la manière suivante :

On élève, au droit du premier appui A, une perpendiculaire :

$$AA' = \frac{P}{l}(2b + d),$$

et, par l'extrémité A', on mène une parallèle A'C' jusqu'à la rencontre de la perpendiculaire passant par le point d'application C du premier poids P. On porte, du haut vers le bas, à partir du point C', une longueur C'C" égale à P.

Par le point C", on mène une parallèle à la poutre jusqu'à la rencontre de la perpendiculaire passant par le point d'application D du deuxième poids. On porte sur cette perpendiculaire, du haut vers le bas, à partir du point D′, une longueur D′D″ égale à P.

Enfin, par le point D″, on mène une parallèle D″B′ à la poutre jusqu'à la rencontre de la perpendiculaire passant par le second appui B.

A titre de vérification, la longueur BB′ doit être égale à :

$$\frac{P}{l}(2a + d).$$

§ 2. — Expression de l'effort tranchant dans une section quelconque de la poutre

130. — Entre A et C :

$$T = \frac{P}{l}(2b + d).$$

Entre C et D :

$$T = \frac{P}{l}(b - a).$$

Entre D et B :

$$T = -\frac{P}{l}(2a + d).$$

Lorsque la section se trouve au droit d'un poids P, il existe deux valeurs de l'effort tranchant. Pour le premier poids P, qui est appliqué au point C, ces deux valeurs sont :

$$CC' = \frac{P}{l}(2b + d) \quad \text{et} \quad CC'' = \frac{P}{l}(b - a).$$

L'effort tranchant est représenté par CC′, quand la section C est considérée comme faisant partie du tronçon AC de la poutre, c'est-à-dire située immédiatement à gauche du poids P ; l'effort tranchant est, au contraire, figuré par CC″, quand la section C est supposée appartenir au tronçon CD, c'est-à-dire située immédiatement à droite du poids P.

L'hypothèse à faire sur la position de la section dépend du résultat que l'on a en vue. Si l'on veut avoir le plus grand effort positif dans la section C, il faut imaginer que cette section est immédiatement à gauche du poids P.

En ce qui concerne le second poids P, les deux expressions de l'effort tranchant sont, en valeur absolue :

$$DD' = \frac{P}{l}(b - a) \qquad \text{et} \qquad DD'' = \frac{P}{l}(2a + d).$$

D'après les données de la figure 69, la première expression est positive; quant à la seconde, elle est négative.

L'effort tranchant est représenté par DD' ou DD'', suivant que la section D est supposée immédiatement à gauche ou à droite du poids P.

Il y a lieu de la considérer à gauche de ce poids, si l'on veut déterminer l'effort positif qui se développe dans cette section D, et de la considérer à droite, si on recherche l'effort négatif.

SECTION IV. — Poutre chargée de deux poids inégaux situés à des distances quelconques des appuis

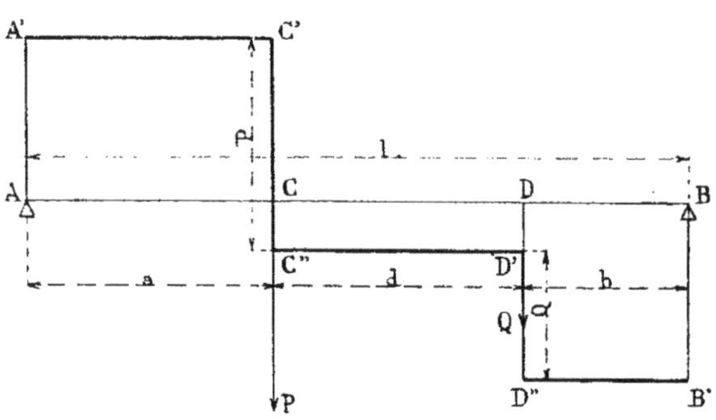

FIG. 70.

l, portée de la poutre.
P, Q, poids inégaux.
a et *b*, distances des deux poids aux appuis les plus voisins.
d, écartement des deux poids.

§ 1. — Ligne représentative des efforts tranchants

131. — Les efforts tranchants varient comme les ordonnées de la ligne à gradins A'C'C''D'D''B', les ordonnées au-dessus de la poutre représentant les efforts positifs et les ordonnées au-dessous les efforts négatifs.

Cette ligne se trace de la manière suivante :

On élève, au droit du premier appui A, une perpendiculaire :

$$AA' = \frac{P(b + d) + Qb}{l}$$

et, par l'extrémité A', on mène une parallèle A'C' jusqu'à la rencontre de la perpendiculaire passant par le point d'application C du premier poids P. On porte, du haut vers le bas, à partir du point C', une longueur C'C'' égale à P.

Par le point C'', on mène une parallèle à la poutre jusqu'à la rencontre de la perpendiculaire passant par le point d'application D du deuxième poids Q. On porte sur cette perpendiculaire, du haut vers le bas, à partir du point D', une longueur D'D'' égale à Q.

Enfin, par le point D'', on mène une parallèle D''B' jusqu'à la rencontre de la perpendiculaire passant par le second appui B.

A titre de vérification, la longueur BB' doit être égale à :

$$\frac{Pa + Q(a + d)}{l}.$$

§ 2. — Expression de l'effort tranchant dans une section quelconque de la poutre

132. — Entre A et C :

$$T = \frac{P(b + d) + Qb}{l}.$$

Entre C et D :

$$T = -\frac{Pa - Qb}{l}.$$

Entre D et B :

$$T = -\frac{Pa + Q(a + d)}{l}.$$

Lorsque la section se trouve au droit du poids P ou du poids Q, il existe deux valeurs de l'effort tranchant.

Pour le poids P, les deux valeurs sont :

$$CC' = \frac{P(b + d) + Qb}{l} \quad \text{et} \quad CC'' = -\frac{Pa - Qb}{l}.$$

D'après les données de la figure 70, la première expression est positive ; quant à la seconde, elle est négative.

L'effort tranchant est représenté par CC', quand la section C est considérée comme faisant partie du tronçon AC de la poutre, c'est-à-dire située immédiatement à gauche du poids P ; l'effort tranchant est, au contraire, figuré par CC", quand la section C est supposée appartenir au tronçon CD, c'est-à-dire située immédiatement à droite du poids P.

L'hypothèse à faire sur la position de la section dépend du résultat que l'on a en vue. Si l'on veut avoir l'effort positif qui se développe dans la section C, il faut imaginer que cette section est immédiatement à gauche du poids P.

Si, au contraire, on recherche l'effort négatif, il y a lieu de considérer la section à droite du poids P.

En ce qui concerne le poids Q, les expressions de l'effort tranchant sont toutes deux négatives, d'après les données de la figure 70. Elles sont égales, en valeur absolue, à :

$$DD' = \frac{Pa - Qb}{l} \quad \text{et} \quad DD'' = \frac{Pa + Q(a + d)}{l}.$$

L'effort tranchant est représenté par DD' ou DD", suivant

que la section D est supposée immédiatement à gauche ou à droite du poids Q.

Il y a lieu de la considérer à gauche de ce poids, si l'on veut obtenir le plus petit effort négatif, et à droite, si on recherche le plus grand effort négatif.

SECTION V. — Poutre chargée de trois poids égaux et également distants, situés à des distances quelconques des appuis

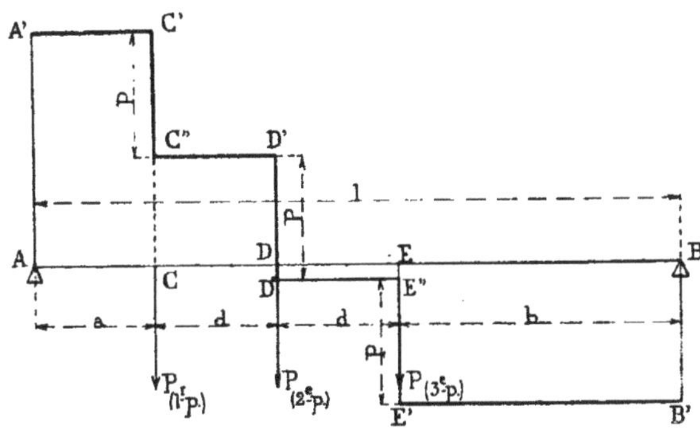

FIG. 71.

l, portée de la poutre.
P, P, P, poids égaux.
d, écartement de deux poids consécutifs.
a, distance du premier poids au premier appui.
b, distance du dernier poids au second appui.

§ 1. — Ligne représentative des efforts tranchants

133. — Les efforts tranchants varient comme les ordonnées de la ligne à gradins A'C'C"D'D"E"E'B', les ordonnées au-dessus de la poutre représentant les efforts positifs et les ordonnées au-dessous les efforts négatifs.

Cette ligne se trace de la manière suivante :

On élève, au droit du premier appui A, une perpendiculaire AA' égale à :

$$\frac{3P}{l}(b+d).$$

et on mène, par l'extrémité A', une parallèle A'C' à la poutre jusqu'à la rencontre de la perpendiculaire passant par le point d'application C du premier poids P. On porte, du haut vers le bas, à partir du point C', une longueur C'C'' égale à P. Puis, par le point C'', on mène une parallèle C''D' jusqu'à la rencontre de la perpendiculaire passant par le point d'application D du deuxième poids P. On porte, de haut vers le bas, à partir du point D' une longueur D'D'' égale à P. On mène ensuite la parallèle D''E'' jusqu'à la rencontre de la perpendiculaire passant par le point d'application E du troisième poids, on porte la longueur E''E' égale à P et on trace enfin la parallèle E'B' jusqu'à la rencontre de la perpendiculaire passant par l'appui B.

A titre de vérification, la longueur BB' doit être égale à :

$$\frac{3P}{l}(a + d).$$

§ 2. — Expression de l'effort tranchant dans une section quelconque de la poutre

134. — Entre A et C :

$$T = \frac{3P}{l}(b + d).$$

Entre C et D :

$$T = \frac{P}{l}(2b + d - a).$$

Entre D et E :

$$T = -\frac{P}{l}(2a + d - b).$$

Entre E et B :

$$T = -\frac{3P}{l}(a + d).$$

Lorsque la section se trouve au droit d'un poids P, il existe deux valeurs de l'effort tranchant, savoir :

En C :

$$CC' = \frac{3P}{l}(b+d) \qquad \text{et} \qquad CC'' = \frac{P}{l}(2b+d-a).$$

En D :

$$DD' = \frac{P}{l}(2b+d-a) \qquad \text{et} \qquad DD'' = -\frac{P}{l}(2a+d-b).$$

En E :

$$EE'' = -\frac{P}{l}(2a+d-b) \qquad \text{et} \qquad EE' = -\frac{3P}{l}(a+d).$$

L'effort tranchant, en chaque point, est représenté par la première des deux valeurs, quand on considère la section dans laquelle il se développe comme située immédiatement à gauche du poids, c'est-à-dire comme appartenant au tronçon qui se termine à cette section. L'effort tranchant est, au contraire, représenté par la seconde valeur, quand on suppose la section immédiatement à droite du poids, c'est-à-dire appartenant au tronçon qui commence à cette section.

L'hypothèse à faire sur la position de la section dépend du résultat que l'on a en vue. Si, par exemple, on veut avoir le plus grand effort positif dans la section C, il faut imaginer que cette section est à gauche du premier poids P. En ce qui concerne la section D, il y a lieu de la considérer à gauche du second poids, si l'on veut obtenir l'effort positif, et à droite, si l'on recherche l'effort négatif qui, dans le cas de la figure 71, se produit dans cette section.

Section VI. — Poutre chargée de trois poids égaux et inégalement distants, situés à des distances quelconques des appuis

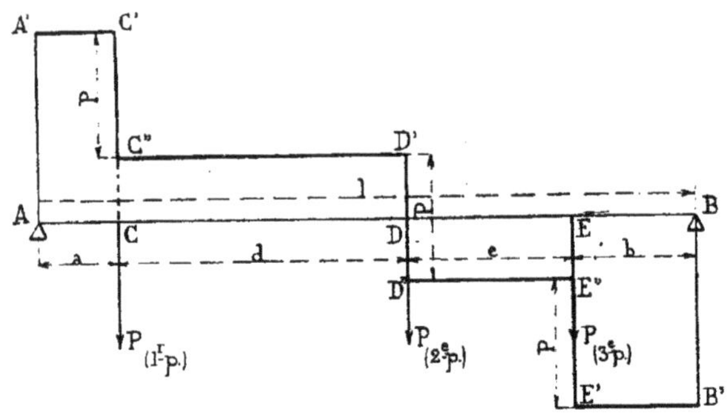

Fig. 72.

l, portée de la poutre.
P, P, P, poids égaux.
d, écartement des deux premiers poids.
e, écartement des deux derniers.
a, distance du premier poids au premier appui.
b, distance du dernier poids au second appui.

§ 1. — Ligne représentative des efforts tranchants

135. — Les efforts tranchants varient comme les ordonnées de la ligne à gradins A'C'C''D'D''E''E'B', les ordonnées au-dessus de la poutre représentant les efforts positifs et les ordonnées au-dessous les efforts négatifs.

Cette ligne se trace de la manière suivante :

On élève, au droit du premier appui A, une perpendiculaire AA' égale à :

$$\frac{P}{l}(3b + d + 2e),$$

et on mène, par l'extrémité A', une parallèle A'C' à la poutre jusqu'à la rencontre de la perpendiculaire passant par le point d'application C du premier poids P. On porte, du haut vers le bas, à partir du point C', une longueur C'C'' égale à P.

Puis, par le point C″, on mène une parallèle C″D′ jusqu'à la rencontre de la perpendiculaire passant par le point d'application D du deuxième poids P. On porte, du haut vers le bas, à partir du point D′, une longueur D′D″ égale à P. On mène ensuite la parallèle D″E″ jusqu'à la rencontre de la perpendiculaire passant par le point d'application E du troisième poids, on porte la longueur E″E′ égale à P et on trace enfin la parallèle E′B′ jusqu'à la rencontre de la perpendiculaire passant par l'appui B.

A titre de vérification, la longueur BB′ doit être égale à :

$$\frac{P}{l}(3a + 2d + e).$$

§ 2. — Expression de l'effort tranchant dans une section quelconque de la poutre

136. — Entre A et C :

$$T = \frac{P}{l}(3b + d + 2e).$$

Entre C et D :

$$T = \frac{P}{l}(2b + e - a).$$

Entre D et E :

$$T = -\frac{P}{l}(2a + d - b).$$

Entre E et B :

$$T = -\frac{P}{l}(3a + 2d + e).$$

Lorsque la section se trouve au droit d'un poids P, il existe deux valeurs de l'effort tranchant, savoir :

En C :

$$CC' = \frac{P}{l}(3b + d + 2e) \text{ et } CC'' = \frac{P}{l}(2b + e - a).$$

En D :

$$DD' = \frac{P}{l}(2b + e - a) \text{ et } DD'' = -\frac{P}{l}(2a + d - b).$$

En E :

$$EE'' = -\frac{P}{l}(2a + d - b) \text{ et } EE' = -\frac{P}{l}(3a + 2d + e).$$

L'effort tranchant, en chaque point, est représenté par la première des deux valeurs, quand on considère la section dans laquelle il se développe comme située immédiatement à gauche du poids, c'est-à-dire comme appartenant au tronçon qui se termine à cette section. L'effort tranchant est, au contraire, représenté par la seconde valeur, quand on suppose la section immédiatement à droite du poids, c'est-à-dire appartenant au tronçon qui commence à cette section.

L'hypothèse à faire sur la position de la section dépend du résultat que l'on a en vue. Si, par exemple, on veut avoir le plus grand effort positif dans la section C, il faut imaginer que cette section est à gauche du premier poids P. En ce qui concerne la section D, il y a lieu de la considérer à gauche du second poids, si l'on veut obtenir l'effort positif, et à droite, si l'on recherche l'effort négatif qui, dans le cas de la figure 72, se produit dans cette section.

Section VII. — Poutre chargée de quatre poids égaux situés, deux à deux, à égale distance des appuis

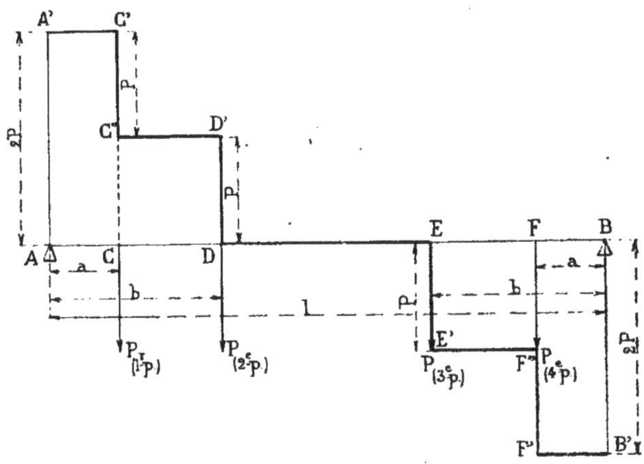

Fig. 73.

l, portée de la poutre.
P, P, P, P, poids égaux.
a, distance des deux poids extrêmes à l'appui le plus voisin.
b, distance des deux poids intermédiaires à l'appui le plus voisin.

§ 1. — Ligne représentative des efforts tranchants

137. — Les efforts tranchants varient comme les ordonnées de la ligne à gradins A'C'C''D'DEE'F''F'B', les ordonnées au-dessus de la poutre représentant les efforts positifs et les ordonnées au-dessous les efforts négatifs.

Cette ligne se trace de la manière suivante :

On élève, au droit du premier appui A, une perpendiculaire AA' égale à 2P et on mène, par l'extrémité A', une parallèle A'C' à la poutre jusqu'à la rencontre de la perpendiculaire passant par le point d'application C du premier poids P. On porte, du haut vers le bas, à partir du point C', une longueur C'C'' égale à P. Puis, par le point C'', on mène une parallèle

$C''D'$ jusqu'à la rencontre de la perpendiculaire passant par le point d'application D du deuxième poids P.

On effectue une construction semblable à partir du deuxième appui B, mais en opérant au-dessous de la poutre.

§ 2. — Expression de l'effort tranchant dans une section quelconque de la poutre

138. — Entre A et C :

$$T = 2P.$$

Entre C et D :

$$T = P.$$

Entre D et E :

$$T = 0.$$

Entre E et F :

$$T = - P.$$

Entre F et B :

$$T = - 2P.$$

Lorsque la section se trouve au droit d'un poids P, il existe deux valeurs de l'effort tranchant, savoir :

En C :

$$CC' = 2P \text{ et } CC'' = P.$$

En D :

$$DD = P \text{ et } 0.$$

En E :

$$0 \text{ et } EE' = - P.$$

En F :

$$FF'' = - P \text{ et } FF' = - 2P.$$

L'effort tranchant, en chaque point, est représenté par la

première des deux valeurs, quand on considère la section dans laquelle il se développe comme située immédiatement à gauche du poids, c'est-à-dire comme appartenant au tronçon qui se termine à cette section. L'effort tranchant est, au contraire, représenté par la seconde valeur, quand on suppose la section immédiatement à droite du poids, c'est-à-dire appartenant au tronçon qui commence à cette section.

L'hypothèse à faire sur la position de la section dépend du résultat que l'on a en vue. Si l'on veut avoir le plus grand effort positif dans la section C, il faut imaginer que cette section est à gauche du premier poids P. Si l'on désire connaître le plus grand effort négatif dans la section F, il y a lieu de la considérer à droite du dernier poids P.

Section VIII. — **Poutre chargée de quatre poids égaux situés à des distances quelconques des appuis, l'écartement des deux premiers poids étant égal à celui des deux derniers.**

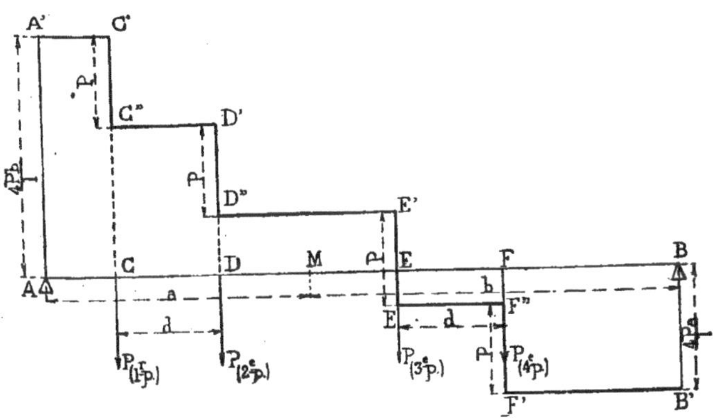

Fig. 74.

l, portée de la poutre.
P, P, P, P, poids égaux.
d, écartement des deux premiers et des deux derniers poids.
M, milieu de l'écartement des deux poids intermédiaires.
a et b, distances de ce milieu à chacun des deux appuis.

§ 1. — **Ligne représentative des efforts tranchants**

139. — Les efforts tranchants varient comme les ordonnées de la ligne à gradins A'C'C"D'D"E'E"F"F'B', les ordonnées au-dessus de la poutre représentant les efforts positifs et les ordonnées au-dessous les efforts négatifs.

Cette ligne se trace de la manière suivante :

On élève, au droit du premier appui A, une perpendiculaire AA' égale à $\frac{4Pb}{l}$ et on mène, par l'extrémité A', une parallèle à la poutre jusqu'à la rencontre de la perpendiculaire passant par le point d'application C du premier poids. On porte, du haut vers le bas, à partir du point C', une longueur C'C" égale à P.

Par le point C", on mène une parallèle C"D' jusqu'à la rencontre de la perpendiculaire passant par le point d'application D du deuxième poids P. On porte sur cette perpendiculaire, du haut vers le bas, à partir du point D', une longueur D'D" égale à P.

Et ainsi de suite jusqu'au dernier poids P qui fournit le point F', par lequel on mène la parallèle F'B' jusqu'à la rencontre de la perpendiculaire passant par le second appui B.

A titre de vérification, la longueur BB' doit être égale à $\frac{4Pa}{l}$.

§ 2. — **Expression de l'effort tranchant dans une section quelconque de la poutre**

140. — Dans une section quelconque, l'effort tranchant a pour expression :

$$T = \frac{4Pb}{l} - nP,$$

n étant le nombre des poids P situés à gauche de la section considérée.

Ainsi, par exemple, si l'on envisage une section comprise entre E et F, l'effort tranchant est égal à :

$$T = \frac{4Pb}{l} - 3P$$

ou :

$$T = -\left(3P - \frac{4Pb}{l}\right).$$

Lorsque la section se trouve au droit d'un poids P, il existe deux valeurs de l'effort tranchant. Par exemple, pour le premier poids P, qui est appliqué au point C, ces deux valeurs sont CC′ et CC″. L'effort tranchant est représenté par CC′, quand la section C est considérée comme appartenant au tronçon AC, c'est-à-dire située immédiatement à gauche du poids P ; l'effort tranchant est, au contraire, figuré par CC″, quand la section C est supposée faire partie du tronçon CD, c'est-à-dire située immédiatement à droite du poids P.

Dans la première hypothèse, le poids P doit être laissé en dehors des poids de gauche ; dans la seconde, il doit être compris parmi ces poids.

L'hypothèse à faire sur la position de la section dépend du résultat que l'on a en vue. Si l'on veut avoir le plus grand effort positif dans la section C, il faut imaginer que cette section est immédiatement à gauche du poids appliqué en C. Si, au contraire, on désire connaître le plus grand effort négatif dans la section F, il y a lieu de supposer que cette section est à droite du poids appliqué en F. Enfin, en ce qui concerne la section E, il faut la considérer à gauche du poids appliqué en E, si on veut déterminer l'effort positif qui se développe dans cette section, ou la considérer à droite, si on recherche l'effort négatif.

Section IX. — Poutre chargée de quatre poids égaux et également distants, situés à des distances quelconques des appuis

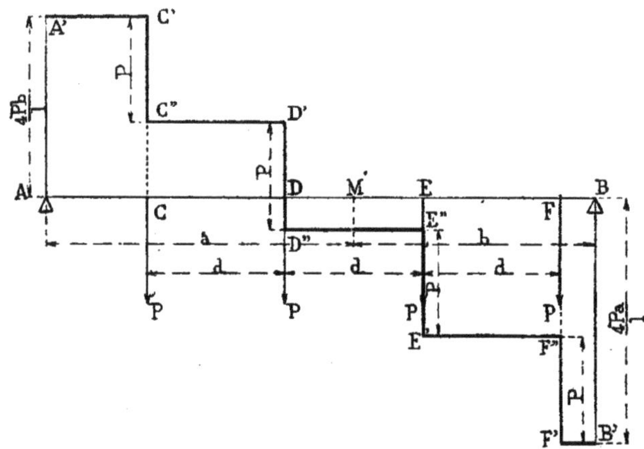

Fig. 75.

l, portée de la poutre.
P, P, P, P, poids égaux.
d, écartement de deux poids consécutifs.
M, milieu de l'intervalle compris entre les deux poids intermédiaires.
a et b, distances de ce milieu à chacun des deux appuis.

§ 1. — Ligne représentative des efforts tranchants

141. — Comme à la section VIII (n° 139).

§ 2. — Expression de l'effort tranchant dans une section quelconque de la poutre

142. — Comme à la section VIII (n° 140).

SECTION X. — **Poutre chargée de poids égaux, situés à des distances égales les uns des autres ou des appuis**

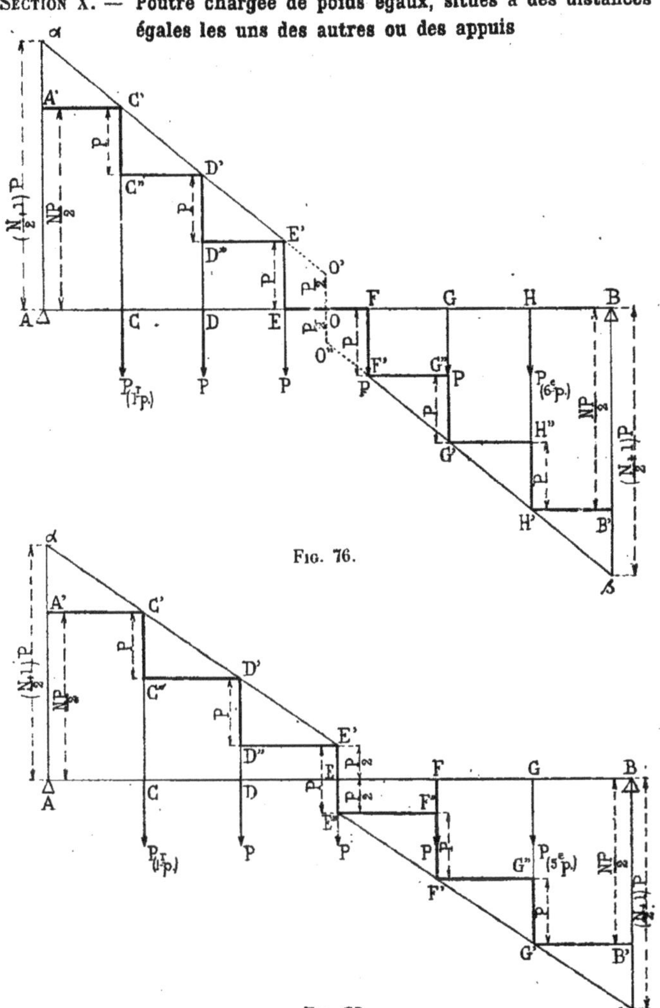

FIG. 76.

FIG. 77.

P, P, P..., poids égaux placés à des distances égales les uns des autres ou des appuis.

N, nombre (pair ou impair) des poids P.

§ 1. — Ligne représentative des efforts tranchants

143. — Les efforts tranchants varient comme les ordonnées de la ligne à gradins A'C'C''D'D''.....B', les ordonnées au-dessus de la poutre représentant les efforts positifs et les ordonnées au-dessous les efforts négatifs.

Cette ligne se trace de la manière suivante :

On élève, au droit du premier appui A, une perpendiculaire AA' égale à $\frac{NP}{2}$ et on mène par l'extrémité A' une parallèle A'C' à la poutre jusqu'à la rencontre de la perpendiculaire passant par le point d'application C du premier poids P. On porte, du haut vers le bas, à partir du point C', une longueur C'C'' égale à P.

Par le point C'', on mène une parallèle C''D' jusqu'à la rencontre de la perpendiculaire passant par le point d'application D du deuxième poids P. On porte sur cette perpendiculaire, du haut vers le bas, à partir du point D', une longueur D'D'' égale à P.

Et ainsi de suite jusqu'au dernier poids P, qui fournit soit le point H' dans la première figure, soit le point G' dans la seconde. Le tracé s'achève en menant soit la parallèle H'B', soit la parallèle G'B', jusqu'à la rencontre de la perpendiculaire passant par le second appui B.

A titre de vérification, la longueur BB' doit être égale à $\frac{NP}{2}$.

§ 2. — Expression de l'effort tranchant dans une section quelconque de la poutre

144. — Dans une section quelconque, l'effort tranchant T a pour expression :

$$T = P\left(\frac{N}{2} - n\right),$$

n étant le nombre des poids P situés à gauche de la section considérée.

Ainsi, par exemple, si l'on envisage une section comprise entre D et E, l'effort tranchant est égal à :

$$T = P\left(\frac{N}{2} - 2\right).$$

Lorsque la section se trouve au droit d'un poids P, il existe deux valeurs de l'effort tranchant. Par exemple, pour le premier poids P qui est appliqué au point C, ces deux valeurs sont CC′ et CC″. L'effort tranchant est représenté par CC′, quand la section C est considérée comme appartenant au tronçon AC de la poutre, c'est-à-dire située immédiatement à gauche du poids P ; l'effort tranchant est, au contraire, figuré par CC″ quand la section C est supposée faire partie du tronçon CD, c'est-à-dire située immédiatement à droite du poids P.

Dans la première hypothèse, le poids P doit être laissé en dehors des poids de gauche; dans la seconde, il doit être compris parmi ces poids.

L'hypothèse à faire sur la position de la section dépend du résultat que l'on a en vue. Si l'on veut avoir le plus grand effort positif dans la section C, il faut imaginer que cette section est immédiatement à gauche du poids appliqué en C. Si, au contraire, on désire connaître le plus grand effort négatif dans la section G, il y a lieu de supposer que cette section est à droite du poids appliqué en G. Enfin, en ce qui concerne une section telle que E, dans la deuxième figure, il faut la considérer à gauche du poids appliqué en E, si on veut déterminer l'effort positif qui se développe dans cette section, ou la considérer à droite, si on recherche l'effort négatif.

Efforts tranchants maximum. — Les efforts tranchants positifs atteignent leur plus grande valeur dans le tronçon compris entre l'appui A et le premier poids P. Cette valeur est :

$$T = \frac{NP}{2}.$$

Les efforts tranchants négatifs présentent leur maximum dans le tronçon situé entre le dernier poids P et l'appui B. Ce maximum est égal à :

$$T = -\frac{NP}{2}.$$

Efforts tranchants minimum. — Le minimum des efforts tranchants varie suivant que le nombre total N des poids P est pair ou impair.

Si N est pair, l'effort tranchant se réduit à o dans le tronçon compris entre les deux poids P situés immédiatement de part et d'autre du milieu de la poutre. L'effort tranchant est nul, par suite, dans la section du milieu.

Si N est impair, le minimum des efforts tranchants positifs se produit dans le tronçon compris entre le milieu de la poutre et le poids à gauche le plus voisin de ce milieu. Cet effort minimum a pour valeur :

$$T = \frac{P}{2}.$$

Cette valeur est dès lors celle de l'effort tranchant positif au milieu de la poutre.

Le minimum des efforts tranchants négatifs se manifeste dans le tronçon compris entre le milieu de la poutre et le poids à droite le plus voisin de ce milieu. La valeur de cet effort minimum est :

$$T = -\frac{P}{2}.$$

C'est, par conséquent, la valeur de l'effort tranchant négatif dans la section du milieu de la poutre.

§ 3. — Ligne représentative des efforts tranchants au droit des poids

145. — Les plus grands efforts, soit positifs, soit négatifs, qui se produisent au droit de chaque poids P, varient comme les ordonnées des deux droites $\alpha E'$ et $F'\beta$.

Le tracé de ces droites s'effectue ainsi qu'il suit, aussi bien lorsque le nombre N des poids est pair que lorsqu'il est impair :

On élève, au droit du premier appui A, une perpendiculaire $A\alpha$ égale à $\left(\frac{N}{2}+1\right)$ P et, au milieu de la poutre, une perpendiculaire égale à $\frac{P}{2}$. On joint les extrémités de ces deux perpendiculaires. On effectue une construction semblable sur l'autre moitié de la poutre, mais en traçant les deux perpendiculaires au-dessous de cette poutre.

146. — Remarque. — Dans les ponts où la charge permanente est transmise aux poutres longitudinales par l'intermédiaire d'entretoises également espacées, ces poutres longitudinales reçoivent des charges distribuées comme dans le cas qui vient d'être examiné.

Il est souvent d'usage de considérer ces poutres comme supportant une charge uniformément répartie, auquel cas les efforts tranchants sont censés varier comme les ordonnées d'une droite coupant la poutre en son milieu et passant à l'extrémité d'une perpendiculaire élevée sur chaque appui avec une hauteur égale à $\frac{pl}{2}$, p étant la charge par mètre courant de poutre (n° 102).

Généralement, on calcule cette charge p comme si la poutre supportait tout le poids du tablier compris entre les appuis. On répartit ainsi sur la longueur l un poids égal à $(N+1)P$.

La ligne représentative des efforts tranchants aboutit dès lors, sur chaque appui, à l'extrémité d'une perpendiculaire dont la longueur est :

$$\frac{(N+1)P}{l} \times \frac{l}{2}$$

ou :

$$\left(\frac{N}{2}+\frac{1}{2}\right)P.$$

Cette perpendiculaire est inférieure d'une quantité $\frac{P}{2}$ à celle qui a été indiquée ci-dessus.

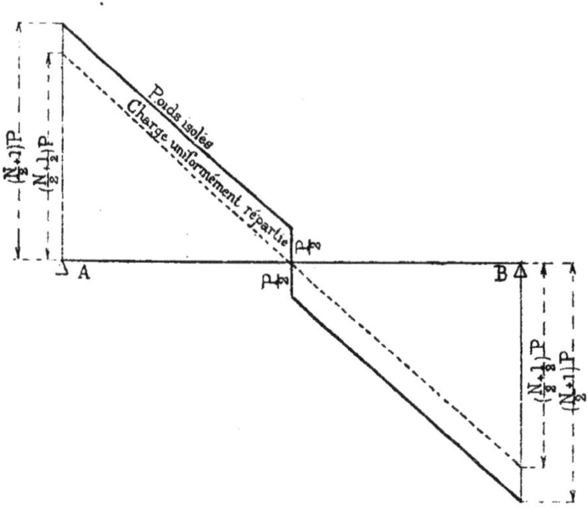

FIG. 78.

Il s'ensuit que la ligne représentative des efforts dans l'hypothèse habituelle de la charge uniformément répartie est parallèle aux deux droites qui indiquent les efforts dus aux charges isolées et équidistantes.

Les efforts accusés par la ligne dont il s'agit, au droit de chaque entretoise, sont inférieurs à ceux des deux droites et la différence est égale à $\frac{P}{2}$.

Section XI. — Poutre chargée de poids quelconques, situés à des distances quelconques les uns des autres

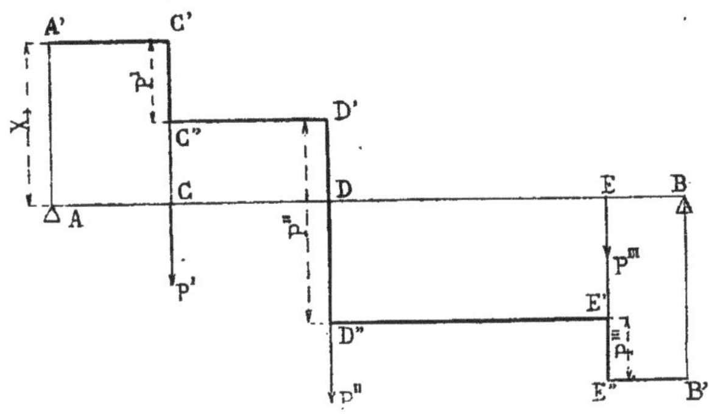

Fig. 79.

l, portée de la poutre.
P^{I}, P^{II}, P^{III}..., poids quelconques en nombre quelconque.
X_1, réaction du premier appui A. — Si l'on désigne par d^{I}, d^{II}, d^{III}, les distances des poids P^{I}, P^{II}, P^{III}, au deuxième appui B :

$$X_1 = \frac{P^{I}d^{I} + P^{II}d^{II} + P^{III}d^{III}}{l}$$

§ 1. — Ligne représentative des efforts tranchants

147. — Les efforts tranchants varient comme les ordonnées de la ligne à gradins A'C'C"D'D"E'E"B', les ordonnées au-dessus de la poutre représentant les efforts positifs et les ordonnées au-dessous les efforts négatifs.

Cette ligne se trace de la manière suivante :

On élève, au droit du premier appui A, une perpendiculaire AA' égale à X_1. On mène par l'extrémité A' une parallèle A'C' à la poutre, jusqu'à la rencontre de la perpendiculaire passant par le point d'application C du premier poids P^{I}. Puis on porte, à partir du point C', du haut vers le bas, une longueur C'C'' égale à ce poids P^{I}.

Par le point C'', on mène une parallèle C''D' jusqu'à la rencontre de la perpendiculaire passant par le point d'application D du deuxième poids P^{II}. On porte sur cette perpendiculaire, à partir du point D', du haut vers le bas, une longueur D'D'' égale au poids P^{II}.

Et ainsi de suite, jusqu'au dernier poids P^{III} qui, porté sur la perpendiculaire passant par son point d'application E, fournit le point E'' à partir duquel on mène une parallèle à la poutre jusqu'à la rencontre de la perpendiculaire passant par le deuxième appui B.

L'examen de la ligne représentative des efforts tranchants montre qu'au droit de chaque poids il existe deux valeurs de l'effort tranchant. Pour le poids P^{I}, par exemple, ces deux valeurs sont CC' et CC''. L'effort tranchant est représenté par CC', quand la section C de la poutre est considérée comme appartenant au tronçon AC de la poutre, c'est-à-dire située immédiatement à gauche du poids P^{I}; l'effort tranchant est, au contraire, figuré par CC'', quand la section C de la poutre est supposée faire partie du tronçon CD, c'est-à-dire située immédiatement à droite du poids P^{I}.

L'hypothèse à faire sur la position de la section dépend du résultat que l'on a en vue. Si l'on veut avoir le plus grand effort positif dans la section C, il faut imaginer que cette section est immédiatement à gauche du poids P^{I}. Si, au contraire, on désire connaître le plus grand effort négatif dans la section E, il y a lieu de supposer que cette section est à droite du poids P^{III}. Enfin, en ce qui concerne une section telle que D, il convient de la considérer à gauche du poids P^{II}, si on veut déterminer l'effort positif qui se développe dans cette section, ou de la considérer à droite, si on recherche l'effort négatif.

§ 2. — Expression de l'effort tranchant dans une section quelconque de la poutre

148. — *Expression en fonction de la réaction d'un appui.*

1° Si la réaction est celle du premier appui A :

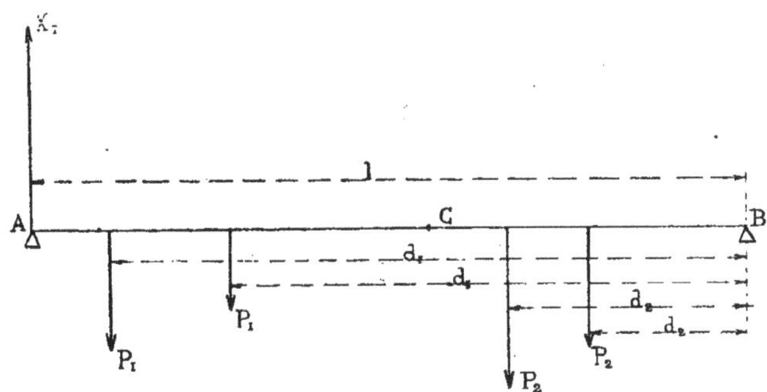

Fig. 80.

l, portée de la poutre.

C, section considérée.

P_1..., poids, en nombre quelconque, à gauche de la section.

d_1..., distance de chacun de ces poids au deuxième appui B.

ΣP_1, somme des poids de gauche.

$\Sigma P_1 d_1$, somme des moments des poids de gauche, ces moments étant pris par rapport au deuxième appui B.

P_2..., poids, en nombre quelconque, à droite de la section.

d_2..., distance de chacun de ces poids au deuxième appui B.

$\Sigma P_2 d_2$, somme des moments des poids de droite, ces moments étant pris par rapport au deuxième appui B.

X_1, réaction du premier appui A. — Cette réaction a pour valeur :

$$X_1 = \frac{\Sigma P_1 d_1 + \Sigma P_2 d_2}{l}.$$

L'expression de l'effort tranchant dans une section C est la suivante :

$$T = X_1 - \Sigma P_1.$$

Lorsque la section se trouve au droit de l'un des poids, cette formule donne deux valeurs de T, suivant que l'on comprend ou que l'on ne comprend pas le poids dont il s'agit dans la somme ΣP_1 des poids à gauche de la section.

Si l'on veut obtenir le plus grand effort positif, il y a lieu de laisser le poids en dehors de la somme ΣP_1.

Si, au contraire, on recherche le plus grand effort négatif, il faut introduire le poids dans la somme ΣP_1.

Au droit du premier appui A, la formule précédente donne :

$$T = X_1.$$

2° Si la réaction est celle du deuxième appui B :

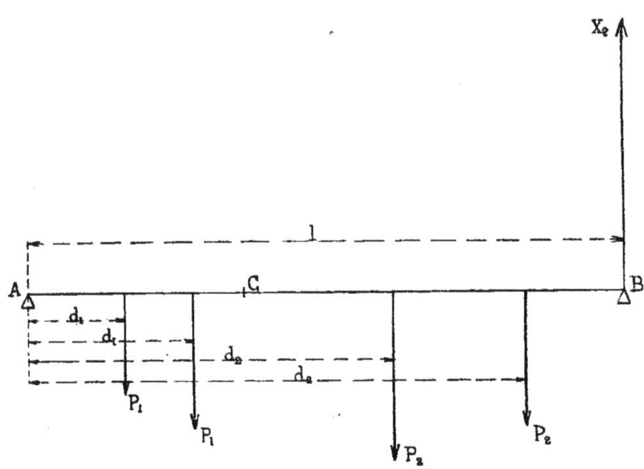

Fig. 81.

l, portée de la poutre.

C, section considérée.

P_1..., poids, en nombre quelconque, à gauche de la section.

d_1..., distance de chacun de ces poids au premier appui A.

$\Sigma P_1 d_1$, somme des moments des poids de gauche, ces moments étant pris par rapport au premier appui A.

P_2..., poids, en nombre quelconque, à droite de la section.

d_2..., distance de chacun de ces poids au premier appui A.

ΣP_2, somme des poids de droite.

$\Sigma P_2 d_2$, somme des moments des poids de droite, ces moments étant pris par rapport au premier appui A.

X_2, réaction du deuxième appui B. — Cette réaction a pour valeur :

$$X_2 = \frac{\Sigma P_1 d_1 + \Sigma P_2 d_2}{l}.$$

L'expression de l'effort tranchant dans la section C est la suivante :

$$T = \Sigma P_2 - X_2.$$

Lorsque la section se trouve au droit de l'un des poids, cette formule donne deux valeurs de T, suivant que l'on comprend ou que l'on ne comprend pas le poids dont il s'agit dans la somme ΣP_2 des poids à droite de la section.

Si l'on veut obtenir le plus grand effort positif, il y a lieu d'introduire le poids dans la somme ΣP_2.

Si, au contraire, on recherche le plus grand effort négatif, il faut laisser le poids en dehors de la somme ΣP_2.

Au droit du deuxième appui B, la formule précédente donne :

$$T = - X_2.$$

149. — *Expression en fonction des moments des poids pris par rapport à la section* (1).

L'effort tranchant dans la section C a pour expression :

$$T = \frac{a_2 \Sigma P_2 - a_1 \Sigma P_1 - (\Sigma P_2 d_2 - \Sigma P_1 d_1)}{l}.$$

Lorsque la section se trouve au droit de l'un des poids, cette formule donne deux valeurs de T, suivant que l'on comprend le poids dont il s'agit dans la somme ΣP_2 des poids de droite ou dans la somme ΣP_1 des poids de gauche.

Si l'on veut obtenir le plus grand effort positif, il y a lieu d'introduire le poids dans la somme ΣP_2 des poids de droite.

Si, au contraire, on recherche le plus grand effort négatif, il faut comprendre le poids dans la somme ΣP_1 des poids de gauche.

Effort tranchant au droit d'un appui. — Au droit du premier appui A :

$$T = \Sigma P_2 - \frac{\Sigma P_2 d_2}{l},$$

(1) Voir la note O.

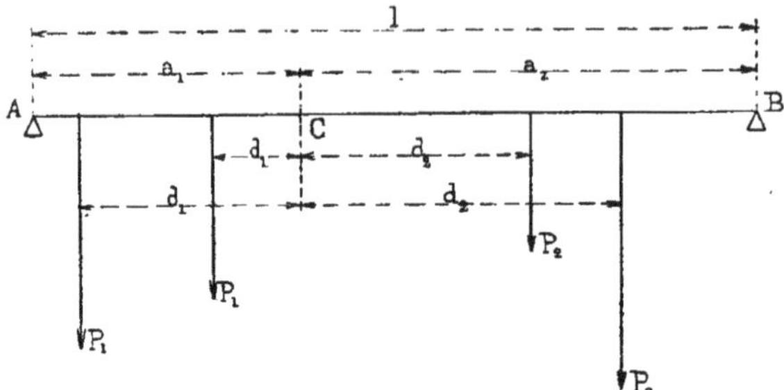

FIG. 82.

l, portée de la poutre.
C, section considérée.
a_1 et a_2, distances de cette section aux deux appuis.
P_1..., poids, en nombre quelconque, à gauche de la section.
d_1..., distance de chacun de ces poids à la section.
ΣP_1, somme des poids de gauche.
$\Sigma P_1 d_1$, somme des moments des poids de gauche, ces moments étant pris par rapport à l'emplacement de la section.
P_2..., poids, en nombre quelconque, à droite de la section.
d_2..., distance de chacun de ces poids à la section.
ΣP_2, somme des poids de droite.
$\Sigma P_2 d_2$, somme des moments des poids de droite, ces moments étant pris par rapport à l'emplacement de la section, sans distinction de signe.

les poids P_2 désignant les poids situés à droite du premier appui A et, par conséquent, tous les poids qui sollicitent la poutre.

Au droit du deuxième appui B:

$$T = -\left(\Sigma P_1 - \frac{\Sigma P_1 d_1}{l}\right),$$

les poids P_1 désignant les poids placés à gauche du deuxième appui B et, par conséquent, tous les poids qui sollicitent la poutre.

§ 3. — Efforts tranchants maximum et minimum

150. — *Efforts tranchants maximum.* — Un système quelconque de poids agissant sur une poutre donne lieu à deux efforts tranchants maximum, l'un positif et l'autre négatif.

L'effort positif maximum se produit dans le tronçon de poutre compris entre le premier appui et le premier poids qui sollicite la poutre à partir de cet appui.

Sa valeur est celle de l'effort tranchant au droit du premier appui. Elle est égale à :

$$T = X_1 \qquad \text{(n° 148, 1°)}$$

ou bien à :

$$T = \Sigma P_2 - \frac{\Sigma P_2 d_2}{l}. \qquad \text{(n° 149)}$$

Quant à l'effort négatif maximum, il se manifeste dans le tronçon situé entre le dernier poids et le deuxième appui. Sa valeur est celle de l'effort tranchant au droit du deuxième appui. Elle est égale à :

$$T = -X_2 \qquad \text{(n° 148, 2°)}$$

ou bien à :

$$T = -\left(\Sigma P_1 - \frac{\Sigma P_1 d_1}{l}\right). \qquad \text{(n° 149)}$$

151. — *Efforts tranchants minimum.* — Pour trouver soit le minimum des efforts positifs, soit le minimum des efforts négatifs, on cherche le poids P qui satisfait à la double condition :

1° De laisser à sa gauche des poids dont le total soit inférieur à la réaction du premier appui A ;

2° De former un total supérieur à cette réaction, quand on l'ajoute aux poids situés à sa gauche.

Si, par exemple, le poids dont il s'agit est P^{II} (voir la fig. 79, au n° 147), on doit vérifier les deux inégalités suivantes :

$$P^{I} < X^{I},$$

$$P^{I} + P^{II} > X_1.$$

L'effort positif minimum se produit dans le tronçon qui se termine au poids P^{II} et l'effort négatif minimum a lieu dans le tronçon qui commence au même poids.

Lorsqu'en cumulant les poids à partir du premier appui, on arrive à un total égal à X_I, le minimum se produit dans le même tronçon pour les efforts positifs et pour les efforts négatifs. Ce tronçon a son origine au poids qui donne lieu au total X_I. La valeur du minimum est alors égale à o.

CHAPITRE III

Poutres chargées de poids mobiles

SECTION PREMIÈRE. — Poutre chargée d'un poids unique qui se déplace

PREMIER CAS. — *Le déplacement du poids s'effectue sur toute l'étendue de la portée de la poutre*

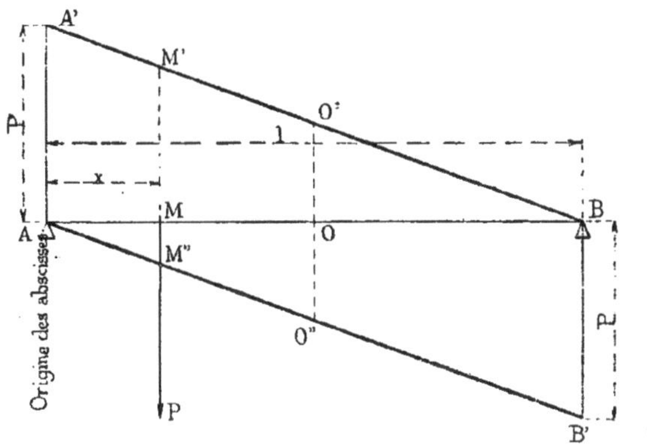

FIG. 83.
l, portée de la poutre.
P, poids qui se déplace.

§ 1. — Ligne représentative des efforts tranchants maximum

152. — *Efforts positifs.* — Les efforts tranchants maximum varient comme les ordonnées de la ligne A'B.

Pour tracer cette ligne, on élève, au droit du premier

appui A, une perpendiculaire AA′ égale à P et on joint l'extrémité de cette perpendiculaire au deuxième appui B.

153. — *Efforts négatifs.* — Les efforts tranchants maximum varient comme les ordonnées de la ligne AB′.

Pour tracer cette ligne, on abaisse, au droit du deuxième appui B, une perpendiculaire BB′ égale à P et on joint l'extrémité de cette perpendiculaire au premier appui A.

Il est manifeste que la ligne AB′ est, par rapport au milieu de la poutre, symétrique de la ligne A′B, après que cette dernière a été rabattue autour de la poutre.

Il s'ensuit que l'importance des efforts tranchants, dans chacun des deux sens, est la même pour les deux moitiés de poutre, à partir des appuis. Il suffit donc de tracer les lignes représentatives des efforts tranchants pour une moitié de poutre seulement : ces lignes fournissent la valeur des efforts tranchants pour l'autre moitié.

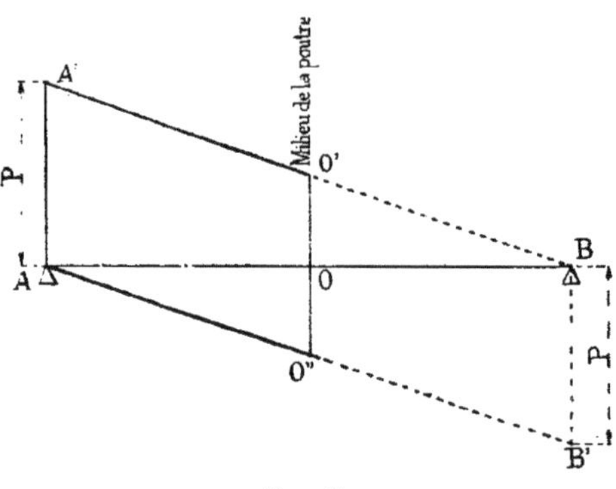

Fig. 84.

Si l'on choisit la moitié de gauche, les deux lignes sont A′O′ (efforts positifs) et AO″ (efforts négatifs).

Il y a lieu de remarquer que, pour une section quelconque, les ordonnées de la première de ces lignes sont égales ou supérieures à celles de la seconde. Si donc on recherche uniquement la plus grande valeur absolue des efforts tranchants, il suffit de tracer la ligne des efforts positifs. Si, au contraire, on désire connaître les efforts qui se produisent dans les deux sens, pour une section déterminée, il est nécessaire de tracer les deux lignes.

§ 2. — Expression de l'effort tranchant maximum dans une section quelconque de la poutre

154. — *Efforts positifs.* — L'effort tranchant maximum, dans une section quelconque M (*fig.* 83), a pour expression :

$$T = MM' = \frac{P(l - x)}{l}.$$

Au milieu O de la poutre :

$$T = OO' = \frac{P}{2}.$$

Le plus grand des efforts tranchants positifs se produit au droit du premier appui A. Il a pour valeur :

$$T = AA' = P.$$

155. — *Efforts négatifs.* — L'effort tranchant maximum dans une section quelconque M a pour expression :

$$T = -MM'' = -\frac{Px}{l}.$$

Au milieu O de la poutre :

$$T = -OO'' = -\frac{P}{2}.$$

Le plus grand des efforts tranchants négatifs se produit au droit du deuxième appui B. Il est égal à :

$$T = -BB' = -P.$$

Deuxième cas. — *Le déplacement du poids s'effectue sur une portion seulement de la portée de la poutre*

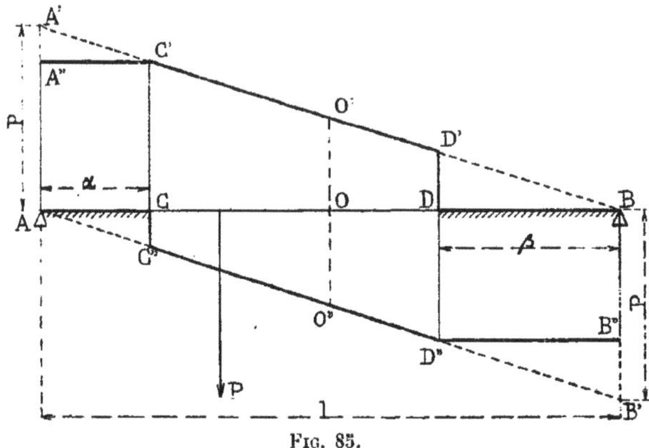

Fig. 85.

l, portée de la poutre.
P, poids qui se déplace.
α et β, tronçons de poutre soustraits au parcours du poids P.

156. — Les efforts positifs maximum sont toujours représentés par la ligne oblique A'B, sauf entre l'appui A et l'ordonnée du point C, à partir duquel commence le déplacement du poids P, et sauf entre l'appui B et le point D, auquel s'arrête le déplacement de ce poids. Au droit du tronçon α, la ligne oblique est remplacée par la parallèle A"C' menée par l'extrémité de l'ordonnée du point C; au droit du tronçon β, aucun effort positif ne se produit et la ligne représentative se confond dès lors avec la droite AB.

Pareillement, en ce qui concerne les efforts négatifs maximum, la droite AB' est remplacée par la ligne brisée ACC"D"B".

Il y a lieu de remarquer que lorsque les deux tronçons α et β n'ont pas la même longueur, la ligne des efforts négatifs n'est pas symétrique de celle des efforts positifs, après que cette dernière a été rabattue autour de la poutre. Aussi, l'on ne peut se borner à tracer les lignes représentatives correspondant à une moitié de poutre seulement : il est nécessaire de déterminer ces lignes sur toute l'étendue de la portée de la poutre.

Pour la moitié de gauche, les plus grands efforts sont fournis par la ligne A″C′O′, et les efforts de sens contraire par la ligne ACC″O″. Pour la moitié de droite, les plus grands efforts sont indiqués par la ligne O″D″B″, et les efforts de sens contraire par la ligne O′D′DB.

Section II. — Poutre chargée d'un système de deux poids égaux qui se déplace (1)

§ 1. — Ligne représentative des efforts tranchants maximum

157. — *Efforts positifs.* — La ligne représentative des

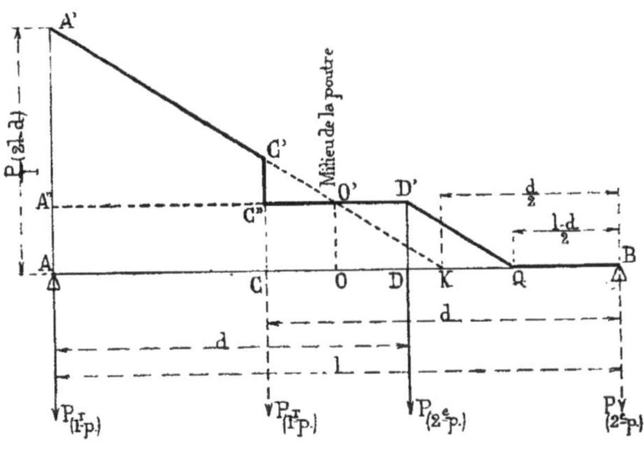

Fig. 86.
l, portée de la poutre.
P, P, poids égaux qui se déplacent.
d, distance de ces deux poids.

efforts tranchants maximum s'obtient en traçant les deux lignes ci-après :

(1) Voir la note p. — On suppose que le déplacement s'effectue sur toute la portée de la poutre, sans franchir les appuis.

Première ligne A'C'C. — On élève, au droit de l'appui A, une perpendiculaire :

$$AA' = \frac{P}{l}(2l - d).$$

On mène la droite qui joint l'extrémité de cette perpendiculaire au point K, pris à une distance de l'appui B égale à $\frac{d}{2}$, et l'on arrête cette droite à l'ordonnée du point C, qui indique la position occupée par le premier poids quand le second passe par l'appui B.

Seconde ligne A''D'Q. — Par le point Q, pris à une distance de l'appui B égale à $\frac{l-d}{2}$, on mène une parallèle QD' à la droite KA' jusqu'à la rencontre de l'ordonnée du point D, qui indique la position occupée par le deuxième poids quand le premier passe par l'appui A. Puis, par l'extrémité D' de cette ordonnée, on trace une parallèle D'A'' à la poutre.

La ligne représentative des efforts maximum est formée par le contour A'C'C''D'QB.

Ce contour varie suivant la juxtaposition des lignes partielles, qui dépend de la valeur de d. La portion C''D'Q disparaît même quand on a :

$$d \leqq \frac{l}{3},$$

auquel cas la ligne représentative des efforts tranchants maximum consiste dans la droite A'C' prolongée jusqu'à la ligne AB, qui la complète à partir du point K.

158. — *Efforts négatifs.* — Les efforts tranchants maximum varient comme les ordonnées de la ligne brisée $AQ_1C'''D''D'''B'$.

Cette ligne est semblable à la précédente. Elle n'en diffère que par la position qu'elle occupe par rapport à la poutre.

Elle est symétrique de la ligne représentative des efforts positifs, après que cette dernière a été rabattue autour de la poutre.

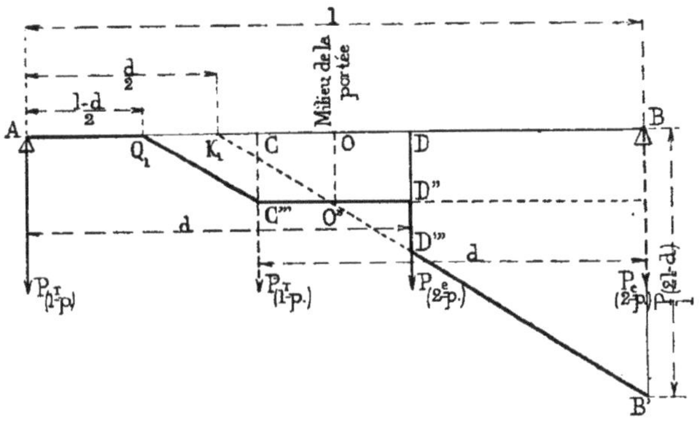

FIG. 87.

Il s'ensuit que l'importance des efforts tranchants, dans chacun des deux sens, est la même pour les deux moitiés de poutre à partir des appuis. Il suffit donc de tracer des lignes représentatives des efforts tranchants pour une moitié de poutre seulement : ces lignes fournissent la valeur des efforts tranchants pour l'autre moitié.

Si l'on choisit la moitié de gauche, les deux lignes sont A'C'C''O' (efforts positifs) et $AQ_1C'''O''$ (efforts négatifs).

Pour une section quelconque, les ordonnées de la première de ces lignes sont égales ou supérieures à celles de la seconde. Si donc on recherche uniquement la plus grande valeur absolue des efforts tranchants, il suffit de construire la ligne des efforts positifs. Si, au contraire, on désire connaître les plus grands efforts qui se produisent dans les deux sens, pour une section déterminée, il est nécessaire de tracer les deux lignes.

Il convient de remarquer que la ligne des efforts négatifs, pour la moitié de gauche, est semblable à celle qui forme le surplus de la ligne des efforts positifs et qui s'applique, par conséquent, à la moitié de droite. On peut dès lors se dispenser de construire la ligne inférieure et se borner à tracer la ligne supérieure, mais en l'étendant à toute la portée de la poutre.

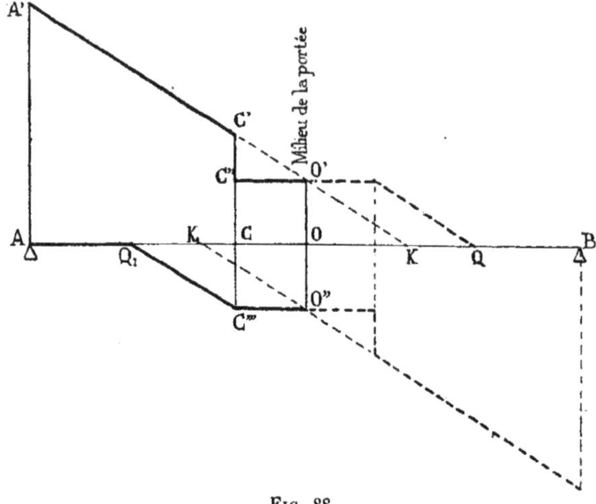

Fig. 88.

Cette ligne unique fournit à la fois les efforts positifs et les efforts négatifs, ces derniers étant indiqués, en valeur absolue, par les ordonnées des sections symétriques (par rapport au milieu de la poutre) de la seconde moitié de la ligne.

§ 2. — Expressions de l'effort tranchant

159. — *Efforts positifs.* — Au milieu de la poutre, l'expression de l'effort tranchant, quelle que soit la valeur de d, est :

$$T = OO' = \frac{P}{l}(l - d).$$

Le plus grand des efforts tranchants positifs se produit au

droit du premier appui A et il est égal à :

$$T = AA' = \frac{P}{l}(2l - d).$$

160. — *Efforts négatifs.* — Au milieu de la poutre :

$$T = OO'' = -\frac{P}{l}(l - d).$$

Le plus grand des efforts tranchants négatifs se produit au droit du deuxième appui B et il est égal à :

$$T = -BB' = -\frac{P}{l}(2l - d).$$

SECTION III. — Poutre chargée d'un système de trois poids égaux et également distants qui se déplace (1)

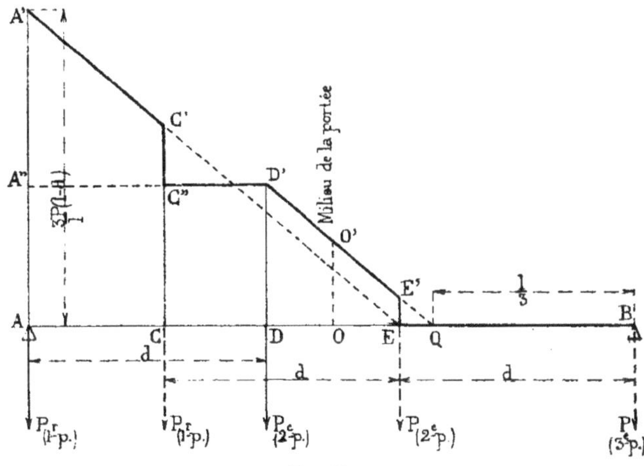

FIG. 89.

l, portée de la poutre.
P, P, P, poids égaux qui se déplacent.
d, distance de deux poids consécutifs.

(1) Voir la note q. — On suppose que le déplacement s'effectue sur toute la portée de la poutre, sans franchir les appuis.

§ 1. — Ligne représentative des efforts tranchants maximum

161. — *Efforts positifs.* — La ligne représentative des efforts tranchants maximum s'obtient en traçant les deux lignes ci-après :

Première ligne A'C'C. — On élève, au droit de l'appui A, une perpendiculaire :

$$AA' = \frac{3P}{l}(l - d).$$

On mène la droite qui joint l'extrémité de cette perpendiculaire au point E, pris à une distance d de l'appui B, et l'on arrête cette droite à l'ordonnée du point C, qui indique la position occupée par le premier poids quand le troisième passe par l'appui B.

Deuxième ligne A"D'E'E. — Par le point Q, pris à une distance de l'appui égale à $\frac{l}{3}$, on mène une parallèle QD' à la droite EA' jusqu'à la rencontre de l'ordonnée du point D, qui indique la position occupée par le deuxième poids quand le premier passe par l'appui A. Puis, par l'extrémité D' de cette ordonnée, on trace une parallèle D'A" à la poutre.

Dans le cas où le point Q est, comme dans la figure précédente, à droite du point E, qui indique la position du deuxième poids la plus rapprochée de l'appui B, on fait commencer la droite E'D' à l'ordonnée de ce point E.

Dans le cas contraire, la droite E'D' fait place à la droite QD' qui a son origine à la ligne AB.

La ligne représentative des efforts maximum est formée par le contour A'C'C"D'E'EB.

Ce contour varie suivant la juxtaposition des lignes partielles, qui dépend de la valeur de d.

162. — *Efforts négatifs.* — Les efforts tranchants

maximum varient comme les ordonnées de la ligne brisée ADD″E″F″F‴B′.

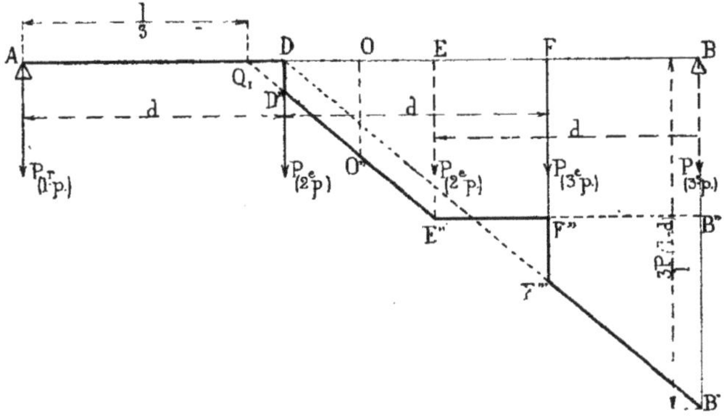

Fig. 90.

Cette ligne est semblable à la précédente. Elle n'en diffère que par la position qu'elle occupe par rapport à la poutre. Elle est symétrique de la ligne représentative des efforts positifs, après que cette dernière a été rabattue autour de la poutre.

Il s'ensuit que l'importance des efforts tranchants, dans chacun des deux sens, est la même pour les deux moitiés de poutre, à partir des appuis. Il suffit donc de tracer les lignes représentatives des efforts tranchants pour une moitié de poutre seulement : ces lignes fournissent la valeur des efforts tranchants pour l'autre moitié.

Si l'on choisit la moitié de gauche, les deux lignes sont A′C′C″D′O′ (efforts positifs, *fig*. 89) et ADD″O″ (efforts négatifs, *fig*. 90).

Pour une section quelconque, les ordonnées de la première de ces lignes sont égales ou supérieures à celles de la seconde. Si donc on recherche uniquement la plus grande valeur absolue des efforts tranchants, il suffit de construire la ligne des efforts positifs. Si, au contraire, on désire connaître les plus grands efforts qui se produisent dans les deux sens, pour une section déterminée, il est nécessaire de tracer les deux lignes.

Il convient de remarquer que la ligne des efforts négatifs pour la moitié de gauche est semblable à celle qui forme le surplus de la ligne des efforts positifs et qui s'applique, par conséquent, à la moitié de droite. On peut dès lors se dispenser de construire la ligne inférieure et se borner à tracer la ligne supérieure, mais en l'étendant à toute la portée de la poutre. Cette ligne unique fournit à la fois les efforts positifs et les efforts négatifs, ces derniers étant indiqués, en valeur absolue, par les ordonnées des sections symétriques (par rapport au milieu de la poutre) de la seconde moitié de la ligne.

§ 2. — Expressions de l'effort tranchant

163. — *Efforts positifs.* — Au milieu de la poutre, l'expression de l'effort tranchant varie suivant la valeur de d.

Si $d < \frac{l}{4}$:

$$T = \frac{3P}{l}\left(\frac{l}{2} - d\right).$$

Si $d > \frac{l}{4}$:

$$T = \frac{P}{2}.$$

Le plus grand des efforts tranchants positifs se produit au droit du premier appui A et il a pour valeur :

$$T = AA' = \frac{3P}{l}(l - d).$$

164. — *Efforts négatifs.* — Au milieu de la poutre, l'effort tranchant négatif est égal, en valeur absolue, à l'effort positif. Les expressions de l'effort négatif, abstraction faite du signe, sont donc celles qui viennent d'être indiquées, suivant la valeur de d.

Le plus grand des efforts tranchants négatifs se produit au droit du deuxième appui B et il a pour valeur :

$$T = -BB' = -\frac{3P}{l}(l-d).$$

SECTION IV. — **Poutre chargée d'un système de quatre poids égaux et également distants qui se déplace** (1)

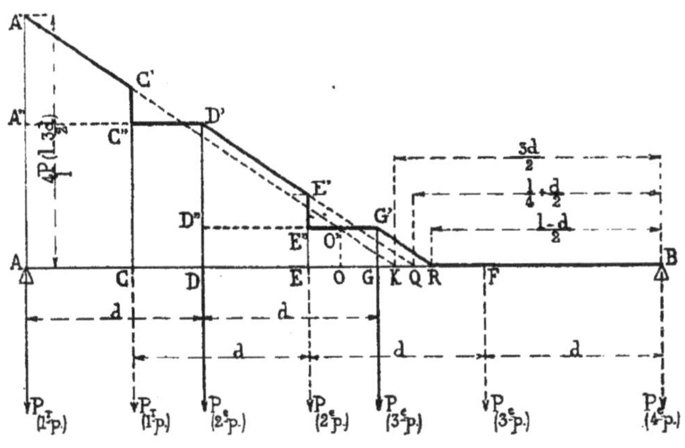

FIG. 91.

l, portée de la poutre.
P, P, P, P, poids égaux qui se déplacent.
d, distance de deux poids consécutifs.

§ 1. — **Ligne représentative des efforts tranchants maximum**

165. — *Efforts positifs.* — La ligne représentative des efforts tranchants maximum s'obtient en traçant les trois lignes ci-après :

(1) Voir la note r. — On suppose que le déplacement s'effectue sur toute la portée de la poutre, sans franchir les appuis.

Première ligne AC'C. — On élève, au droit de l'appui A, une perpendiculaire:

$$AA' = \frac{4P}{l}\left(l - \frac{3d}{2}\right).$$

On mène la droite qui joint l'extrémité de cette perpendiculaire au point K, pris à une distance de l'appui B égale à $\frac{3d}{2}$, et l'on arrête cette droite à l'ordonnée du point C, qui indique la position occupée par le premier poids quand le quatrième passe par l'appui B.

Deuxième ligne A"D'E'E. — Par le point Q, pris à une distance de l'appui B égale à $\frac{l}{4} + \frac{d}{2}$, on mène une parallèle QD' à la droite KA' jusqu'à la rencontre de l'ordonnée du point D, qui indique la position occupée par le deuxième poids quand le premier passe par l'appui A. Puis, par l'extrémité D' de cette ordonnée, on trace une parallèle D'A" à la poutre.

Dans le cas où le point Q est, comme dans la figure précédente, à droite du point E, qui indique la position du deuxième poids la plus rapprochée de l'appui B, on fait commencer la droite E'D' à l'ordonnée de ce point E.

Dans le cas contraire, la droite E'D' fait place à la droite QD' qui a son origine à la ligne AB.

Troisième ligne D"G'R. — Par le point R pris à une distance de l'appui égale à $\frac{l-d}{2}$, on mène une parallèle RG' à la droite KA' jusqu'à la rencontre de l'ordonnée du point G, qui indique la position occupée par le troisième poids quand le premier passe par l'appui A. Puis, par l'extrémité G' de cette ordonnée, on mène une parallèle G'D" jusqu'à la rencontre de l'ordonnée du point D.

La ligne représentative des efforts maximum est formée par le contour A'C'C"D'E'E"G'RB.

Ce contour varie suivant la juxtaposition des lignes partielles, qui dépend de la valeur de d.

166. — *Efforts négatifs.* — Les efforts tranchants maximum varient comme les ordonnées de la ligne brisée AR₁E″G″G‴F″H′H″B′.

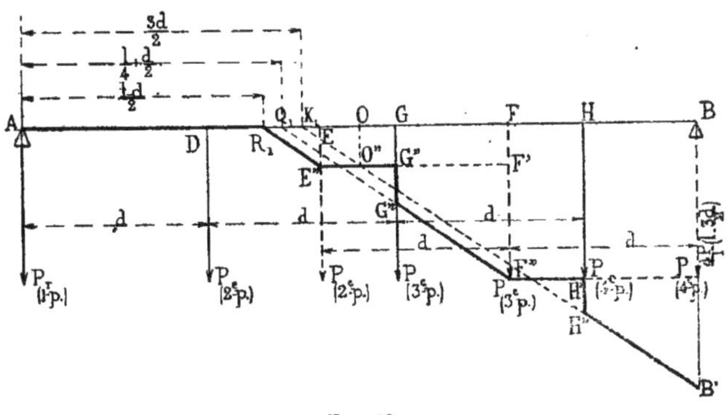

Fig. 92.

Cette ligne est semblable à la précédente. Elle n'en diffère que par la position qu'elle occupe par rapport à la poutre. Elle est symétrique de la ligne représentative des efforts positifs, après que cette dernière a été rabattue autour de la poutre.

Il s'ensuit que l'importance des efforts tranchants, dans chacun des deux sens, est la même pour les deux moitiés de poutre, à partir des appuis. Il suffit donc de tracer les lignes représentatives des efforts tranchants pour une moitié de poutre seulement : ces lignes fournissent la valeur des efforts tranchants pour l'autre moitié.

Si l'on choisit la moitié de gauche, les deux lignes sont A′C′C″D′E′E″O′ (efforts positifs, *fig.* 91) et AR₁E″O″ (efforts négatifs, *fig.* 92).

Pour une section quelconque, les ordonnées de la première de ces lignes sont égales ou supérieures à celles de la seconde. Si donc on recherche uniquement la plus grande valeur absolue des efforts tranchants, il suffit de construire la ligne des efforts positifs. Si, au contraire, on désire connaître les plus grands efforts qui se produisent dans les deux sens, pour une section déterminée, il est nécessaire de tracer les deux lignes.

Il convient de remarquer que la ligne des efforts négatifs pour la moitié de gauche est semblable à celle qui forme le surplus de la ligne des efforts positifs, et qui s'applique, par conséquent, à la moitié de droite. On peut dès lors se dispenser de construire la ligne inférieure et se borner à tracer la ligne supérieure, mais en l'étendant à toute la portée de la poutre. Cette ligne unique fournit à la fois les efforts positifs et les efforts négatifs, ces derniers étant indiqués, en valeur absolue, par les ordonnées des sections symétriques (par rapport au milieu de la poutre) de la seconde moitié de la ligne.

§ 2. — Expressions de l'effort tranchant

167. — *Efforts positifs.* — Au milieu de la poutre, l'expression de l'effort tranchant varie suivant la valeur de d.

Si $d < \frac{l}{6}$:

$$T = \frac{2P}{l}(l - 3d).$$

Si d est compris entre $\frac{l}{6}$ et $\frac{l}{4}$:

$$T = \frac{P}{l}(l - 2d).$$

Si $d > \frac{l}{4}$:

$$T = \frac{2P}{l}(l - 3d).$$

Le plus grand des efforts tranchants positifs se produit au droit du premier appui A et il a pour valeur :

$$T = AA' = \frac{4P}{l}\left(l - \frac{3d}{2}\right).$$

168. — *Efforts négatifs.* — Au milieu de la poutre, l'effort tranchant négatif est égal, en valeur absolue, à l'effort positif. Les expressions de l'effort négatif, abstraction faite du signe, sont donc celles qui viennent d'être indiquées, suivant la valeur de *d*.

Le plus grand des efforts tranchants négatifs se produit au droit du deuxième appui B et il a pour valeur :

$$T = -BB' = -\frac{4P}{l}\left(l - \frac{3d}{2}\right).$$

SECTION V. — Poutre chargée de poids quelconques qui se déplacent

1. — Recherche de la position à assigner au système des poids pour produire l'effort tranchant maximum dans une section déterminée.

PREMIER CAS. — *Le système des poids, d'une étendue inférieure à la portée de la poutre, se déplace entre les deux appuis qui ne peuvent être franchis.*

169. — Ce cas se présente notamment avec les poutres longitudinales des tabliers métalliques, quand on les suppose parcourues par un convoi d'un nombre limité de véhicules n'occupant qu'une partie de la portée de la poutre.

1° Efforts tranchants positifs

170. — *Première règle* (1). — L'effort tranchant maximum

(1) Voir la note s.

se produit dans une section déterminée, lorsque la position occupée par le système des poids est telle que l'un de ces poids passe par cette section.

Deuxième règle (1). — Le poids qui engendre l'effort tranchant maximum est le même, quelle que soit la section.

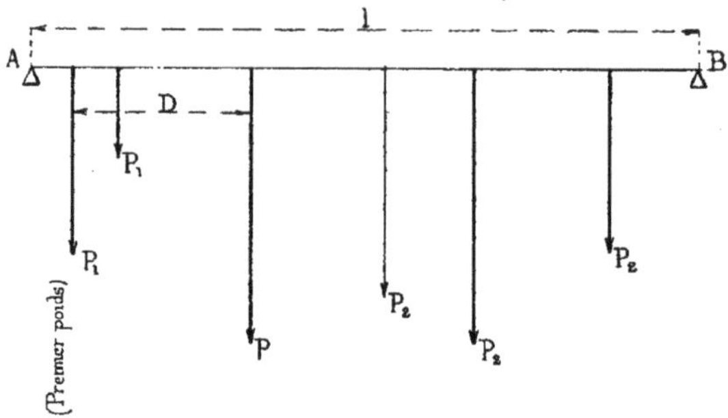

Fig. 93.

l, portée de la poutre.
P, poids quelconque.
D, distance de ce poids au premier poids du système.
ΣP_1, somme de tous les poids situés à gauche du poids P.
π, total des poids qui agissent sur la poutre.

C'est celui qui donne lieu à la plus grande valeur positive de l'expression :

$$\frac{\pi D}{l} - \Sigma P_1.$$

171. — On peut déterminer, à l'aide de la construction suivante (1), le poids qui satisfait à cette condition :

Sur la portée l de la poutre, on dispose (*fig.* 94) le système des poids de telle sorte que le second poids P^I passe par le premier appui A. On élève, au droit du second appui B, une perpendiculaire BB' égale au total π de tous les poids et l'on y porte successivement, à partir du sommet B', chacun des

(1) Voir la note I.

poids P^{I}, P^{II}, P^{III}, P^{IV}. On joint le sommet B′ à l'appui A et, par chacun des points de division de la perpendiculaire BB′, on mène des parallèles à AB′ jusqu'à la rencontre des poids correspondants P^{II}, P^{III}, P^{IV}, en prolongeant, au besoin, les lignes suivant lesquelles agissent ces poids.

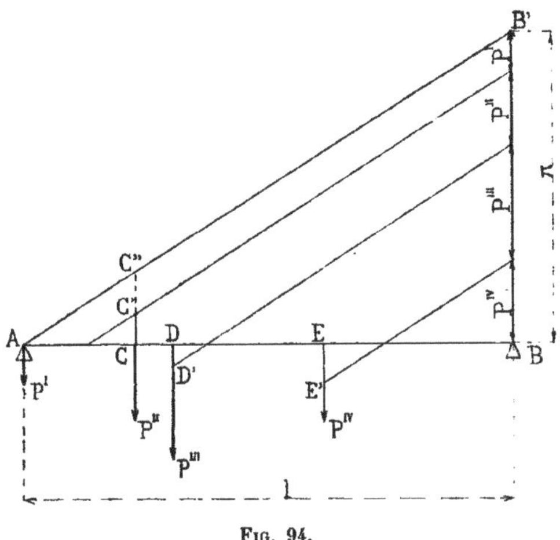

Fig. 94.

Les segments CC′, DD′, EE′, compris entre la poutre et les parallèles dont il s'agit, représentent les valeurs de l'expression :

$$\frac{\pi D}{l} - \Sigma P_1.$$

Ils sont positifs quand ils sont situés au-dessus de la poutre, et négatifs dans le cas contraire.

L'effort positif maximum est fourni par le poids qui donne lieu au plus grand segment positif, c'est-à-dire par le poids P^{II} dans la figure 94. Si tous les segments étaient négatifs, l'effort maximum serait engendré par le premier poids.

2° Efforts tranchants négatifs

172. — *Première règle* (1). — L'effort tranchant maximum se produit, dans une section déterminée, lorsque la position occupée par le système des poids est telle que l'un de ces poids passe par cette section.

Deuxième règle (2). — Le poids qui engendre l'effort tranchant maximum est le même, quelle que soit la position de

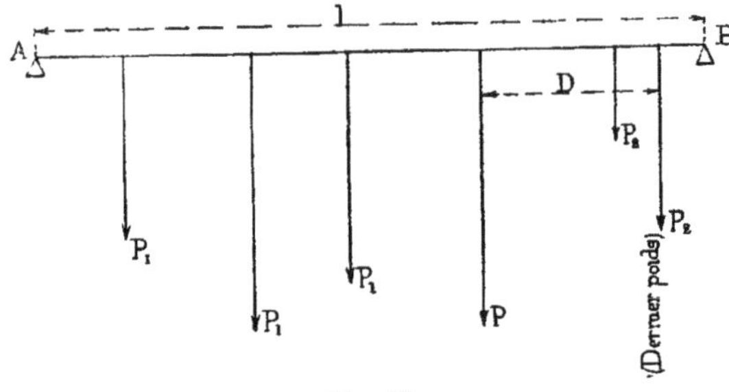

FIG. 95.

l, portée de la poutre.
P, poids quelconque.
D, distance de ce poids au dernier poids du système.
ΣP_2, somme de tous les poids situés à droite du poids P.
π, total des poids qui agissent sur la poutre.

la section. C'est celui qui donne lieu à la plus grande valeur négative de l'expression :

$$\Sigma P_2 - \frac{\pi D}{l}.$$

173. — On peut déterminer, par la construction suivante, le poids qui satisfait à cette condition :

Sur la portée l de la poutre, on dispose (*fig.* 96) le système des poids, de telle sorte que le dernier poids P^{IV} passe par le deuxième appui B. On abaisse, au droit du premier appui A, une perpendiculaire AA' égale au total π de tous les poids et l'on y porte successivement, à partir de l'appui A, chacun

(1) Voir la note s.
(2) Voir la note t.

des poids P^I, P^{II}, P^{III}, P^{IV}. On joint l'extrémité A' à l'appui B et, par chacun des points de division de la perpendiculaire AA', on mène des parallèles à A'B jusqu'à la rencontre des poids correspondants P^{II}, P^{III}, P^{IV}, en prolongeant, au besoin, les lignes suivant lesquelles agissent ces poids.

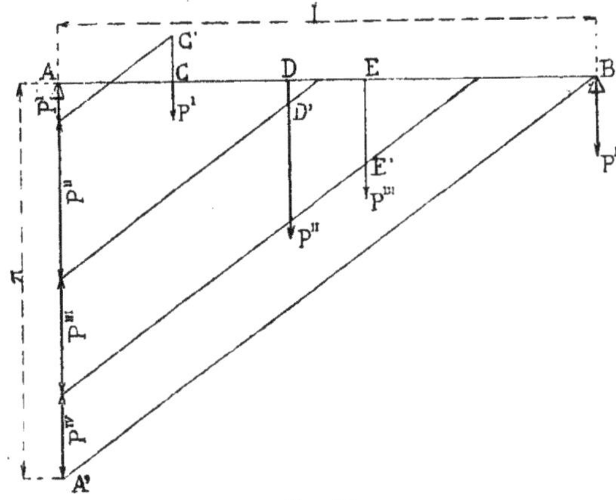

Fig. 96.

Les segments CC', DD', EE', compris entre la poutre et les parallèles dont il s'agit représentent les valeurs de l'expression :

$$\Sigma P_2 - \frac{\pi D}{l}.$$

Ils sont positifs quand ils sont situés au-dessus de la poutre, et négatifs dans le cas contraire.

L'effort négatif maximum est fourni par le poids qui donne lieu au plus grand segment négatif, c'est-à-dire par le poids P^{III} dans la figure 96. Si tous les segments étaient positifs, l'effort maximum serait engendré par le dernier poids.

DEUXIÈME CAS. — *Le système des poids, d'une étendue illimitée se déplace en franchissant les appuis*

Ce cas se présente soit avec les poutres longitudinales des ponts pour voies de fer, soit avec celles des ponts pour voies de terre, quand on les suppose parcourues par un convoi dont la longueur excède notablement celle de la poutre.

1° Voies de fer (1)

I. — Efforts tranchants positifs

174. — Le maximum des efforts tranchants positifs se produit dans une section déterminée :

a. — Quand les wagons du train se trouvent à droite des machines ;

b. — Quand le premier essieu (à partir du premier appui) de la machine de tête du train est placé au droit de la section (2).

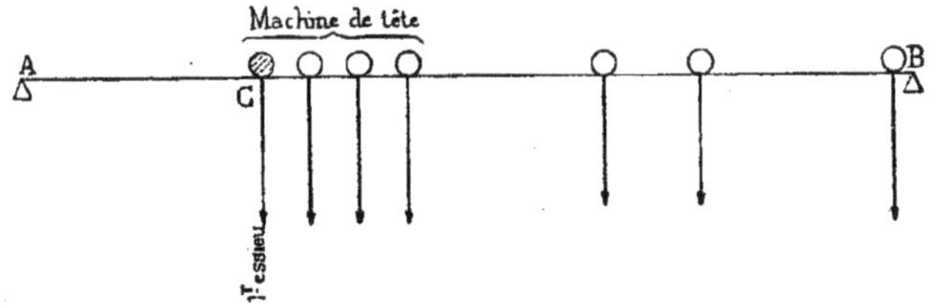

FIG. 97.
C, *section considérée.*

(1) Voir la note **u**.

(2) Cette dernière règle subit une exception pour certaines portées de la poutre, quand la section est au droit du premier appui ou bien à une distance de cet appui qui n'excède pas l'écartement des roues de la machine. Il peut arriver que l'effort maximum se produise quand le premier essieu de la seconde machine du train-type passe par la section.

Ce cas se présente, au droit du premier appui, lorsque la portée de la poutre est comprise :

Entre 14m,20 et 16m,58 pour la voie normale ;

Entre 13m,70 et 16m,20 pour la voie d'un mètre.

Il suit de là que, pour obtenir le plus grand effort positif, il faut concevoir le train entrant par le second appui et s'avançant de droite à gauche, jusqu'à ce que la première roue de la machine de tête s'arrête à la section considérée.

II. — Efforts négatifs

175. — Le maximum des efforts tranchants négatifs se produit dans une section déterminée :

a. — Quand les wagons du train se trouvent à gauche des machines ;

b. — Quand le dernier essieu (à partir du premier appui) de la machine de tête du train est placé au droit de la section (1).

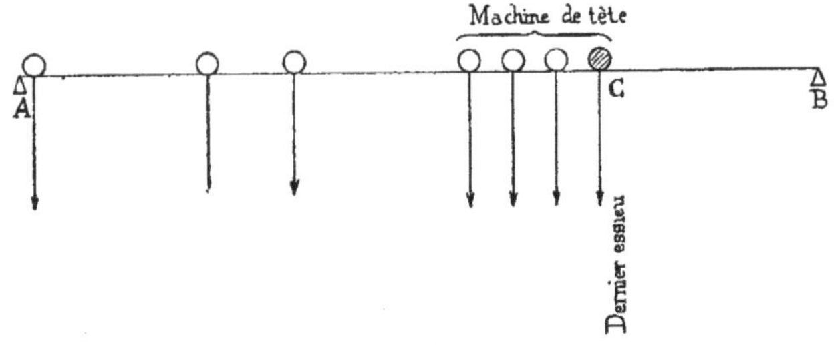

Fig. 98.
C, *section considérée.*

Il s'ensuit que, pour obtenir le plus grand effort négatif, il faut supposer le train entrant par le premier appui et marchant de gauche à droite jusqu'à ce que la roue d'avant de la machine de tête atteigne la section.

176. — Remarque. — Il est possible de déterminer les efforts maximum positifs et négatifs, développés dans une poutre de pont, sans avoir besoin d'envisager le train circulant dans les deux sens.

(1) Voir l'exception signalée dans la note précédente.

Il convient de remarquer d'abord qu'il suffit d'obtenir les efforts positifs et négatifs pour l'une des moitiés de la poutre.

Si l'on adopte la moitié de gauche, les efforts positifs seront engendrés par un train marchant de droite à gauche, ainsi qu'il vient d'être dit.

Quant aux efforts négatifs, qui se développent avec un train circulant en sens contraire, ils sont égaux, en valeur absolue, aux efforts positifs produits dans les sections symétriques de la seconde moitié de la poutre (1).

Il suffit donc de supposer le train marchant dans un sens unique, de la droite vers la gauche, par exemple, et de calculer les efforts pour chacune des sections, sur toute l'étendue de la poutre, comme s'ils étaient de même signe.

Les efforts correspondant aux sections de la moitié de gauche seront considérés comme positifs et ceux de la moitié de droite représenteront les efforts négatifs de la moitié de gauche, pour les sections symétriques de celles auxquelles ils s'appliquent.

Cette observation a permis de simplifier la confection des barêmes dont il sera parlé plus loin.

2° Voies de terre (2)

Les règles suivantes s'appliquent à un convoi illimité soit de tombereaux ou charrettes (voitures à deux roues) avec leurs attelages, soit de chariots (voitures à quatre roues) également avec leurs attelages.

I. — Efforts tranchants positifs

177. — Le maximum des efforts tranchants positifs se produit dans une section déterminée :

(1) Voir la note **u**, 2°.
(2) Voir la note **v**.

a. — Quand les attelages se trouvent à droite des véhicules ;

b. — Quand l'essieu de la première charrette (à partir du premier appui) ou bien l'essieu d'arrière du premier chariot (à partir du premier appui) est placé au droit de la section.

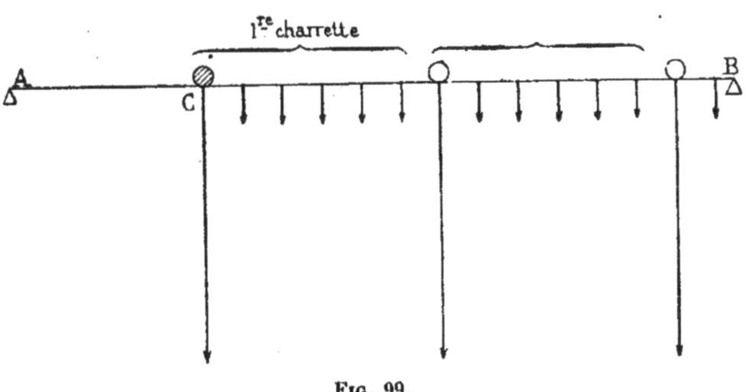

Fig. 99.

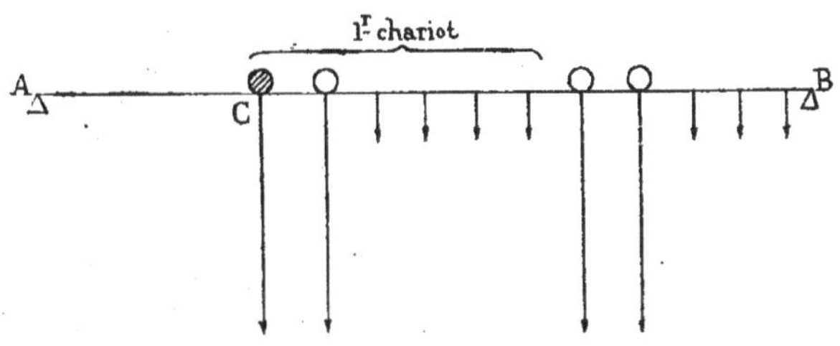

Fig. 100.
C, section considérée.

Il suit de là que, pour obtenir le plus grand effort positif, il faut concevoir le convoi de véhicules entrant par le premier appui et s'avançant de gauche à droite jusqu'à ce que la dernière roue s'arrête à la section considérée.

II. — **Efforts tranchants négatifs**

178. — Le maximum des efforts tranchants négatifs se produit dans une section déterminée :

a. — Quand les attelages sont situés à gauche des véhicules ;

b. — Quand l'essieu de la dernière charrette (à partir du premier appui) ou bien l'essieu d'arrière du dernier chariot (à partir du premier appui) est placé au droit de la section.

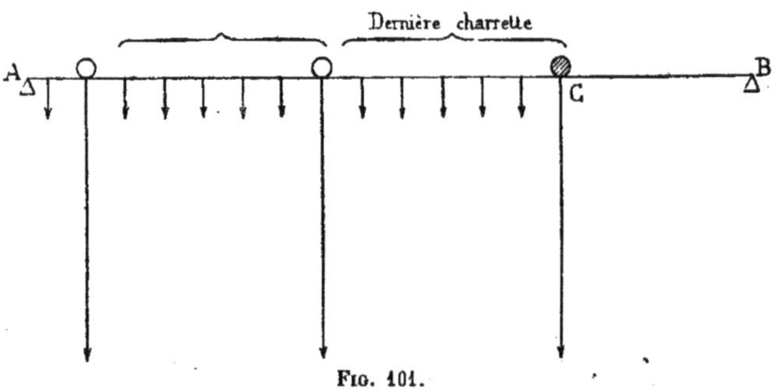

Fig. 101.

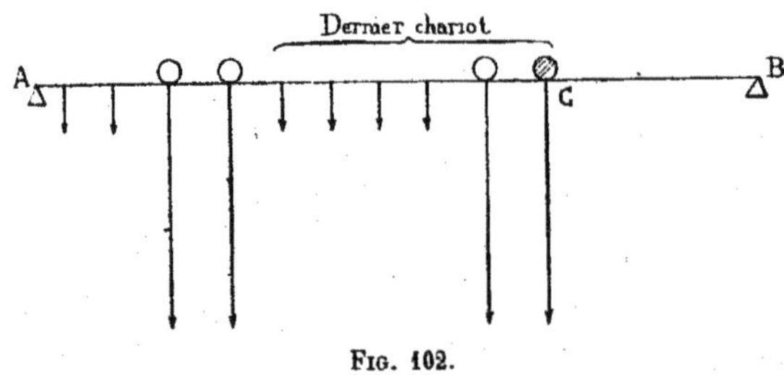

Fig. 102.
C, section considérée.

Il s'ensuit que, pour obtenir le plus grand effort négatif, il faut supposer le convoi entrant par le deuxième appui et marchant de droite à gauche jusqu'à ce que la dernière roue atteigne la section.

179. — Remarque. — Il est possible de déterminer les efforts maximum positifs et négatifs, développés dans une poutre de pont, sans avoir besoin d'envisager le convoi circulant dans les deux sens.

Il convient de remarquer d'abord qu'il suffit d'obtenir les efforts positifs et négatifs pour l'une des moitiés de la poutre.

Si l'on adopte la moitié de gauche, les efforts positifs sont engendrés par un convoi marchant de gauche à droite, ainsi qu'il vient d'être dit.

Quant aux efforts négatifs, qui se développent avec un convoi circulant en sens contraire, ils sont égaux, en valeur absolue, aux efforts positifs produits dans les sections symétriques de la seconde moitié de la poutre (1).

Il suffit donc de supposer le convoi marchant dans un sens unique, de la gauche vers la droite par exemple, et de calculer les efforts pour chacune des sections, sur toute l'étendue de la poutre, comme s'ils étaient de même signe.

Les efforts correspondant aux sections de la moitié de gauche seront considérés comme positifs et ceux de la moitié de droite représenteront les efforts négatifs de la moitié de gauche, pour les sections symétriques de celles auxquelles ils s'appliquent.

Cette observation a permis de simplifier la confection des barêmes dont il sera parlé plus loin.

§ 2. — Détermination de la valeur de l'effort tranchant maximum dans une section quelconque

180. — Pour trouver l'effort tranchant maximum dans une section quelconque, on commence par rechercher la position

(1) Voir la note v, 2°.

des poids qui donne lieu au plus grand effort. On applique, à cette fin, les règles énoncées au paragraphe précédent.

Cette position étant connue, le problème est ramené à celui de la détermination de l'effort tranchant dû à un système de poids fixes. Deux solutions ont été indiquées au chapitre II, section XI, § 2. La solution du n° 149 est celle qui se prête à l'emploi des barêmes.

1° Efforts positifs

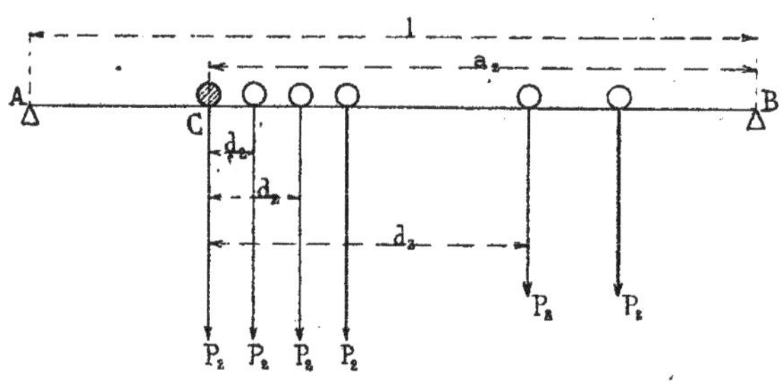

Fig. 103.

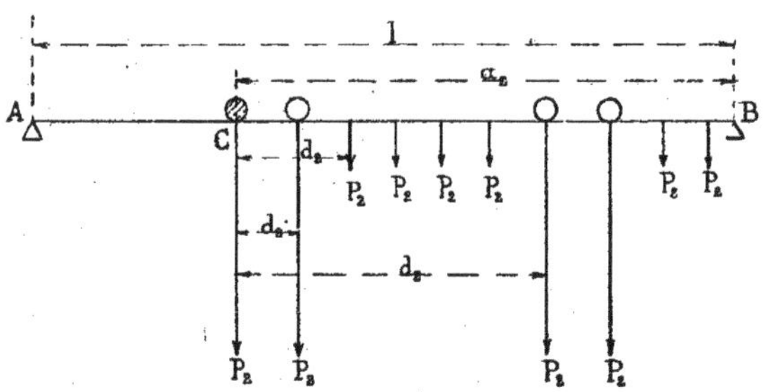

Fig. 104.

l, portée de la poutre.

C, section considérée.

a_2, distance de cette section au deuxième appui B.

ΣP_2, somme de tous les poids qui agissent sur la poutre, y compris, par conséquent, celui qui passe par la section.

$\Sigma P_2 d_2$, somme des moments de tous les poids, ces moments étant pris par rapport à la section.

Quand les poids supportés par la poutre sont ceux d'un

train ou d'un convoi de véhicules avec leurs attelages, l'expression de l'effort tranchant se simplifie, par la raison que tous les poids se trouvent situés d'un seul côté de la section considérée.

L'effort tranchant positif dans la section C a pour expression :

$$T = \frac{a_2 \Sigma P_2 - \Sigma P_2 d_2}{l}.$$

Cette expression devient :

Quand la section est au droit du premier appui A :

$$T = \Sigma P_2 - \frac{\Sigma P_2 d_2}{l}.$$

Quand la section est au milieu de la poutre :

$$T = \frac{\Sigma P_2}{2} - \frac{\Sigma P_2 d_2}{l}.$$

2° Efforts négatifs

L'effort tranchant négatif dans la section C a pour expression :

$$T = -\frac{a_1 \Sigma P_1 - \Sigma P_1 d_1}{l}.$$

Cette expression devient :

Quand la section est au droit du deuxième appui B :

$$T = -\left(\Sigma P_1 - \frac{\Sigma P_1 d_1}{l}\right).$$

Quand la section est au milieu de la poutre :

$$T = -\left(\frac{\Sigma P_1}{2} - \frac{\Sigma P_1 d_1}{l}\right).$$

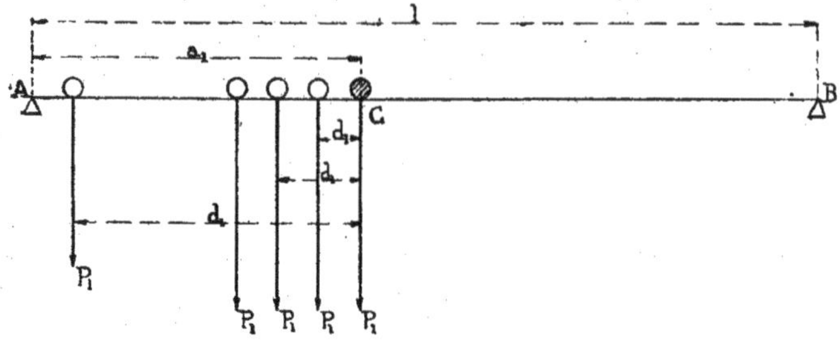

Fig. 105.

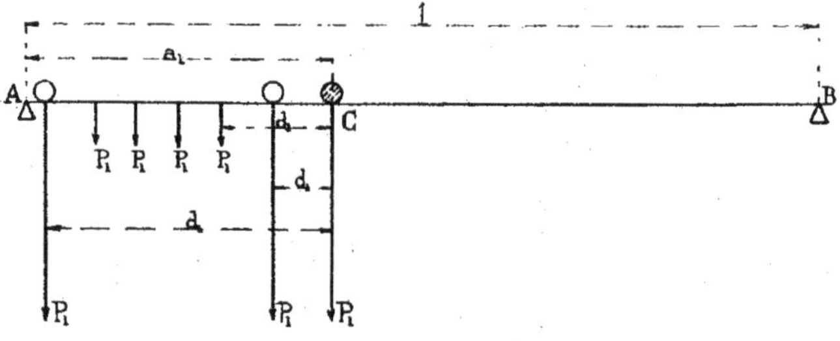

Fig. 106.

l, portée de la poutre.
C, section considérée.
a_1, distance de cette section au premier appui A.
ΣP_1, somme de tous les poids qui agissent sur la poutre, y compris, par conséquent, celui qui passe par la section.
$\Sigma P_1 d_1$, somme des moments de tous les poids, ces moments étant pris par rapport à la section.

§ 3. — Ligne représentative des efforts tranchants maximum quand le système des poids se déplace

181. — On choisit sur la poutre des sections en nombre d'autant plus grand que l'on veut obtenir une ligne plus exacte. On détermine pour chaque section l'effort tranchant positif maximum, ainsi qu'il a été dit au paragraphe précédent. On élève, à l'emplacement de chaque section, une ordonnée sur laquelle on porte la valeur de l'effort tranchant et on fait passer une courbe par les extrémités de toutes les ordonnées ainsi que par les appuis. Cette courbe représente les efforts positifs maximum.

On obtient d'une manière analogue la courbe des efforts négatifs maximum.

Quand le système est formé soit par un train, soit par un convoi de véhicules qui circule dans les deux sens, on se borne à déterminer les deux courbes pour une moitié seulement de la poutre, la moitié de gauche par exemple.

On peut y arriver en procédant ainsi qu'il suit :

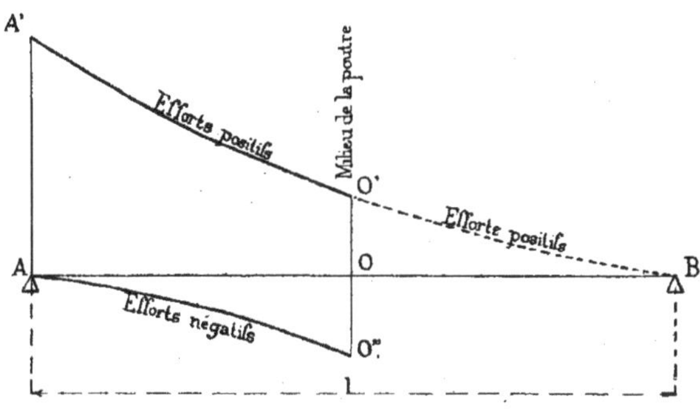

Fig. 107.

On calcule les efforts tranchants sur l'étendue de la poutre, comme s'ils étaient tous positifs. Les efforts obtenus dans la moitié de gauche sont choisis comme efforts positifs. Quant aux efforts obtenus dans la moitié de droite, ils représentent, en valeur absolue, les efforts négatifs de la moitié de gauche pour les sections placées symétriquement par rapport au milieu. Si donc on a construit la courbe totale correspondant à la portée de la poutre, on en conserve la moitié de gauche qui constitue la courbe des efforts positifs, puis on rabat la moitié de droite au-dessous de la poutre et on la renverse autour de l'ordonnée du milieu de la poutre, de telle sorte qu'elle vienne se placer au-dessous de la courbe de la moitié de gauche. On obtient ainsi la courbe des efforts négatifs pour la moitié de gauche de la poutre.

Cette manière de procéder est celle qu'il convient d'adopter pour faire usage des barêmes dont il sera parlé plus loin.

182. — *Cas où les charges sont transmises à la poutre par l'intermédiaire d'entretoises ou de pièces de pont.* — La solution qui vient d'être indiquée suppose que tous les poids du système sont successivement appliqués à chaque section de la poutre.

Mais généralement les charges sont transmises aux poutres par l'intermédiaire d'entretoises plus ou moins écartées. Les poids qui agissent sur la poutre ne sont alors appliqués qu'aux sections correspondant à ces entretoises.

Dans ce cas, c'est pour ces sections seulement qu'on détermine la valeur de l'effort tranchant (1). Le calcul s'opère en conservant aux poids des essieux et des chevaux les positions qu'ils occupent réellement, sans avoir égard à la manière dont ces poids se transmettent à la poutre par l'intermédiaire des entretoises (2).

On élève, à l'emplacement de chaque entretoise, une ordonnée sur laquelle on porte la valeur de l'effort tranchant et on fait passer une courbe par les extrémités de toutes les ordonnées ainsi que par les appuis.

(1) A moins que l'on ne se contente de construire les courbes des efforts tranchants au moyen des valeurs toutes calculées qui sont fournies par les tableaux de la deuxième partie, pour les sections situées à des intervalles égaux au dixième de la portée de la poutre.

(2) Voir la note x.

DEUXIÈME PARTIE

BARÊMES ET TABLEAUX

TITRE PREMIER

PONTS SUPPORTANT DES VOIES DE FER

DE LARGEUR NORMALE

POUTRES LONGITUDINALES

Train-type, schéma.

CHAP. I. — Essieux à appliquer aux diverses sections d'une poutre longitudinale pour y produire le moment fléchissant maximum.

CHAP. II. — Barêmes pour le calcul des poutres longitudinales.

CHAP. III. — Valeurs du moment fléchissant maximum à des intervalles égaux au dixième de la portée de la poutre.

CHAP. IV. — Valeurs de l'effort tranchant maximum à des intervalles égaux au dixième de la portée de la poutre.

TITRE II

PONTS SUPPORTANT DES VOIES DE FER

DE 1 MÈTRE DE LARGEUR

POUTRES LONGITUDINALES

Train-type, schéma.

CHAP. I. — Essieux à appliquer à des intervalles égaux au dixième de la portée de la poutre, pour y produire le moment fléchissant maximum.

CHAP. II. — Barêmes pour le calcul des poutres longitudinales.

CHAP. III. — Valeurs du moment fléchissant maximum à des intervalles égaux au dixième de la portée de la poutre.

CHAP. IV. — Valeurs de l'effort tranchant maximum à des intervalles égaux au dixième de la portée de la poutre.

TITRE III

PONTS SUPPORTANT DES VOIES DE TERRE

POUTRES LONGITUDINALES

TITRE IV

PONTS SUPPORTANT DES VOIES DE TERRE

ENTRETOISES

TITRE PREMIER

PONTS SUPPORTANT DES VOIES DE FER

DE LARGEUR NORMALE

POUTRES LONGITUDINALES

TRAIN-TYPE

183. — Les dispositions ci-après sont celles du train-type défini à l'article 4 du règlement ministériel du 29 août 1891 pour les voies de largeur normale :

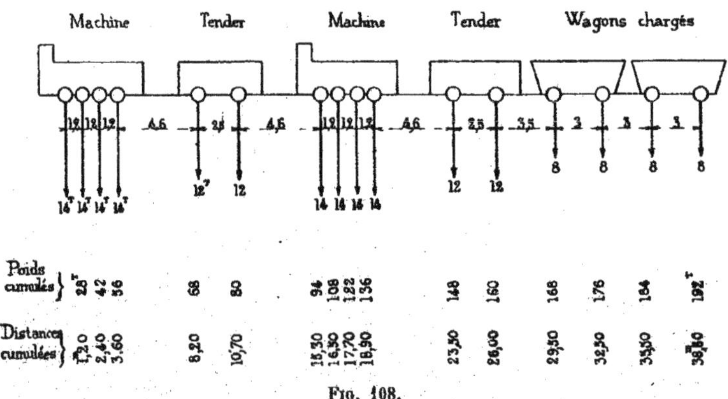

Fig. 108.

CHAPITRE PREMIER

Essieux à appliquer aux diverses sections d'une poutre pour y produire le moment fléchissant maximum (1).

184. — On a indiqué aux n°s 92 et 93 un moyen de découvrir l'essieu qui doit être appliqué à une section pour y produire le moment fléchissant maximum.

Ce moyen comporte des tâtonnements. Le tableau ci-après permet de les éviter.

Dans ce tableau, qui est relatif à une moitié de poutre (celle de gauche), chaque section est définie par sa distance a_1 à l'appui voisin (celui de gauche).

Cette distance est exprimée en fraction de la portée l de la poutre. On a prévu des fractions variant de centième en centième.

L'essieu qui doit passer par la section est désigné, pour plus de simplicité, par son numéro d'ordre.

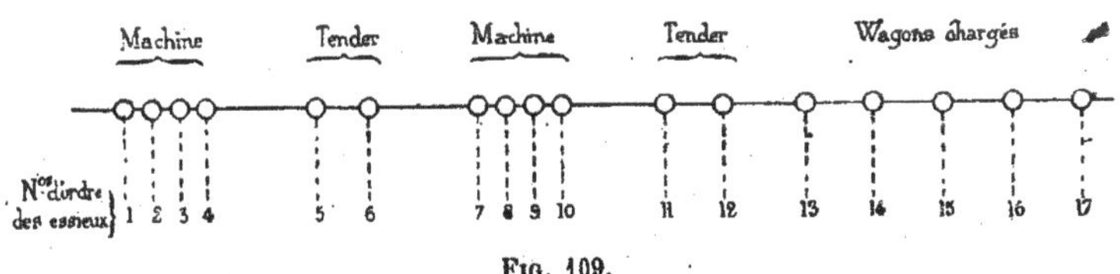

Fig. 109.

Le numérotage commence au premier essieu de la machine de tête qui porte, par conséquent, le n° 1.

(1) Voir la note y.

185. — *Tableau indiquant les essieux à appliquer aux diverses sections d'une poutre pour obtenir la position du train qui donne lieu au moment fléchissant maximum.*

DISTANCE a_1 de la SECTION à l'appui de gauche	PORTÉE l de la POUTRE					NUMÉRO D'ORDRE de l'essieu à appliquer à la section
1	2					3
$\frac{1}{100}l$	De	0	à	$14^m,3$		1
		$14^m,4$		16	7	7
		16 8		150	0	1
$\frac{2}{100}l$	De	0	à	14	4	1
		14 5		16	9	7
		17 0		150	0	1
$\frac{3}{100}l$	De	0	à	14	6	1
		14 7		17	0	7
		17 1		147	1	1
		147 2		150	0	2
$\frac{4}{100}l$	De	0	à	14	7	1
		14 8		17	2	7
		17 3		102	2	1
		102 3		150	0	2
$\frac{5}{100}l$	De	0	à	14	9	1
		15 0		17	4	7
		17 5		77	1	1
		77 2		150	0	2
$\frac{6}{100}l$	De	0	à	15	1	1
		15 2		17	6	7
		17 7		59	0	1
		59 1		150	0	2
$\frac{7}{100}l$	De	0	à	15	2	1
		15 3		17	8	7
		17 9		46	5	1
		46 6		125	9	2
		126 0		150	7	3
$\frac{8}{100}l$	De	0	à	15	4	1
		15 5		18	0	7
		18 1		35	1	1
		35 2		105	4	2
		105 5		150	0	3
$\frac{9}{100}l$	De	0	à	$15^m,6$		1
		$15^m,7$		18	2	7
		18 3		28	0	1
		28 1		90	2	2
		90 3		150	0	3
$\frac{10}{100}l$	De	0	à	15	7	1
		15 8		18	4	7
		18 5		25	2	1
		25 3		80	1	2
		80 2		136	1	3
		136 2		150	0	4
$\frac{11}{100}l$	De	0	à	15	9	1
		16 0		18	6	7
		18 7		20	3	1
		20 4		68	6	2
		68 7		121	0	3
		121 1		150	0	4
$\frac{12}{100}l$	De	0	à	16	1	1
		16 2		18	8	7
		18 9		19	5	1
		19 6		61	7	2
		61 8		108	8	3
		108 9		150	0	4
$\frac{13}{100}l$	De	0	à	16	3	1
		16 4		19	0	7
		19 1		53	1	2
		53 2		99	2	3
		99 3		142	2	4
		142 3		150	0	5
$\frac{14}{100}l$	De	0	à	16	5	1
		16 6		18	7	7
		18 9		48	9	2
		49 0		90	1	3
		90 2		130	2	4
		130 3		150	0	5

DISTANCE a_1 de la SECTION à l'appui de gauche (1)	PORTÉE l de la POUTRE (2)			NUMÉRO D'ORDRE de l'essieu à appliquer à la section (3)
$\frac{15}{100} l$	De 0	à	16^m,7	1
	16^m,8		18 4	7
	18 5		42 9	2
	43 0		83 4	3
	83 5		120 3	4
	120 4		150 0	5
$\frac{16}{100} l$	De 0	à	16 8	1
	16 9		18 3	8
	18 4		37 0	2
	37 1		74 8	3
	74 9		111 3	4
	111 4		140 6	5
	140 7		150 0	6
$\frac{17}{100} l$	De 0	à	16 0	1
	16 1		18 5	8
	18 6		33 5	2
	33 6		68 6	3
	68 7		103 0	4
	103 1		131 0	5
	131 1		150 0	6
$\frac{18}{100} l$	De 0	à	12 7	1
	12 8		15 8	2
	15 9		18 7	8
	18 8		29 7	2
	29 8		64 7	3
	64 8		96 1	4
	96 2		122 3	5
	122 4		148 4	6
	148 5		150 0	7
$\frac{19}{100} l$	De 0	à	12 4	1
	12 5		16 0	2
	16 1		18 9	8
	19 0		27 4	2
	27 5		58 8	3
	58 9		89 7	4
	89 8		114 3	5
	114 4		139 6	6
	139 7		150 0	7
$\frac{20}{100} l$	De 0	à	12^m 1	1
	12^m,2		16 2	2
	16 3		19 2	8
	19 3		26 8	2
	26 9		55 2	3
	55 3		83 8	4
	83 9		107 5	5
	107 6		131 2	6
	131 3		150 0	7
$\frac{21}{100} l$	De 0	à	10 2	1
	10 3		16 4	2
	16 5		19 4	8
	19 5		22 1	2
	22 2		51 7	3
	51 8		78 3	4
	78 4		101 2	5
	101 3		124 1	6
	124 2		150 0	7
$\frac{22}{100} l$	De 0	à	9 9	1
	10 0		16 6	2
	16 7		19 7	8
	19 8		21 7	2
	21 8		46 0	3
	46 1		73 9	4
	74 0		95 3	5
	95 4		117 0	6
	117 1		144 2	7
	144 3		150 0	8
$\frac{23}{100} l$	De 0	à	9 7	1
	9 8		16 8	2
	16 9		19 9	8
	20 0		21 3	2
	21 4		42 7	3
	42 8		69 2	4
	69 3		89 8	5
	89 9		110 9	6
	111 0		137 9	7
	138 0		150 0	8

DISTANCE a_1 de la SECTION à l'appui de gauche (1)	PORTÉE l de la POUTRE (2)			NUMÉRO D'ORDRE de l'essieu à appliquer à la section (3)
$\frac{24}{100} l$	De 0	à	$9^m,5$	1
	$9^m,6$		17 1	2
	17 2		20 2	8
	20 3		21 1	2
	21 2		39 4	3
	39 5		65 1	4
	65 2		85 3	5
	85 4		105 5	6
	105 6		129 1	7
	129 2		150 0	8
$\frac{25}{100} l$	De 0	à	9 3	1
	9 4		17 3	2
	17 4		20 5	8
	20 6		20 8	2
	20 9		38 5	3
	38 6		61 4	4
	61 5		81 0	5
	81 1		100 0	6
	100 1		125 3	7
	125 4		150 0	8
$\frac{26}{100} l$	De 0	à	4 6	1
	4 7		17 5	2
	17 6		20 7	8
	20 8		35 3	3
	35 4		58 0	4
	58 1		76 3	5
	76 4		95 0	6
	95 1		119 2	7
	119 3		143 1	8
	143 2		150 0	9
$\frac{27}{100} l$	De 0	à	4 4	1
	4 5		17 8	2
	17 9		20 7	8
	20 8		31 7	3
	31 8		54 6	4
	54 7		72 6	5
	72 7		90 5	6
	90 6		113 1	7
	113 2		139 4	8
	139 5		150 0	9
$\frac{28}{100} l$	De 0	à	$4^m,2$	1
	$4^m,3$		18 0	2
	18 1		20 6	8
	20 7		31 3	3
	31 4		51 5	4
	51 6		69 0	5
	69 1		86 5	6
	86 6		107 1	7
	107 2		133 4	8
	133 5		150 0	9
$\frac{29}{100} l$	De 0	à	4 1	1
	4 2		18 3	2
	18 4		21 6	8
	21 7		29 2	3
	29 3		48 4	4
	48 5		65 6	5
	65 7		82 2	6
	82 3		103 6	7
	103 7		127 4	8
	127 5		150 0	9
$\frac{30}{100} l$	De 0	à	4 0	1
	4 1		18 1	2
	18 6		22 5	8
	22 2		29 0	3
	29 1		45 5	4
	45 6		62 3	5
	62 4		78 2	6
	78 3		100 2	7
	100 3		124 0	8
	124 1		145 1	9
	145 2		150 0	10
$\frac{31}{100} l$	De 0	à	3 8	1
	3 9		18 7	2
	18 8		22 7	8
	22 8		23 8	3
	23 9		43 4	4
	43 5		59 1	5
	59 2		74 7	6
	74 8		94 3	7

DISTANCE a_1 de la SECTION à l'appui de gauche	PORTÉE l de la POUTRE	NUMÉRO D'ORDRE de l'essieu à appliquer à la section
1	2	3
$\frac{31}{100}l$	De 94^{m},4 à 118^{m},0	8
	118 1 141 7	9
	141 8 150 0	10
$\frac{32}{100}l$	De 0 à 3 7	1
	3 8 18 1	2
	18 2 23 3	8
	23 4 23 6	3
	23 7 40 9	4
	41 0 56 1	5
	56 2 71 4	6
	71 5 90 9	7
	91 0 114 7	8
	114 8 135 8	9
	135 9 150 0	10
$\frac{33}{100}l$	De 0 à 3 6	1
	3 7 17 5	2
	17 6 23 7	8
	23 8 38 1	4
	38 2 53 2	5
	53 3 68 2	6
	68 3 87 6	7
	87 7 108 7	8
	108 8 132 6	9
	132 7 150 0	10
$\frac{34}{100}l$	De 0 à 3 5	1
	3 6 17 0	2
	17 1 24 0	8
	24 1 36 3	4
	36 4 51 2	5
	51 3 65 2	6
	65 3 84 3	7
	84 4 105 5	8
	105 6 126 7	9
	126 8 146 6	10
	146 7 150 0	11
$\frac{35}{100}l$	De 0 à 3 4	1
	3 5 16 5	2
	16 6 24 7	8
$\frac{35}{100}l$	De 24^{m},8 à 33^{m},7	4
	33 8 48 4	5
	48 5 62 8	6
	62 9 81 0	7
	81 1 102 2	8
	102 3 123 5	9
	123 6 142 4	10
	142 5 150 0	11
$\frac{36}{100}l$	De 0 à 3 3	1
	3 4 14 4	2
	14 5 16 4	3
	16 5 25 8	8
	25 9 32 3	4
	32 4 45 8	5
	45 9 60 1	6
	60 2 77 7	7
	77 8 99 0	8
	99 1 120 3	9
	120 4 137 9	10
	138 0 150 0	11
$\frac{37}{100}l$	De 0 à 3 2	1
	3 3 14 3	2
	14 4 16 3	3
	16 4 26 8	8
	26 9 30 9	4
	31 0 43 2	5
	43 3 57 2	6
	57 3 74 4	7
	74 5 95 8	8
	95 9 117 2	9
	117 3 134 1	10
	134 2 148 9	11
	149 0 150 0	12
$\frac{38}{100}l$	De 0 à 3 1	1
	3 2 14 3	2
	14 4 16 2	3
	16 3 27 9	8
	28 0 30 2	4
	30 3 41 4	5

DISTANCE a_1 de la SECTION à l'appui de gauche	PORTÉE l de la POUTRE					NUMÉRO D'ORDRE de l'essieu à appliquer à la section
1	2					3
$\frac{38}{100}l$	De 41m	,5	à	54m	,3	6
	54	4		71	1	7
	71	2		92	6	8
	92	7		114	1	9
	114	2		130	9	10
	131	0		143	8	11
	143	9		150	0	12
$\frac{39}{100}l$	De 0		à	3	0	1
	3	1		14	2	2
	14	3		16	2	3
	16	3		28	9	8
	29	0		29	5	4
	29	6		38	9	5
	39	0		52	6	6
	52	7		70	7	7
	70	8		89	4	8
	89	5		112	0	9
	112	1		127	3	10
	127	4		140	3	11
	140	4		150	0	12
$\frac{40}{100}l$	De 0		à	3	0	1
	3	1		14	1	2
	14	2		16	1	3
	16	2		29	1	8
	29	2		37	3	5
	37	4		50	0	6
	50	1		67	4	7
	67	5		86	1	8
	86	2		107	9	9
	108	0		123	8	10
	123	9		136	8	11
	136	9		150	0	12
$\frac{41}{100}l$	De 0		à	2	9	1
	3	0		14	1	2
	14	2		16	1	3
	16	2		29	0	4
	29	1		34	9	5
	35	0		47	4	6
	47	5		64	0	7
$\frac{41}{100}l$	De 64m	,1	à	82m	,9	8
	83	0		104	8	9
	104	9		120	5	10
	120	6		133	5	11
	133	6		147	0	12
	147	1		150	0	13
$\frac{42}{100}l$	De 0		à	2	8	1
	2	9		11	8	2
	11	9		14	0	3
	14	1		28	9	8
	29	0		33	4	5
	33	5		45	7	6
	45	8		60	6	7
	60	7		82	7	8
	82	8		101	6	9
	101	7		117	5	10
	117	6		130	3	11
	130	4		143	3	12
	143	4		150	0	13
$\frac{43}{100}l$	De 0		à	2	7	1
	2	8		11	7	2
	11	8		13	9	3
	14	0		28	8	8
	28	9		30	5	5
	30	6		43	1	6
	43	2		60	1	7
	60	2		79	4	8
	79	5		98	5	9
	98	6		114	8	10
	114	9		127	2	11
	127	3		139	9	12
	140	0		146	5	13
	146	6		150	0	14
$\frac{44}{100}l$	De 0		à	2	7	1
	2	8		11	7	2
	11	8		13	9	3
	13	0		16	7	8
	16	8		19	0	9
	19	1		28	0	8

DISTANCE a_1 de la SECTION à l'appui de gauche 1	PORTÉE l de la POUTRE 2		NUMÉRO D'ORDRE de l'essieu à appliquer à la section 3
	De	à	
$\frac{44}{100} l$	De 28^m,1	à 28^m,9	9
	29 0	29 7	5
	29 8	41 7	6
	41 8	56 8	7
	56 9	76 1	8
	76 2	95 3	9
	95 4	112 3	10
	112 4	124 3	11
	124 4	136 7	12
	136 8	143 1	13
	143 2	150 0	14
$\frac{45}{100} l$	De 0	à 2 6	1
	2 7	11 6	2
	11 7	13 9	3
	14 0	16 6	8
	16 7	19 0	9
	19 1	27 8	8
	27 9	29 0	9
	29 1	39 1	6
	39 2	56 6	7
	56 7	76 0	8
	76 1	92 1	9
	92 2	109 6	10
	109 7	121 4	11
	121 5	133 7	12
	133 8	140 0	13
	140 1	146 6	14
	146 7	150 0	15
$\frac{46}{100} l$	De 0	à 2 6	1
	2 7	11 6	2
	11 7	13 9	3
	14 0	16 6	8
	16 7	18 9	9
	19 0	27 6	8
	27 7	28 5	9
	28 6	29 0	8
	29 1	37 7	6
	37 8	53 0	7
	53 1	72 6	8
	72 7	92 1	9
$\frac{46}{100} l$	De 92^m,2	à 106^m,8	10
	106 9	118 5	11
	118 6	130 8	12
	130 9	136 9	13
	137 0	143 4	14
	143 5	150 0	15
$\frac{47}{100} l$	De 0	à 2 5	1
	2 6	11 6	2
	11 7	13 9	3
	14 0	16 6	8
	16 7	18 9	9
	19 0	24 1	8
	24 2	27 6	9
	27 7	29 1	8
	29 2	35 1	6
	35 2	52 8	7
	52 9	68 7	8
	68 8	88 8	9
	88 9	104 1	10
	104 2	115 8	11
	115 9	128 1	12
	128 2	134 0	13
	134 1	140 4	14
	140 5	146 8	15
	146 9	150 0	16
$\frac{48}{100} l$	De 0	à 2 5	1
	2 6	11 6	2
	11 7	13 9	3
	14 0	16 6	8
	16 7	18 9	9
	19 0	23 9	8
	24 0	27 4	9
	27 5	29 2	8
	29 3	33 8	6
	33 9	49 1	7
	49 2	69 1	8
	69 2	85 6	9
	85 7	101 7	10
	101 8	113 1	11
	113 2	125 6	12

DISTANCE a_1 de la SECTION à l'appui de gauche 1	PORTÉE l de la POUTRE 2		NUMÉRO D'ORDRE de l'essieu à appliquer à la section 3	DISTANCE a_1 de la SECTION à l'appui de gauche 1'	PORTÉE l de la POUTRE 2		NUMÉRO D'ORDRE de l'essieu à appliquer à la section 3
$\frac{48}{100}l$	De $125^m,7$	à $131^m,2$	13	$\frac{49}{100}l$	De $128^m,6$	à $134^m,6$	14
	131 3	137 5	14		134 7	140 8	15
	137 6	143 7	15		140 9	146 9	16
	143 8	150 0	16		147 0	150 0	17
$\frac{49}{100}l$	De 0	à 2 4	1	$\frac{50}{100}l$	De 0	à 2 4	1
	2 5	11 6	2		2 5	11 6	2
	11 7	13 9	3		11 7	14 0	3
	14 0	16 5	8		14 1	23 6	8
	16 6	18 9	9		23 7	27 1	9
	19 0	23 7	8		27 2	29 5	8
	23 8	27 3	9		29 6	45 2	7
	27 4	29 6	8		45 3	65 6	8
	29 7	30 8	7		65 7	82 4	9
	30 9	31 5	6		82 5	97 6	10
	31 6	46 4	7		97 7	109 0	11
	46 5	65 6	8		109 1	120 5	12
	65 7	85 7	9		120 6	126 0	13
	85 8	100 1	10		126 1	132 0	14
	100 2	110 5	11		132 1	138 0	15
	110 6	123 2	12		138 1	144 0	16
	123 3	128 5	13		144 1	150 0	17

186. — Application à un exemple. — *Poutre de 41 mètres de portée.*

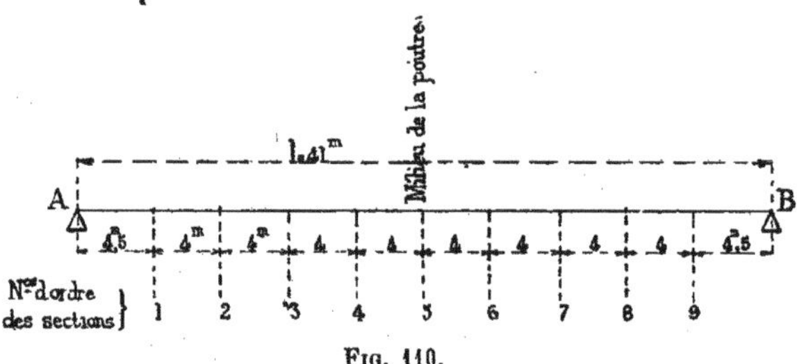

Fig. 110.

Les sections envisagées sont celles qui correspondent aux points d'attache des entretoises par l'intermédiaire desquelles les charges sont transmises à la poutre.

On suppose un écartement de 4 mètres entre ces entretoises. Les entretoises extrêmes sont d'ailleurs à une distance de 4^m,50 des appuis.

Les moments fléchissants maximum étant les mêmes dans les sections symétriques par rapport au milieu de la poutre, il suffit de considérer les cinq premières sections.

Les distances de chacune de ces sections à l'appui de gauche, exprimées en fonction de la portée l, sont consignées dans le tableau ci-après :

NUMÉRO d'ordre DES SECTIONS	DISTANCE a_1 DE LA SECTION A L'APPUI DE GAUCHE	
	Effective	En fonction de l
1	4^m,50	$\frac{11}{100} l$
2	8 50	$\frac{21}{100} l$
3	12 50	$\frac{31}{100} l$
4	16 50	$\frac{40}{100} l$
5	20 50	$\frac{50}{100} l$

On trouve dès lors, au moyen des indications du tableau précédent, que les essieux à appliquer aux diverses sections pour y engendrer le moment fléchissant maximum sont ceux qui ont les numéros d'ordre suivants :

	NUMÉRO D'ORDRE DES ESSIEUX
Section n° 1.........	2
— n° 2.........	3
— n° 3.........	4
— n° 4.........	6
— n° 5.........	7

CHAPITRE II

Barêmes pour le calcul des poutres longitudinales

187. — Les barêmes ci-après ont pour objet de faciliter les calculs des moments fléchissants ou des efforts tranchants qui se produisent dans une poutre longitudinale, lors du passage du train-type indiqué à l'article 183 pour les voies de largeur normale (1).

Nota. — Ces barêmes supposent que le train est partiellement engagé sur la poutre, de telle sorte que le dernier wagon n'a pas franchi l'appui de droite par lequel le train est entré. Ils supposent, en outre, que les charges des essieux d'un train passent par l'axe de la poutre.

Les numéros d'ordre des essieux sont ceux qui ont été définis au n° 184.

Les poids sont exprimés en tonnes, les moments en mètres-tonnes.

(1) Pour l'usage des barêmes, voir, à la suite de ces barêmes, aux numéros 205 et suivants.

BARÊME N° 1

188. — L'essieu n° 1 (*premier essieu de la première machine*) **passe par la section.**

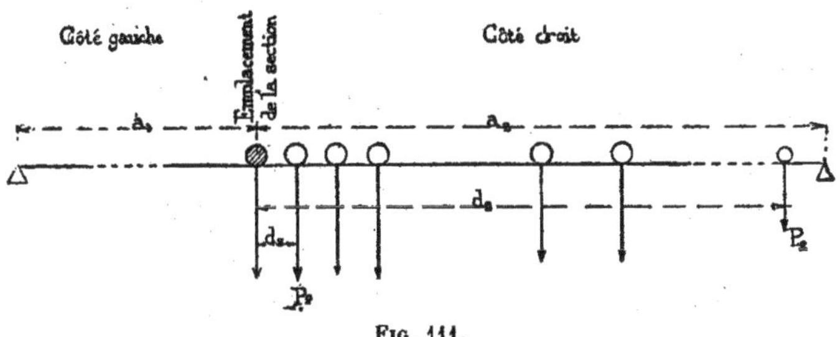

FIG. 111.

SOMME des MOMENTS $\Sigma P_1 d_1$	SOMME des POIDS ΣP_1	LONGUEUR de la PORTION DE POUTRE mesurée à gauche à partir de la section a_1	LONGUEUR de la PORTION DE POUTRE mesurée à droite à partir de la section a_2	SOMME DES POIDS (y compris le poids passant par la section) ΣP_3	SOMME des MOMENTS $\Sigma P_2 d_2$
1	2	3	4	5	6
0	0	au-dessus de 0	Entre 0 et 1m,20	14T	0
			1m,21 — 2 40	28	16MT,8
			2 41 — 3 60	42	50 4
			3 61 — 8 20	56	100 8
			8 21 — 10 70	68	199 2
			10 71 — 15 30	80	327 6
			15 31 — 16 50	94	541 8
			16 51 — 17 70	108	772 8
			17 71 — 18 90	122	1.020 6
			18 91 — 23 50	136	1.285 2
			23 51 — 26 00	148	1.567 2
			26 01 — 29 50	160	1.879 2
			29 51 — 32 50	168	2.115 2
			32 51 — 35 50	176	2.375 2
			35 51 — 38 50	184	2.659 2
			38 51 — 41 50	192	2.967 2

SOMME des MOMENTS $\Sigma P_1 d_1$ 1	SOMME des POIDS ΣP_1 2	LONGUEUR de la PORTION DE POUTRE mesurée à gauche à partir de la section a_1 3	LONGUEUR de la PORTION DE POUTRE mesurée à droite à partir de la section a_2 4	SOMME DES POIDS (y compris le poids passant par la section) ΣP_2 5	SOMME des MOMENTS $\Sigma P_2 d_2$ 6
			41 51 44 50	200	3.299 2
			44 51 47 50	208	3.655 2
			47 51 50 50	216	4.035 2
			50 51 53 50	224	4.439 2
			53 51 56 50	232	4.867 2
			56 51 59 50	240	5.319 3
			59 51 62 50	248	5.795 2
			62 51 65 50	256	6.295 2
			65 51 68 50	264	6.819 2
			68 51 71 50	272	7.367 2
			71 51 74 50	280	7.939 2
			74 51 77 50	288	8.535 2
			77 51 80 50	296	9.155 2
			80 51 83 50	304	9.799 2
			83 51 86 50	312	10.467 2
			86 51 89 50	320	11.159 2
			89 51 92 50	328	11.875 2
			92 51 95 50	336	12.615 2
			95 51 98 50	344	13.379 2
			98 51 101 50	352	14.167 2
			101 51 104 50	360	14.979 2
			104 51 107 50	368	15.815 2
			107 51 110 50	376	16.675 2
			110 51 113 50	384	17.559 2
			113 51 116 50	392	18.467 2
			116 51 119 50	400	19.399 2
			119 51 122 50	408	20.355 2
			122 51 125 50	416	21.335 2
			125 51 128 50	424	22.339 2
			128 51 131 50	432	23.367 2
			131 51 134 50	440	24.419 2
			134 51 137 50	448	25.495 2
			137 51 140 50	456	26.595 2
			140 51 143 50	464	27.719 2
			143 51 146 50	472	28.867 2
			146 51 149 50	480	30.039 2
			149 51 152 50	488	31.235 2

BARÊME N° 2

189. — L'essieu n° 2 (*deuxième essieu de la première machine*) **passe par la section.**

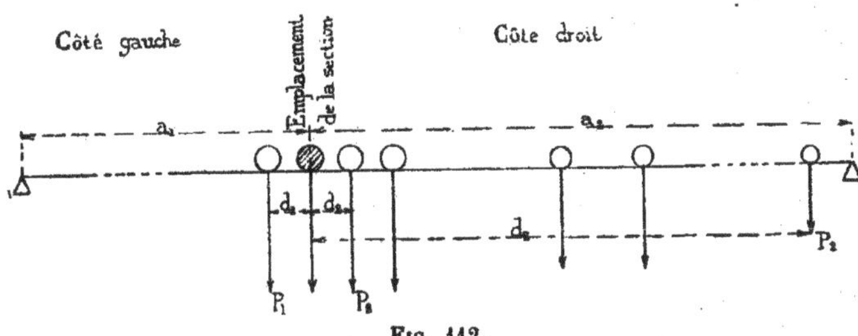

FIG. 112.

SOMME des MOMENTS $\Sigma P_1 d_1$	SOMME des POIDS ΣP_1	LONGUEUR de la PORTION DE POUTRE mesurée à gauche à partir de la section a_1	LONGUEUR de la PORTION DE POUTRE mesurée à droite à partir de la section a_2	SOMME DES POIDS (y compris le poids passant par la section) ΣP_2	SOMME des MOMENTS $\Sigma P_2 d_2$
1	2	3	4	5	6
0	0	Entre 0 et $1^m,20$	Entre 0 et $1^m,20$	14^T	0
$16^{MT},8$	14^T	au-dessus de 1 20	$1^m,21$ 2 40	28	$16^{MT},8$
			2 41 7 0	42	50 4
			7 01 9 50	54	134 4
			9 51 14 10	66	248 4
			14 11 15 30	80	445 8
			15 31 16 50	94	660 0
			16 51 17 70	108	891 0
			17 71 22 30	122	1.138 8
			22 31 24 80	134	1.406 4
			24 81 28 30	146	1.704 0
			28 31 31 30	154	1.930 4
			31 31 34 30	162	2.180 8
			34 31 37 30	170	2.455 2
			37 31 40 30	178	2.753 6
			40 31 43 30	186	3.076 0
			43 31 46 30	194	3.422 4

SOMME des MOMENTS $\Sigma P_1 d_1$	SOMME des POIDS ΣP_1	LONGUEUR de la PORTION DE POUTRE mesurée à gauche à partir de la section a_1	LONGUEUR de la PORTION DE POUTRE mesurée à droite à partir de la section a_2				SOMME DES POIDS (y compris le poids passant par la section) ΣP_2	SOMME des MOMENTS $\Sigma P_2 d_2$	
1	2	3	4				5	6	
			46	31	49	30	202	3.792	8
			49	31	52	30	210	4.187	2
			52	31	55	30	218	4.605	6
			55	31	58	30	226	5.048	0
			58	31	61	30	234	5.514	4
			61	31	64	30	242	6.004	8
			64	31	67	30	250	6.519	2
			67	31	70	30	258	7.057	6
			70	31	73	30	266	7.620	0
			73	31	76	30	274	8.206	4
			76	31	79	30	282	8.816	8
			79	31	82	30	290	9.451	2
			82	31	85	30	298	10.109	6
			85	31	88	30	306	10.792	0
			88	31	91	30	314	11.498	4
			91	31	94	30	322	12.228	8
			94	31	97	30	330	12.983	2
			97	31	100	30	338	13.761	6
			100	31	103	30	346	14.564	0
			103	31	106	30	354	15.390	4
			106	31	109	30	362	16.240	8
			109	31	112	30	370	17.115	2
			112	31	115	30	378	18.013	6
			115	31	118	30	386	18.936	0
			118	31	121	30	394	19.882	4
			121	31	124	30	402	20 852	8
			124	31	127	30	410	21.847	2
			127	31	130	30	418	22.865	6
			130	31	133	30	426	23.908	0
			133	31	136	30	434	24.974	4
			136	31	139	30	442	26.064	8
			139	31	142	30	450	27.179	2
			142	31	145	30	458	28.317	6
			145	31	148	30	466	29.480	0
			148	31	151	30	474	30.666	4

BARÊME N° 3

190. — L'essieu n° 3 (*troisième essieu de la première machine*) **passe par la section.**

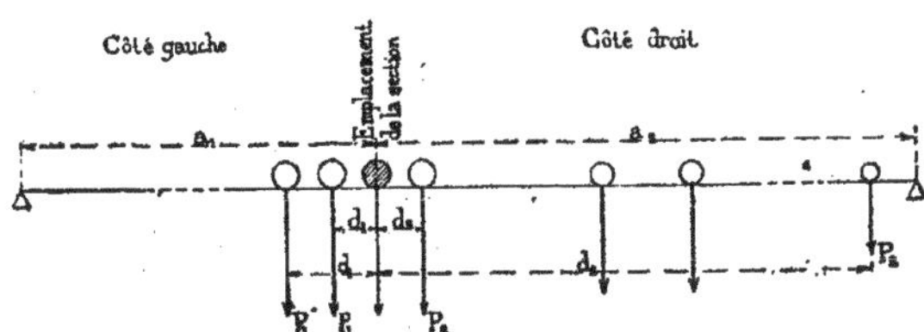

Fig. 113.

SOMME des MOMENTS $\Sigma P_1 d_1$ 1	SOMME des POIDS ΣP_1 2	LONGUEUR de la PORTION DE POUTRE mesurée à gauche à partir de la section a_1 3	LONGUEUR de la PORTION DE POUTRE mesurée à droite à partir de la section a_2 4	SOMME DES POIDS (y compris le poids passant par la section) ΣP_2 5	SOMME des MOMENTS $\Sigma P_2 d_2$ 6
0	0	Entre 0 et 1m,20	Entre 0 et 1m,20	14T	0
16MT,8	14T	1m,21 2 40	1m,21 5 80	28	16MT,8
50 4	28	au-dessus de 2 40	5 81 8 30	40	86 4
			8 31 12 90	52	186 0
			12 91 14 10	66	366 6
			14 11 15 30	80	564 0
			15 31 16 50	94	778 2
			16 51 21 10	108	1.009 2
			21 11 23 60	120	1.262 4
			23 61 27 10	132	1.545 6
			27 11 30 10	140	1.762 4
			30 11 33 10	148	2.003 2
			33 11 36 10	156	2.268 0
			36 11 39 10	164	2.556 8
			39 11 42 10	172	2.869 6
			42 11 45 10	180	3.206 4
			45 11 48 10	188	3.567 2

SOMME des MOMENTS $\Sigma P_1 d_1$	SOMME des POIDS ΣP_1	LONGUEUR de la PORTION DE POUTRE mesurée à gauche à partir de la section a_1	LONGUEUR de la PORTION DE POUTRE mesurée à droite à partir de la section a_2	SOMME DES POIDS (y compris le poids passant par la section) ΣP_2	SOMME des MOMENTS $\Sigma P_2 d_2$
1	2	3	4	5	6
			48 11 51 10	196	3.952 0
			51 11 54 10	204	4.360 8
			54 11 57 10	212	4.793 6
			57 11 60 10	220	5.250 4
			60 11 63 10	228	5.731 2
			63 11 66 10	236	6.236 0
			66 11 69 10	244	6.764 8
			69 11 72 10	252	7.317 6
			72 11 75 10	260	7.894 4
			75 11 78 10	268	8.495 2
			78 11 81 10	276	9.120 0
			81 11 84 10	284	9.768 8
			84 11 87 10	292	10.441 6
			87 11 90 10	300	11.138 4
			90 11 93 10	308	11.859 2
			93 11 96 10	316	12.604 0
			96 11 99 10	324	13.372 8
			99 11 102 10	332	14.165 6
			102 11 105 10	340	14.982 4
			105 11 108 10	348	15.823 2
			108 11 111 10	356	16.688 0
			111 11 114 10	364	17.576 8
			114 11 117 10	372	18.489 6
			117 11 120 10	380	19.426 4
			120 11 123 10	388	20.387 2
			123 11 126 10	396	21.372 0
			126 11 129 10	404	22.380 8
			129 11 132 10	412	23.413 6
			132 11 135 10	420	24.470 4
			135 11 138 10	428	25.551 2
			138 11 141 10	436	26.656 0
			141 11 144 10	444	27.784 8
			144 11 147 10	452	28.937 6
			147 11 150 10	460	30.114 4

BARÊME N° 4

191. — L'essieu n° 4 (*quatrième essieu de la première machine*) **passe par la section.**

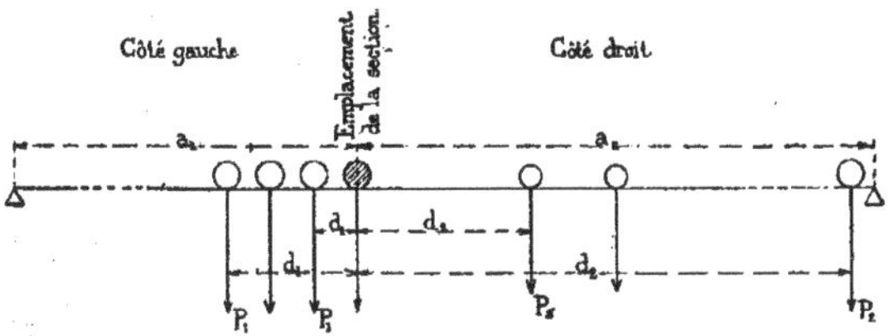

FIG. 114.

SOMME des MOMENTS $\Sigma P_1 d_1$ 1	SOMME des POIDS ΣP_1 2	LONGUEUR de la PORTION DE POUTRE mesurée à gauche à partir de la section a_1 3	LONGUEUR de la PORTION DE POUTRE mesurée à droite à partir de la section a_2 4	SOMME DES POIDS (y compris le poids passant par la section) ΣP_2 5	SOMME des MOMENTS $\Sigma P_2 d_2$ 6
0	0	Entre 0 et 1m,20	Entre 0 et 4m,60	14T	0
16MT, 8	14T	1m,21 2 40	4m,61 7 10	26	55MT, 2
50 4	28	2 41 3 60	7 11 11 70	38	140 4
100 8	42	au-dessus de 3 60	11 71 12 90	52	304 2
			12 91 14 10	66	484 8
			14 11 15 30	80	682 2
			15 31 19 90	94	896 4
			19 91 22 40	106	1.135 2
			22 41 25 90	118	1.404 0
			25 91 28 90	126	1.611 2
			28 91 31 90	134	1.842 4
			31 91 34 90	142	2.097 6
			34 91 37 90	150	2.376 8
			37 91 40 90	158	2.680 0
			40 91 43 90	166	3.007 2
			43 91 46 90	174	3.358 4
			46 91 49 90	182	3.733 6
			49 91 52 90	190	4.132 8

SOMME des MOMENTS $\Sigma P_1 d_1$ 1	SOMME des POIDS ΣP_1 2	LONGUEUR de la PORTION DE POUTRE mesurée à gauche à partir de la section a_1 3	LONGUEUR de la PORTION DE POUTRE mesurée à droite à partir de la section a_2 4	SOMME DES POIDS (y compris le poids passant par la section) ΣP_2 5	SOMME des MOMENTS $\Sigma P_2 d_2$ 6
			52 91 55 90	198	4.536 0
			55 91 58 90	206	5.003 2
			58 91 61 90	214	5.474 4
			61 91 64 90	222	5.969 6
			64 91 67 90	230	6.488 8
			67 91 70 90	238	7.032 0
			70 91 73 90	246	7.599 2
			73 91 76 90	254	8.190 4
			76 91 79 90	262	8.805 6
			79 91 82 90	270	9.444 8
			82 91 85 90	278	10.108 0
			85 91 88 90	286	10.795 2
			88 91 91 90	294	11.506 4
			91 91 94 90	302	12.241 6
			94 91 97 90	310	13.000 8
			97 91 100 90	318	13.784 0
			100 91 103 90	326	14,591 2
			103 91 106 90	334	15.422 4
			106 91 109 90	342	16.277 6
			109 91 112 90	350	17.156 8
			112 91 115 90	358	18.060 0
			115 91 118 90	366	18.987 2
			118 91 121 90	374	19.938 4
			121 91 124 90	382	20.913 6
			124 91 127 90	390	21.912 8
			127 91 130 90	398	22.936 0
			130 91 133 90	406	23.983 2
			133 91 136 90	414	25.054 4
			136 91 139 90	422	26.149 6
			139 91 142 90	430	27.268 8
			142 91 145 90	438	28.412 0
			145 91 148 90	446	29.579 2

BARÈME N° 5

192. — L'essieu n° 5 (*premier essieu du premier tender*) **passe par la section.**

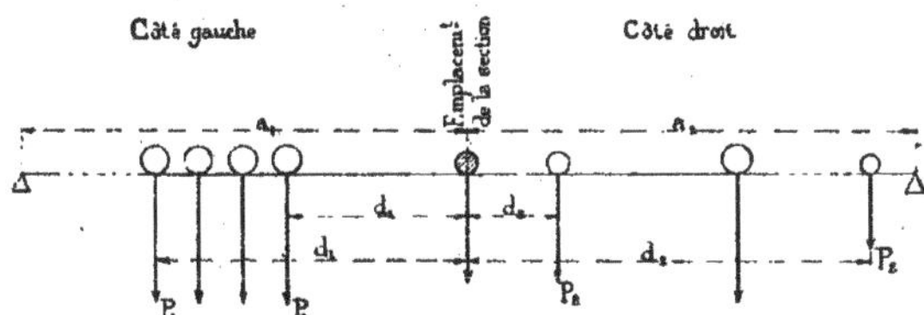

FIG. 115.

SOMME des MOMENTS $\Sigma P_1 d_1$ 1	SOMME des POIDS ΣP_1 2	LONGUEUR de la PORTION DE POUTRE mesurée à gauche à partir de la section a_1 3	LONGUEUR de la PORTION DE POUTRE mesurée à droite à partir de la section a_2 4	SOMME DES POIDS (y compris le poids passant par la section) ΣP_2 5	SOMME des MOMENTS $\Sigma P_2 d_2$ 6
0	0	Entre 0 et 4m,60	Entre 0 et 2m,50	12T	0
64MT, 4	14T	4m,61 5 80	2m,51 7 10	24	30MT, 0
145 6	28	5 81 7 00	7 11 8 30	38	129 4
243 6	42	7 01 8 20	8 31 9 50	52	245 6
358 4	56	au-dessus de 8 20	9 51 10 70	66	378 6
			10 71 15 30	80	528 4
			15 31 17 80	92	712 0
			17 81 21 30	104	925 6
			21 31 24 30	112	1.096 0
			24 31 27 30	120	1.290 4
			27 31 30 30	128	1.508 8
			30 31 33 30	136	1.751 2
			33 31 36 30	144	2.017 6
			36 31 39 30	152	2.308 0
			39 31 42 30	160	2.622 4
			42 31 45 30	168	2.960 8
			45 31 48 30	176	3.323 2
			48 31 51 30	184	3.709 6

SOMME des MOMENTS $\Sigma P_1 d_1$	SOMME des POIDS ΣP_1	LONGUEUR de la PORTION DE POUTRE mesurée à gauche à partir de la section a_1	LONGUEUR de la PORTION DE POUTRE mesurée à droite à partir de la section a_2	SOMME DES POIDS (y compris le poids passant par la section) ΣP_2	SOMME des MOMENTS $\Sigma P_2 d_2$
1	2	3	4	5	6
			51 31 54 30	192	4.120 0
			54 31 57 30	200	4.554 4
			57 31 60 30	208	5.012 8
			60 31 63 30	216	5.495 2
			63 31 66 30	224	6.001 6
			66 31 69 30	232	6.532 0
			69 31 72 30	240	7.086 4
			72 31 75 30	248	7.664 8
			75 31 78 30	256	8.267 2
			78 31 81 30	264	8.893 6
			81 31 84 30	272	9.544 0
			84 31 87 30	280	10.218 4
			87 31 90 30	288	10.916 8
			90 31 93 30	296	11.639 2
			93 31 96 30	304	12.385 6
			96 31 99 30	312	13.156 0
			99 31 102 30	320	13.950 4
			102 31 105 30	328	14.768 8
			105 31 108 30	336	15,611 2
			108 31 111 30	344	16.477 6
			111 31 114 30	352	17.368 0
			114 31 117 30	360	18.282 4
			117 31 120 30	368	19.220 8
			120 31 123 30	376	20.183 2
			123 31 126 30	384	21.169 6
			126 31 129 30	392	22.180 0
			129 31 132 30	400	23.214 4
			132 31 135 30	408	24.272 8
			135 31 138 30	416	25.355 2
			138 31 141 30	424	26.461 6
			141 31 144 30	432	27.592 0

BARÈME N° 6

193. — L'essieu n° 6 (*deuxième essieu du premier tender*) **passe par la section.**

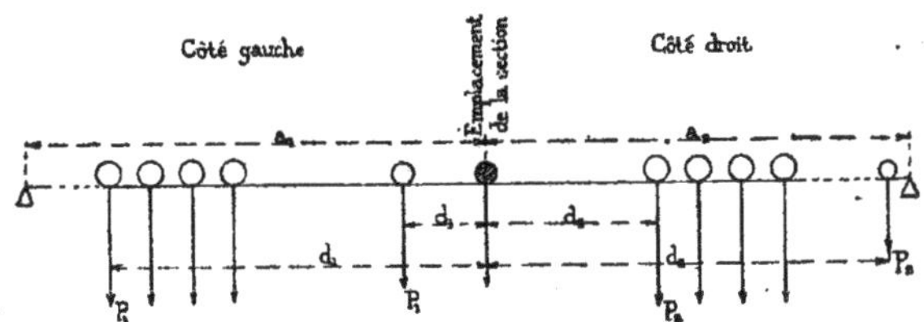

FIG. 116.

SOMME des MOMENTS $\Sigma P_1 d_1$ 1	SOMME des POIDS ΣP_1 2	LONGUEUR de la PORTION DE POUTRE mesurée à gauche à partir de la section a_1 3	LONGUEUR de la PORTION DE POUTRE mesurée à droite à partir de la section a_2 4	SOMME DES POIDS (y compris le poids passant par la section) ΣP_2 5	SOMME des MOMENTS $\Sigma P_2 d_2$ 6
0	0	Entre 0 et 2m,50	Entre 0 et 4m,60	12T	0
30MT,0	12T	2m,51 — 7 10	4m,61 — 5 80	26	64MT,4
129 4	26	7 11 — 8 30	5 81 — 7 00	40	145 6
245 6	40	8 31 — 9 50	7 01 — 8 20	54	243 6
378 6	54	9 51 — 10 70	8 21 — 12 80	68	358 4
528 4	68	au-dessus de 10 70	12 81 — 15 30	80	512 0
			15 31 — 18 80	92	695 6
			18 81 — 21 80	100	846 0
			21 81 — 24 80	108	1.020 4
			24 81 — 27 80	116	1.218 8
			27 81 — 30 80	124	1.441 2
			30 81 — 33 80	132	1.687 6
			33 81 — 36 80	140	1.958 0
			36 81 — 39 80	148	2.252 4
			39 81 — 42 80	156	2.570 8
			42 81 — 45 80	164	2.913 2
			45 81 — 48 80	172	3.279 6
			48 81 — 51 80	180	3.670 0

SOMME des MOMENTS $\Sigma P_1 d_1$	SOMME des POIDS ΣP_1	LONGUEUR de la PORTION DE POUTRE mesurée à gauche à partir de la section a_1	LONGUEUR de la PORTION DE POUTRE mesurée à droite à partir de la section a_2	SOMME DES POIDS (y compris le poids passant par la section) ΣP_2	SOMME des MOMENTS $\Sigma P_2 d_2$
1	2	3	4	5	6
			51 81 54 80	188	4.084 4
			54 81 57 80	196	4.522 8
			57 81 60 80	204	4.985 2
			60 81 63 80	212	5.471 6
			63 81 66 80	220	5.982 0
			66 81 69 80	228	6.516 4
			69 81 72 80	236	7.074 8
			72 81 75 80	244	7.657 2
			75 81 78 80	252	8.263 6
			78 81 81 80	260	8.894 0
			81 81 84 80	268	9.548 4
			84 81 87 80	276	10.226 8
			87 81 90 80	284	10.929 2
			90 81 93 80	292	11.655 6
			93 81 96 80	300	12.406 0
			96 81 99 80	308	13.180 4
			99 81 102 80	316	13.978 8
			102 81 105 80	324	14.801 2
			105 81 108 80	332	15.647 6
			108 81 111 80	340	16.518 0
			111 81 114 80	348	17.412 4
			114 81 117 80	356	18.330 8
			117 81 120 80	364	19.273 2
			120 81 123 80	372	20.239 6
			123 81 126 85	380	21.230 0
			126 81 129 80	388	22.244 4
			129 81 132 80	396	23.282 8
			132 81 135 80	404	24.345 2
			135 81 138 80	412	25.431 6
			138 81 141 80	420	26.542 0

BARÊME N° 7

194. — L'essieu n° 7 (*premier essieu de la seconde machine*) **passe par la section.**

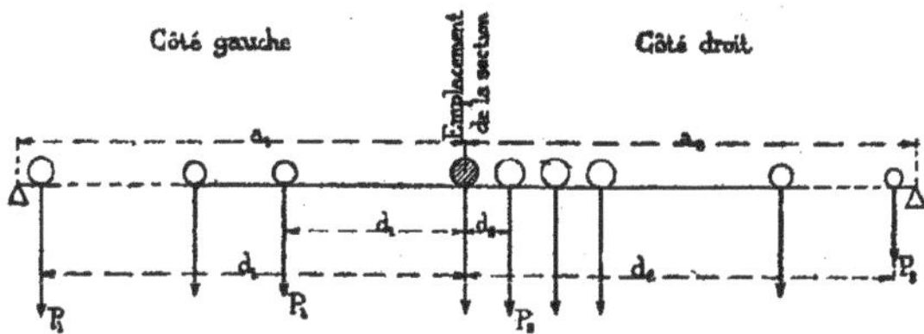

FIG. 117.

SOMME des MOMENTS $\Sigma P_1 d_1$ 1	SOMME des POIDS ΣP_1 2	LONGUEUR de la PORTION DE POUTRE mesurée à gauche à partir de la section a_1 3	LONGUEUR de la PORTION DE POUTRE mesurée à droite à partir de la section a_2 4	SOMME DES POIDS (y compris le poids passant par la section) ΣP_2 5	SOMME des MOMENTS $\Sigma P_2 d_2$ 6
0	0	Entre 0 et 4m,50	Entre 0 et 1m,20	14T	0
55MT,2	12T	4m,61 7 10	1m,21 2 40	28	16MT,8
140 4	24	7 11 11 70	2 41 3 60	42	50 4
304 2	38	11 71 12 90	3 61 8 20	56	100 8
484 8	52	12 91 14 10	8 21 10 70	68	199 2
682 2	66	14 11 15 30	10 71 14 20	80	327 6
896 4	80	au-dessus de 15 30	14 21 17 20	88	441 2
			17 21 20 20	96	578 8
			20 21 23 20	104	740 4
			23 21 26 20	112	926 0
			26 21 29 20	120	1.135 6
			29 21 32 20	128	1.369 2
			32 21 35 20	136	1.626 8
			35 21 38 20	144	1.908 4
			38 21 41 20	152	2.214 0
			41 21 44 20	160	2.543 6
			44 21 47 20	168	2.897 2
			47 21 50 20	176	3.274 8

SOMME des MOMENTS $\Sigma P_1 d_1$	SOMME des POIDS ΣP_1	LONGUEUR de la PORTION DE POUTRE mesurée à gauche à partir de la section a_1	LONGUEUR de la PORTION DE POUTRE mesurée à droite à partir de la section a_2	SOMME DES POIDS (y compris le poids passant par la section) ΣP_2	SOMME des MOMENTS $\Sigma P_2 d_2$
1	2	3	4	5	6
			50 21 53 20	184	3.676 4
			53 21 56 20	192	4.102 0
			56 21 59 20	200	4.551 6
			59 21 62 20	208	5.025 2
			62 21 65 20	216	5.522 8
			65 21 68 20	224	6.044 4
			68 21 71 20	232	6.590 0
			71 21 74 20	240	7.159 6
			74 21 77 20	248	7.753 2
			77 21 80 20	256	8.370 8
			80 21 83 20	264	9.012 4
			83 21 86 20	272	9.678 0
			86 21 89 20	280	10.367 6
			89 21 92 20	288	11.081 2
			92 21 95 20	296	11.818 8
			95 21 98 20	304	12.580 4
			98 21 101 20	312	13.366 0
			101 21 104 20	320	14.175 6
			104 21 107 20	328	15.009 2
			107 21 110 20	336	15.866 8
			110 21 113 20	344	16.748 4
			113 21 116 20	352	17.654 0
			116 21 119 20	360	18.583 6
			119 21 122 20	368	19.537 2
			122 21 125 20	376	20.514 8
			125 21 128 20	384	21.516 4
			128 21 131 20	392	22.542 0
			131 21 134 20	400	23.591 6
			134 21 137 20	408	24.665 2

BARÊME N° 8

195. — L'essieu n° 8 (*second essieu de la seconde machine*) passe par la section.

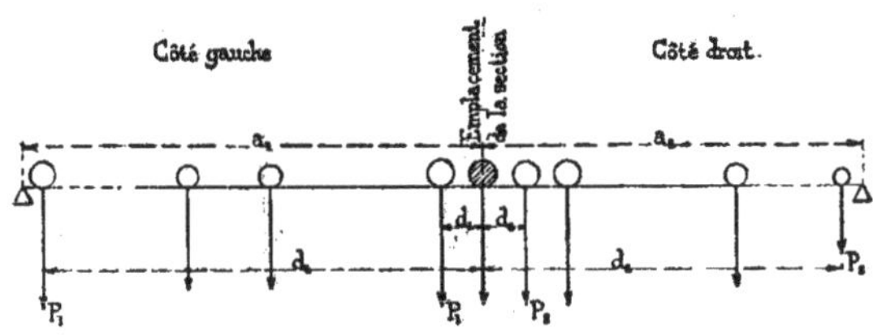

Fig. 118.

SOMME des MOMENTS $\Sigma P_1 d_1$ 1	SOMME des POIDS ΣP_1 2	LONGUEUR de la PORTION DE POUTRE mesurée à gauche à partir de la section a_1 3		LONGUEUR de la PORTION DE POUTRE mesurée à droite à partir de la section a_2 4		SOMME DES POIDS (y compris le poids passant par la section) ΣP_2 5	SOMME des MOMENTS $\Sigma P_2 d_2$ 6
		Entre		Entre			
0	0	0	et 1m,20	0	et 1m,20	14T	0
16MT,8	14T	1m,21	5 80	1m,21	2 40	28	16MT,8
86 4	26	5 81	8 30	2 41	7 00	42	50 4
186 0	38	8 31	12 90	7 01	9 50	54	134 4
366 6	52	12 91	14 10	9 51	13 00	66	248 4
564 0	66	14 11	15 30	13 01	16 00	74	352 4
778 2	80	15 31	16 50	16 01	19 00	82	480 4
1009 2	94	au-dessus de	16 50	19 01	22 00	90	632 4
				22 01	25 00	98	808 4
				25 01	28 00	106	1.008 4
				28 01	31 00	114	1.232 4
				31 01	34 00	122	1.480 4
				34 01	37 00	130	1.752 4
				37 01	40 00	138	2.048 4
				40 01	43 00	146	2.368 4
				43 01	46 00	154	2.712 4
				46 01	49 00	162	3.080 4
				49 01	52 00	170	3.472 4

SOMME des MOMENTS $\Sigma P_1 d_1$	SOMME des POIDS ΣP_1	LONGUEUR de la PORTION DE POUTRE mesurée à gauche à partir de la section a_1	LONGUEUR de la PORTION DE POUTRE mesurée à droite à partir de la section a_2	SOMME DES POIDS (y compris le poids passant par la section) ΣP_2	SOMME des MOMENTS $\Sigma P_2 d_2$
1	2	3	4	5	6
			52 01 55 00	178	3.888 4
			55 01 58 00	186	4 328 4
			58 01 61 00	194	4.792 4
			61 01 64 00	202	5.280 4
			64 01 67 00	210	5.792 4
			67 01 70 00	218	6.328 4
			70 01 73 00	226	6 888 4
			73 01 76 00	234	7.472 4
			76 01 79 00	242	8.080 4
			79 01 82 00	250	8.712 4
			82 01 85 00	258	9 368 4
			85 01 88 00	266	10.048 4
			88 01 91 00	274	10.752 4
			91 01 94 00	282	11.480 4
			94 01 97 00	290	12.232 4
			97 01 100 00	298	13.008 4
			100 01 103 00	306	13.808 4
			103 01 106 00	314	14.632 4
			106 01 109 00	322	15.480 4
			109 01 112 00	330	16.352 4
			112 01 115 00	338	17.248 4
			115 01 118 00	346	18.168 4
			118 01 121 00	354	19.112 4
			121 01 124 00	362	20.080 4
			124 01 127 00	370	21.072 4
			127 01 130 00	378	22.088 4
			130 01 133 00	386	23.128 4
			133 01 136 00	394	24.192 4

BARÊME N° 9

196. — L'essieu n° 9 (*troisième essieu de la seconde machine*) **passe par la section.**

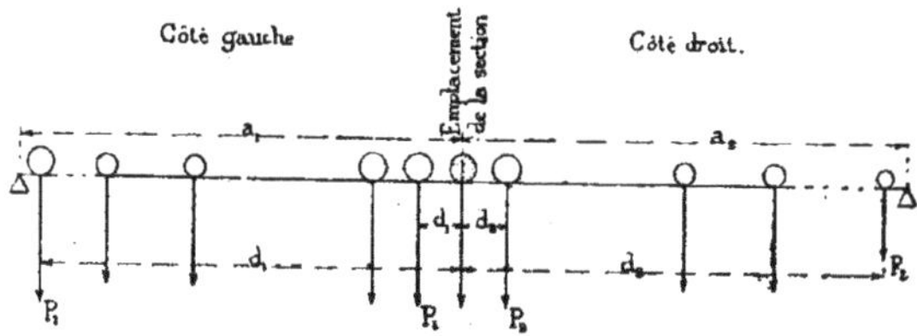

Fig. 119.

SOMME des MOMENTS $\Sigma P_1 d_1$ 1	SOMME des POIDS ΣP_1 2	LONGUEUR de la PORTION DE POUTRE mesurée à gauche à partir de la section a_1 3	LONGUEUR de la PORTION DE POUTRE mesurée à droite à partir de la section a_2 4	SOMME DES POIDS (y compris le poids passant par la section) ΣP_2 5	SOMME des MOMENTS $\Sigma P_2 d_2$ 6
0	0	Entre 0 et 1m,20	Entre 0 et 1m,20	14T	0
16MT, 8	14T	1m,21 2 40	1m,21 5 80	28	16MT, 8
50 4	28	2 41 7 0	5 81 8 30	40	86 4
134 4	40	7 01 9 50	8 31 11 80	52	186 0
248 4	52	9 51 14 10	11 81 14 80	60	280 4
455 8	66	14 11 15 30	14 81 17 80	68	398 8
660 0	80	15 31 16 50	17 81 20 80	76	541 2
891 0	94	16 51 17 70	20 81 23 80	84	707 6
1138 8	108	au-dessus de 17 70	23 81 26 80	92	898 0
			26 81 29 80	100	1.112 4
			29 81 32 80	108	1.350 8
			32 81 35 80	116	1.613 2
			35 81 38 80	124	1.899 6
			38 81 41 80	132	2.210 0
			41 81 44 80	140	2.544 4
			44 81 47 80	148	2.902 8
			47 81 50 80	156	3.285 2
			50 81 53 80	164	3.691 6

SOMME des MOMENTS $\Sigma P_1 d_1$	SOMME des POIDS ΣP_1	LONGUEUR de la PORTION DE POUTRE mesurée à gauche à partir de la section a_1	LONGUEUR de la PORTION DE POUTRE mesurée à droite à partir de la section a_2	SOMME DES POIDS (y compris le poids passant par la section) ΣP_2	SOMME des MOMENTS $\Sigma P_2 d_2$
1	2	3	4	5	6
			53 81 56 80	172	4.122 0
			56 81 59 80	180	4.576 4
			59 81 62 80	188	5.054 8
			62 81 65 80	196	5.557 2
			65 81 68 80	204	6.083 6
			68 81 71 80	212	6.634 0
			71 81 74 80	220	7.208 4
			74 81 77 80	228	7.806 8
			77 81 80 80	236	8.429 2
			80 81 83 80	244	9,075 6
			83 81 86 80	252	9.746 0
			86 81 89 80	260	10.440 4
			89 81 92 80	268	11.158 8
			92 81 95 80	276	11.901 2
			95 81 98 80	284	12.667 6
			98 81 101 80	292	13.458 0
			101 81 104 80	300	14.272 4
			104 81 107 80	308	15.110 8
			107 81 110 80	316	15.973 2
			110 81 113 80	324	16.859 6
			113 81 116 80	332	17.770 0
			116 81 119 80	340	18.704 4
			119 81 122 80	348	19.662 8
			122 81 125 80	356	20.645 2
			125 81 128 80	364	21.651 6
			128 81 131 80	372	22.682 0
			131 81 134 80	380	23.736 4

BARÊME N° 10

197. — L'essieu n° 10 (*quatrième essieu de la seconde machine*) **passe par la section.**

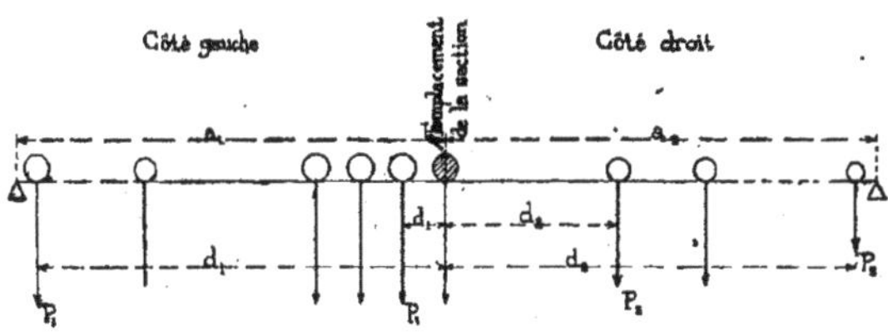

Fig. 120.

SOMME des MOMENTS $\Sigma P_1 d_1$ 1	SOMME des POIDS ΣP_1 2	LONGUEUR de la PORTION DE POUTRE mesurée à gauche à partir de la section a_1 3	LONGUEUR de la PORTION DE POUTRE mesurée à droite à partir de la section a_2 4	SOMME DES POIDS (y compris le poids passant par la section) ΣP_2 5	SOMME des MOMENTS $\Sigma P_2 d_2$ 6
0	0	Entre 0 et 1m,20	Entre 0 et 4m,60	14T	0
16MT,8	14T	1m,21 2 40	4m,61 7 10	26	55MT,2
50 4	28	2 41 3 60	7 11 10 60	38	140 4
100 8	42	3 61 8 20	10 61 13 60	46	225 2
199 2	54	8 21 10 70	13 61 16 60	54	334 0
327 6	66	10 71 15 30	16 61 19 60	62	466 8
541 8	80	15 31 16 50	19 61 22 60	70	623 6
772 8	94	16 51 17 70	22 61 25 60	78	804 4
1020 6	108	17 71 18 90	25 61 28 60	86	1.009 2
1285 2	122	au-dessus de 18 90	28 61 31 60	94	1.238 0
			31 61 34 60	102	1.490 8
			34 61 37 60	110	1 767 6
			37 61 40 60	118	2.068 4
			40 61 43 60	126	2.393 2
			43 61 46 60	134	2.742 0
			46 61 49 60	142	3.114 8
			49 61 52 60	150	3.511 6
			52 61 55 60	158	3.932 4

SOMME des MOMENTS $\Sigma P_1 d_1$	SOMME des POIDS ΣP_1	LONGUEUR de la PORTION DE POUTRE mesurée à gauche à partir de la section a_1	LONGUEUR de la PORTION DE POUTRE mesurée à droite à partir de la section a_2	SOMME DES POIDS (y compris le poids passant par la section) ΣP_2	SOMME des MOMENTS $\Sigma P_2 d_2$
1	2	3	4	5	6
			55 61 58 60	166	4.377 2
			58 61 61 60	174	4.846 0
			61 61 64 60	182	5.338 8
			64 61 67 60	190	5.855 6
			67 61 70 60	198	6.396 4
			70 61 73 60	206	6.961 2
			73 61 76 60	214	7.550 0
			76 61 79 60	222	8.162 8
			79 61 82 60	230	8.799 6
			82 61 85 60	238	9.460 4
			85 61 88 60	246	10.145 2
			88 61 91 60	254	10.854 0
			91 61 94 60	262	11.586 8
			94 61 97 60	270	12.343 6
			97 61 100 60	278	13.124 4
			100 61 103 60	286	13.929 2
			103 61 106 60	294	14.758 0
			106 61 109 60	302	15.610 8
			109 61 112 60	310	16.487 6
			112 61 115 60	318	17.388 4
			115 61 118 60	326	18.313 2
			118 61 121 60	334	19.262 0
			121 61 124 60	342	20.234 8
			124 61 127 60	350	21.231 6
			127 61 130 60	358	22.252 4
			130 61 133 60	366	23.297 2

198. — L'essieu n° 11 (*premier essieu du second tender*) passe par la section.

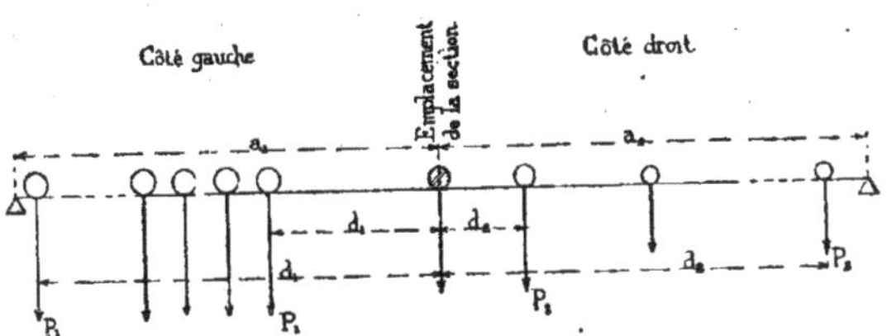

Fig. 121.

SOMME des MOMENTS $\Sigma P_1 d_1$ 1	SOMME des POIDS ΣP_1 2	LONGUEUR de la PORTION DE POUTRE mesurée à gauche à partir de la section a_1 3		LONGUEUR de la PORTION DE POUTRE mesurée à droite à partir de la section a_2 4		SOMME DES POIDS (y compris le poids passant par la section) ΣP_2 5	SOMME des MOMENTS $\Sigma P_2 d_2$ 6
0	0	Entre 0 et	4^m,60	Entre 0 et	2^m,50	12^T	0
64^{MT},4	14^T	4^m,61	5 80	2^m,51	6 00	24	30^{MT}
145 6	28	5 81	7 00	6 01	9 00	32	78
243 6	42	7 01	8 20	9 01	12 00	40	150
358 4	56	8 21	12 80	12 01	15 00	48	246
512 0	68	12 81	15 30	15 01	18 00	56	366
695 6	80	15 31	19 90	18 01	21 00	64	510
974 2	94	19 91	21 10	21 01	24 00	72	678
1269 6	108	21 11	22 30	24 01	27 00	80	870
1581 8	122	22 31	23 50	27 01	30 00	88	1.086
1910 8	136	au-dessus de	23 50	30 01	33 00	96	1.326
				33 01	36 00	104	1.590
				36 01	39 00	112	1.878
				39 01	42 00	120	2.190
				42 01	45 00	128	2.526
				45 01	48 00	136	2.886
				48 01	51 00	144	3.270
				51 01	54 00	152	3.678

SOMME des MOMENTS $\Sigma P_1 d_1$ 1	SOMME des POIDS ΣP_1 2	LONGUEUR de la PORTION DE POUTRE mesurée à gauche à partir de la section a_1 1	LONGUEUR de la PORTION DE POUTRE mesurée à droite à partir de la section a_2 4	SOMME DES POIDS (y compris le poids passant par la section) ΣP_2 5	SOMME des MOMENTS $\Sigma P_2 d_2$ 6
			54 01 57 00	160	4.110
			57 01 60 00	168	4.566
			60 01 63 00	176	5,046
			63 01 66 00	184	5.550
			66 01 69 00	192	6.078
			69 01 72 00	200	6.630
			72 01 75 00	208	7.206
			75 01 78 00	216	7.806
			78 01 81 00	224	8.430
			81 01 84 00	232	9.078
			84 01 87 00	240	9.750
			87 01 90 00	248	10.446
			90 01 93 00	256	11.166
			93 01 96 00	264	11.910
			96 01 99 00	272	12.678
			99 01 102 00	280	13.470
			102 01 105 00	288	14.286
			105 01 108 00	296	15.126
			108 01 111 00	304	15.990
			111 01 114 00	312	16.878
			114 01 117 00	320	17.790
			117 01 120 00	328	18.726
			120 01 123 00	336	19.686
			123 01 126 00	344	20.670
			126 01 129 00	352	21.678

199. — L'essieu n° 12 (*second essieu du second tender*) passe par la section.

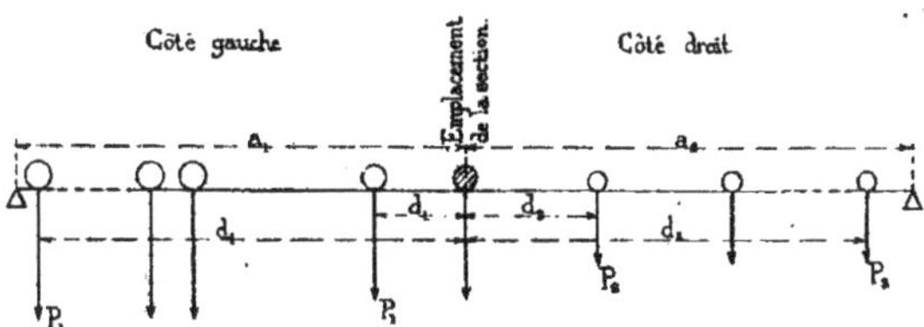

FIG. 122.

SOMME des MOMENTS $\Sigma P_1 d_1$ (1)	SOMME des POIDS ΣP_1 (2)	LONGUEUR de la PORTION DE POUTRE mesurée à gauche à partir de la section a_1 (3)		LONGUEUR de la PORTION DE POUTRE mesurée à droite à partir de la section a_2 (4)		SOMME DES POIDS (y compris le poids passant par la section) ΣP_2 (5)	SOMME des MOMENTS $\Sigma P_2 d_2$ (6)
0	0	Entre 0	et 2m,50	Entre 0	et 3m,50	12T	0
30MT,0	12T	2m,51	7 10	3m,51	6 50	20	28MT
129 4	26	7 11	8 30	6 51	9 50	28	80
245 6	40	8 31	9 50	9 51	12 50	36	156
378 6	54	9 51	10 70	12 51	15 50	44	256
528 4	68	10 71	15 30	15 51	18 50	52	380
712 0	80	15 31	17 80	18 51	21 50	60	528
925 6	92	17 81	22 40	21 51	24 50	68	700
1239 2	106	22 41	23 60	24 51	27 50	76	896
1569 6	120	23 61	24 80	27 51	30 50	84	1.116
1916 8	134	24 81	26 00	30 51	33 50	92	1.360
2280 8	148	au-dessus de	26 00	33 51	36 50	100	1.628
				36 51	39 50	108	1.920
				39 51	42 50	116	2.236
				42 51	45 50	124	2.576
				45 51	48 50	132	2.940
				48 51	51 50	140	3.328
				51 51	54 50	148	3.740

SOMME des MOMENTS $\Sigma P_1 d_1$	SOMME des POIDS ΣP_2	LONGUEUR de la PORTION DE POUTRE mesurée à gauche à partir de la section a_1	LONGUEUR de la PORTION DE POUTRE mesurée à droite à partir de la section a_2	SOMME DES POIDS (y compris le poids passant par la section) ΣP_2	SOMME des MOMENTS $\Sigma P_2 d_2$
1	2	3	4	5	6
			54 51 57 50	156	4.176
			57 51 60 50	164	4.636
			60 51 63 50	172	5.120
			63 51 66 50	180	5.628
			66 51 69 50	188	6.160
			69 51 72 50	196	6.716
			72 51 75 50	204	7.296
			75 51 78 50	212	7.900
			78 51 81 50	220	8.528
			81 51 84 50	228	9.180
			84 51 87 50	236	9.856
			87 51 90 50	244	10.556
			90 51 93 50	252	11.280
			93 51 96 50	260	12.028
			96 51 99 50	268	12.800
			99 51 102 50	276	13.596
			102 51 105 50	284	14.416
			105 51 108 50	292	15.260
			108 51 111 50	300	16.128
			111 51 114 50	308	17.020
			114 51 117 50	316	17.936
			117 51 120 50	324	18.876
			120 51 123 50	332	19.840
			123 51 126 50	340	20.828

BARÈME N° 13

200. — L'essieu n° 13 (*premier essieu du premier wagon*) **passe par la section.**

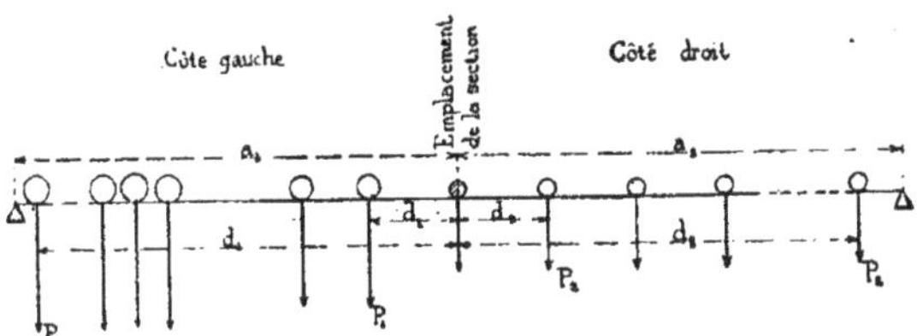

FIG. 123.

SOMME des MOMENTS $\Sigma P_1 d_1$ 1	SOMME des POIDS ΣP_1 2	LONGUEUR de la PORTION DE POUTRE mesurée à gauche à partir de la section a_1 3	LONGUEUR de la PORTION DE POUTRE mesurée à droite à partir de la section a_2 4	SOMME DES POIDS (y compris le poids passant par la section) $\Sigma P_2 d_2$ 5	SOMME des MOMENTS $\Sigma P_2 d_2$ 6
0	0	Entre 0 et 3m,50	Entre 0 et 3m,00	8T	0
42MT,0	12T	3m,51 6 00	3m,01 6.00	16	24MT
114 0	24	6 01 10 60	6 01 9 00	24	72
262 4	38	10 61 11 80	9 01 12 00	32	144
427 6	52	11 81 13 00	12 01 15 00	40	240
609 6	66	13 01 14 20	15 01 18 00	48	360
808 4	80	14 21 18 80	18 01 21 00	56	504
1034 0	92	18 81 21 30	21 01 24 00	64	672
1289 6	104	21 31 25 90	24 01 27 00	72	864
1652 2	118	25 91 27 10	27 01 30 00	80	1.080
2031 6	132	27 11 28 30	30 01 33 00	88	1.320
2427 8	146	28 31 29 50	33 01 36 00	96	1.584
2840 8	160	au-dessus de 29 50	36 01 39 00	104	1.872
			39 01 42 00	112	2.184
			42 01 45 00	120	2.520
			45 01 48 00	128	2.880
			48 01 51 00	136	3.264
			51 01 54 00	144	3.672

SOMME des MOMENTS $\Sigma P_1 d_1$ 1	SOMME des POIDS ΣP_1 2	LONGUEUR de la PORTION DE POUTRE mesurée à gauche à partir de la section a^2 3	LONGUEUR de la PORTION DE POUTRE mesurée à droite à partir de la section a_1 4				SOMME DES POIDS (y compris le poids passant par la section) ΣP_2 5	SOMME des MOMENTS $\Sigma P_2 d_2$ 6
			54	01	57	00	152	4.104
			57	01	60	00	160	4.560
			60	01	63	00	168	5.040
			63	01	66	00	176	5.544
			66	01	69	00	184	6.072
			69	01	72	00	192	6.624
			72	01	75	00	200	7.200
			75	01	78	00	208	7.800
			78	01	81	00	216	8.424
			81	01	84	00	224	9.072
			84	01	87	00	232	9.744
			87	01	90	00	240	10.440
			90	01	93	00	248	11.160
			93	01	96	00	256	11.904
			96	01	99	00	264	12.672
			99	01	102	00	272	13.464
			102	01	105	00	280	14.280
			105	01	108	00	288	15.120
			108	01	111	00	296	15.984
			111	01	114	00	304	16.872
			114	01	117	00	312	17.784
			117	01	120	00	320	18.720
			120	01	123	00	328	19.680

BARÊME N° 14

201. — L'essieu n° 14 (*second essieu du premier wagon*) **passe par la section.**

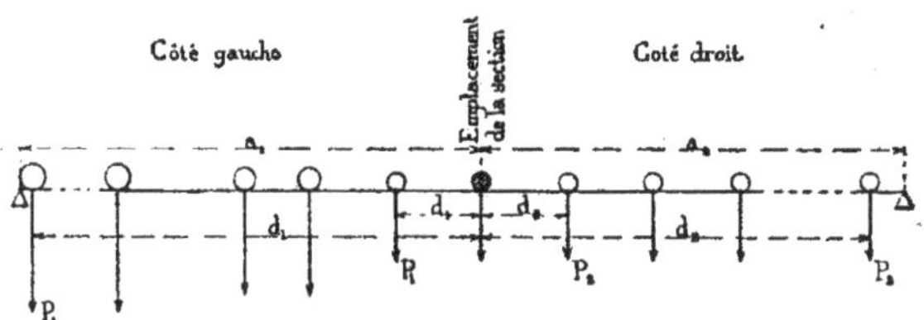

Fig. 124.

SOMME des MOMENTS $\Sigma P_1 d_1$ (1)	SOMME des POIDS ΣP_1 (2)	LONGUEUR de la PORTION DE POUTRE mesurée à gauche à partir de la section a_1 (3)		LONGUEUR de la PORTION DE POUTRE mesurée à droite à partir de la section a_2 (4)		SOMME DES POIDS (y compris le poids passant par la section) ΣP_2 (5)	SOMME des MOMENTS $\Sigma P_2 d_2$ (6)
		Entre		Entre			
0	0	0	et 3m,00	0	et 3m,00	8T	0
24MT, 0	8T	3m,01	6 50	3m,01	6 00	16	24 MT
102 0	20	6 51	9 00	6 01	9 00	24	72
210 0	32	9 01	13 60	9 01	12 00	32	144
400 4	46	13 61	14 80	12 01	15 00	40	240
607 6	60	14 81	16 00	15 01	18 00	48	360
831 6	74	16 01	17 20	18 01	21 00	56	504
1072 4	88	17 21	21 80	21 01	24 00	64	672
1334 0	100	21 81	24 30	24 01	27 00	72	864
1625 6	112	24 31	28 90	27 01	30 00	80	1,080
2030 2	126	28 91	30 10	30 01	33 00	88	1.320
2451 6	140	30 11	31 30	33 01	36 00	96	1.584
2889 8	154	31 31	32 50	36 01	39 00	104	1.872
3344 8	168	au-dessus de	32 50	39 01	42 00	112	2.184
				42 01	45 00	120	2.520
				45 01	48 00	128	2.880
				48 01	51 00	136	3.264
				51 01	54 00	144	3.672

SOMME des MOMENTS $\Sigma P_1 d_1$ 1	SOMME des POIDS ΣP_1 2	LONGUEUR de la PORTION DE POUTRE mesurél à gauche à partir de la section a_1 3	LONGUEUR de la PORTION DE POUTRE mesurée à droite à partir de la section a_2 4	SOMME DES POIDS (y compris le poids passant par la section) ΣP_2 5	SOMME des MOMENTS $\Sigma P_2 d_2$ 6
			54 01 57 00	152	4.104
			57 01 60 00	160	4.560
			60 01 63 00	168	5.040
			63 01 66 00	176	5.544
			66 01 69 00	184	6.072
			69 01 72 00	192	6.624
			72 01 75 00	200	7.200
			75 01 78 00	208	7.800
			78 01 81 00	216	8.424
			81 01 84 00	224	9.072
			84 01 87 00	232	9.744
			87 01 90 00	240	10.440
			90 01 93 00	248	11.160
			93 01 96 00	256	11.904
			96 01 99 00	264	12.672
			99 01 102 00	272	13.464
			102 01 105 00	280	14.280
			105 01 108 00	288	15.120
			108 01 111 00	296	15.984
			111 01 114 00	304	16 872
			114 01 117 00	312	17.784
			117 01 120 00	320	18.720

BARÊME N° 15

202. — L'essieu n° 15 (*premier essieu du second wagon*) **passe par la section.**

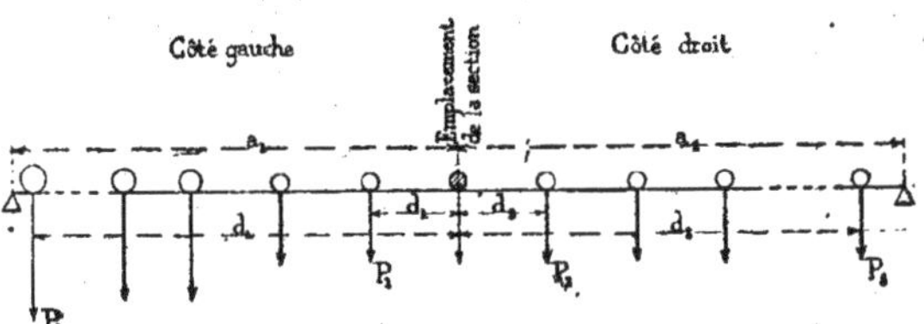

Fig. 125.

SOMME des MOMENTS $\Sigma P_1 d_1$ 1	SOMME des POIDS ΣP_1 2	LONGUEUR de la PORTION DE POUTRE mesurée à gauche à partir de la section a_1 3	LONGUEUR de la PORTION DE POUTRE mesurée à droite à partir de la section a_2 4	SOMME DES POIDS (y compris le poids passant par la section) ΣP_2 5	SOMME des MOMENTS $\Sigma P^2 d_2$ 6
0	0	Entre 0 et 3^m,00	Entre 0 et 3^m,00	8^T	0
24^{MT},0	8^T	3^m,01 6 00	3^m,01 6 00	16	24^{MT}
72 0	16	6 01 9 50	6 01 9 00	24	72
186 0	28	9 51 12 00	9 01 12 00	32	144
330 0	40	12 01 16 60	12 01 15 00	40	240
562 4	54	16 61 17 80	15 01 18 00	48	360
811 6	68	17 81 19 00	18 01 21 00	56	504
1077 6	82	19 01 20 20	21 01 24 00	64	672
1360 4	96	20 21 24 80	24 01 27 00	72	864
1658 0	108	24 81 27 30	27 01 30 00	80	1.080
1985 6	120	27 31 31 90	30 01 33 00	88	1.320
2432 2	134	31 91 33 10	33 01 36 00	96	1.584
2895 6	148	33 11 34 30	36 01 39 00	104	1.872
3375 8	162	34 31 35 50	39 01 42 00	112	2.184
3872 8	176	au-dessus de 35 50	42 01 45 00	120	2.520
			45 01 48 00	128	2.880
			48 01 51 00	136	3.264
			51 01 54 00	144	3.672

SOMME des MOMENTS $\Sigma P_1 d_1$ 1	SOMME des POIDS ΣP_1 2	LONGUEUR de la PORTION DE POUTRE mesurée à gauche à partir de la section a_1 3	LONGUEUR de la PORTION DE POUTRE mesurée à droite à partir de la section a_2 4	SOMME DES POIDS (y compris le poids passant par la section) ΣP_2 5	SOMME des MOMENTS $\Sigma P_2 d_2$ 6
			54 01 57 00	152	4.104
			57 01 60 00	160	4.560
			60 01 63 00	168	5.040
			63 01 66 00	176	5.544
			66 01 69 00	184	6.072
			69 01 72 00	192	6.624
			72 01 75 00	200	7.200
			75 01 78 00	208	7.800
			78 01 81 00	216	8.424
			81 01 84 00	224	9.072
			84 01 87 00	232	9.744
			87 01 90 00	240	10.440
			90 01 93 00	248	11.160
			93 01 96 00	256	11.904
			96 01 99 00	264	12.672
			99 01 102 00	272	13.464
			102 01 105 00	280	14.280
			105 01 108 00	288	15.120
			108 01 111 00	296	15.984
			111 01 114 00	304	16.872
			114 01 117 00	312	17.784

BARÈME N° 16

203. — L'essieu n° 16 (*second essieu du second wagon*) passe par la section.

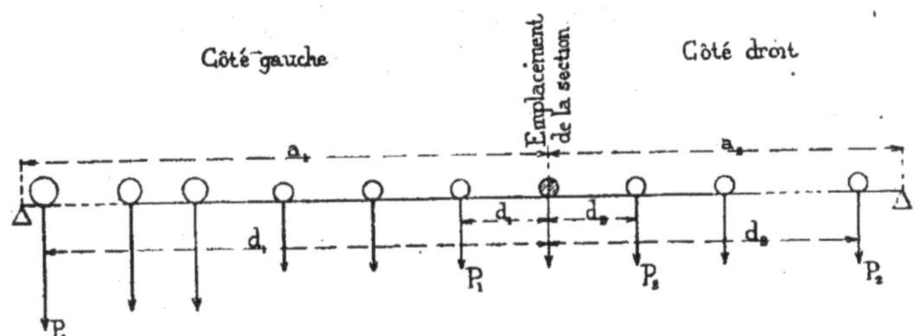

Fig. 126.

SOMME des MOMENTS $\Sigma P_1 d_1$	SOMME des POIDS ΣP_1	LONGUEUR de la PORTION DE POUTRE mesurée à gauche à partir de la section a_1	LONGUEUR de la PORTION DE POUTRE mesurée à droite à partir de la section a_2	SOMME DES POIDS (y compris le poids passant par la section) $\Sigma P_2 d_2$	SOMME des MOMENTS $\Sigma P_2 d_2$
1	2	3	4	5	6
0	0	Entre 0 et 3^m,00	Entre 0 et 3^m,00	8^T	0
24^{MT}, 0	8^T	3^m,01 6 00	3^m,01 6 00	16	24^{MT}
72 0	16	6 01 9 00	6 01 9 00	24	72
144 0	24	9 01 12 50	9 01 12 00	32	144
294 0	36	12 51 15 00	12 01 15 00	40	240
474 0	48	15 01 19 60	15 01 18 00	48	360
748 4	62	19 61 20 80	18 01 21 00	56	504
1039 6	76	20 81 22 00	21 01 24 00	64	672
1347 6	90	22 01 23 20	24 01 27 00	72	864
1672 4	104	23 21 27 80	27 01 30 00	80	1.080
2006 0	116	27 81 30 30	30 01 33 00	88	1.320
2369 6	128	30 31 34 90	33 01 36 00	96	1.584
2858 2	142	34 91 36 10	36 01 39 00	104	1.872
3363 6	156	36 11 37 30	39 01 42 00	112	2.184
3885 8	170	37 31 38 50	42 01 45 00	120	2.520
4424 8	184	au-dessus de 38 50	45 01 48 00	128	2.880
			48 01 51 00	136	3.264
			51 01 54 00	144	3.672

SOMME des MOMENTS $\Sigma P_1 d_1$	SOMME des POIDS ΣP_1	LONGUEUR de la PORTION DE POUTRE mesurée à gauche à partir de la section a^1	LONGUEUR de la PORTION DE POUTRE mesurée à droite à partir de la section a_2		SOMME DES POIDS (y compris le poids passant par la section) ΣP_2	SOMME des MOMENTS $\Sigma P_1 d_1$
1	2	3	4		5	6
			54 01	57 00	152	4.104
			57 01	60 00	160	4.560
			60 01	63 00	168	5.040
			63 01	66 00	176	5.544
			66 01	69 00	184	6.072
			69 01	72 00	192	6.624
			72 01	75 00	200	7.200
			75 01	78 00	208	7.800
			78 01	81 00	216	8.424
			81 01	84 00	224	9.072
			84 01	87 00	232	9.744
			87 01	90 00	240	10.440
			90 01	93 00	248	11.160
			93 01	96 00	256	11.904
			96 01	99 00	264	12.672
			99 01	102 00	272	13.464
			102 01	105 00	280	14.280
			105 01	108 00	288	15.120
			108 01	111 00	296	15.984
			111 01	114 00	304	16.872

BARÊME N° 17

204. — L'essieu n° 17 (*premier essieu du troisième wagon*) **passe par la section.**

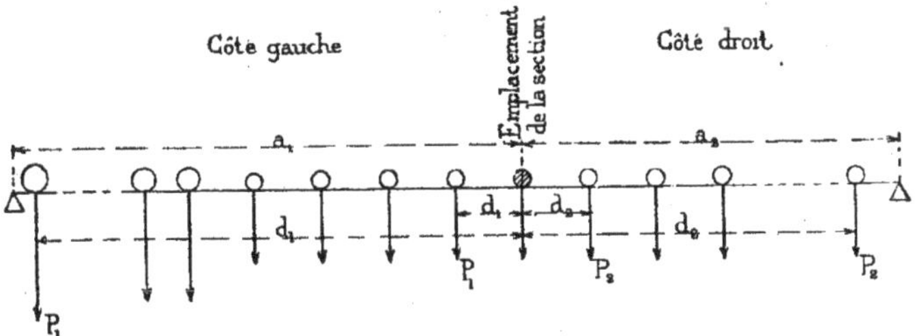

Fig. 127.

SOMME des MOMENTS $\Sigma P_1 d_1$ 1	SOMME des POIDS ΣP_1 2	LONGUEUR de la PORTION DE POUTRE mesurée à gauche à partir de la section a_1 3		LONGUEUR de la PORTION DE POUTRE mesurée à droite à partir de la section a_2 4		SOMME DES POIDS (y compris le poids passant par la section) ΣP_2 5	SOMME des MOMENTS $\Sigma P_2 d_2$ 6
		Entre		Entre			
0	0	0 et	3^m,00	0 et	3^m,00	8^T	0
24^{MT},0	8^T	3^m,01	6 00	3^m,01	6 00	16	24^{MT}
72 0	16	6 01	9 00	6 01	9 00	24	72
144 0	24	9 01	12 00	9 01	12 00	32	144
240 0	32	12 01	15 50	12 01	15 00	40	240
426 0	44	15 51	18 00	15 01	18 00	48	360
642 0	56	18 01	22 60	18 01	21 00	56	504
958 4	70	22 61	23 80	21 01	24 00	64	672
1291 6	84	23 81	25 00	24 01	27 00	72	864
1641 6	98	25 01	26 20	27 01	30 00	80	1.080
2008 4	112	26 21	30 80	30 01	33 00	88	1.320
2378 0	124	30 81	33 30	33 01	36 00	96	1.584
2777 6	136	33 31	37 90	36 01	39 00	104	1.872
3308 2	150	37 91	39 10	39 01	42 00	112	2.184
3855 6	164	39 11	40 30	42 01	45 00	120	2.520
4419 8	178	40 31	41 50	45 01	48 00	128	2.880
5008 8	192	au-dessus de	41 50	48 01	51 00	136	3.264
				51 01	54 00	144	3.672

SOMME des MOMENTS $\Sigma P_1 d_1$	SOMME des POIDS ΣP_1	LONGUEUR de la PORTION DE POUTRE mesurée à gauche à partir de la section a_1	LONGUEUR de la PORTION DE POUTRE mesurée à droite à partir de la section a_2	SOMME DES POIDS (y compris le poids passant par la section) ΣP_2	SOMME des MOMENTS $\Sigma P_2 d_2$
1	2	3	4	5	6
			54 01 57 00	152	4.104
			57 01 60 00	160	4.560
			60 01 63 00	168	5 040
			63 01 66 00	176	5.544
			66 01 69 00	184	6.072
			69 01 72 00	192	6.624
			72 01 75 00	200	7.200
			75 01 78 00	208	7.800
			78 01 81 00	216	8.424
			81 01 84 00	224	9.072
			84 01 87 00	232	9.744
			87 01 90 00	240	10.440
			90 01 93 00	248	11.160
			93 01 96 00	256	11.904
			96 01 99 00	264	12.672
			99 01 102 00	272	13.464
			102 01 105 00	280	14.280
			105 01 108 00	288	15.120
			108 01 111 00	296	15.984

USAGE DES BARÊMES

§ 1. — Moments fléchissants

205. — La formule à employer est celle qui fournit le moment fléchissant maximum en fonction des moments des poids pris par rapport à la section.

La section étant définie par ses distances a_1 et a_2 aux deux appuis, cette formule est la suivante (n° 98) :

$$M_f = \frac{a_1 a_2 (\Sigma P_1 + \Sigma P_2) - (a_1 \Sigma P_2 d_2 + a_2 \Sigma P_1 d_1)}{l} \quad (1).$$

Voici comment l'on tire des barêmes les éléments des calculs indiqués par cette formule :

On cherche dans la colonne 3 les limites entre lesquelles est comprise la distance a_1 de la section au premier appui. En regard de ces limites, on trouve dans la colonne 2 la somme des poids ΣP_1 et dans la colonne 1 la somme des moments $\Sigma P_1 d_1$.

Pareillement, on cherche dans la colonne 4 les limites entre lesquelles est comprise la distance a_2 de la section au deuxième appui. En regard de ces limites, on trouve dans la colonne 5 la somme des poids ΣP_2 et dans la colonne 6 la somme des moments $\Sigma P_2 d_2$.

Il ne reste plus qu'à effectuer les opérations arithmétiques indiquées par la formule.

(1) Quand les sections divisent la portée de la poutre en intervalles d'égale longueur, cette formule peut être remplacée par la suivante :

$$M_f = \frac{n_1 n_2 (\Sigma P_1 + \Sigma P_2) - n_1 \Sigma P_2 + n_2 \Sigma P_1)}{N},$$

chaque section étant définie par les nombres n_1 et n_2 des intervalles qu'elle laisse à sa gauche et à sa droite, et le nombre total des intervalles étant représenté par N.

206. — Application à un exemple. — *Poutre de 41 mètres de portée.*

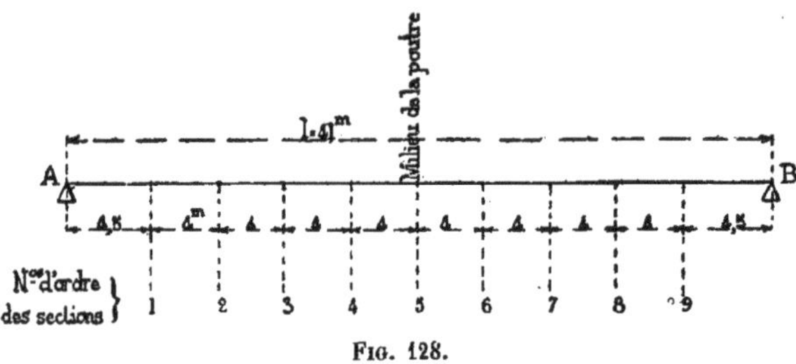

Fig. 128.

Les sections envisagées sont celles qui correspondent aux points d'attache des entretoises par l'intermédiaire desquelles les charges sont transmises à la poutre.

On suppose un écartement de 4 mètres entre ces entretoises. Les entretoises extrêmes sont d'ailleurs à une distance de $4^m,50$ des appuis.

Les moments fléchissants maximum étant les mêmes dans les sections symétriques par rapport au milieu de la poutre, il suffit de calculer ces moments pour les cinq premières sections.

Pour déterminer ces moments, il est nécessaire de rechercher préalablement quel est l'essieu à appliquer à chaque section à l'effet d'obtenir la position du train qui donne lieu au moment fléchissant maximum.

La recherche dont il s'agit a été faite au n° 186, où la poutre considérée est identique à celle qui est choisie comme exemple. On a trouvé que les essieux à placer au droit des cinq premières sections étaient les suivants :

Section 1	Essieu n° 2
— 2	— n° 3
— 3	— n° 4
— 4	— n° 6
— 5	— n° 7

Les barêmes à employer sont ceux qui portent les numéros des essieux à appliquer aux sections.

Chacun de ces barêmes fournit, pour la section correspondante, les éléments de calcul consignés dans le tableau ci-après.

NUMÉROS d'ordre DES SECTIONS	NUMÉROS d'ordre DES BARÊMES	a_1	ΣP_1	$\Sigma_1 P d_1$	a_2	ΣP_2	$\Sigma P_2 d_2$
1	2	4m,50	14T	16MT,8	36m,50	170T	2455MT,2
2	3	8 50	28	50 4	32 50	148	2003 2
3	4	12 50	42	100 8	28 50	126	1611 2
4	6	16 50	68	528 4	24 50	108	1020 4
5	7	20 50	80	896 4	20 50	104	740 4

En introduisant ces éléments dans la formule :

$$M_i = \frac{a_1 a_2 (\Sigma P_1 + \Sigma P_2) - (a_1 \Sigma P_2 d_2 + a_2 \Sigma P_1 d_1)}{l},$$

et en effectuant les calculs, on trouve :

	VALEUR du MOMENT FLÉCHISSANT
Section 1	452MT,693
— 2	730 605
— 3	898 469
— 4	1.008 917
— 5	1.067 600

D'où la courbe représentative des moments fléchissants ci-après :

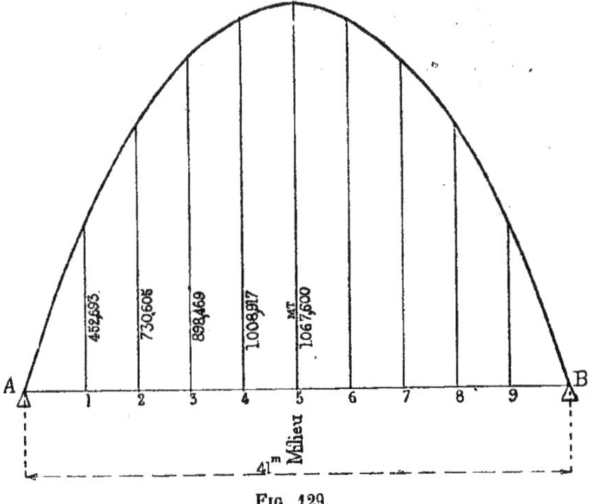

Fig. 129.

§ 2. — **Efforts tranchants**

207. — La formule à employer est celle qui fournit l'effort tranchant maximum en fonction des moments des poids pris par rapport à la section.

La section étant définie par sa distance a_2 au second appui, cette formule est la suivante (n° 180) :

$$T = \frac{a_2 \Sigma P_2 - \Sigma P_2 d_2}{l} \text{ (1)}$$

Voici comment l'on tire des barêmes les éléments du calcul indiqué par cette formule :

On cherche dans la colonne 4 les limites entre lesquelles

(1) Quand les sections divisent la portée de la poutre en intervalles d'égale longueur, cette formule peut être remplacée par la suivante :

$$T = \frac{n_2 \Sigma P_2}{N} - \frac{\Sigma P_2 d_2}{l}$$

chaque section étant définie par le nombre n_2 des intervalles qu'elle laisse à sa droite, et le nombre total des intervalles étant représenté par N.

est comprise la distance a_2. En regard de ces limites, on trouve, dans la colonne 5, la somme des poids ΣP_2 et, dans la colonne 6, la somme des moments $\Sigma P_2 d_2$.

On fait ensuite les opérations arithmétiques décrites par la formule.

Si on a eu soin d'envisager des sections symétriques par rapport au milieu de la poutre, les efforts tranchants de la moitié de gauche, d'une part, et les efforts tranchants de la moitié de droite, d'autre part, représentent les efforts de sens contraire pour chaque moitié de poutre.

208. — Application à un exemple. — *Poutre de 41 mètres de portée.*

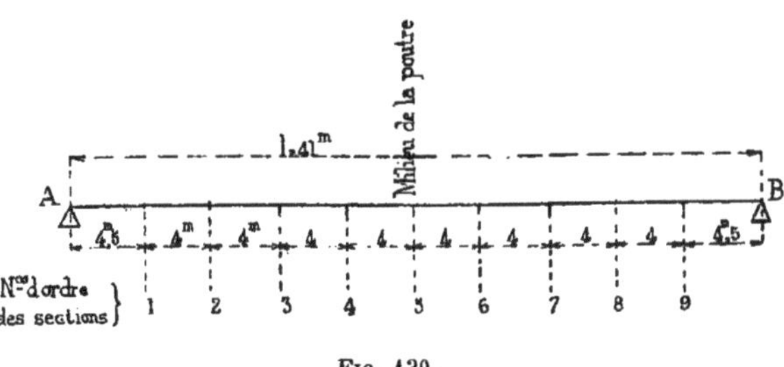

Fig. 130.

Les sections considérées sont celles qui correspondent aux points d'attache des entretoises par l'intermédiaire desquelles les charges sont transmises à la poutre.

On suppose un écartement de 4 mètres entre ces entretoises. Les entretoises extrêmes sont d'ailleurs à une distance de $4^m,50$ des appuis.

Les efforts tranchants maximum se produisant quand la première roue de la machine de tête passe par la section (n° 174), le seul barème à employer est celui qui porte le n° 1. Il fournit pour chaque section les éléments de calcul consignés dans le tableau ci-après :

INDICATION des SECTIONS	a_2	ΣP_2	$\Sigma P_2 d_2$
1er appui	41m,	192T	2.967MT, 2
Section 1	36 50	184	2.659 2
— 2	32 50	168	2.115 2
— 3	28 50	160	1.879 2
— 4	24 50	148	1.567 2
— 5	20 50	136	1.285 2
— 6	16 50	94	541 8
— 7	12 50	80	327 6
— 8	8 50	68	199 2
— 9	4 50	56	100 8

En introduisant ces éléments dans la formule :

$$T = \frac{a_2 \Sigma P_2 - \Sigma P_2 d_2}{l}$$

et en effectuant les calculs, on trouve :

	VALEUR DE L'EFFORT tranchant
1er appui............	119T,630
Section 1	98 947
— 2............	81 581
— 3............	65 386
— 4............	50 215
— 5............	36 654
— 6............	24 615
— 7............	16 400
— 8............	9 239
— 9............	3 688

D'où les courbes représentatives des efforts tranchants ci-après :

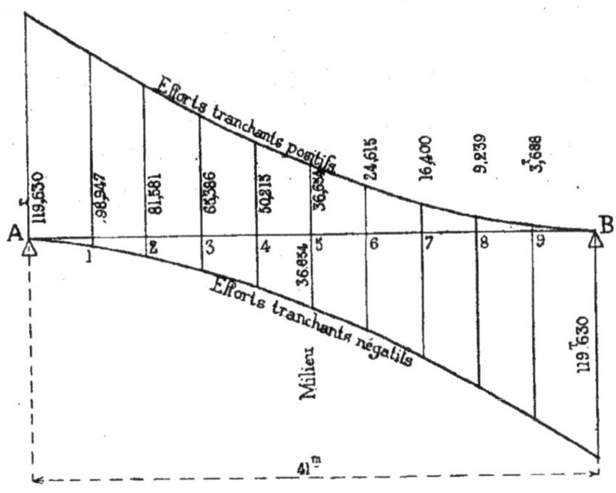

FIG. 131.

CHAPITRE III

Valeurs du moment fléchissant maximum à des intervalles égaux au dixième de la portée de la poutre.

A l'aide des indications du tableau n° 185 et des barêmes du chapitre II, il est facile de calculer le moment fléchissant maximum dans une section quelconque de la poutre.

Le tableau ci-après fait connaître les moments fléchissants au droit des sections qui sont situées à des intervalles égaux au dixième de la portée de la poutre.

VOIE NORMALE. — TRAIN-TYPE

209. — Tableau indiquant les valeurs du moment fléchissant maximum, *à des intervalles égaux au dixième de la portée de la poutre, pour des portées variant de mètre en mètre jusqu'à* 100 *mètres.*

Nota. — Ce tableau suppose que le dernier wagon du train n'a pas franchi l'appui par lequel le train est entré.

Il suppose, en outre, que les charges des essieux d'un train passent par l'axe de la poutre.

Dans ce tableau, qui est relatif à une moitié de poutre, les sections sont définies par leur distance à l'appui voisin. Cette distance est exprimée en fraction de la portée l de la poutre.

Les moments fléchissants sont évalués en mètres-tonnes.

PORTÉE l DE LA POUTRE	VALEUR DU MOMENT FLÉCHISSANT MAXIMUM DANS LES SECTIONS DONT LA DISTANCE A L'APPUI VOISIN EST DE									
	$\frac{1}{10}l$		$\frac{2}{10}l$		$\frac{3}{10}l$		$\frac{4}{10}l$		$\frac{5}{10}l$ (milieu)	
1m	1MT,	26	2MT,	24	2MT,	94	3MT,	36	3MT,	5
2	3	36	5	60	6	72	6	72	7	0
3	6	30	10	08	12	60	13	44	14	7
4	10	08	16	80	20	16	23	52	25	2
5	15	12	24	64	31	92	36	96	36	4
6	20	16	33	60	43	68	50	40	50	4
7	25	20	42	56	55	44	63	84	64	4
8	30	24	51	52	67	20	77	28	78	4
9	35	28	60	48	78	96	90	72	92	4
10	41	28	69	44	90	72	104	16	106	4
11	47	40	79	84	105	00	117	60	120	4
12	53	64	90	72	119	28	132	00	135	6
13	60	84	103	28	133	56	148	32	152	6
14	68	04	116	08	148	92	164	64	169	6
15	75	24	128	88	165	72	183	36	189	6
16	82	60	141	68	182	52	202	56	209	6
17	90	52	155	44	199	32	224	16	230	8
18	98	44	169	52	216	12	246	24	253	8
19	107	40	183	60	233	64	268	32	276	8
20	117	54	200	16	253	80	290	40	302	8
21	128	52	218	28	274	80	313	20	328	8
22	140	76	237	80	295	80	338	80	354	8
23	153	00	259	28	320	52	365	68	380	8
24	165	24	281	04	347	40	392	56	407	6
25	177	48	302	80	375	96	419	44	435	6
26	190	56	324	56	404	52	446	32	463	6
27	203	88	346	56	433	08	473	84	491	6
28	217	68	370	24	461	64	502	64	522	5
29	232	08	393	92	490	20	531	44	556	8
30	246	48	418	56	521	28	566	72	593	3
31	260	88	444	16	552	36	605	12	633	2
32	275	68	469	76	583	44	643	52	675	2
33	290	80	495	36	617	04	681	92	717	2
34	305	92	521	12	650	64	720	32	759	2
35	321	20	548	00	684	24	758	72	802	4
36	337	04	574	88	717	84	798	08	846	4
37	352	88	601	76	751	44	838	40	890	4
38	368	72	629	12	786	72	879	92	934	4
39	385	20	657	28	822	00	922	16	978	4
40	401	76	685	44	857	28	964	40	1022	4

PORTÉE l DE LA POUTRE	VALEUR DU MOMENT FLÉCHISSANT MAXIMUM DANS LES SECTIONS DONT LA DISTANCE A L'APPUI VOISIN EST DE				
	$\frac{1}{10}l$	$\frac{2}{10}l$	$\frac{3}{10}l$	$\frac{4}{10}l$	$\frac{5}{10}l$ (milieu)
41m	418MT,32	713MT,60	892MT,56	1006MT,64	1067MT,6
42	435 28	742 56	929 04	1050 16	1113 6
43	452 56	772 00	966 00	1094 32	1159 6
44	469 84	801 44	1002 96	1138 48	1205 6
45	487 28	830 88	1039 92	1182 64	1251 6
46	505 28	861 44	1078 48	1226 80	1299 2
47	523 28	892 16	1118 80	1272 24	1347 2
48	541 28	922 88	1159 84	1318 32	1395 2
49	559 92	953 76	1201 84	1364 40	1443 2
50	578 64	985 76	1243 84	1410 48	1491 2
51	597 36	1017 76	1285 84	1460 40	1541 2
52	616 48	1049 76	1328 08	1510 32	1591 2
53	635 92	1082 24	1371 76	1560 24	1641 2
54	655 36	1115 52	1415 44	1610 80	1691 2
55	674 96	1148 80	1459 12	1662 64	1741 2
56	695 12	1183 04	1502 80	1714 48	1791 2
57	715 28	1217 60	1547 92	1766 32	1843 2
58	735 44	1252 16	1593 28	1818 16	1895 2
59	756 24	1287 20	1638 64	1870 64	1947 2
60	777 12	1323 04	1684 00	1924 40	1999 2
61	798 00	1358 88	1730 32	1978 16	2051 2
62	819 28	1394 72	1777 36	2031 92	2103 2
63	840 88	1431 36	1825 52	2085 68	2157 2
64	862 48	1468 48	1874 24	2140 08	2211 2
65	884 24	1505 60	1922 96	2195 76	2265 2
66	906 56	1542 72	1972 64	2251 44	2320 0
67	928 88	1580 96	2023 04	2307 12	2376 0
68	951 20	1619 36	2073 44	2363 92	2432 0
69	974 16	1657 76	2123 84	2421 52	2488 0
70	997 20	1696 32	2174 72	2479 12	2544 0
71	1020 24	1736 00	2226 80	2536 72	2600 0
72	1043 68	1775 68	2278 88	2594 96	2656 8
73	1067 44	1815 36	2330 96	2654 48	2714 8
74	1091 20	1855 52	2383 04	2714 00	2772 8
75	1115 12	1896 48	2436 80	2773 52	2830 8
76	1139 60	1937 44	2490 56	2833 04	2888 8
77	1164 08	1978 40	2544 32	2893 20	2946 8
78	1188 56	2020 16	2598 08	2954 64	3005 6
79	1213 68	2062 40	2654 40	3016 08	3065 6
80	1238 88	2104 64	2711 52	3077 52	3125 6

PORTÉE l DE LA POUTRE	VALEUR DU MOMENT FLÉCHISSANT MAXIMUM DANS LES SECTIONS DONT LA DISTANCE A L'APPUI VOISIN EST DE				
	$\frac{1}{10}l$	$\frac{2}{10}l$	$\frac{3}{10}l$	$\frac{4}{10}l$	$\frac{5}{10}l$ (milieu)
81m	1264MT,72	2146MT,88	2769MT,84	3138MT,96	3185MT,6
82	1290 64	2190 24	2828 64	3201 04	3245 6
83	1316 56	2233 76	2887 44	3264 40	3306 8
84	1342 88	2277 60	2946 24	3327 76	3368 8
85	1369 52	2323 68	3005 76	3391 12	3430 8
86	1396 16	2369 76	3066 24	3454 48	3492 8
87	1422 96	2416 32	3126 72	3519 44	3554 8
88	1450 32	2463 68	3187 20	3584 72	3618 4
89	1477 68	2511 04	3247 92	3650 00	3682 4
90	1505 04	2558 40	3310 08	3715 92	3746 4
91	1533 04	2606 56	3372 24	3783 12	3810 4
92	1561 12	2655 20	3434 40	3850 32	3874 4
93	1589 20	2703 84	3496 56	3917 52	3938 4
94	1617 68	2752 48	3560 16	3984 72	4004 0
95	1646 48	2802 24	3624 00	4052 56	4070 0
96	1675 28	2852 16	3687 84	4121 68	4136 0
97	1704 24	2902 08	3751 68	4190 80	4202 0
98	1733 76	2952 16	3816 48	4259 92	4269 6
99	1763 28	3003 36	3882 00	4329 04	4339 6
100	1792 80	3054 56	3947 52	4398 80	4409 6

CHAPITRE IV

Valeurs de l'effort tranchant maximum à des intervalles égaux au dixième de la portée de la poutre

SECTION PREMIÈRE. — Efforts tranchants positifs

A l'aide des règles du n° 174 et des barêmes du chapitre II, il est facile de calculer l'effort tranchant maximum dans une section quelconque de la poutre.

Le tableau ci-après fait connaître les efforts tranchants au droit des sections qui sont situées à des intervalles égaux au dixième de la portée de la poutre.

VOIE NORMALE. — TRAIN-TYPE

210. — Tableau indiquant les valeurs de l'effort tranchant positif maximum, *à des intervalles égaux au dixième de la portée de la poutre, pour des portées variant de mètre en mètre jusqu'à* 100 *mètres.*

Nota. — Ce tableau suppose que le dernier wagon du train n'a pas franch. l'appui par lequel le train est entré.

Il suppose, en outre, que les charges des essieux d'un train passent par l'axe de la poutre.

Dans ce tableau, qui est relatif à une moitié de poutre, les sections sont définies par leur distance à l'appui voisin. Cette distance est exprimée en fraction de la portée l de la poutre.

Les efforts tranchants sont évalués en tonnes.

PORTÉE l DE LA POUTRE	VALEURS DE L'EFFORT TRANCHANT POSITIF MAXIMUM DANS LES SECTIONS DONT LA DISTANCE A L'APPUI VOISIN EST DE					
	0 (appui)	$\frac{1}{10}l$	$\frac{2}{10}l$	$\frac{3}{10}l$	$\frac{4}{10}l$	$\frac{5}{10}l$ (milieu)
1m	14T,000	12T,600	11T,200	9T,800	8T,400	7T,000
2	19 600	16 800	14 000	11 200	8 400	7 000
3	25 200	21 000	16 800	14 000	11 200	8 400
4	30 800	25 200	21 000	16 800	12 600	9 800
5	35 840	30 240	24 640	19 320	15 120	10 920
6	39 200	33 600	28 000	22 400	16 800	12 600
7	41 600	36 000	30 400	24 800	19 200	13 800
8	43 400	37 800	32 200	26 600	21 000	15 400
9	45 867	39 200	33 600	28 000	22 400	16 800
10	48 080	41 280	34 720	29 120	23 520	17 920
11	50 219	43 091	36 291	30 037	24 437	18 837
12	52 700	44 700	37 800	31 000	25 200	19 600
13	54 800	46 800	39 077	32 277	25 847	20 247
14	56 600	48 600	40 600	33 372	26 572	20 800
15	58 587	50 160	42 160	34 320	27 520	21 280
16	60 425	51 525	43 525	35 525	28 350	21 700
17	62 542	52 730	44 730	36 730	29 083	22 283
18	65 300	54 500	45 800	37 800	29 800	22 934
19	68 358	56 527	46 758	38 758	30 758	23 516
20	71 740	58 770	48 110	39 620	31 620	24 040
21	74 800	61 200	49 600	40 400	32 400	24 515
22	77 582	63 982	51 273	41 173	33 110	25 110
23	80 122	66 522	53 227	42 244	33 757	25 757
24	82 700	68 850	55 250	43 400	34 350	26 350
25	85 312	70 992	57 392	44 688	34 896	26 896
26	87 724	72 970	59 370	46 147	35 562	27 400
27	90 400	75 156	61 200	47 600	36 334	27 867
28	92 886	77 229	62 900	49 300	37 200	28 300
29	95 200	79 200	64 483	50 883	38 152	28 704
30	97 494	81 360	66 160	52 360	39 180	29 080
31	99 768	83 381	67 846	53 742	40 278	29 523
32	101 900	85 275	69 425	55 038	41 438	30 069
33	104 125	87 104	71 055	56 255	42 655	30 582
34	106 142	88 989	72 730	57 506	43 800	31 271
35	108 138	90 766	74 309	58 823	44 880	31 920
36	110 134	92 445	75 800	60 067	45 900	32 650
37	112 130	94 206	77 233	61 244	46 865	33 417
38	114 022	95 895	78 737	62 548	47 779	34 179
39	115 918	97 498	80 165	63 816	48 647	35 047
40	117 820	99 120	81 520	65 020	49 620	35 870

PORTÉE l DE LA POUTRE	VALEURS DE L'EFFORT TRANCHANT POSITIF MAXIMUM DANS LES SECTIONS DONT LA DISTANCE A L'APPUI VOISIN EST DE					
	0 (appui)	$\frac{1}{10}l$	$\frac{2}{10}l$	$\frac{3}{10}l$	$\frac{4}{10}l$	$\frac{5}{10}l$ (milieu)
41^{m}	119^{T},630	100^{T},742	82^{T},869	66^{T},166	50^{T},576	36^{T},654
42	121 448	102 286	84 248	67 258	51 486	37 400
43	123 275	103 796	85 563	68 410	52 354	38 112
44	125 019	105 364	86 819	69 528	53 291	38 791
45	126 774	106 863	88 107	70 596	54 240	39 440
46	128 540	108 296	89 392	71 618	55 148	40 061
47	130 230	109 805	90 622	72 664	56 018	40 656
48	131 934	111 267	91 800	73 717	56 850	41 350
49	133 649	112 670	93 045	74 727	57 649	42 017
50	135 296	114 096	94 256	75 696	58 496	42 656
51	136 957	115 530	95 420	76 659	59 326	43 271
52	138 631	116 908	96 554	77 662	60 124	43 862
53	140 242	118 265	97 751	78 627	60 891	44 544
54	141 867	119 675	98 904	79 556	61 630	45 200
55	143 506	121 033	100 015	80 451	62 415	45 833
56	145 086	122 343	101 129	81 415	63 186	46 443
57	146 681	123 720	102 274	82 344	63 930	47 032
58	148 290	125 063	103 380	83 242	64 649	47 600
59	149 845	126 360	104 448	84 109	65 343	48 150
60	151 414	127 680	105 547	85 014	66 080	48 750
61	152 997	129 010	106 650	85 915	66 807	49 325
62	154 520	130 297	107 717	86 788	67 510	49 884
63	156 077	131 569	108 750	87 632	68 191	50 426
64	157 638	132 888	109 838	88 488	68 850	50 950
65	159 151	134 167	110 905	89 367	69 551	51 459
66	160 679	135 407	111 940	90 219	70 243	52 013
67	162 221	136 705	112 956	91 045	70 914	52 550
68	163 718	137 977	114 024	91 859	71 565	53 071
69	165 229	139 212	115 061	92 719	72 198	53 577
70	166 755	140 469	116 069	93 555	72 869	54 069
71	168 237	141 736	117 082	94 367	73 533	54 547
72	169 734	142 967	118 123	95 156	74 178	55 067
73	171 244	144 187	119 135	95 990	74 806	55 573
74	172 714	145 449	120 119	96 811	75 417	56 065
75	174 198	146 678	121 131	97 611	76 064	56 544
76	175 695	147 874	122 148	98 390	76 706	57 011
77	177 154	149 097	123 138	99 190	77 330	57 465
78	178 626	150 349	124 103	100 000	77 939	57 959
79	180 112	151 545	125 114	100 790	78 532	58 441
80	181 560	152 760	126 110	101 560	79 160	58 910

PORTÉE l DE LA POUTRE	VALEURS DE L'EFFORT TRANCHANT POSITIF MAXIMUM DANS LES SECTIONS DONT LA DISTANCE A L'APPUI VOISIN EST DE					
	0 (appui)	$\frac{1}{10}l$	$\frac{2}{10}l$	$\frac{3}{10}l$	$\frac{4}{10}l$	$\frac{5}{10}l$ (milieu)
81m	183T,023	153T,986	127T,082	102T,331	79T,783	59T,368
82	184 498	155 181	128 040	103 132	80 391	59 815
83	185 938	156 367	129 041	103 914	80 984	60 251
84	187 391	157 591	130 020	104 677	81 562	60 724
85	188 857	158 787	130 975	105 422	82 173	61 186
86	190 289	159 954	131 935	106 214	82 782	61 638
87	191 734	161 168	132 920	106 989	83 375	62 079
88	193 191	162 364	133 882	107 746	83 955	62 510
89	194 616	163 533	134 823	108 497	84 522	62 931
90	196 054	164 720	135 787	109 254	85 120	63 387
91	197 504	165 917	136 757	110 022	85 715	63 833
92	198 922	167 087	137 705	110 774	86 296	64 270
93	200 353	168 250	138 633	111 510	86 865	64 697
94	201 796	169 447	139 600	112 256	87 422	65 115
95	203 209	170 649	140 556	113 019	88 009	65 525
96	204 634	171 767	141 492	113 767	88 592	65 967
97	206 071	172 957	142 417	114 499	89 163	66 400
98	207 478	174 201	143 380	115 225	89 723	66 825
99	208 897	175 281	144 324	115 984	90 271	67 241
100	210 328	176 448	145 248	116 728	90 848	67 648

SECTION II. — **Efforts tranchants négatifs**

A l'aide des règles du n° 175 et des barêmes du chapitre II, il est facile de calculer l'effort tranchant maximum dans une section quelconque de la poutre.

Le tableau ci-après fait connaître les efforts tranchants au droit des sections qui sont situées à des intervalles égaux au dixième de la portée de la poutre.

VOIE NORMALE. — TRAIN-TYPE

211. — Tableau indiquant les valeurs de l'effort tranchant négatif maximum, *à des intervalles égaux au dixième de la portée de la poutre, pour des portées variant de mètre en mètre jusqu'à* 100 *mètres.*

Nota. — Ce tableau suppose que le dernier wagon du train n'a pas franchi l'appui par lequel le train est entré.

Il suppose, en outre, que les charges des essieux d'un train passent par l'axe de la poutre.

Dans ce tableau, qui est relatif à une moitié de poutre, les sections sont définies par leur distance à l'appui voisin. Cette distance est exprimée en fraction de la portée l de la poutre.

Les efforts tranchants sont évalués en tonnes.

PORTÉE l DE LA POUTRE	VALEURS DE L'EFFORT TRANCHANT NÉGATIF MAXIMUM DANS LES SECTIONS DONT LA DISTANCE A L'APPUI VOISIN EST DE					
	0 (appui)	$\frac{1}{10} l$	$\frac{2}{10} l$	$\frac{3}{10} l$	$\frac{4}{10} l$	$\frac{5}{10} l$ (milieu)
1m	0	1T,400	2T,800	4T,200	5T,600	7T,000
2	0	1 400	2 800	4 200	5 600	7 000
3	0	1 400	2 800	4 200	5 600	8 400
4	0	1 400	2 800	4 200	7 000	9 800
5	0	1 400	2 800	5 040	7 840	10 920
6	0	1 400	2 800	5 600	8 400	12 600
7	0	1 400	3 200	6 000	9 600	13 800
8	0	1 400	3 500	6 300	10 500	15 400
9	0	1 400	3 734	7 000	11 200	16 800
10	0	1 400	3 920	7 560	12 320	17 920
11	0	1 400	4 073	8 019	12 237	18 837
12	0	1 400	4 200	8 400	14 000	19 600
13	0	1 508	4 524	9 047	14 647	20 247
14	0	1 600	4 800	9 600	15 200	20 800
15	0	1 680	5 040	10 080	15 680	21 280
16	0	1 750	5 250	10 500	16 100	21 700
17	0	1 812	5 436	10 871	16 471	22 283
18	0	1 867	5 600	11 200	16 800	22 934
19	0	1 916	5 895	11 495	17 095	23 516
20	0	1 960	6 160	11 760	17 360	24 040

PORTÉE l DE LA POUTRE	VALEURS DE L'EFFORT TRANCHANT NÉGATIF MAXIMUM DANS LES SECTIONS DONT LA DISTANCE A L'APPUI VOISIN EST DE					
	0 (appui)	$\frac{1}{10}l$	$\frac{2}{10}l$	$\frac{3}{10}l$	$\frac{4}{10}l$	$\frac{5}{10}l$ (milieu)
21^m	0	2^T,000	6^T,400	12^T,000	17^T,715	24^T,515
22	0	2 037	6 619	12 219	18 146	25 110
23	0	2 070	6 818	12 418	18 540	25 757
24	0	2 100	7 000	12 600	18 900	26 350
25	0	2 184	7 168	12 768	19 232	26 896
26	0	2 262	7 324	12 924	19 539	27 400
27	0	2 334	7 467	13 067	19 867	27 867
28	0	2 400	7 600	13 286	20 300	28 300
29	0	2 463	7 725	13 532	20 704	28 704
30	0	2 520	7 840	13 760	21 080	29 080
31	0	2 575	7 949	13 975	21 433	29 523
32	0	2 625	8 050	14 175	21 765	30 069
33	0	2 673	8 146	14 364	22 073	30 582
34	0	2 718	8 233	14 542	22 365	31 271
35	0	2 760	8 320	14 709	22 640	31 920
36	0	2 800	8 400	14 900	22 900	32 650
37	0	2 876	8 476	15 146	23 146	33 417
38	0	2 948	8 548	15 379	23 379	34 179
39	0	3 016	8 616	15 600	23 708	35 047
40	0	3 080	8 680	15 810	24 055	35 870
41	0	3 142	8 742	16 010	24 386	36 654
42	0	3 200	8 858	16 200	24 800	37 400
43	0	3 256	8 968	16 382	25 229	38 112
44	0	3 310	9 073	16 555	25 637	38 791
45	0	3 360	9 174	16 720	26 120	39 440
46	0	3 403	9 270	16 879	26 614	40 061
47	0	3 456	9 362	17 030	27 086	40 656
48	0	3 500	9 450	17 175	27 625	41 350
49		3 543	9 535	17 315	28 172	42 017
50	0	3 584	9 616	17 448	28 696	42 656
51	0	3 624	9 695	17 577	29 200	43 271
52	0	3 662	9 770	17 581	29 685	43 862
53	0	3 699	9 842	17 978	30 151	44 544
54	0	3 734	9 934	18 167	30 600	45 200
55	0	3 768	10 044	18 350	31 033	45 833
56	0	3 800	10 150	18 600	31 450	46 443
57	0	3 832	10 253	18 843	31 053	46 032
58	0	3 863	10 352	19 076	32 242	47 600
59	0	3 892	10 448	19 302	32 638	48 150
60	0	3 920	10 540	19 590	33 080	48 750

PORTÉE l DE LA POUTRE	VALEURS DE L'EFFORT TRANCHANT NÉGATIF MAXIMUM DANS LES SECTIONS DONT LA DISTANCE A L'APPUI VOISIN EST DE					
	0 (appui)	$\frac{1}{10} l$	$\frac{2}{10} l$	$\frac{3}{10} l$	$\frac{4}{10} l$	$\frac{5}{10} l$
61m	0	3T,948	10T,630	19T,869	33T,509	49T,325
62	0	3 975	10 717	20 139	33 923	49 884
63	0	4 000	10 800	20 400	34 324	50 426
64	0	4 025	10 882	20 719	34 713	50 950
65	0	4 050	10 960	21 028	35 090	51 459
66	0	4 073	11 037	21 328	35 528	52 013
67	0	4 096	11 111	21 618	35 953	52 550
68	0	4 118	11 183	21 900	36 365	53 071
69	0	4 140	11 253	22 174	36 766	53 577
70	0	4 160	11 320	22 440	37 155	54 069
71	0	4 181	11 386	22 699	37 533	54 547
72	0	4 200	11 450	22 950	37 900	55 067
73	0	4 220	11 513	23 195	38 258	55 573
74	0	4 238	11 573	23 433	38 617	56 065
75	0	4 256	11 632	23 664	38 998	56 544
76	0	4 274	11 690	23 890	39 369	57 011
77	0	4 291	11 764	24 110	39 730	57 465
78	0	4 308	11 854	24 324	40 083	57 959
79	0	4 325	11 942	24 563	40 426	58 441
80	0	4 340	12 028	24 810	40 760	58 910
81	0	4 356	12 112	25 052	41 087	59 368
82	0	4 371	12 193	25 288	41 435	59 815
83	0	4 400	12 290	25 519	41 784	60 251
84	0	4 429	12 400	25 743	42 124	60 724
85	0	4 457	12 509	25 763	42 457	61 186
86	0	4 484	12 614	26 177	42 782	61 638
87	0	4 511	12 718	26 400	43 099	62 079
88	0	4 537	12 819	26 646	43 410	62 510
89	0	4 562	12 933	26 886	43 722	62 931
90	0	4 587	13 060	27 120	44 054	63 387
91	0	4 611	13 185	27 350	44 379	63 833
92	0	4 635	13 307	27 574	44 696	64 270
93	0	4 659	13 426	27 794	45 007	64 697
94	0	4 681	13 543	28 009	45 311	65 115
95	0	4 704	13 672	28 219	45 609	65 525
96	0	4 725	13 813	28 425	45 900	65 967
97	0	4 747	13 961	28 627	46 211	66 400
98	0	4 768	14 086	28 825	46 523	66 825
99	0	4 788	14 219	29 035	46 829	67 241
100	0	4 808	14 348	27 248	47 128	67 648

TITRE II

PONTS SUPPORTANT DES VOIES DE FER

D'UN MÈTRE DE LARGEUR

POUTRES LONGITUDINALES

TRAIN-TYPE

212. — Les dispositions ci-après sont celles du train-type défini à l'article 13 du règlement ministériel du 29 août 1891 pour les voies d'un mètre de largeur.

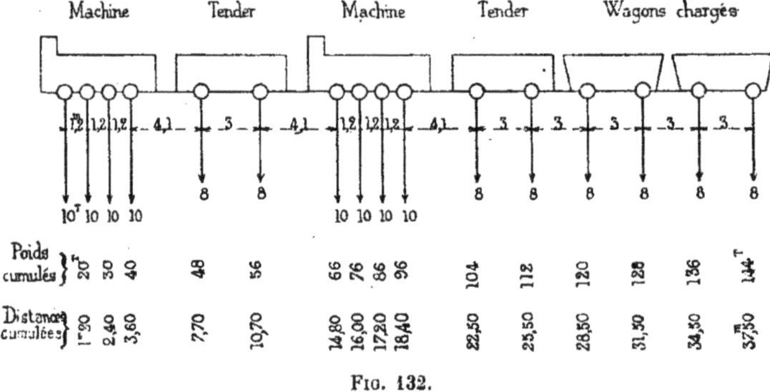

FIG. 132.

CHAPITRE PREMIER

Essieux à appliquer à des intervalles égaux au dixième de la portée de la poutre, pour y produire le moment fléchissant maximum (1).

213. — On a indiqué aux nos 92 et 93 un moyen de découvrir l'essieu qui doit être appliqué à une section pour y produire le moment fléchissant maximum.

Ce moyen comporte des tâtonnements. Le tableau ci-après permet de les éviter en ce qui concerne les sections situées à des intervalles égaux au dixième de la portée de la poutre.

Dans ce tableau, qui est relatif à une moitié de poutre (celle de gauche), chaque section est définie par sa distance a_1 à l'appui voisin (celui de gauche).

Cette distance est exprimée en fraction de la portée l de la poutre. Les fractions varient de dixième en dixième.

L'essieu qui doit passer par la section est désigné, pour plus de simplicité, par son numéro d'ordre.

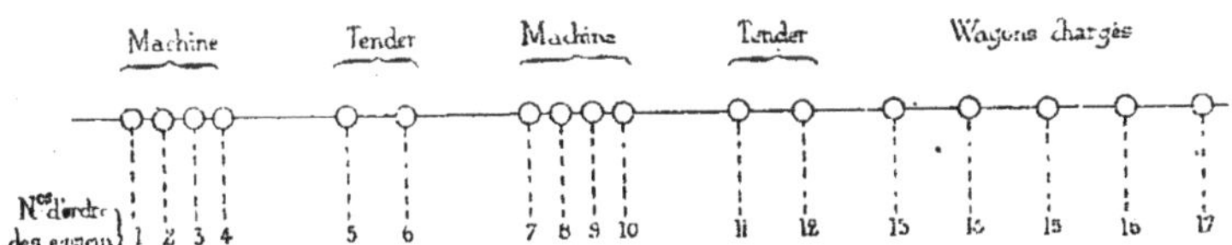

Fig. 133.

Le numérotage commence au premier essieu de la machine de tête, qui porte, par conséquent, le n° 1.

(1) Voir la note y.

214. — *Tableau indiquant les essieux à appliquer à des intervalles égaux au dixième de la portée de la poutre, pour obtenir la position du train qui donne lieu au moment fléchissant maximum.*

DISTANCE a_1 de la SECTION à l'appui de gauche (1)	PORTÉE l de la POUTRE (2)			NUMÉRO D'ORDRE de l'essieu à appliquer à la section (3)
	De		à	
$\frac{1}{10}l$	De	0	15m,2	1
		15m,3	18,3	7
		18,4	24,3	1
		24,4	65,6	2
		65,7	100,0	3
$\frac{2}{10}l$	De	0	12,2	1
		12,3	15,6	2
		15,7	19,1	8
		19,2	25,8	2
		25,9	47,2	3
		47,3	67,9	4
		68,0	82,2	5
		82,3	96,5	6
		96,6	100,0	7
$\frac{3}{10}l$	De	0	4,0	1
		4,1	17,6	2
		17,7	23,0	8
		23,1	27,8	3
		27,9	42,1	4
		42,2	51,1	5
		51,2	60,0	6
		60,1	74,4	7
		74,5	90,1	8
		90,2	100,0	9
$\frac{4}{10}l$	De	0	3m,0	1
		3m,1	13,2	2
		13,3	20,3	8
		20,4	21,2	9
		21,3	29,3	8
		29,4	29,6	9
		29,7	34,6	5
		34,7	41,2	6
		41,3	52,0	7
		52,1	65,3	8
		65,4	78,5	9
		78,6	90,9	10
		91,0	97,5	11
		97,6	100,0	12
$\frac{5}{10}l$	De	0	2,40	1
		2,41	10,60	2
		10,61	13,00	3
		13,01	22,60	8
		22,61	26,72	9
		26,73	29,12	8
		29,13	38,20	7
		38,21	52,60	8
		52,61	63,40	9
		63,41	73,10	10
		73,11	78,00	11
		78,01	84,00	12
		84,01	90,00	13
		90,01	96,00	14
		96,01	100,00	15

CHAPITRE II

Barêmes pour le calcul des poutres longitudinales

215. — Les barêmes ci-après ont pour objet de faciliter les calculs des moments fléchissants ou des efforts tranchants qui se produisent dans une poutre longitudinale, lors du passage du train-type indiqué à l'article 212 pour les voies d'un mètre de largeur (1).

Nota. — Ces barêmes supposent que le train est partiellement engagé sur la poutre, de telle sorte que le dernier wagon n'a pas franchi l'appui de droite par lequel le train est entré.

Ils supposent, en outre, que les charges des essieux d'un train passent par l'axe de la poutre.

Les numéros d'ordre des essieux sont ceux qui ont été définis au n° 213.

Les poids sont exprimés en tonnes, les moments en mètres-tonnes.

(1) Pour l'usage des barêmes, voir les indications données aux n°s 205 et suivants à l'occasion des barêmes relatifs à la voie normale.

BARÊME N° 1

216. — **L'essieu n° 1** (*premier essieu de la première machine*) **passe par la section.**

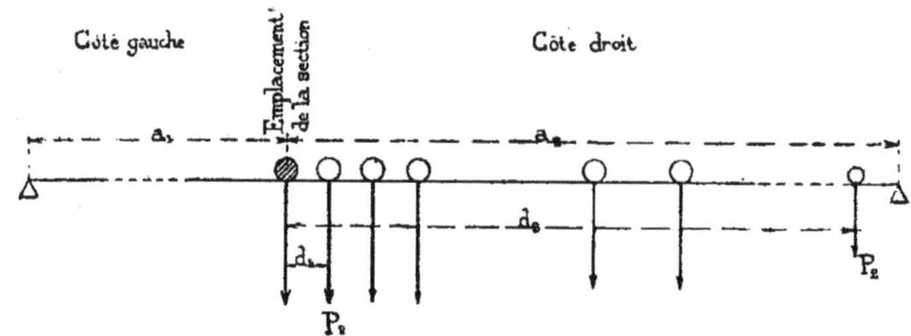

FIG. 134.

SOMME des MOMENTS $\Sigma P_1 d_1$ 1	SOMME des POIDS ΣP_1 2	LONGUEUR de la PORTION DE POUTRE mesurée à gauche à partir de la section a_1 3	LONGUEUR de la PORTION DE POUTRE mesurée à droite à partir de la section a_2 4	SOMME DES POIDS (y compris le poids passant par la section) ΣP_2 5	SOMME des MOMENTS $\Sigma P_2 d_2$ 6
0	0	au-dessus de 0	Entre 0 et 1m,20	10T	0
			1m,21 — 2 40	26	12m-T,0
			2 41 — 3 60	30	36 0
			3 61 — 7 70	40	72 0
			7 71 — 10 70	48	133 6
			10 71 — 14 80	56	219 2
			14 81 — 16 00	66	367 2
			16 01 — 17 20	76	527 2
			17 21 — 18 40	86	699 2
			18 41 — 22 50	96	883 2
			22 51 — 25 50	104	1.063 2
			25 51 — 28 50	112	1.267 2
			28 51 — 31 50	120	1.495 2

SOMME des MOMENTS $\Sigma P_1 d_1$ 1	SOMME des POIDS ΣP_1 2	LONGUEUR de la PORTION DE POUTRE mesurée à gauche à partir de la section a_1 3	LONGUEUR de la PORTION DE POUTRE mesurée à droite à partir de la section a_2 4		SOMME DES POIDS (y compris le poids passant par la section) ΣP_2 5	SOMME des MOMENTS $\Sigma P_2 d_2$ 6	
			31 51	34 50	128	1.747	2
			34 51	37 50	136	2.023	2
			37 51	40 50	144	2 323	2
			40 51	43 50	152	2.647	2
			43 51	46 50	160	2.995	2
			46 51	49 50	168	3.367	2
			49 51	52 50	176	3.763	2
			52 51	55 50	184	4.183	2
			55 51	58 50	192	4.627	2
			58 51	61 50	200	5.095	2
			61 51	64 50	208	5.587	2
			64 51	67 50	216	6.103	2
			67 51	70 50	224	6.643	2
			70 51	73 50	232	7.207	2
			73 51	76 50	240	7.795	2
			76 51	79 50	248	8.407	2
			79 51	82 50	256	9.043	2
			82 51	85 50	264	9.703	2
			85 51	88 50	272	10.387	2
			88 51	91 50	280	11.095	2
			91 51	94 50	288	11.827	2
			94 51	97 60	296	12.583	2
			97 51	100 50	304	13.363	2

BARÈME N° 2

217. — L'essieu n° 2 (*deuxième essieu de la première machine*) **passe par la section.**

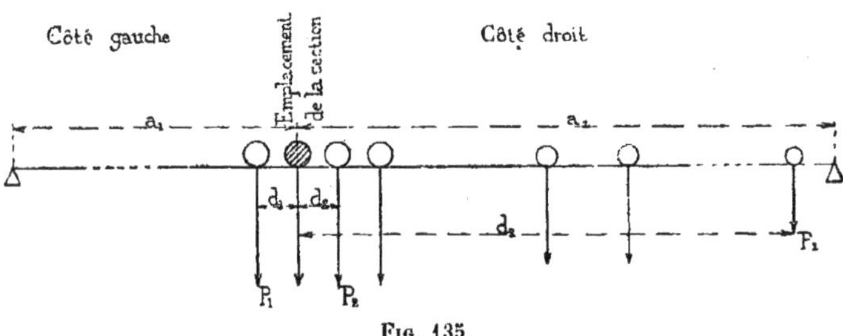

Fig. 135.

SOMME des MOMENTS $\Sigma P_1 d_1$	SOMME des POIDS ΣP_1	LONGUEUR de la PORTION DE POUTRE mesurée à gauche à partir de la section a_1	LONGUEUR de la PORTION DE POUTRE mesurée à droite à partir de la section a_2	SOMME DES POIDS (y compris le poids passant par la section) ΣP_2	SOMME des MOMENTS $\Sigma P_2 d_2$
1	2	3	4	5	6
		Entre	Entre		
0	0	0 et 1m,20	0 et 1m,20	10T	0
12MT,0	10T	au-dessus de 1 20	1m,21 2 40	20	12MT,0
			2 41 6 50	30	36 0
			6 51 9 50	38	88 0
			9 51 13 60	46	164 0
			13 61 14 80	56	300 0
			14 81 16 00	66	448 0
			16 01 17 20	76	608 0
			17 21 21 30	86	780 0
			21 31 24 30	94	950 4
			24 31 27 30	102	1.144 8
			27 31 30 30	110	1.363 2
			30 31 33 30	118	1.605 6

SOMME des MOMENTS $\Sigma P_1 d_1$	SOMME des POIDS ΣP_1	LONGUEUR de la PORTION DE POUTRE mesurée à gauche à partir de la section a_1	LONGUEUR de la PORTION DE POUTRE mesurée à droite à partir de la section a_2	SOMME DES POIDS (y compris le poids passant par la section) ΣP_2	SOMME des MOMENTS $\Sigma P_2 d_2$
1	2	3	4	5	6
			33 31 36 30	126	1.872 0
			36 31 39 30	134	2.162 4
			39 31 42 30	142	2.476 8
			42 31 45 30	150	2.815 2
			45 31 48 30	158	3.177 6
			48 31 51 30	166	3.564 0
			51 31 54 30	174	3.974 4
			54 31 57 30	182	4 408 8
			57 31 60 30	190	4.867 2
			60 31 63 30	198	5.349 6
			63 31 66 30	206	5.856 0
			66 31 69 30	214	6.386 4
			69 31 72 30	222	6.940 8
			72 31 75 30	230	7.519 2
			75 31 78 30	238	8.121 6
			78 31 81 30	246	8.748 0
			81 31 84 30	254	9.398 4
			84 31 87 30	262	10.072 8
			87 31 90 30	270	10.771 2
			90 31 93 30	278	11.493 6
			93 31 96 30	286	12.240 0
			96 31 99 30	294	13.010 4
			99 31 102 30	302	13.804 8

BARÊME N° 3

218. — L'essieu n° 3 (*troisième essieu de la première machine*) **passe par la section.**

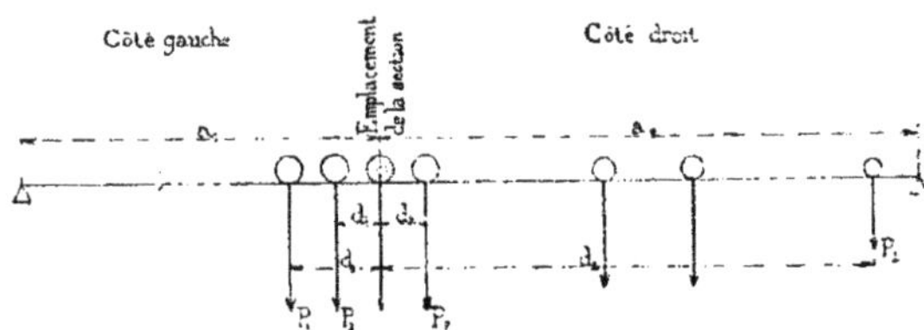

FIG. 136.

SOMME des MOMENTS $\Sigma P_1 d_1$ 1	SOMME des POIDS ΣP_1 2	LONGUEUR de la PORTION DE POUTRE mesurée à gauche à partir de la section a_1 3	LONGUEUR de la PORTION DE POUTRE mesurée à droite à partir de la section a_2 4	SOMME DES POIDS (y compris le poids passant par la section) ΣP_2 5	SOMME des MOMENTS $\Sigma P_2 d_2$ 6
0	0	Entre 0 et 1m,20	Entre 0 et 1m,20	10T	0
12MT,0	10T	1m,21 2 40	1m,21 5 30	20	12MT,0
36 0	20	au-dessus de 2 40	5 31 8 30	28	34 4
			8 31 12 40	36	120 8
			12 41 13 60	46	244 8
			13 61 14 80	56	380 8
			14 81 16 00	66	528 8
			16 01 20 10	76	688 8
			20 11 23 10	84	849 6
			23 11 26 10	92	1.034 4
			26 11 29 10	100	1.243 2
			29 11 32 10	108	1.476 0
			32 11 35 10	116	1.732 8

SOMME des MOMENTS $\Sigma P_1 d_1$	SOMME des POIDS P	LONGUEUR de la PORTION DE POUTRE mesurée à gauche à partir de la section a_1	LONGUEUR de la PORTION DE POUTRE mesurée à droite à partir de la section a_2	SOMME DES POIDS (y compris le poids passant par la section) ΣP_2	SOMME des MOMENTS $\Sigma P_2 d_2$
1	1	3	4	5	6
			35 11 38 10	124	2.013 6
			38 11 41 10	132	2.318 4
			41 11 44 10	140	2.647 2
			44 11 47 10	148	3.000 0
			47 11 50 10	156	3.376 8
			50 11 53 10	164	3.777 6
			53 11 56 10	172	4.202 4
			56 11 59 10	180	4.651 2
			59 11 62 10	188	5.124 0
			62 11 65 10	196	5.620 8
			65 11 68 10	204	6.141 6
			68 11 71 10	212	6.686 4
			71 11 74 10	220	7.255 2
			74 11 77 10	228	7.848 0
			77 11 80 10	236	8.464 8
			80 11 83 10	244	9.105 6
			83 11 86 10	252	9.770 4
			86 11 89 10	260	10.459 2
			89 11 92 10	268	11.172 0
			92 11 95 10	276	11.908 8
			95 11 98 10	284	12.669 6
			98 11 101 10	292	13.454 4

BARÈME N° 4

219. — L'essieu n° 4 (*quatrième essieu de la première machine*) **passe par la section.**

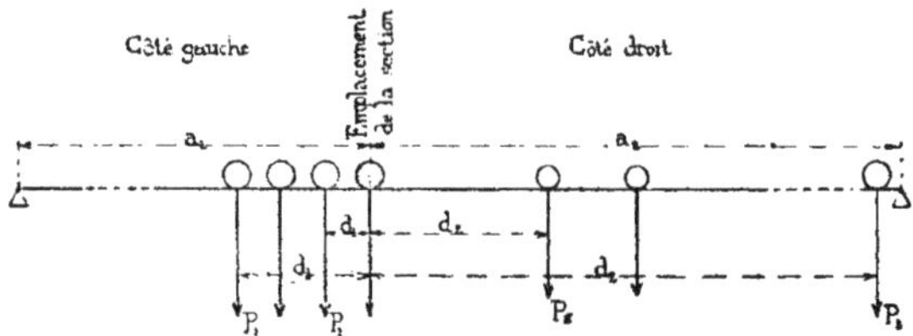

Fig. 137.

SOMME des MOMENTS $\Sigma P_1 d_1$	SOMME des POIDS ΣP_1	LONGUEUR de la PORTION DE POUTRE mesurée à gauche à partir de la section a_1	LONGUEUR de la PORTION DE POUTRE mesurée à droite à partir de la section a_2	SOMME DES POIDS (y compris le poids passant par la section) ΣP_2	SOMME des MOMENTS $\Sigma P_2 d_2$
1	2	3	4	5	6
0	0	Entre 0 et 1m,20	Entre 0 et 4m,10	10T,	0
12MT,0	10T,	1m,21 2 40	4m,11 7 10	18	32MT,8
36 0	20	2 41 3 60	7 11 11 20	26	89 6
72 0	30	au-dessus de 3 60	11 21 12 40	36	201 6
			12 41 13 60	46	325 6
			13 61 14 80	56	461 6
			14 81 18 90	66	609 6
			18 91 21 90	74	760 8
			21 91 24 90	82	936 0
			24 91 27 90	90	1.135 2
			27 91 30 90	98	1.358 4
			30 91 33 90	106	1.605 6
			33 91 36 90	114	1.876 8

SOMME des MOMENTS $\Sigma P_1 d_1$ 1	SOMME des POIDS ΣP_1 2	LONGUEUR de la PORTION DE POUTRE mesurée à gauche à partir de la section a_1 3	LONGUEUR de la PORTION DE POUTRE mesurée à droite à partir de la section a_2 4	SOMME DES POIDS (y compris le poids passant par la section) ΣP_2 5	SOMME des MOMENTS $\Sigma P_2 d_2$ 6
			36 91 39 90	122	2.172 0
			39 91 42 90	130	2.491 2
			42 91 45 90	138	2.834 4
			45 91 48 90	146	3 201 6
			48 91 51 90	154	3.592 8
			51 91 54 90	162	4.068 0
			54 91 57 90	170	4.447 2
			57 91 60 90	178	4.910 4
			60 91 63 90	186	5.397 6
			63 91 66 90	194	5.908 8
			66 91 69 90	202	6 444 0
			69 91 72 90	210	7.003 2
			72 91 75 90	218	7.586 4
			75 91 78 90	226	8 193 6
			78 91 81 90	234	8.824 8
			81 91 84 90	242	9.480 0
			84 91 87 90	250	10.159 2
			87 91 90 90	258	10.862 4
			90 91 93 90	266	11.589 6
			93 91 96 90	274	12.340 8
			96 91 99 90	282	13 116 0
			99 91 102 90	290	13.915 2

220. — L'essieu n° 5 *(premier essieu du premier tender)* passe par la section.

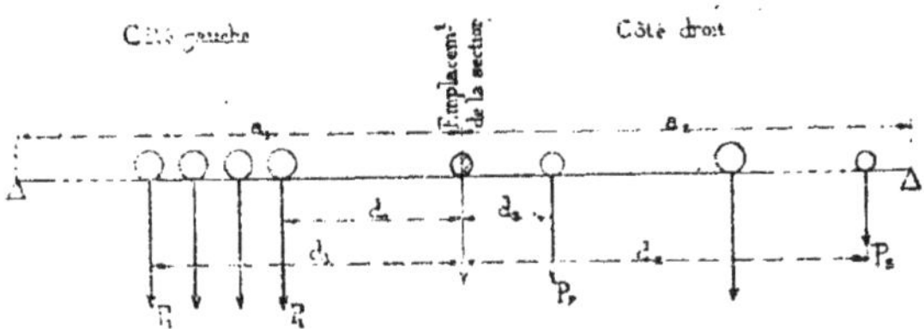

FIG. 138.

SOMME des MOMENTS $\Sigma P_1 d_1$	SOMME des POIDS ΣP_1	LONGUEUR de la PORTION DE POUTRE mesurée à gauche à partir de la section a_1	LONGUEUR de la PORTION DE POUTRE mesurée à droite à partir de la section a_2	SOMME DES POIDS (y compris le poids passant par la section) ΣP_2	SOMME des MOMENTS $\Sigma P_2 d_2$
1	2	3	4	5	6
0	0	Entre 0 et 4m,10	Entre 0 et 3m,00	8T	0
41MT,0	10T	4m,11 — 5 30	3m,01 — 7 10	16	24MT,0
94 0	20	5 31 — 6 50	7 11 — 8 30	26	95 0
159 0	30	6 51 — 7 70	8 31 — 9 50	36	178 0
236 0	40	au-dessus de 7 70	9 51 — 10 70	46	273 0
			10 71 — 14 80	56	380 0
			14 81 — 17 80	64	498 4
			17 81 — 20 80	72	640 8
			20 81 — 23 80	80	807 2
			23 81 — 26 80	88	997 6
			26 81 — 29 80	96	1.212 0
			29 81 — 32 80	104	1.450 4
			32 81 — 35 80	112	1.712 8

SOMME des MOMENTS $\Sigma P_1 d_1$	SOMME des POIDS ΣP_1	LONGUEUR de la PORTION DE POUTRE mesurée à gauche à partir de la section a_1	LONGUEUR de la PORTION DE POUTRE Mesurée à droite à partir de la section a_2	SOMME DES POIDS (y compris le poids passant par la section) ΣP_2	SOMME des MOMENTS $\Sigma P_2 d_2$
1	2	3	4	5	6
			35 81 38 80	120	1.999 2
			38 81 41 80	128	2.309 6
			41 81 44 80	136	2.644 0
			44 81 47 80	144	3.002 4
			47 81 50 80	152	3.384 8
			50 81 53 80	160	3.791 2
			53 81 56 80	168	4.221 6
			56 81 59 80	176	4.676 0
			59 81 62 80	184	5.154 4
			62 81 65 80	192	5.656 8
			65 81 68 80	200	6.183 2
			68 81 71 80	208	6.733 6
			71 81 74 80	216	7.308 0
			74 81 77 80	224	7.906 4
			77 81 80 80	232	8.528 8
			80 81 83 80	240	9.175 2
			83 81 86 80	248	9.845 6
			86 81 89 80	256	10.540 0
			89 81 92 80	264	11.258 4
			92 81 95 80	272	12 000 8
			95 81 98 80	280	12.767 2
			98 81 101 80	288	13.557 6

221. — L'essieu n° 6 (*deuxième essieu du premier tender*) **passe par la section.**

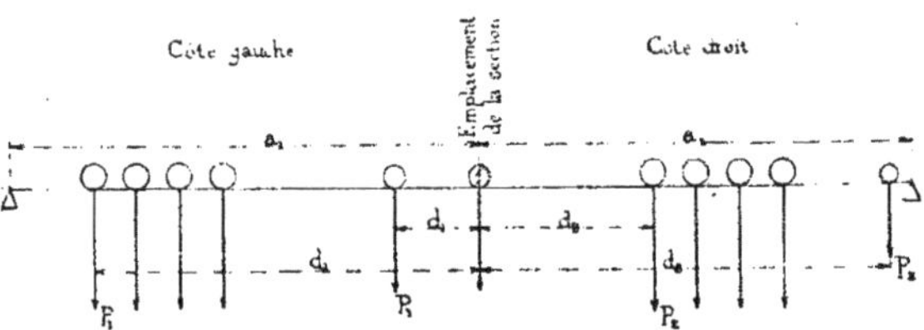

FIG. 139.

SOMME des MOMENTS $\Sigma P_1 d_1$ 1	SOMME des POIDS ΣP_1 2	LONGUEUR de la PORTION DE POUTRE mesurée à gauche à partir de la section a_1 3	LONGUEUR de la PORTION DE POUTRE mesurée à droite à partir de la section a_2 4	SOMME DES POIDS (y compris le poids passant par la section) ΣP_2 5	SOMME des MOMENTS $\Sigma P_2 d_2$ 6
0	0	Entre 0 et 3m,00	Entre 0 et 4m,10	8T	0
24MT,0	8T	3m,01 7 10	4m,11 5 30	18	41MT,0
95 0	18	7 11 8 30	5 31 6 50	28	94 0
178 0	28	8 31 9 50	6 51 7 70	38	159 0
273 0	38	9 51 10 70	7 71 11 80	48	236 0
380 0	48	au-dessus de 10 70	11 81 14 80	56	330 4
			14 81 17 80	64	448 8
			17 81 20 80	72	591 2
			20 81 23 80	80	757 6
			23 81 26 80	88	948 0
			26 81 29 80	96	1.162 4
			29 81 32 80	104	1.400 8
			32 81 35 80	112	1.663 2

SOMME des MOMENTS $\Sigma P_1 d_1$ 1	SOMME des POIDS ΣP_1 2	LONGUEUR de la PORTION DE POUTRE mesurée à gauche à partir de la section a_1 3	LONGUEUR de la PORTION DE POUTRE mesurée à droite à partir de la section a_2 4	SOMME DES POIDS (y compris le poids passant par la section) ΣP_2 5	SOMME des MOMENTS $\Sigma P_2 d_2$ 6
			35 81 38 80	120	1.949 6
			38 81 41 80	128	2.260 0
			41 81 44 80	136	2.594 4
			44 81 47 80	144	2.952 8
			47 81 50 80	152	3.335 2
			50 81 53 80	160	3.741 6
			53 81 56 80	168	4.172 0
			56 81 59 80	176	4.626 4
			59 81 62 80	184	5.104 8
			62 81 65 80	192	5.607 2
			65 81 68 80	200	6.133 6
			68 81 71 80	208	6.684 0
			71 81 74 80	216	7.258 4
			74 81 77 80	224	7.856 8
			77 81 80 80	232	8.479 2
			80 81 83 80	240	9.125 6
			83 81 86 80	248	9.796 0
			86 81 89 80	256	10.490 4
			89 81 92 80	264	11.208 8
			92 81 95 80	272	11.951 2
			95 81 98 80	280	12.717 6
			98 81 101 80	288	13.508 0

BARÊME N° 7

222. — L'essieu n° 7 (*premier essieu de la seconde machine*) **passe par la section.**

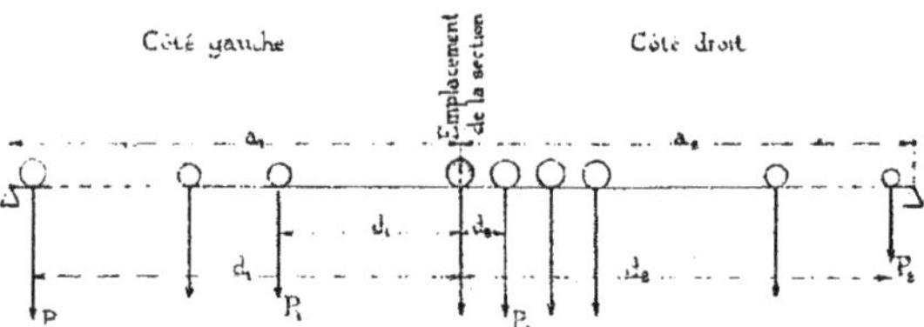

Fig. 140.

SOMME des MOMENTS $\Sigma P_1 d_1$ 1	SOMME des POIDS ΣP_1 2	LONGUEUR de la PORTION DE POUTRE mesurée à gauche à partir de la section a_1 3	LONGUEUR de la PORTION DE POUTRE mesurée à droite à partir de la section a_2 4	SOMME DES POIDS (y compris le poids passant par la section) ΣP_2 5	SOMME des MOMENTS $\Sigma P_2 d_2$ 6
0	0	Entre 0 et 4m,10	Entre 0 et 1m,20	10T	0
32MT,8	8T	4m,11 7 10	1m,21 2 40	20	12MT,0
89 6	16	7 11 11 20	2 41 3 60	30	36 0
201 6	26	11 21 12 40	3 61 7 70	40	72 0
325 6	36	12 41 13 60	7 71 10 70	48	133 6
461 6	46	13 61 14 80	10 71 13 70	56	219 2
609 6	56	au-dessus de 14 80	13 71 16 70	64	328 8
			16 71 19 70	72	462 4
			19 71 22 70	80	620 0
			22 71 25 70	88	801 6
			25 71 28 70	96	1.007 2
			28 71 31 70	104	1.236 8
			31 71 34 70	112	14904.

SOMME des MOMENTS $\Sigma P_1 d_1$	SOMME des POIDS ΣP_1	LONGUEUR de la PORTION DE POUTRE mesurée à gauche à partir de la section a_1	LONGUEUR de la PORTION DE POUTRE mesurée à droite à partir de la section a_2	SOMME DES POIDS (y compris le poids passant par la section) ΣP_2	SOMME des MOMENTS $\Sigma P_2 d_2$
1	2	3		5	6
			34 71 37 70	120	1.768 0
			37 71 40 70	128	2.069 6
			40 71 43 70	136	2.395 2
			43 71 46 70	144	2.744 8
			46 71 49 70	152	3.118 4
			49 71 52 70	160	3.516 0
			52 71 55 70	168	3.937 6
			55 71 58 70	176	4.383 2
			58 71 61 70	184	4.852 8
			61 71 64 70	192	5 346 4
			64 71 67 70	200	5.864 0
			67 71 70 70	208	6.405 6
			70 71 73 70	216	6.971 2
			73 71 76 70	224	7.560 8
			76 71 79 70	232	8.174 4
			79 71 82 70	240	8.812 0
			82 71 85 70	248	9.473 6
			85 71 88 70	256	10.159 2
			88 71 91 70	264	10.868 8
			91 71 94 70	272	11 602 4
			94 71 97 70	280	12.360 0
			97 71 100 70	288	13.141 6

223. — L'essieu n° 8 (*second essieu de la seconde machine*) **passe par la section.**

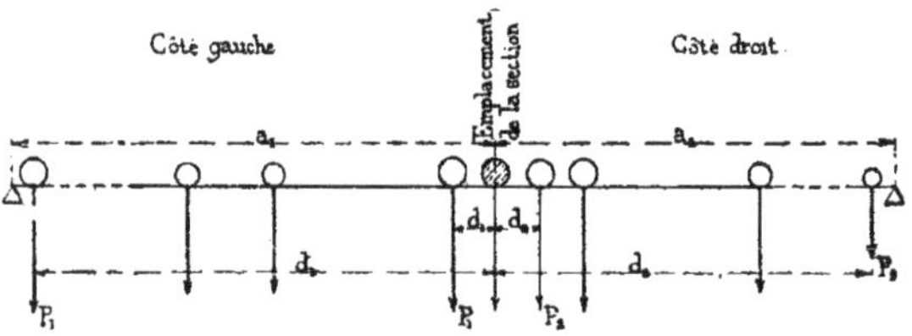

Fig. 141.

SOMME des MOMENTS $\Sigma P_1 d_1$	SOMME des POIDS ΣP_1	LONGUEUR de la PORTION DE POUTRE mesurée à gauche à partir de la section a_1	LONGUEUR de la PORTION DE POUTRE mesurée à droite à partir de la section a_2	SOMME DES POIDS (y compris le poids passant par la section) ΣP_2	SOMME des MOMENTS $\Sigma P_2 d_2$
1	2	3	4	5	6
0	0	Entre 0 et 1m,20	Entre 0 et 1m,20	10T	0
12MT,0	10T	1m,21 5 30	1m,21 2 40	20	12MT,0
54 4	18	5 31 8 30	2 41 6 50	30	36 0
120 8	26	8 31 12 40	6 51 9 50	38	88 0
244 8	36	12 41 13 60	9 51 12 50	46	164 0
380 8	46	13 61 14 80	12 51 15 50	54	264 0
528 8	56	14 81 16 00	15 51 18 50	62	388 0
688 8	66	au-dessus de 16 00	18 51 21 50	70	536 0
			21 51 24 50	78	708 0
			24 51 27 50	86	904 0
			27 51 30 50	94	1.124 0
			30 51 33 50	102	1.368 0
			33 51 36 50	110	1.636 0

SOMME des MOMENTS $\Sigma P_1 d_1$	SOMME des POIDS ΣP_1	LONGUEUR de la PORTION DE POUTRE mesurée à gauche à partir de la section a_1	LONGUEUR de la PORTION DE POUTRE mesurée à droite à partir de la section a_2	SOMME DES POIDS (y compris le poids passant par la section) ΣP_2	SOMME des MOMENTS $\Sigma P_2 d_2$
1	2	3	4	5	6
			36 51 39 50	118	1.928 0
			39 51 42 50	126	2.244 0
			42 51 45 50	134	2.584 0
			45 51 48 50	142	2.948 0
			48 51 51 50	150	3.336 0
			51 51 54 50	158	3.748 0
			54 51 57 50	166	4.184 0
			57 51 60 50	174	4.644 0
			60 51 63 50	182	5.128 0
			63 51 66 50	190	5.636 0
			66 51 69 50	198	6.168 0
			69 51 72 50	206	6.724 0
			72 51 75 50	214	7.304 0
			75 51 78 50	222	7.908 0
			78 51 81 50	230	8.536 0
			81 51 84 50	238	9.188 0
			84 51 87 50	246	9.864 0
			87 51 90 50	254	10.564 0
			90 51 93 50	262	11.288 0
			93 51 96 50	270	12.036 0
			96 51 99 50	278	12.808 0
			99 51 102 50	286	13.604 0

224. — L'essieu n° 9 (*troisième essieu de la seconde machine*) **passe par la section.**

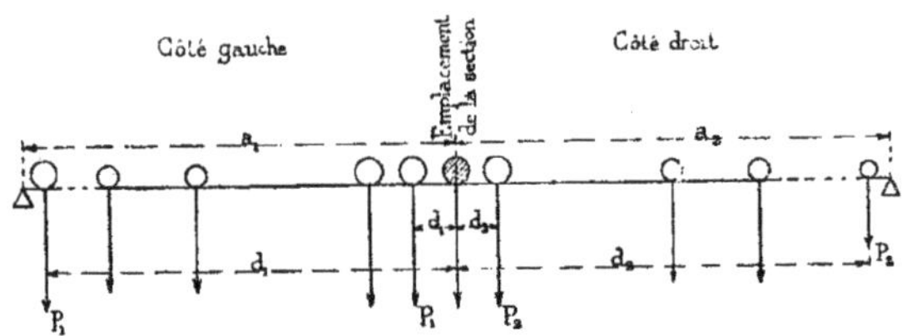

FIG. 142.

SOMME des MOMENTS $\Sigma P_1 d_1$ 1	SOMME des POIDS ΣP_1 2	LONGUEUR de la PORTION DE POUTRE mesurée à gauche à partir de la section a_1 3	LONGUEUR de la PORTION DE POUTRE mesurée à droite à partir de la section a_2 4	SOMME DES POIDS (y compris le poids passant par la section) ΣP_2 5	SOMME des MOMENTS $\Sigma P_2 d_2$ 6
0	0	Entre 0 et 1m,20	Entre 0 et 1m,20	10T	0
12MT,0	10T	1m,21 2 40	1m,21 3 30	20	12MT,0
36 0	20	2 41 6 50	3 31 8 30	28	54 4
88 0	28	6 51 9 50	8 31 11 30	36	120 8
164 0	36	9 51 13 60	11 31 14 30	44	211 2
300 0	46	13 61 14 80	14 31 17 30	52	325 6
448 0	56	14 81 16 00	17 31 20 30	60	464 0
608 0	66	16 01 17 20	20 31 23 30	68	626 4
780 0	76	au-dessus de 17 20	23 31 26 30	76	812 8
			26 31 29 30	84	1.023 2
			29 31 32 30	92	1.257 6
			32 31 35 30	100	1.516 0
			35 31 38 30	108	1.798 4

SOMME des MOMENTS $\Sigma P_1 d_1$	SOMME des POIDS ΣP_1	LONGUEUR de la PORTION DE POUTRE mesurée à gauche à partir de la section a_1	LONGUEUR de la PORTION DE POUTRE mesurée à droite à partir de la section a_2	SOMME DES POIDS (y compris le poids passant par la section) $\Sigma P_2 d_2$	SOMME des MOMENTS $\Sigma P_2 d_2$
1	2	3	4	5	6
			38 31 44 30	116	2.104 8
			41 31 44 30	124	2.435 2
			44 31 47 30	132	2.789 6
			47 31 50 30	140	3.168 0
			50 31 53 30	148	3.570 4
			53 31 56 30	156	3.996 8
			56 31 59 30	164	4.447 2
			59 31 62 30	172	4.921 6
			62 31 65 30	180	5.420 0
			65 31 68 30	188	5.942 4
			68 31 71 30	196	6.488 8
			71 31 74 30	204	7.059 2
			74 31 77 30	212	7.653 6
			77 31 80 30	220	8.272 0
			80 31 83 30	228	8.914 4
			83 31 86 30	236	9 580 8
			86 31 89 30	244	10.271 2
			89 31 92 30	252	10.985 6
			92 31 95 30	260	11.724 0
			95 31 98 30	268	12.486 4
			98 31 101 30	276	13.272 8

BARÊME N° 10

225. — L'essieu n° 10 (*quatrième essieu de la seconde machine*) **passe par la section.**

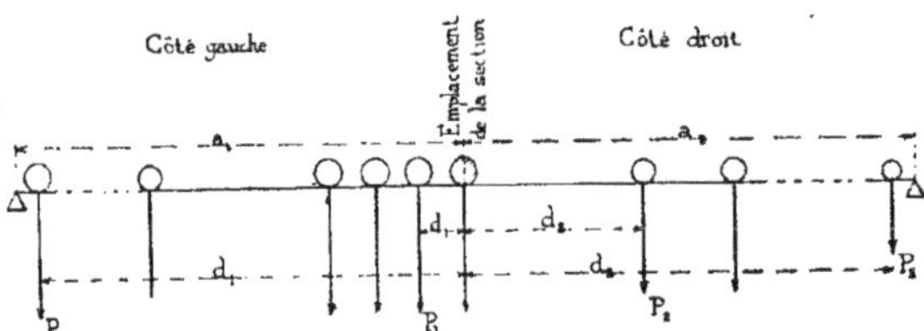

FIG. 143.

SOMME des MOMENTS $\Sigma P_1 d_1$ 1	SOMME des POIDS ΣP_1 2	LONGUEUR de la PORTION DE POUTRE mesurée à gauche à partir de la section a_1 3	LONGUEUR de la PORTION DE POUTRE mesurée à droite à partir de la section a_2 4	SOMME DES POIDS (y compris le poids passant par la section) ΣP_2 5	SOMME des MOMENTS $\Sigma P_2 d_2$ 6
0	0	Entre 0 et 1m,20	Entre 0 et 4m,10	10T	0
12MT,0	10T	1m,21 — 2 40	4m,11 — 7 10	18	32MT,8
36 0	20	2 41 — 3 60	7 11 — 10 10	26	89 6
72 0	30	3 61 — 7 70	10 11 — 13 10	34	170 4
133 6	38	7 71 — 10 70	13 11 — 16 10	42	275 2
219 2	46	10 71 — 14 80	16 11 — 19 10	50	404 0
367 2	56	14 81 — 16 00	19 11 — 22 10	58	556 8
527 2	66	16 01 — 17 20	22 11 — 25 10	66	733 6
699 2	76	17 21 — 18 40	25 11 — 28 10	74	934 4
883 2	86	au-dessus de 18 40	28 11 — 31 10	82	1.159 2
			31 11 — 34 10	90	1.408 0
			34 11 — 37 10	98	1.680 8
			37 11 — 40 10	106	1.977 6

SOMME des MOMENTS $\Sigma P_1 d_1$	SOMME des POIDS ΣP_1	LONGUEUR de la PORTION DE POUTRE mesurée à gauche à partir de la section a_1	LONGUEUR de la PORTION DE POUTRE mesurée à droite à partir de la section a_2	SOMME DES POIDS (y compris le poids passant par la section) ΣP_2	SOMME des MOMENTS $\Sigma P_2 d_2$
1	2	3	4	5	6
			40 11 43 10	114	2.298 4
			43 11 46 10	122	2.643 2
			46 11 49 10	130	3.012 0
			49 11 52 10	138	3.404 8
			52 11 55 10	146	3.821 6
			55 11 58 10	154	4.262 4
			58 11 61 10	162	4.727 2
			61 11 64 10	170	5.216 0
			64 11 67 10	178	5.728 8
			67 11 70 10	186	6.265 6
			70 11 73 10	194	6.826 4
			73 11 76 10	202	7.411 2
			76 11 79 10	210	8.020 0
			79 11 82 10	218	8.652 8
			82 11 85 10	226	9.309 6
			85 11 88 10	234	9.990 4
			88 11 91 10	242	10.695 2
			91 11 94 10	250	11.424 0
			94 11 97 10	258	12.176 8
			97 11 100 10	266	12.953 6

BARÈME N° 11

226. — L'essieu n° 11 (*premier essieu du second tender*) **passe par la section.**

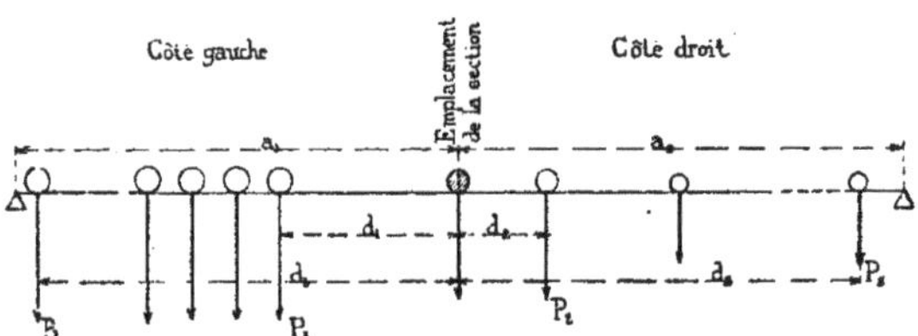

FIG. 144.

SOMME des MOMENTS $\Sigma P_1 d_1$ 1	SOMME des POIDS ΣP_1 2	LONGUEUR de la PORTION DE POUTRE mesurée à gauche à partir de la section a_1 3	LONGUEUR de la PORTION DE POUTRE mesurée à droite à partir de la section a_2 4	SOMME DES POIDS (y compris le poids passant par la section) ΣP_2 5	SOMME des MOMENTS $\Sigma P_2 d_2$ 6
0	0	Entre 0 et 4m,10	Entre 0 et 3m,00	8T	0
41MT,0	10T	4m,11 5 30	3m,01 6 00	16	24MT,0
94 0	20	5 31 6 50	6 01 9 00	24	72 0
159 0	30	6 51 7 70	9 01 12 00	32	144 0
236 0	40	7 71 11 80	12 01 15 00	40	240 0
330 4	48	11 81 14 80	15 01 18 00	48	360 0
448 8	56	14 81 18 90	18 01 21 00	56	504 0
637 8	66	18 91 20 10	21 01 24 00	64	672 0
838 8	76	20 11 21 30	24 01 27 00	72	864 0
1051 8	86	21 31 22 50	27 01 30 00	80	1.080 0
1276 8	96	au-dessus de 22 50	30 01 33 00	88	1.320 0
			33 01 36 00	96	1.584 0
			36 01 39 00	104	1.872 0

SOMME des MOMENTS $\Sigma P_1 d_1$	SOMME des POIDS ΣP_1	LONGUEUR de la PORTION DE POUTRE mesurée à gauche à partir de la section a_1	LONGUEUR de la PORTION DE POUTRE mesurée à droite à partir de la section a_2	SOMME DES POIDS (y compris le poids passant par la section) ΣP_2	SOMME des MOMENTS $\Sigma P_2 d_2$
1	2	3	4	5	6
			39 01 42 00	112	2.184 0
			42 01 45 00	120	2.520 0
			45 01 48 00	128	2.880 0
			48 01 51 00	136	3.264 0
			51 01 54 00	144	3.672 0
			54 01 57 00	152	4.104 0
			57 01 60 00	160	4.560 0
			60 01 63 00	168	5.040 0
			63 01 66 00	176	5.544 0
			66 01 69 00	184	6.072 0
			69 01 72 00	192	6.624 0
			72 01 75 00	200	7.200 0
			75 01 78 00	208	7.800 0
			78 01 81 00	216	8.424 0
			81 01 84 00	224	9.072 0
			84 01 87 00	232	9.744 0
			87 01 90 00	240	10.440 0
			90 01 93 00	248	11.160 0
			93 01 96 00	256	11.904 0
			96 01 99 00	264	12.672 0
			99 01 102 00	272	13.464 0

227. — L'essieu n° 12 (*second essieu du second tender*) passe par la section.

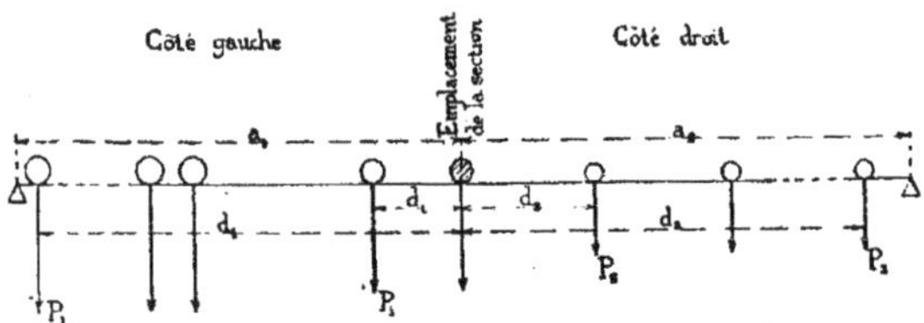

Fig. 145.

SOMME des MOMENTS $\Sigma P_1 d_1$ (1)	SOMME des POIDS ΣP_1 (2)	LONGUEUR de la PORTION DE POUTRE mesurée à gauche à partir de la section a_1 (3)	LONGUEUR de la PORTION DE POUTRE mesurée à droite à partir de la section a_2 (4)	SOMME DES POIDS (y compris le poids passant par la section) ΣP_2 (5)	SOMME des MOMENTS $\Sigma P_2 d_2$ (6)
0	0	Entre 0 et 3m,00	Entre 0 et 3m,00	8T	0
24MT,0	8T	3m,01 7 10	3m,01 6 00	10	24MT,0
95 0	18	7 11 8 30	6 01 9 00	24	72 0
178 0	28	8 31 9 50	9 01 12 00	32	144 0
273 0	38	9 51 10 70	12 01 15 00	40	240 0
380 0	48	10 71 14 80	15 01 18 00	48	360 0
498 4	56	14 81 17 80	18 01 21 00	56	504 0
640 8	64	17 81 21 90	21 01 24 00	64	672 0
859 8	74	21 91 23 10	24 01 27 00	72	864 0
1090 8	84	23 11 24 30	27 01 30 00	80	1.080 0
1333 8	94	24 31 25 50	30 01 33 00	88	1.380 0
1588 8	104	au-dessus de 25 50	33 01 36 00	96	1.584 0
			36 01 39 00	104	1.872 0

SOMME des MOMENTS $\Sigma P_1 d_1$	SOMME des POIDS ΣP_1	LONGUEUR de la PORTION DE POUTRE mesurée à gauche à partir de la section a_1	LONGUEUR de la PORTION DE POUTRE mesurée à droite à partir de la section a_2	SOMME DES POIDS (y compris le poids passant par la section) ΣP_2	SOMME des MOMENTS $\Sigma P_2 d_2$
1	2	3	4	5	6
			39 01 42 00	112	2.184 0
			42 01 45 00	120	2.520 0
			45 01 48 00	128	2.880 0
			48 01 51 00	136	3.264 0
			51 01 54 00	144	3.672 0
			54 01 57 00	152	4.104 0
			57 01 60 00	160	4.560 0
			60 01 63 00	168	5.040 0
			63 01 66 00	176	5.540 0
			66 01 69 00	184	6.072 0
			69 01 72 00	192	6.624 0
			72 01 75 00	200	7.200 0
			75 01 78 00	208	7.800 0
			78 01 81 00	216	8.424 0
			81 01 84 00	224	9.072 0
			84 01 87 00	232	9.744 0
			87 01 90 00	240	10.440 0
			90 01 93 00	248	11.160 0
			93 01 96 00	256	11.904 0
			96 01 99 00	264	12.672 0
			99 01 102 00	272	13.464 0

BARÈME N° 13

228. — L'essieu n° 13 (*premier essieu du premier wagon*) **passe par la section.**

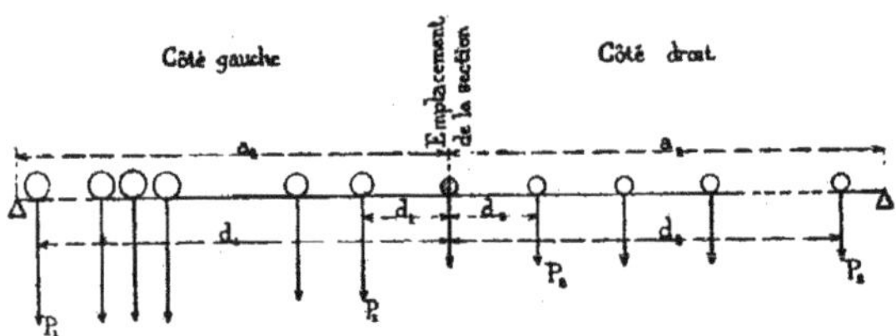

FIG. 146.

SOMME des MOMENTS $\Sigma P_1 d_1$ 1	SOMME des POIDS ΣP_1 2	LONGUEUR de la PORTION DE POUTRE mesurée à gauche à partir de la section a_1 3	LONGUEUR de la PORTION DE POUTRE mesurée à droite à partir de la section a_2 4	SOMME DES POIDS (y compris le poids passant par la section) ΣP_2 5	SOMME des MOMENTS $\Sigma P_2 d_2$ 6
0	0	Entre 0 et $3^m,00$	Entre 0 et $3^m,00$	8^T	0
$24^{MT},0$	8^T	$3^m,01$ 6 00	$3^m,01$ 6 00	16	$24^{MT},0$
72 0	16	6 01 10 10	6 01 9 00	24	72 0
173 0	26	10 11 11 30	9 01 12 00	32	144 0
286 0	36	11 31 12 50	12 01 15 00	40	240 0
411 0	46	12 51 13 70	15 01 18 00	48	360 0
548 0	56	13 71 17 80	18 01 21 00	56	504 0
690 4	64	17 81 20 80	21 01 24 00	64	672 0
856 8	72	20 81 24 90	24 01 27 00	72	864 0
1105 8	82	24 91 26 10	27 01 30 00	80	1.080 0
1366 8	92	26 11 27 30	30 01 33 00	88	1.320 0
1639 8	102	27 31 28 50	33 01 36 00	96	1.584 0
1924 8	112	au-dessus de 28 50	36 01 39 00	104	1.872 0

SOMME des MOMENTS $\Sigma P_1 d_1$	SOMME des POIDS ΣP_1	LONGUEUR de la PORTION DE POUTRE mesurée à gauche à partir de la section a_1	LONGUEUR de la PORTION DE POUTRE mesurée à droite à partir de la section a_2	SOMME DES POIDS (y compris le poids passant par la section) ΣP_2	SOMME des MOMENTS $\Sigma P_2 d_2$
1	2	3	4	5	6
			39 01 42 00	112	2.184 0
			42 01 45 00	120	2.520 0
			45 01 48 00	128	2.880 0
			48 01 51 00	136	3.264 0
			51 01 54 00	144	3.672 0
			54 01 57 00	152	4.104 0
			57 01 60 00	160	4.560 0
			60 01 63 00	168	5.040 0
			63 01 66 00	176	5.544 0
			66 01 69 00	184	6.072 0
			69 01 72 00	192	6.624 0
			72 01 75 00	200	7.200 0
			75 01 78 00	208	7.800 0
			78 01 81 00	216	8.424 0
			81 01 84 00	224	9.072 0
			84 01 87 00	232	9.744 0
			87 01 90 00	240	10.440 0
			90 01 93 00	248	11.160 0
			93 01 96 00	256	11.904 0
			96 01 99 00	264	12.672 0
			99 01 102 00	272	13.464 0

BARÊME N° 14

229. — L'essieu n° 14 (*second essieu du premier wagon*) **passe par la section.**

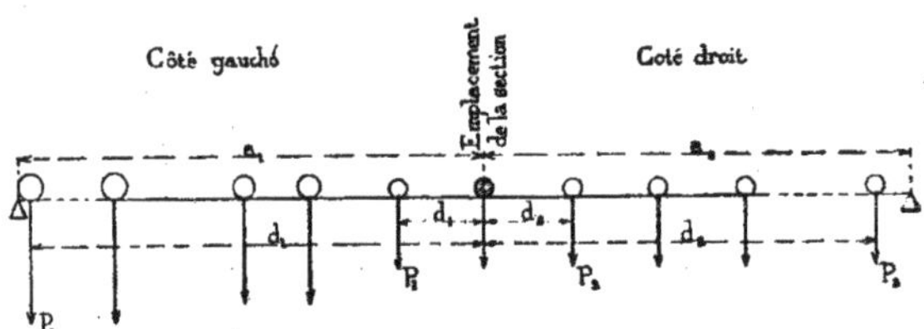

Fig. 147.

SOMME des MOMENTS $\Sigma P_1 d_1$ 1	SOMME des POIDS ΣP_1 2	LONGUEUR de la PORTION DE POUTRE mesurée à gauche à partir de la section a_1 3		LONGUEUR de la PORTION DE POUTRE mesurée à droite à partir de la section a_2 4		SOMME DES POIDS (y compris le poids passant par la section) ΣP_2 5	SOMME des MOMENTS $\Sigma P_2 d_2$ 6
		Entre		Entre			
0	0	0 et	3^m,00	0 et	3^m,00	8^T	0
24^{MT},0	8^T	3^m,01	6 00	3^m,01	6 00	16	24^{MT},0
72 0	16	6 01	9 00	6 01	9 00	24	72 0
144 0	24	9 01	13 10	9 01	12 00	32	144 0
275 0	34	13 11	14 30	12 01	15 00	40	240 0
418 0	44	14 31	15 50	15 01	18 00	48	360 0
573 0	54	15 51	16 70	18 01	21 00	56	504 0
740 0	64	16 71	20 80	21 01	24 00	64	672 0
906 4	72	20 81	23 80	24 01	27 00	72	864 0
1096 8	81	23 81	27 90	27 01	30 00	80	1.080 0
1375 8	90	27 91	29 10	30 01	33 00	88	1.320 0
1666 8	100	29 11	30 30	33 01	36 00	96	1.584 0
1969 8	110	30 31	31 50	36 01	39 00	104	1.872 0

SOMME des MOMENTS $\Sigma P_1 d_1$	SOMME des POIDS ΣP_1	LONGUEUR de la PORTION DE POUTRE mesurée à gauche à partir de la section a_1	LONGUEUR de la PORTION DE POUTRE mesurée à droite à partir de la section a_2	SOMME DES POIDS (y compris le poids passant par la section) ΣP_2	SOMME des MOMENTS $\Sigma P_2 d_2$
1	2	3	4	5	6
2284 8	120	au-dessus de 31 50	39 01 42 00	112	2.184 0
			42 01 45 00	120	2.520 0
			45 01 48 00	128	2.880 0
			48 01 51 00	136	3.264 0
			51 01 54 00	144	3.672 0
			54 01 57 00	152	4.104 0
			57 01 60 00	160	4.560 0
			60 01 63 00	168	5.040 0
			63 01 66 00	176	5.544 0
			66 01 69 00	184	6.072 0
			69 01 72 00	192	6.624 0
			72 01 75 00	200	7.200 0
			75 01 78 00	208	7.800 0
			78 01 81 00	216	8.424 0
			81 01 84 00	224	9.072 0
			84 01 87 00	232	9.744 0
			87 01 90 00	240	10.440 0
			90 01 93 00	248	11.160 0
			93 01 96 00	256	11.904 0
			96 01 99 00	264	12.672 0
			9 01 102 00	272	13.464 0

BARÈME N° 15

230. — L'essieu n° 15 (*premier essieu du second wagon*) passe par la section.

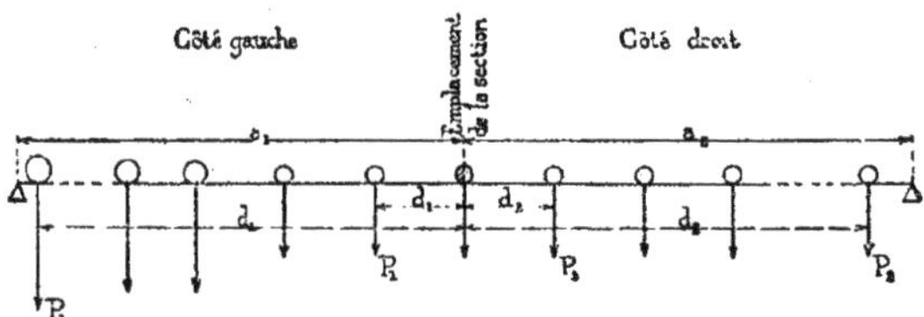

Fig. 148.

SOMME des MOMENTS $\Sigma P_1 d_1$ 1	SOMME des POIDS ΣP_1 2	LONGUEUR de la PORTION DE POUTRE mesurée à gauche à partir de la section a_1 3	LONGUEUR de la PORTION DE POUTRE mesurée à droite à partir de la section a_2 4	SOMME DES POIDS (y compris le poids passant par la section) ΣP_2 5	SOMME des MOMENTS $\Sigma P_2 d_2$ 6
0	0	Entre 0 et 3m,00	Entre 0 et 3m,00	8T	0
24MT,0	8T	3m,01 6 00	3m,01 6 00	16	24MT,0
72 0	16	6 01 9 00	6 01 9 00	24	72 0
144 0	24	9 01 12 00	9 01 12 00	32	144 0
240 0	32	12 01 16 10	12 01 15 00	40	240 0
401 0	42	16 11 17 30	15 01 18 00	48	360 0
574 0	52	17 31 18 50	18 01 21 00	56	504 0
759 0	62	18 51 19 70	21 01 24 00	64	672 0
956 0	72	19 71 23 80	24 01 27 00	72	864 0
1146 4	80	23 81 26 80	27 01 30 00	80	1.080 0
1360 8	88	26 81 30 90	30 01 33 00	88	1.320 0
1669 8	98	30 91 32 10	33 01 36 00	96	1.584 0
1990 8	108	32 11 33 30	36 01 39 00	104	1.872 0

SOMME des MOMENTS $\Sigma P_1 d_1$		SOMME des POIDS ΣP_1	LONGUEUR de la PORTION DE POUTRE mesurée à gauche à partir de la section a_1				LONGUEUR de la PORTION DE POUTRE mesurée à droite à partir de la section a_2				SOMME DES POIDS (y compris le poids passant par la section) ΣP_2	SOMME des MOMENTS $\Sigma P_2 d_2$	
1		2	3				4				5	6	
2323	8	118	33	31	34	50	39	01	42	00	112	2.184	0
2668	8	128	au-dessus de		34	50	42	01	45	00	120	2.520	0
							45	01	48	00	128	2.880	0
							48	01	51	00	136	3.264	0
							51	01	54	00	144	3.672	0
							54	01	57	00	152	4.104	0
							57	01	60	00	160	4.560	0
							60	01	63	00	168	5.040	0
							63	01	66	00	176	5.544	0
							66	01	69	00	184	6.072	0
							69	01	72	00	192	6.624	0
							72	01	75	00	200	7.200	0
							75	01	78	00	208	7.800	0
							78	01	81	00	216	8.424	0
							81	01	84	00	224	9.072	0
							84	01	87	00	232	9.744	0
							87	01	90	00	240	10.440	0
							90	01	93	00	248	11.160	0
							93	01	96	00	256	11.904	0
							96	01	99	00	264	12.672	0
							99	01	102	00	272	13.464	0

CHAPITRE III

Valeurs du moment fléchissant maximum à des intervalles égaux au dixième de la portée de la poutre

A l'aide des indications du tableau du n° 214 et des barêmes du chapitre II, il est facile de calculer les valeurs du moment fléchissant maximum à des intervalles égaux au dixième de la portée de la poutre.

Ces valeurs sont consignées dans le tableau ci-après.

VOIE D'UN MÈTRE. — TRAIN-TYPE

231. — Tableau indiquant les valeurs du moment fléchissant maximum, *à des intervalles égaux au dixième de la portée de la poutre, pour des portées variant de mètre en mètre jusqu'à* 75 *mètres.*

Nota. — Ce tableau suppose que le dernier wagon du train n'a pas franchi l'appui par lequel le train est entré.

Il suppose, en outre, que les charges des essieux d'un train passent par l'axe de la poutre.

Dans ce tableau, qui est relatif à une moitié de poutre, les sections sont définies par leur distance à l'appui voisin. Cette distance est exprimée en fraction de la portée l de la poutre.

Les moments fléchissants sont évalués en mètres-tonnes.

PORTÉE l DE LA POUTRE	VALEUR DU MOMENT FLÉCHISSANT MAXIMUM DANS LES SECTIONS DONT LA DISTANCE A L'APPUI VOISIN EST DE									
	$\frac{1}{10}l$		$\frac{2}{10}l$		$\frac{3}{10}l$		$\frac{4}{10}l$		$\frac{5}{10}l$ (milieu)	
1^m	0^{MT},	90	1^{MT},	60	2^{MT},	10	2^{MT},	40	2^{MT},	50
2	2	40	4	00	4	80	4	80	5	00
3	4	50	7	20	9	00	9	60	10	50
4	7	20	12	00	14	40	16	80	18	00
5	10	80	17	60	22	80	26	40	26	00
6	14	40	24	00	31	20	36	00	36	00
7	18	00	30	40	39	60	45	60	46	00
8	21	60	36	80	48	00	55	20	56	00
9	25	52	43	20	56	40	64	80	66	00
10	29	84	50	08	66	00	74	40	76	00
11	34	16	57	76	76	08	84	32	86	80
12	38	56	65	44	86	16	95	84	98	80
13	43	60	74	08	96	24	107	36	110	80
14	48	64	83	04	107	04	120	32	124	80
15	53	68	92	00	118	80	133	76	138	80
16	59	28	101	44	130	56	147	52	152	80
17	65	04	111	68	142	32	162	88	167	60
18	70	80	121	92	154	88	178	24	183	60
19	77	24	132	16	170	00	193	60	199	60
20	84	88	144	00	185	12	208	96	217	60
21	93	12	157	76	200	24	225	60	235	60
22	101	76	172	32	215	36	244	32	253	60
23	110	40	187	68	231	92	263	52	272	40
24	119	04	203	04	252	00	282	72	292	40
25	128	16	218	40	272	16	301	92	312	40
26	137	52	233	92	292	32	321	44	332	40
27	146	88	250	56	312	48	342	56	353	10
28	156	96	267	20	332	88	363	68	377	60
29	167	04	284	00	354	72	384	80	402	60
30	177	12	301	92	376	56	408	48	430	80
31	187	68	319	84	398	40	435	36	460	80
32	198	48	337	76	421	44	462	24	490	80
33	209	28	356	16	444	96	489	12	520	80
34	220	32	375	36	468	48	516	00	552	00
35	231	84	394	56	492	00	544	16	584	00
36	243	36	413	76	516	24	574	88	616	00
37	254	88	433	76	541	44	605	60	648	00
38	267	12	454	24	566	64	636	32	680	00
39	279	36	474	72	591	84	667	04	713	60
40	291	60	495	20	617	28	698	40	747	60

PORTÉE l DE LA POUTRE	VALEUR DU MOMENT FLÉCHISSANT MAXIMUM DANS LES SECTIONS DONT LA DISTANCE A L'APPUI VOISIN EST DE									
	$\frac{1}{10}l$		$\frac{2}{10}l$		$\frac{3}{10}l$		$\frac{4}{10}l$		$\frac{5}{10}l$ (milieu)	
41m	304MT,	32	516MT,	80	644MT,	16	731MT,	04	781MT,	04
42	317	28	538	56	671	04	765	12	815	60
43	330	24	560	32	700	00	800	00	849	60
44	343	44	582	24	730	24	836	48	885	60
45	357	12	605	28	760	48	872	96	921	60
46	370	80	628	32	790	72	909	44	957	60
47	384	48	651	36	821	20	945	92	993	60
48	398	88	675	36	853	12	982	72	1029	60
49	413	28	699	68	885	04	1021	12	1065	60
50	427	68	724	16	916	96	1059	52	1103	60
51	442	56	749	76	948	88	1097	92	1141	60
52	457	68	775	36	983	68	1136	32	1179	60
53	472	80	800	96	1018	96	1176	48	1218	40
54	488	16	827	04	1054	24	1216	80	1258	40
55	504	00	853	92	1089	52	1257	12	1298	40
56	519	84	880	80	1125	76	1297	76	1338	40
57	535	68	907	68	1162	72	1340	00	1378	40
58	552	24	935	36	1199	68	1382	24	1418	40
59	568	80	963	52	1236	64	1424	48	1459	20
60	585	36	991	68	1274	08	1466	72	1501	20
61	602	40	1019	84	1314	24	1509	28	1543	20
62	619	68	1049	12	1354	56	1553	44	1585	20
63	636	96	1078	56	1395	84	1597	60	1627	20
64	654	48	1108	00	1437	84	1641	76	1670	40
65	672	48	1137	60	1479	84	1685	92	1714	40
66	690	72	1168	32	1521	84	1731	36	1758	40
67	709	44	1199	04	1564	32	1777	44	1802	40
68	728	16	1229	92	1608	00	1823	52	1846	40
69	746	88	1263	20	1651	68	1869	92	1892	00
70	766	32	1296	48	1695	36	1917	92	1938	00
71	785	76	1329	76	1739	04	1965	92	1984	00
72	805	20	1364	32	1784	40	2013	92	2030	00
73	825	12	1398	88	1829	76	2061	92	2076	00
74	845	28	1433	44	1875	12	2110	24	2125	60
75	865	44	1468	32	1921	44	2160	16	2175	60

CHAPITRE IV

Valeurs de l'effort tranchant maximum à des intervalles égaux au dixième de la portée de la poutre

SECTION PREMIÈRE. — Efforts tranchants positifs

A l'aide des règles du n° 174 et des barêmes du chapitre II, il est facile de calculer l'effort tranchant maximum dans une section quelconque de la poutre.

Le tableau ci-après fait connaître les efforts tranchants au droit des sections qui sont situées à des intervalles égaux au dixième de la portée de la poutre.

VOIE D'UN MÈTRE. — TRAIN-TYPE

232. — Tableau indiquant les valeurs de l'effort tranchant positif maximum, *à des intervalles égaux au dixième de la portée de la poutre, pour des portées variant de mètre en mètre jusqu'à* 75 *mètres.*

Nota. — Ce tableau suppose que le dernier wagon du train n'a pas franchi l'appui par lequel le train est entré.

Il suppose, en outre, que les charges des essieux d'un train passent par l'axe de la poutre.

Dans ce tableau, qui est relatif à une moitié de poutre, les sections sont définies par leur distance à l'appui voisin. Cette distance est exprimée en fraction de la portée l de la poutre.

Les efforts tranchants sont évalués en tonnes.

PORTÉE l DE LA POUTRE	VALEURS DE L'EFFORT TRANCHANT POSITIF MAXIMUM DANS LES SECTIONS DONT LA DISTANCE A L'APPUI VOISIN EST DE					
	0 (appui)	$\frac{1}{10} l$	$\frac{2}{10} l$	$\frac{3}{10} l$	$\frac{4}{10} l$	$\frac{5}{10} l$ (milieu)
1^m	10^T,000	9^T,000	8^T,000	7^T,000	6^T,000	5^T,000
2	14 000	12 000	10 000	8 000	6 000	5 000
3	18 000	15 000	12 000	10 000	8 000	6 000
4	22 000	18 000	15 000	12 000	9 000	7 000
5	25 600	21 600	17 600	13 800	10 800	7 800
6	28 000	24 000	20 000	16 000	12 000	9 000
7	29 715	25 715	21 715	17 715	13 715	9 858
8	31 300	27 000	23 000	19 000	15 000	11 000
9	33 156	28 356	24 000	20 000	16 000	12 000
10	34 640	29 840	25 040	20 800	16 800	12 800
11	36 073	31 055	26 255	21 455	17 455	13 455
12	37 734	32 134	27 267	22 467	18 000	14 000
13	39 139	33 539	28 124	23 324	18 524	14 462
14	40 515	34 743	29 143	24 057	19 257	14 858
15	42 080	35 787	30 187	24 694	19 894	15 200
16	43 450	36 700	31 100	25 500	20 450	15 650
17	44 989	37 800	31 906	26 306	20 942	16 142
18	47 156	39 112	32 623	27 023	21 423	16 578
19	49 516	40 653	33 474	27 664	22 064	16 969
20	51 840	42 440	34 440	28 240	22 640	17 320
21	53 943	44 343	35 696	28 762	23 162	17 639
22	55 855	46 255	37 019	29 510	23 637	18 037
23	57 774	48 000	38 400	30 279	24 070	18 470
24	59 700	49 600	40 000	31 234	24 467	18 867
25	61 472	51 072	41 472	32 232	24 912	19 232
26	63 262	52 708	42 831	33 308	25 477	19 570
27	65 067	54 223	44 089	34 489	26 075	19 882
28	66 743	55 629	45 258	35 658	26 772	20 172
29	68 442	57 104	46 538	36 745	27 490	20 442
30	70 160	58 560	47 760	37 760	28 294	20 760
31	71 768	59 923	48 904	38 710	29 110	21 155
32	73 400	61 275	50 000	39 600	30 000	21 525
33	75 054	62 691	51 200	40 582	30 837	22 025
34	76 612	64 024	52 330	41 530	31 624	22 495
35	78 195	65 280	53 395	42 423	32 366	23 023
36	79 800	66 667	54 467	43 267	33 067	23 578
37	81 319	67 979	55 590	44 152	33 730	24 130
38	82 864	69 222	56 653	45 053	34 422	24 758
39	84 431	70 524	57 662	45 908	35 139	25 354
40	85 920	71 820	58 720	46 720	35 820	25 920

PORTÉE l DE LA POUTRE	VALEURS DE L'EFFORT TRANCHANT POSITIF MAXIMUM DANS LES SECTIONS DONT LA DISTANCE A L'APPUI VOISIN EST DE :					
	0 (appui)	$\frac{1}{10} l$	$\frac{2}{10} l$	$\frac{3}{10} l$	$\frac{4}{10} l$	$\frac{5}{10} l$ (milieu)
41	87T,435	73T,054	59T,786	47T,532	36T,469	26T,459
42	88 972	74 286	60 800	48 400	37 086	26 972
43	90 438	75 573	61 768	49 228	37 731	27 461
44	91 928	76 800	62 819	50 019	38 400	27 928
45	93 440	77 974	63 840	50 774	39 040	28 374
46	94 887	79 253	64 818	51 618	39 653	28 887
47	96 358	80 477	65 771	52 426	40 239	29 379
48	97 850	81 650	66 800	53 200	40 850	29 850
49	99 282	82 874	67 788	53 943	41 486	30 303
50	100 736	84 096	68 736	54 736	42 096	30 736
51	102 212	85 271	69 695	55 530	42 683	31 153
52	103 631	86 447	70 693	56 293	43 247	31 631
53	105 072	87 668	71 653	57 027	43 834	32 091
54	106 534	88 845	72 578	57 778	44 445	32 534
55	107 942	89 979	73 542	58 560	45 033	32 960
56	109 372	91 200	74 515	59 315	45 600	33 372
57	110 822	92 379	75 453	60 043	46 148	33 769
58	112 221	93 518	76 359	60 759	46 718	34 221
59	113 641	94 699	77 329	61 533	47 309	34 656
60	115 080	95 880	78 280	62 280	47 880	35 080
61	116 473	97 023	79 200	63 004	48 433	35 489
62	117 884	98 168	80 104	63 704	48 968	35 884
63	119 315	99 353	81 067	64 458	49 524	36 267
64	120 700	100 500	82 000	65 200	50 100	36 700
65	122 105	101 613	82 905	65 920	50 659	37 120
66	123 528	102 800	83 819	66 619	51 200	37 528
67	124 908	103 953	84 765	67 344	51 726	37 923
68	126 306	105 071	85 683	68 083	52 271	38 306
69	127 722	106 227	86 574	68 800	52 835	38 679
70	129 098	107 383	87 498	69 498	53 383	39 098
71	130 491	108 508	88 429	70 198	53 916	39 505
72	131 900	109 634	89 334	70 934	54 434	39 900
73	133 272	110 795	90 214	71 650	54 970	40 285
74	134 659	111 925	91 146	72 346	55 525	40 660
75	136 064	113 024	92 065	73 024	56 064	41 024

SECTION II. — **Efforts tranchants négatifs**

A l'aide des règles du n° 175 et des barêmes du chapitre II, il est facile de calculer l'effort tranchant maximum dans une section quelconque de la poutre.

Le tableau ci-après fait connaître les efforts tranchants au droit des sections qui sont situées à des intervalles égaux au dixième de la portée de la poutre.

VOIE D'UN MÈTRE. — TRAIN-TYPE

233. — Tableau indiquant les valeurs de l'effort tranchant négatif maximum, *à des intervalles égaux au dixième de la portée de la poutre, pour des portées variant de mètre en mètre jusqu'à* 75 *mètres.*

Nota. — Ce tableau suppose que le dernier wagon du train n'a pas franchi l'appui par lequel le train est entré.

Il suppose, en outre, que les charges des essieux d'un train passent par l'axe de la poutre.

Dans ce tableau, qui est relatif à une moitié de poutre, les sections sont définies par leur distance à l'appui voisin. Cette distance est exprimée en fraction de la portée l de la poutre.

Les efforts tranchants sont évalués en tonnes.

PORTÉE l DE LA POUTRE	VALEURS DE L'EFFORT TRANCHANT NÉGATIF MAXIMUM DANS LES SECTIONS DONT LA DISTANCE A L'APPUI VOISIN EST DE					
	0 (appui)	$\frac{1}{10}l$	$\frac{2}{10}l$	$\frac{3}{10}l$	$\frac{4}{10}l$	$\frac{5}{10}l$ (milieu)
1^m	0	1^T,000	2^T,000	3^T,000	4^T,000	5^T,000
2	0	1 000	2 000	3 000	4 000	5 000
3	0	1 000	2 000	3 000	4 000	6 000
4	0	1 000	2 000	3 000	5 000	7 000
5	0	1 000	2 000	3 600	5 600	7 800
6	0	1 000	2 000	4 000	6 000	9 000
7	0	1 000	2 286	4 286	6 858	9 858
8	0	1 000	2 500	4 500	7 500	11 000
9	0	1 000	2 667	5 000	8 000	12 000
10	0	1 000	2 800	5 400	8 800	12 800
11	0	1 000	2 910	5 728	9 455	13 455
12	0	1 000	3 000	6 000	10 000	14 000
13	0	1 077	3 231	6 462	10 462	14 462
14	0	1 143	3 429	6 858	10 858	14 858
15	0	1 200	3 600	7 200	11 200	15 200
16	0	1 250	3 750	7 500	11 500	15 650
17	0	1 295	3 883	7 775	11 765	16 142
18	0	1 334	4 000	8 000	12 000	16 578
19	0	1 369	4 211	8 211	12 211	16 969
20	0	1 400	4 400	8 400	12 520	17 320
21	0	1 429	4 572	8 572	12 839	17 639
22	0	1 455	4 728	8 728	13 128	18 037
23	0	1 479	4 870	8 870	13 392	18 470
24	0	1 500	5 000	9 000	13 634	18 867
25	0	1 560	5 120	9 120	13 856	19 232
26	0	1 616	5 231	9 262	14 062	19 570
27	0	1 667	5 334	9 450	14 282	19 882
28	0	1 715	5 429	9 627	14 572	20 172
29	0	1 759	5 518	9 794	14 842	20 442
30	0	1 800	5 600	9 947	15 094	20 760
31	0	1 839	5 678	10 091	15 330	21 155
32	0	1 875	5 750	10 225	15 550	21 525
33	0	1 910	5 819	10 352	15 758	22 025
34	0	1 942	5 883	10 471	15 953	22 495
35	0	1 972	5 943	10 683	16 138	23 023
36	0	2 000	6 000	10 712	16 312	23 578
37	0	2 055	6 055	10 876	16 476	24 130
38	0	2 106	6 106	11 032	16 737	24 758
39	0	2 154	6 175	11 180	16 985	25 354
40	0	2 200	6 260	11 320	17 220	25 920

PORTÉE l DE LA POUTRE	VALEURS DE L'EFFORT TRANCHANT NÉGATIF MAXIMUM DANS LES SECTIONS DONT LA DISTANCE A L'APPUI VOISIN EST DE					
	0 (appui)	$\frac{1}{10}l$	$\frac{2}{10}l$	$\frac{3}{10}l$	$\frac{4}{10}l$	$\frac{5}{10}l$ (milieu)
41m	0	2T,244	6T,342	11T,454	17T,542	26T,459
42	0	2 286	6 420	11 581	17 848	26 972
43	0	2 326	6 494	11 703	18 140	27 461
44	0	2 364	6 564	11 819	18 510	27 928
45	0	2 400	6 632	11 929	18 863	28 374
46	0	2 435	6 696	12 035	19 200	28 887
47	0	2 469	6 758	12 137	19 609	29 379
48	0	2 500	6 817	12 234	20 000	29 850
49	0	2 531	6 874	12 307	20 376	30 303
50	0	2 560	6 928	12 456	20 736	30 736
51	0	2 589	6 981	12 600	21 083	31 153
52	0	2 616	7 031	12 739	21 416	31 631
53	0	2 642	7 080	12 872	21 736	32 091
54	0	2 667	7 141	13 038	22 045	32 534
55	0	2 691	7 215	13 215	22 342	32 96[illegible]
56	0	2 715	7 286	13 386	22 629	33 372
57	0	2 737	7 355	13 551	22 948	33 769
58	0	2 759	7 421	13 745	23 269	34 221
59	0	2 780	7 485	13 950	23 580	34 656
60	0	2 800	7 547	14 147	23 880	35 080
61	0	2 820	7 607	14 338	24 171	35 489
62	0	2 839	7 665	14 555	24 452	35 884
63	0	2 858	7 721	14 781	24 724	36 267
64	0	2 875	7 775	15 000	25 000	36 700
65	0	2 893	7 828	15 213	25 305	37 120
66	0	2 910	7 879	15 419	25 600	37 528
67	0	2 926	7 929	15 618	25 887	37 923
68	0	2 942	7 977	15 812	26 165	38 306
69	0	2 957	8 024	16 000	26 435	38 679
70	0	2 972	8 069	16 183	26 693	39 098
71	0	2 986	8 113	16 361	26 953	39 505
72	0	3 000	8 156	16 534	27 234	39 900
73	0	3 014	8 198	16 702	27 518	40 285
74	0	3 028	8 238	16 865	27 795	40 660
75	0	3 040	8 304	17 024	28 064	41 024

TITRE III

PONTS SUPPORTANT DES VOIES DE TERRE

POUTRES LONGITUDINALES

CONVOIS-TYPES

234. — Type n° 1 (*charrettes de 8 tonnes à cinq chevaux sur une même file*).

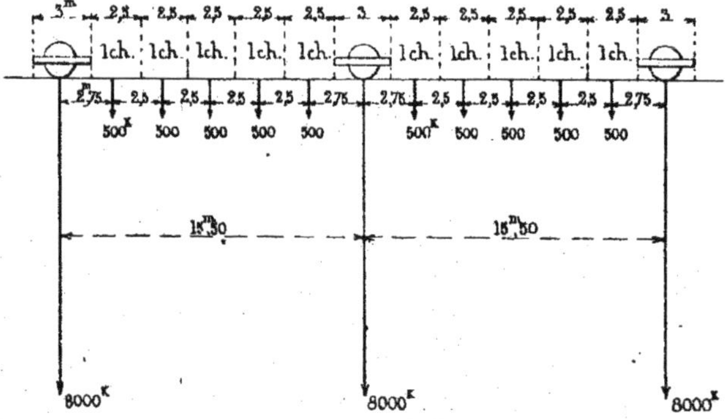

Fig. 149.

235. — Type n° 2 (1) (*tombereaux de 6 tonnes à deux chevaux*).

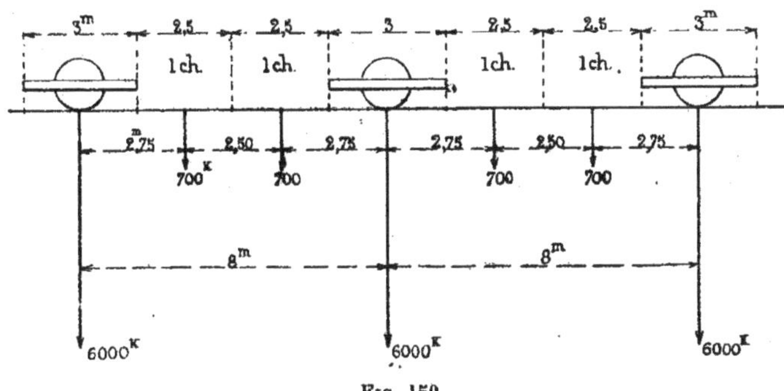

Fig. 150.

236. — Type n° 2 *bis* (1) (*charrette de 11 tonnes à cinq chevaux, précédée et suivie de tombereaux de 6 tonnes à deux chevaux*).

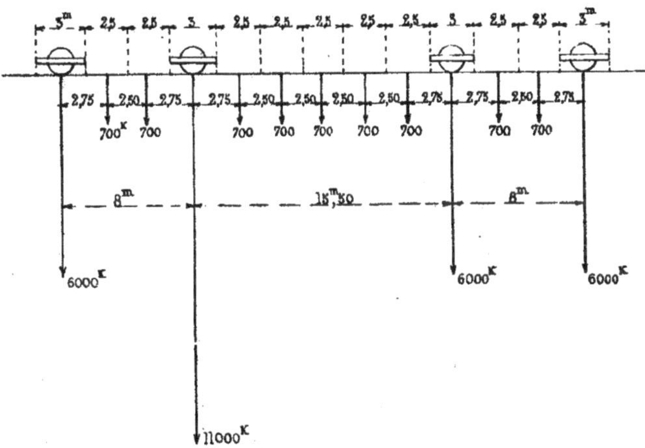

Fig. 151.

(1) Ce type est indiqué dans le règlement du ministre des Travaux publics en date du 29 août 1891.

237. — Type n° 3 (1) *(chariots de 16 tonnes à huit chevaux).*

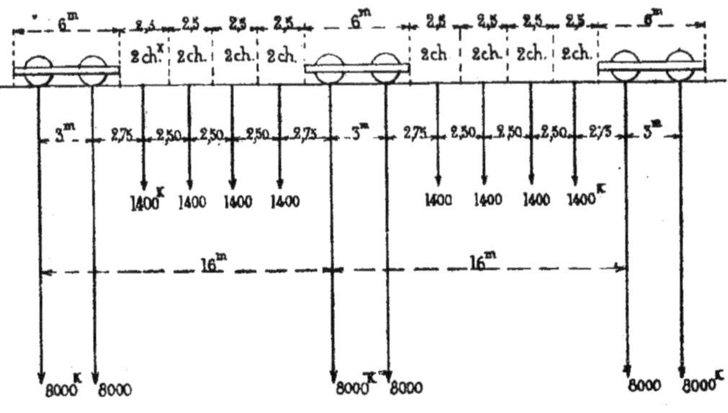

Fig. 152.

(1) Ce type est indiqué dans le règlement du ministre des Travaux publics en date du 29 août 1891.

CHAPITRE PREMIER

Barêmes pour le calcul des poutres longitudinales

238. — Les barêmes ci-après ont pour objet de faciliter les calculs des moments fléchissants ou des efforts tranchants qui se produisent dans une poutre longitudinale, lors du passage de l'un des convois-types indiqués ci-dessus (1).

Ces barêmes supposent que le convoi-type déborde la poutre à chacune de ses extrémités.

Ils supposent, en outre, que les résultats des charges d'un convoi (essieux et attelages) passent par l'axe de la poutre.

Les poids sont exprimés en tonnes et les moments en mètres-tonnes.

BARÊME N° 1

239. — Type n° 1 (*charrettes de* 8 *tonnes à cinq chevaux sur une même file*)

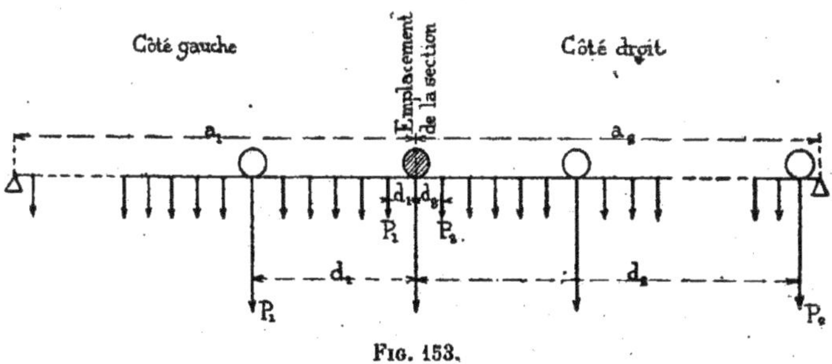

Fig. 153.

(1) Pour l'usage des barêmes, voir à la suite de ces barêmes, aux n° 243 et suivants.

SOMME des MOMENTS $\Sigma P_1 d_1$	SOMME des POIDS ΣP_1	LONGUEUR de la PORTION DE POUTRE mesurée à gauche à partir de la section a_1	LONGUEUR de la PORTION DE POUTRE mesurée à droite à partir de la section a_2	SOMME DES POIDS (y compris le poids passant par la section) ΣP_2	SOMME des MOMENTS $\Sigma P_2 d_2$
1	2	3	4	5	6
MT	T	Entre	Entre	T	MT
0	0	0 et 2^m,75	0 et 2^m,75	8,000	0
1,375	0,500	2^m,76 5 25	2^m,76 5 25	8,500	1,375
4,000	1,000	5 26 7 75	5 26 7 75	9,000	4,000
7,875	1,500	7 76 10 25	7 76 10 25	9,500	7,875
13,000	2,000	10 26 12 75	10 26 12 75	10,000	13,000
19,375	2,500	12 76 15 50	12 76 15 50	10,500	19,375
143,375	10,500	15 51 18 25	15 51 18 25	18,500	143,375
152,500	11,000	18 26 20 75	18 26 28 75	19,000	152,500
162,875	11,500	20 76 23 25	20 76 23 25	19,500	162,875
174,500	12,000	23 26 25 75	23 26 25 75	20,000	174,500
187,375	12,500	25 76 28 25	25 76 28 25	20,500	187,375
201,500	13,000	28 26 31 00	28 26 31 00	21,000	201,500
449,500	21,000	31 01 33 75	31 01 33 75	29,000	449,500
466,375	21,500	33 76 36 25	33 76 36 25	29,500	466,375
484,500	22,000	36 26 28 75	36 26 38 75	30,000	484,500
503,875	22,500	38 76 41 25	38 76 41 25	30,500	503,875
524,500	23,000	41 26 43 75	41 26 43 75	31,000	524,500
546.375	23,500	43 76 46 50	43 76 46 50	31,500	546,375
918,375	31,500	46 51 49 25	46 51 49 25	39,500	918,375
943,000	32,000	49 26 51 75	49 26 51 75	40,000	943,000
968,875	32,500	51 76 54 25	51 76 54 25	40,500	968,875
996,000	33,000	54 26 56 75	54 26 56 75	41,000	996,000
1.024,375	33,500	56 76 59 25	56 76 59 25	41,500	1.024,375
1.054,000	34,000	59 26 62 00	59 26 62 00	42,000	1.054,000
1.550,000	42,000	62 01 64 75	62 01 64 75	50,000	1.550,000
1.582,375	42,500	64 76 67 25	64 76 67 25	50,500	1.582,375
1.616,000	43,000	67 26 69 75	67 26 69 75	51,000	1.616,000
1.650,875	43,500	69 76 72 25	69 76 72 25	51,500	1.650,875
1.687,000	44,000	72 26 74 75	72 26 74 75	52,000	1.687,000
1.724,375	44,500	74 76 77 50	74 76 77 50	52,500	1.724,375
2.344,375	52,500	77 51 80 25	77 51 80 25	60,500	2.344,375
2.384,500	53,000	80 26 82 75	80 26 82 75	61,000	2.384,500
2.425,875	53,500	82 76 85 25	82 76 85 25	61,500	2.425,875
2.468,500	54,000	85 26 87 75	85 26 87 75	62,000	2.468,500
2.512,375	54,500	87 76 90 25	87 76 90 25	62,500	2.512,375
2.557,500	55,000	90 26 93 00	90 26 93 00	63,000	2.557,500
3.301,500	63,000	93 01 95 75	93 01 95 75	71,000	3.301,500
3.349,375	63,500	95 76 98 25	95 76 98 25	71,500	3.349,375
3.398,500	64,000	98 26 100 75	98 26 100 75	72,000	3.398,500

BARÊME N° 2

240. — Type n° 2 (*tombereaux de 6 tonnes à deux chevaux*)

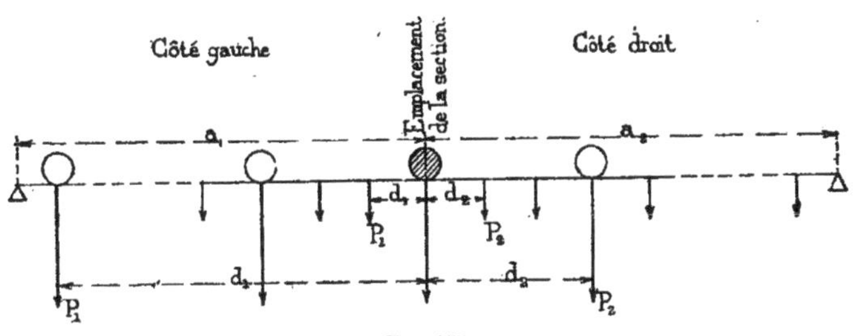

Fig. 154.

SOMME des MOMENTS $\Sigma P_1 d_1$	SOMME des POIDS ΣP_1	LONGUEUR de la PORTION DE POUTRE mesurée à gauche à partir de la section a_1	LONGUEUR de la PORTION DE POUTRE mesurée à droite à partir de la section a_2	SOMME DES POIDS (y compris le poids passant par la section) ΣP_2	SOMME des MOMENTS $\Sigma P_2 d_2$
1	2	3	4	5	6
MT	T	Entre	Entre	T	MT
0	0	0 et 2^m,75	0 et 2^m,75	6,000	0
1,925	0,700	2^m,76 5 25	2^m,76 5 25	6,700	1,925
5,600	1,400	5 26 8 00	5 26 8 00	7,400	5,600
53,600	7,400	8 01 10 75	8 01 10 75	13,400	53,600
61,125	8,100	10 76 13 25	10 76 13 25	14,100	61,125
70,400	8,800	13 26 16 00	13 26 16 00	14,800	70,400
166,400	14,800	16 01 18 75	16 01 18 75	20,800	166,400
179,525	15,500	18 76 21 25	18 76 21 25	21,500	179,525
194,400	16,200	21 26 24 00	21 26 24 00	22,200	194,400
338,400	22,200	24 01 26 75	24 01 26 75	28,200	338,400
357,125	22,900	26 76 29 25	26 76 29 25	28,900	357,125
377,600	23,600	29 26 32 00	29 26 32 00	29,600	377,600
569,600	29,600	32 01 34 75	32 01 34 75	35,600	569,600
593,925	30,300	34 76 37 25	34 76 37 25	36,300	593,925
620,000	31,000	37 26 40 00	37 26 40 00	37,000	620,000

SOMME des MOMENTS $\Sigma P_1 d_1$	SOMME des POIDS ΣP_1	LONGUEUR de la PORTION DE POUTRE mesurée à gauche à partir de la section a_1	LONGUEUR de la PORTION DE POUTRE mesurée à droite à partir de la section a_2	SOMME DES POIDS (y compris le poids passant par la section) ΣP_2	SOMME des MOMENTS $\Sigma P_2 d_2$
1	2	3	4	5	6
MT	T	Entre	Entre	T	MT
860,000	37,000	40 01 42 75	40 01 42 75	43,000	860,000
889,925	37,700	42 76 45 25	42 76 45 25	43,700	889,925
921,600	38,400	45 26 48 00	45 26 48 00	44,400	921,600
1.209,600	44,400	48 01 50 75	48 01 50 75	50,400	1.209,600
1.245,125	45,100	50 76 53 25	50 76 53 25	51,100	1.245,125
1.282,400	45,800	53 26 56 00	53 26 56 00	51,800	1.282,400
1.618,400	51,800	56 01 58 75	56 01 58 75	57,800	1.618,400
1.659,525	52,500	58 76 61 25	58 76 61 25	58,500	1.659,525
1.702,400	53,200	61 26 64 00	61 26 64 00	59,200	1.702,400
2.086,400	59,200	64 01 66 75	64 01 66 75	65,200	2.086,400
2.133,125	59,900	66 76 69 25	66 76 69 25	65,900	2.133,125
2.181,600	60,600	69 26 72 00	69 26 72 00	66,600	2.181,600
2.613,600	66,600	72 01 74 75	72 01 74 75	72,600	2.613,600
2.665,925	67,300	74 76 77 25	74 76 77 25	73 300	2.665,925
2.720,000	68,000	77 26 80 00	77 26 80 00	74,000	2.720,000
3.200,000	74,000	80 01 82 75	80 01 82 75	80,000	3.200,000
3.257,925	74,700	82 76 85 25	82 76 85 25	80,700	3.257,925
3.317,600	75,400	85 26 88 00	85 26 88 00	81,400	3.317,600
3.845,600	81,400	88 01 90 75	88 01 90 75	87,400	3.845,600
3.909,125	82,100	90 76 93 25	90 76 93 25	88,100	3.909,125
3.974,400	82,800	93 26 96 00	93 26 96 00	88,800	3.974,400
4.550,400	88,800	96 01 98 75	96 01 98 75	94,800	4.550,400
4.619,525	89,500	98 76 101 25	98 76 101 25	95,500	4.619,525

BARÈME N° 2 *bis*

241. — Type n° 2 *bis* (*charrette de 11 tonnes à cinq chevaux, précédée et suivie de tombereaux de 6 tonnes à deux chevaux*).

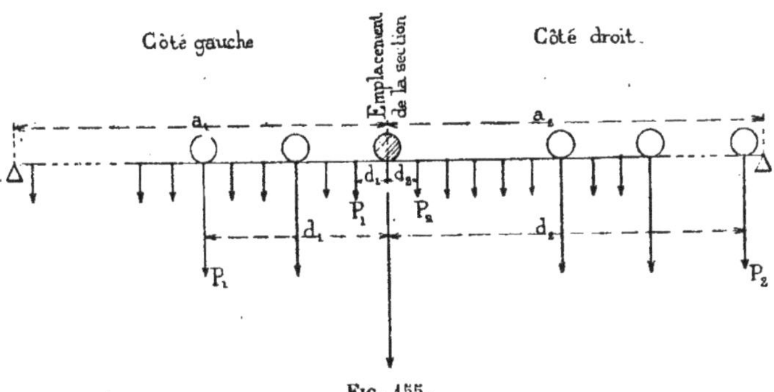

FIG. 155.

SOMME des MOMENTS $\Sigma P_1 d_1$ 1	SOMME des POIDS ΣP_1 2	LONGUEUR de la PORTION DE POUTRE mesurée à gauche à partir de la section a_1 3	LONGUEUR de la PORTION DE POUTRE mesurée à droite à partir de la section a_2 4	SOMME DES POIDS (y compris le poids passant par la section) ΣP_2 5	SOMME des MOMENTS $\Sigma P_2 d_2$ 6
MT	T	Entre	Entre	T	MT
0	0	0 et $2^m,75$	0 et $2^m,75$	11,000	0
1,925	0,700	$2^m,76$ 5 25	$2^m,76$ 5 25	11,700	1,925
5,600	1,400	5 26 8 00	5 26 7 75	12,400	5,600
53,600	7,400	8 01 10 75	7 76 10 25	13,100	11,025
61,125	8,100	10 76 13 25	10 26 12 75	13,800	18,200
70,400	8,800	13 26 16 00	12 76 15 50	14,500	27,125
166,400	14,800	16 01 18 75	15 51 18 25	20,500	120,125
179,525	15,500	18 76 21 25	18 26 20 75	21,200	132,900
194,400	16,200	21 26 24 00	20 76 23 50	21,900	147,425
338,400	22,200	24 01 26 75	23 51 26 25	27,900	288,425
357,125	22,900	26 76 29 25	26 26 28 75	28,600	306,800
377,600	23,600	29 26 32 00	28 76 31 50	29,300	326,925
569,600	29,600	32 01 34 75	31 51 34 25	35,300	515,925
593,925	30,300	34 76 37 25	34 26 36 75	36,000	539,900
620,000	31,000	37 26 40 00	36 76 39 50	36,700	565,625

SOMME des MOMENTS $\Sigma P_1 d_1$	SOMME des POIDS ΣP_1	LONGUEUR de la PORTION DE POUTRE mesurée à gauche à partir de la section a_1	LONGUEUR de la PORTION DE POUTRE mesurée à droite à partir de la section a_2	SOMME DES POIDS (y compris le poids passant par la section) ΣP_2	SOMME des MOMENTS $\Sigma P_2 d_2$
1	2	3	4	5	6
MT	T	Entre	Entre	T	MT
860,000	37,000	40 01 42 75	39 51 42 25	42,700	802,625
889,925	37,700	42 76 45 25	42 26 44 75	43,400	832,200
921,600	38,400	45 26 48 00	44 76 47 50	44,100	823,525
1.209,600	44,400	48 01 50 75	47 51 50 25	50,100	1.148,525
1.245,125	45,100	50 76 53 25	50 26 52 75	50,800	1.183,700
1.282,400	45,800	53 26 56 00	52 76 55 50	51,500	1.220,625
1.618,400	51,800	56 01 58 75	55 51 58 25	57,500	1.553,625
1.659,525	52,500	58 76 61 25	58 26 60 75	58,200	1.594,400
1.702,400	53,200	61 26 64 00	60 76 63 50	58,900	1.636,925
2.086,400	59,200	64 01 66 75	63 51 66 25	64,900	2.017,925
2.133,125	59,900	66 76 69 25	66 26 68 75	65,600	2.064,300
2.181,125	60,600	69 26 72 00	68 76 71 50	66,300	2.112,425
2.613,600	66,600	72 01 74 75	71 51 74 25	72,300	2.541,425
2.665,925	67,300	74 76 77 25	74 26 76 75	73,000	2.593,400
2.720,000	68,000	77 26 80 00	76 76 79 50	73,700	2.647,125
3.200,000	74,000	80 01 82 75	79 51 82 25	79,700	1.124,125
3.257,925	74,700	82 76 85 25	82 26 84 75	80,400	3.181,700
3.317,600	75,400	85 26 88 00	84 76 87 50	81,100	3.241,025
3.845,600	81,400	88 01 90 75	87 51 90 25	87,100	3,766,025
3.909,125	82,100	90 76 93 25	90 26 92 75	87,800	3,829,200
3.974,400	82,800	93 26 96 00	92 76 95 50	88,500	3.894,125
4.550,400	88,800	96 01 98 75	95 51 98 25	94,500	4.467,125
4.619,525	89,500	98 76 101 25	98 26 100 75	95,200	4.535,900

BARÊME N° 3

242. — Type n° 3 (*chariots de 16 tonnes à huit chevaux*)

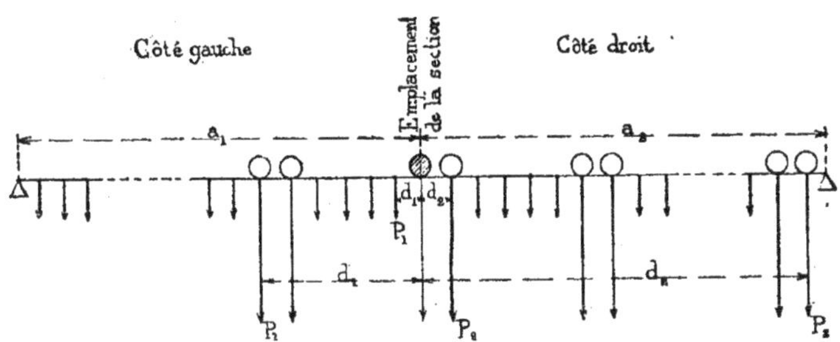

Fig. 156.

SOMME des MOMENTS $\Sigma P_1 d_1$	SOMME des POIDS ΣP_1	LONGUEUR de la PORTION DE POUTRE mesurée à gauche à partir de la section a_1	LONGUEUR de la PORTION DE POUTRE mesurée à droite à partir de la section a_2	SOMME DES POIDS (y compris le poids passant par la section) ΣP_2	SOMME des MOMENTS $\Sigma P_2 d_2$
1	2	3	4	5	6
MT	T	Entre	Entre	T	MT
0	0	0 et $2^m,75$	0 et $3^m,00$	8,000	0
3,850	1,400	$2^m,76$ 5 25	$3^m,01$ 5 75	16,000	24,000
11,200	2,800	5 26 7 75	5 76 8 25	17,400	32,050
22,050	4,200	7 76 10 25	8 26 10 75	18,800	43,600
36,400	5,600	10 26 13 00	10 76 13 25	20,200	58,650
140,400	13,600	13 01 16 00	13 26 16 00	21,600	77,200
268,400	21,600	16 01 18 75	16 01 19 00	29,600	205,200
294,650	23,000	18 76 21 25	19 01 21 75	37,600	357,200
324,400	24,400	21 26 23 75	21 76 24 25	39,000	387,650
357,650	25,800	23 76 26 25	24 26 26 75	40,400	421,600
394,400	27,200	26 26 29 00	26 76 29 25	41,800	459,050
626,400	35,200	29 01 32 00	29 26 32 00	43,200	500,000
882,400	43,200	32 01 34 75	32 01 35 00	51,200	756,000
931,050	44,600	34 76 37 25	35 01 37 75	59,200	1.036,000
983,200	46,000	37 26 39 75	37 76 40 25	60,600	1.088,850

SOMME des MOMENTS $\Sigma P_1 d_1$	SOMME des POIDS ΣP_1	LONGUEUR de la PORTION DE POUTRE mesurée à gauche à partir de la section a_1		LONGUEUR de la PORTION DE POUTRE mesurée à droite à partir de la section a_2		SOMME DES POIDS (y compris le poids passant par la section) ΣP_2	SOMME des MOMENTS $\Sigma P_2 d_2$
1	2	3		4		5	6
MT	T	Entre		Entre		T	MT
1.038,850	47,400	39 76	42 25	40 26	42 75	62,000	1.145,200
1.098,000	48,800	42 26	45 00	42 76	45 25	63,400	1.205,050
1.458,000	56,800	45 01	48 00	45 26	48 00	64,800	1.268,400
1.842,000	64,800	48 01	50 75	48 01	51 00	72,800	1.652,400
1.913,050	66,200	50 76	53 25	51 01	53 75	80,800	2.060,400
1.987,600	67,600	53 26	55 75	53 76	56 25	82,200	2.135,650
2.065,650	69,000	55 76	58 25	56 26	58 75	83,600	2.214,400
2.147,200	70,400	58 26	61 00	58 76	61 25	85,000	2.296,650
2.635,200	78,400	61 01	64 00	61 26	64 00	86,400	2.382,400
3.147,200	86,400	64 01	66 75	64 01	67 00	94,400	2.894,400
3.240,650	87,800	66 76	69 25	67 01	69 75	102,400	3.430,400
3.337,600	89,200	69 26	71 75	69 76	72 25	103,800	3.528,050
3.438,050	90,600	71 76	74 25	72 26	74 75	105,200	3.629,200
3.542,000	92,000	74 26	77 00	74 76	77 25	106,600	3.733,850
4.158,000	100,000	77 01	80 00	77 26	80 00	108,000	3.842,000
4.798,000	108,000	8[illegible] 01	82 75	80 01	83 00	116,000	4.482,000
4.913,850	109,400	82 76	85 25	83 01	85 75	124,000	5.146,000
5.033,200	110,800	85 26	87 75	85 76	88 25	125,400	5.266,050
5.156,050	111,200	87 76	90 25	88 26	90 75	126,800	5.389,600
5.282,400	112,600	90 26	93 00	90 76	93 25	127,200	5.516,650
6.026,400	120,600	93 01	96 00	93 26	96 00	128,600	5.647,200
6.794,400	128,600	96 01	98 75	96 01	99 00	136,600	6.415,200
6.932,650	130,000	98 76	101 25	99 01	101 75	144,600	7.207,200

USAGE DES BARÊMES

§ 1. — Moments fléchissants

243. — La formule à employer est celle qui fournit le moment fléchissant maximum en fonction des moments des poids pris par rapport à la section.

La section étant définie par ses distances a_1 et a_2 aux deux appuis, cette formule est la suivante (n° 98) :

$$Mf = \frac{a_1a_2(\Sigma P_1 + \Sigma P_2) - (a_1\Sigma P_2 d_2 + a_2\Sigma P_1 d_1)}{l} \text{ (1).}$$

Voici comment l'on tire des barêmes les éléments des calculs indiqués par cette formule :

On cherche dans la colonne 3 les limites entre lesquelles est comprise la distance a_1 de la section au premier appui. En regard de ces limites, on trouve, dans la colonne 2, la somme des poids ΣP_1 et, dans la colonne 1, la somme des moments $\Sigma P_1 d_1$.

Pareillement, on cherche dans la colonne 4 les limites entre lesquelles est comprise la distance a_2 de la section au deuxième appui. En regard de ces limites, on trouve, dans la colonne 5, la somme des poids ΣP_2 et, dans la colonne 6, la somme des moments $\Sigma P_2 d_2$.

Il ne reste plus qu'à effectuer les opérations arithmétiques indiquées par la formule.

(1) Quand les sections divisent la portée de la poutre en intervalles d'égale longueur, cette formule peut être remplacée par la suivante :

$$Mf = \frac{n_1n_2(\Sigma P_1 + \Sigma P_2) - (n_1\Sigma P_2 + n_2\Sigma P_1)}{M},$$

chaque section étant définie par les nombres n_1 et n_2 des intervalles qu'elle laisse à sa gauche et à sa droite, et le nombre total des intervalles étant représenté par N.

244. — Premier exemple — *Poutre de 16 mètres de portée parcourue par un convoi de tombereaux de 6 tonnes, attelés de deux chevaux (type n° 2).*

Les sections envisagées sont celles qui correspondent aux points d'attache des entretoises par l'intermédiaire desquelles les charges sont transmises à la poutre.

On suppose un écartement de 1m,50 entre ces entretoises. Les entretoises extrêmes sont d'ailleurs à une distance de 2 mètres des appuis.

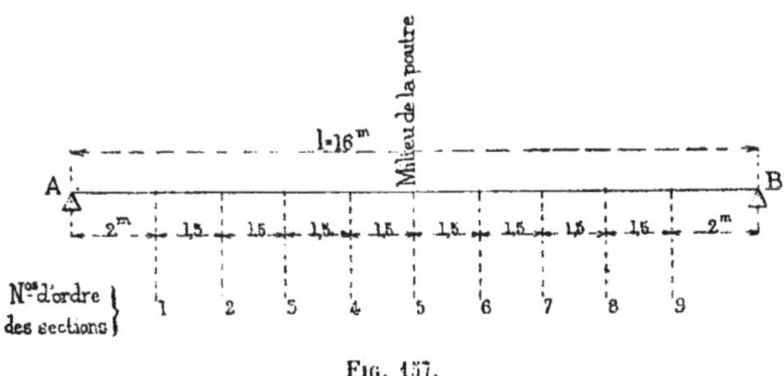

FIG. 157.

Les moments fléchissants maximum étant les mêmes dans les sections symétriques par rapport au milieu de la poutre, il suffit de calculer ces moments pour les cinq premières sections.

Les éléments du calcul, tirés du barème n° 2, sont consignés, pour chaque section, dans le tableau ci-après :

NUMÉROS d'ordre DES SECTIONS	a_1	ΣP_1	$\Sigma P_1 d_1$	a_2	ΣP_2	$\Sigma P_2 d_2$
1	2m	0T	0	14m	14T,800	70MT,400
2	3 50	0 700	1MT,925	12 50	14 100	61 125
3	5 00	0 700	1 925	11 00	14 100	61 125
4	6 50	1 400	5 600	9 50	13 400	53 600
5	8 00	1 400	5 600	8 00	7 400	5 600

En introduisant ces éléments dans la formule, on trouve :

	VALEUR du MOMENT FLÉCHISSANT
Section 1. . . .	17^{MT},100
— 2. . . .	25 594
— 3. . . .	30 450
— 4. . . .	32 019
— 5. . . .	29 600

d'où la courbe représentative des moments fléchissants :

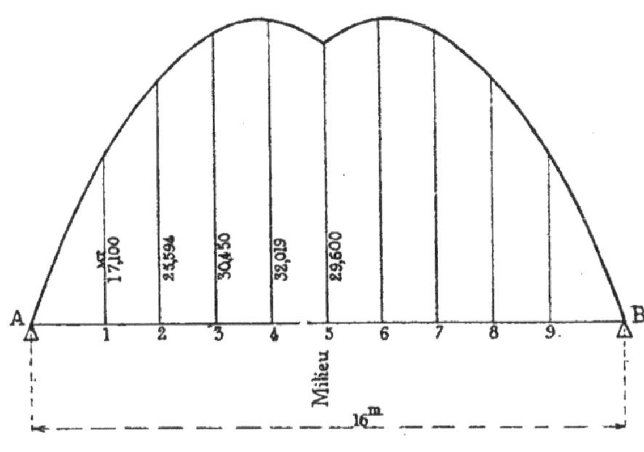

Fig. 158.

245. — Second exemple. — *Poutre de* 30 *mètres de portée parcourue par un convoi de chariots de* 16 *tonnes attelés de huit chevaux* (*type n°* 3).

On suppose un écartement de 3 mètres entre les entretoises par l'intermédiaire desquelles les charges sont transmises à la poutre. La distance des entretoises extrêmes aux appuis est également de 3 mètres.

Les moments fléchissants maximum n'étant pas les mêmes dans les sections symétriques par rapport au milieu de la poutre, il y a lieu de calculer les moments pour les neuf sections.

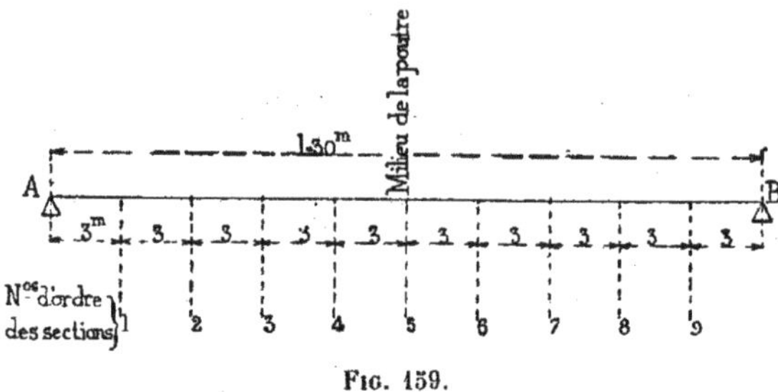

Fig. 159.

Ce calcul peut se simplifier en remarquant que les distances a_1 et a_2 des sections aux appuis, ainsi que la longueur l de la portée, sont des multiples de l'écartement i des entretoises. La formule devient :

$$M_f = \frac{n_1 n_2 i (\Sigma P_1 + \Sigma P_2) - (n_1 \Sigma P_2 + n_2 \Sigma P_1)}{N},$$

NUMÉROS d'ordre DES SECTIONS	n_1	a_1	ΣP_1	$\Sigma P_1 d_1$	n_2	a_2	ΣP_2	$\Sigma P_2 d_2$	$n_1 \Sigma P_2 d_2$	$n_2 \Sigma P_1 d_1$	OBSERVATIONS
		m	T	MT			T	MT	MT	MT	
1	1	3	1,400	3,850	9	27	41,800	459,050	459,050	34,650	$l = 30^m$
2	2	6	2,800	11,200	8	24	39,000	387,650	775,300	89,600	$i = 3$
3	3	9	4,200	22,050	7	21	37,600	357,200	1.071,600	154,350	$N = 10$
4	4	12	5,600	36,400	6	18	29,600	205,200	820,800	218,400	
5	5	15	13,600	140,400	5	15	21,600	77,200	386,000	702,000	
6	6	18	21,600	268,400	4	12	20,200	58,650	351,900	1.073,600	
7	7	21	23,000	294,650	3	9	18,800	43,600	305,200	883,950	
8	8	24	25,800	357,650	2	6	17,400	32,050	256,400	715,300	
9	9	27	27,200	394,400	1	3	8,000	0	0	394,400	

chaque section étant définie par les nombres n_1 et n_2 des intervalles qu'elle laisse à sa gauche et à sa droite, et le nombre total des intervalles étant représenté par N.

Les éléments du calcul, tirés du barême n° 3, sont consignés dans le tableau ci-dessus.

En introduisant ces éléments dans la formule, on trouve :

	VALEUR du MOMENT FLÉCHISSANT
Section 1	$67^{MT},270$
— 2	114 150
— 3	140 745
— 4	149 520
— 5	155 200
— 6	158 410
— 7	144 425
— 8	110 190
— 9	55 600

On choisit le plus élevé des moments qui correspondent aux sections symétriques, et l'on obtient, dès lors, pour les cinq premières sections :

	VALEUR du MOMENT FLÉCHISSANT
Section 1	$67^{MT},270$
— 2	114 150
— 3	144 425
— 4	158 410
— 5	155 200

d'où la courbe représentative des moments fléchissants ci-après :

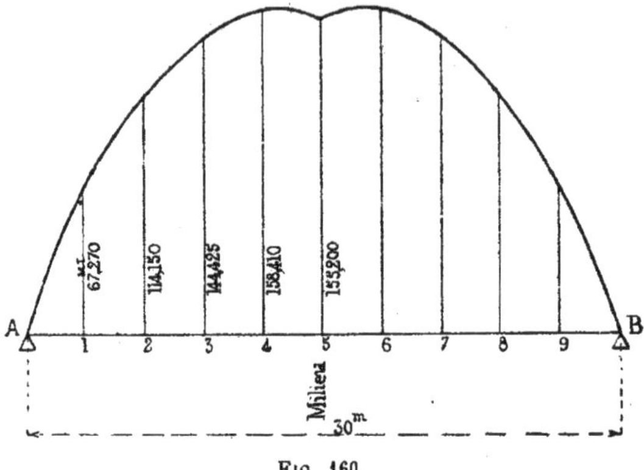

Fig. 160.

§ 2. — Efforts tranchants

246. — La formule à employer est celle qui fournit l'effort tranchant maximum en fonction des moments des poids pris par rapport à la section.

La section étant définie par sa distance a_2 au second appui, cette formule est la suivante (n° 180) :

$$T = \frac{a_2 \Sigma P_2 - \Sigma P_2 d_2}{l} \text{ (1)}.$$

Voici comment l'on tire des barêmes les éléments du calcul indiqué par cette formule :

On cherche dans la colonne 4 les limites entre lesquelles est comprise la distance a_2. En regard de ces limites, on trouve, dans la colonne 5, la somme des poids ΣP_2, et, dans la colonne 6, la somme des moments $\Sigma P_2 d_2$.

(1) Quand les sections divisent la portée de la poutre en intervalles d'égale longueur, cette formule peut être remplacée par la suivante :

$$T = \frac{n_2 \Sigma P_2}{N} - \frac{\Sigma P_2 d_2}{l},$$

chaque section étant définie par le nombre n_2 des intervalles qu'elle laisse à sa droite et le nombre total des intervalles étant représenté par N.

On fait ensuite les opérations arithmétiques décrites par la formule.

Si on a eu soin d'envisager des sections symétriques par rapport au milieu de la poutre, les efforts tranchants de la moitié de gauche, d'une part, et les efforts tranchants de la moitié de droite, d'autre part, représentent les efforts de sens contraire pour chaque moitié de poutre.

247. — Premier exemple. — *Poutre de 16 mètres de portée parcourue par un convoi de tombereaux de 6 tonnes, attelés de deux chevaux* (*type n° 2*).

Les sections envisagées sont celles qui correspondent aux points d'attache des entretoises par l'intermédiaire desquelles les charges sont transmises à la poutre.

On suppose un écartement de 1m,50 entre ces entretoises. Les entretoises extrêmes sont d'ailleurs à une distance de 2 mètres des appuis.

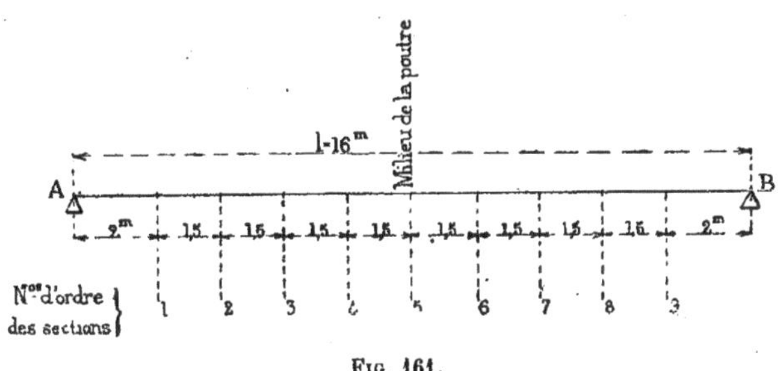

Fig. 161.

Les éléments du calcul, tirés du barême n° 2, sont consignés, pour chaque section, dans le tableau ci-après :

NUMÉROS d'ordre DES SECTIONS	a_2	ΣP_2	$\Sigma P_2 d_2$
1er appui	16m,00	14T,800	70MT,400
1	14 00	14 800	70 400
2	12 50	14 100	61 125
3	11 00	14 100	61 125
4	9 50	13 400	53 600
5	8 00	7 400	5 600
6	6 50	7 400	5 600
7	5 00	6 700	1 925
8	3 50	6 700	1 925
9	2 00	6 000	0

En introduisant ces éléments dans la formule, on trouve :

	VALEUR de L'EFFORT TRANCHANT
Premier appui.	10T,400
Section 1	8 500
— 2	7 195
— 3	5 873
— 4	4 606
— 5	3 350
— 6	2 656
— 7	1 973
— 8	1 345
— 9	0 750

d'où les courbes représentatives des efforts tranchants ci-après :

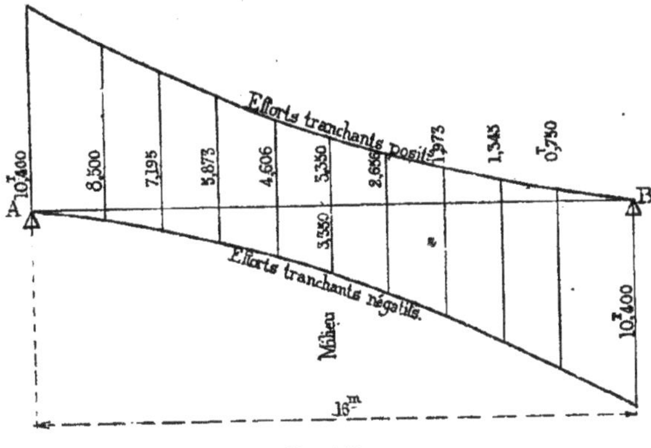

Fig. 162.

248. — Second exemple. — *Poutre de 30 mètres de portée parcourue par un convoi de chariots de 16 tonnes, attelés de huit chevaux (type n° 3).*

On suppose un écartement de 3 mètres entre les entretoises par l'intermédiaire desquelles les charges sont transmises à la poutre. La distance des entretoises extrêmes aux appuis est également de 3 mètres.

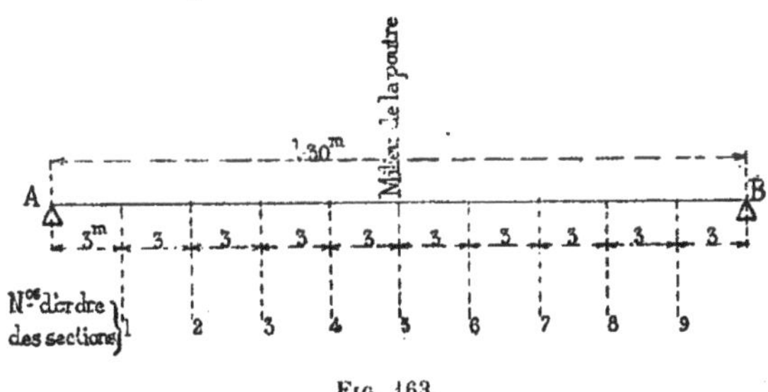

Fig. 163.

Le calcul des efforts tranchants peut se simplifier, en remarquant que la distance a_2 des sections au second appui et la longueur l de la portée sont des multiples de l'écartement i

des entretoises. La formule devient :

$$T = \frac{n_2 \Sigma P_2}{N} - \frac{\Sigma P_2 d_2}{l},$$

chaque section étant définie par le nombre n_2 des intervalles qu'elle laisse à sa droite et le nombre total des intervalles étant représenté par N.

Les éléments du calcul, tirés du barême n° 3, sont consignés, pour chaque section, dans le tableau ci-après :

NUMÉROS d'ordre DES SECTIONS	n_2	a_2	ΣP_2	$\Sigma P_2 d_2$	OBSERVATIONS
1er appui	10	30m	43T,200	500mT,000	$l = 30^m$
1	9	27	41 800	459 050	N = 10
2	8	24	39 000	387 650	
3	7	21	37 600	357 200	
4	6	18	29 600	205 200	
5	5	15	21 600	77 200	
6	4	12	20 200	58 650	
7	3	9	18 800	43 600	
8	2	6	17 400	32 050	
9	1	3	8 000	0	

En introduisant ces éléments dans la formule, on trouve :

	VALEUR de L'EFFORT TRANCHANT
1er appui.	26T,534
Section 1	22 319
— 2	18 279
— 3	14, 414
— 4	10 920
— 5	8 227
— 6	6 125
— 7	4 187
— 8	2 412
— 9	0 800

d'où les courbes représentatives des efforts tranchants ci-après :

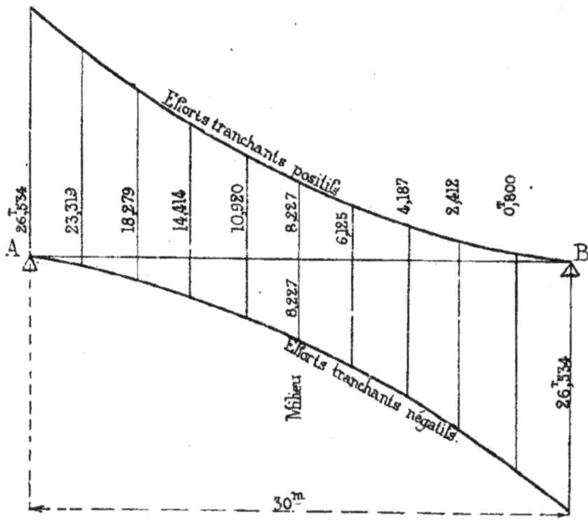

FIG. 164.

CHAPITRE II

Valeurs du moment fléchissant maximum à des intervalles égaux au dixième de la portée de la poutre

249. — A l'aide des indications des nos 95 et suivants et des barêmes du chapitre Ier, il est facile de calculer le moment fléchissant maximum dans une section quelconque de la poutre.

Les tableaux ci-après font connaître les moments fléchissants au droit des sections qui sont situées à des intervalles égaux au dixième de la portée de la poutre.

Nota. — Ces tableaux supposent que le convoi-type déborde la poutre à chacune de ses extrémités.

Ils supposent, en outre, que les résultantes des charges d'un convoi (essieux et attelages) passent par l'axe de la poutre.

Dans ces tableaux, qui sont relatifs à une moitié de poutre, les sections sont définies par leur distance à l'appui voisin. Cette distance est exprimée en fraction de la portée l de la poutre.

Les moments fléchissants sont évalués en mètres-tonnes.

Charrettes de 8 tonnes à cinq chevaux sur une même file

250. — *Tableau indiquant les valeurs du moment fléchissant maximum à des intervalles égaux au dixième de la portée de la poutre, pour des portées variant de mètre en mètre jusqu'à 75 mètres.*

PORTÉE l DE LA POUTRE	VALEUR DU MOMENT FLÉCHISSANT MAXIMUM DANS LES SECTIONS DONT LA DISTANCE A L'APPUI VOISIN EST DE $\frac{1}{10}l$	$\frac{2}{10}l$	$\frac{3}{10}l$	$\frac{4}{10}l$	$\frac{5}{10}l$ (milieu)
1m	0^{MT},720	1^{MT},280	1^{MT},680	1^{MT},920	2^{MT},000
2	1 440	2 560	3 360	3 840	4 000
3	2 160	3 840	5 040	5 760	6 000
4	2 923	5 165	6 728	7 680	8 000
5	3 688	6 525	8 513	9 650	10 000
6	4 460	7 885	10 298	11 690	12 125
7	5 270	9 280	12 083	13 745	14 375
8	6 080	10 720	13 920	15 905	16 625
9	6 908	12 160	15 810	18 095	18 875
10	7 763	13 625	17 788	20 375	21 125
11	8 618	15 145	19 783	22 655	23 500
12	9 500	16 665	21 875	24 935	26 000
13	10 400	18 200	23 975	27 225	28 500
14	11 300	20 020	26 075	29 730	31 000
15	12 238	21 700	28 213	32 250	33 500
16	13 183	23 385	30 418	34 770	36 125
17	14 128	25 145	32 623	37 290	38 875
18	15 633	26 905	34 880	39 920	41 625
19	17 298	28 665	37 273	42 560	44 375
20	18 963	31 225	39 688	45 275	47 185
21	20 660	34 265	42 103	48 035	50 000
22	22 370	37 305	44 518	50 885	53 000
23	24 080	40 360	48 373	53 765	56 000
24	25 833	43 480	52 468	56 645	59 000
25	27 588	46 600	56 563	59 525	62 000
26	29 350	49 725	60 675	62 770	65 125
27	31 150	52 785	64 973	67 690	68 375
28	32 973	56 065	69 278	72 610	71 625
29	34 835	59 345	73 583	77 530	74 875
30	36 725	62 700	77 925	82 450	78 125
31	38 615	66 060	82 335	87 440	81 375
32	40 533	69 420	86 745	92 495	88 625
33	42 468	72 845	91 155	97 655	95 875
34	44 403	76 285	95 648	102 815	103 125
35	46 738	79 725	100 250	108 025	110 325
36	49 393	83 220	104 870	113 305	117 675
37	52 048	86 740	109 513	118 585	125 000
38	54 725	90 260	114 238	123 865	132 500
39	57 425	94 120	118 963	129 655	140 000
40	60 125	99 000	123 688	136 975	147 500

PORTÉE l DE LA POUTRE	VALEUR DU MOMENT FLÉCHISSANT MAXIMUM DANS LES SECTIONS DONT LA DISTANCE A L'APPUI VOISIN EST DE				
	$\frac{1}{10} l$	$\frac{2}{10} l$	$\frac{3}{10} l$	$\frac{4}{10} l$	$\frac{5}{10} l$ (milieu)
41^{m}	62^{MT},858	103^{MT},880	128^{MT},480	144^{MT},295	155^{MT},000
42	65 603	108 760	133 310	151 615	162 625
43	68 348	113 705	138 193	158 945	170 365
44	71 135	118 665	143 128	166 385	178 125
45	73 925	123 625	149 263	173 825	185 875
46	76 723	128 640	155 878	181 310	193 625
47	79 558	133 680	162 493	188 870	201 500
48	82 393	138 720	169 108	196 540	209 500
49	85 245	143 805	175 805	204 220	217 500
50	88 125	148 925	182 525	211 900	225 500
51	91 005	154 045	189 245	219 580	233 500
52	94 125	159 260	196 548	227 915	241 625
53	97 748	164 540	205 053	237 635	249 875
54	101 393	169 820	213 558	247 355	258 125
55	105 050	175 125	222 063	257 075	266 375
56	108 740	180 485	230 635	266 795	274 625
57	112 430	185 845	239 245	276 605	283 000
58	116 143	191 205	247 855	286 445	291 500
59	119 878	197 685	256 473	296 390	300 000
60	123 613	204 325	265 188	306 350	308 500
61	127 380	210 965	273 920	316 380	317 000
62	131 160	217 640	282 740	326 460	325 500
63	134 940	224 360	291 613	336 540	338 000
64	138 763	231 100	300 538	346 620	350 500
65	142 588	237 925	309 463	356 825	363 000
66	146 420	244 805	318 388	367 145	375 500
67	150 290	251 685	328 273	377 465	388 000
68	154 160	258 580	338 878	387 785	400 625
69	158 110	265 540	349 483	398 135	413 375
70	162 700	272 500	360 175	408 575	426 125
71	167 290	279 465	370 953	419 060	438 875
72	171 883	286 505	381 768	429 620	451 625
73	176 518	293 545	392 583	449 190	464 500
74	181 153	300 585	403 405	450 870	477 500
75	185 800	307 700	314 325	461 550	490 500

CONVOI-TYPE N° 2

Tombereaux de 6 tonnes à deux chevaux

251. — *Tableau indiquant les valeurs du moment fléchissant maximum, à des intervalles égaux au dixième de la portée de la poutre, pour des portées variant de mètre en mètre jusqu'à 75 mètres.*

PORTÉE l DE LA POUTRE	VALEUR DU MOMENT FLÉCHISSANT MAXIMUM DANS LES SECTIONS DONT LA DISTANCE A L'APPUI VOISIN EST DE $\frac{1}{10}l$	$\frac{2}{10}l$	$\frac{3}{10}l$	$\frac{4}{10}l$	$\frac{5}{10}l$ (milieu)
1M	0MT,540	0MT,960	1MT,260	1MT,440	1MT,500
2	1 080	1 920	2 520	2 880	3 000
3	1 620	2 880	3 780	4 320	4 500
4	2 220	3 903	5 051	5 760	6 000
5	2 823	4 975	6 458	7 270	7 500
6	3 436	6 047	7 865	8 878	9 175
7	4 102	7 168	9 272	10 507	11 025
8	4 768	8 352	10 752	12 283	12 875
9	5 494	9 536	12 306	14 101	14 725
10	6 700	10 720	13 983	16 045	16 575
11	7 906	12 864	15 684	17 989	18 600
12	9 116	15 008	18 105	19 933	20 800
13	10 385	17 152	21 066	21 877	23 000
14	11 654	19 387	24 027	24 928	25 200
15	12 940	21 755	26 988	28 480	27 400
16	14 272	24 123	30 043	32 032	29 600
17	15 604	26 540	33 151	35 584	34 800
18	17 056	29 020	36 333	39 150	40 000
19	18 928	31 500	39 598	42 870	45 200
20	20 800	33 980	43 000	46 590	50 400
21	22 683	37 420	46 402	51 750	55 600
22	24 618	40 860	49 804	56 910	60 975
23	26 553	44 300	53 386	62 224	66 525
24	28 512	47 803	58 048	67 552	72 075
25	30 510	51 355	62 710	72 880	77 625
26	32 508	54 907	67 372	78 208	83 175
27	34 686	58 592	72 486	84 037	88 900
28	37 256	62 368	78 555	90 973	94 800
29	39 857	66 144	84 624	97 909	100 700
30	42 475	69 920	90 693	104 845	106 600
31	45 139	74 656	96 856	111 781	112 500
32	47 803	79 392	103 072	118 843	118 400
33	50 499	84 128	109 288	125 947	127 300
34	53 226	88 927	115 504	133 198	136 200
35	55 953	93 775	122 620	140 490	145 100
36	58 920	98 623	130 121	147 840	154 000
37	62 187	103 520	137 744	155 280	162 900
38	65 454	108 480	145 367	162 720	171 975
39	68 745	113 440	153 105	170 160	181 225
40	72 075	118 400	160 875	177 600	190 475

PORTÉE l DE LA POUTRE	VALEUR DU MOMENT FLÉCHISSANT MAXIMUM DANS LES SECTIONS DONT LA DISTANCE A L'APPUI VOISIN EST DE									
	$\frac{1}{10}l$		$\frac{2}{10}l$		$\frac{3}{10}l$		$\frac{4}{10}l$		$\frac{5}{10}l$ (milieu)	
41M	75MT	,405	125MT	,280	168MT	,645	187MT	,920	199MT	,725
42	78	774	132	160	176	447	198	240	208	975
43	82	167	139	040	184	364	208	560	218	400
44	85	560	145	983	192	281	218	880	228	000
45	89	253	152	975	200	320	229	270	237	600
46	93	186	159	967	208	744	239	758	247	200
47	97	119	167	008	218	068	250	267	256	800
48	101	083	174	112	227	392	260	923	266	400
49	105	079	181	216	236	716	271	621	279	000
50	109	075	188	320	246	093	282	445	291	600
51	113	117	196	384	255	564	293	269	304	200
52	117	176	204	448	265	035	304	093	316	800
53	121	266	212	512	274	506	314	917	329	400
54	125	748	220	667	284	932	326	848	342	175
55	130	410	228	955	295	810	339	280	355	125
56	135	072	237	243	306	688	351	712	368	075
57	139	773	245	580	317	566	364	144	381	025
58	144	498	253	980	329	524	376	590	393	975
59	149	223	262	380	341	662	389	190	407	100
60	154	000	270	780	353	800	401	790	420	400
61	158	788	280	140	365	938	415	830	433	700
62	163	576	289	500	378	213	429	870	447	000
63	168	784	298	860	390	571	444	064	460	300
64	174	112	308	283	403	003	458	272	473	600
65	179	440	317	755	415	488	472	480	489	900
66	184	814	327	227	428	067	486	688	506	200
67	190	205	336	832	440	646	501	397	522	500
68	195	596	346	528	453	225	517	213	538	800
69	201	046	356	224	466	344	533	029	555	100
70	206	500	365	920	480	183	548	845	571	575
71	211	954	376	576	494	046	564	661	588	225
72	217	888	387	232	508	032	580	603	604	875
73	223	882	397	888	522	092	596	587	621	525
74	229	876	408	607	536	225	612	718	638	175
75	235	923	419	375	550	358	628	870	655	000

Charrette de 11 tonnes à cinq chevaux, précédée et suivie de tombereaux de 6 tonnes à deux chevaux.

252. — *Tableau indiquant les valeurs du moment fléchissant maximum à des intervalles égaux au dixième de la portée de la poutre* (1).

PORTÉE l DE LA POUTRE	VALEUR DU MOMENT FLÉCHISSANT MAXIMUM DANS LES SECTIONS DONT LA DISTANCE A L'APPUI VOISIN EST DE				
	$\frac{1}{10}l$	$\frac{2}{10}l$	$\frac{3}{10}l$	$\frac{4}{10}l$	$\frac{5}{10}l$ (milieu)
1m	0MT,990	1MT,760	2MT,310	2MT,640	2MT,750
2	1 980	3 520	4 620	5 280	5 500
3	2 970	5 280	6 930	7 920	8 250
4	4 020	7 103	9 251	10 560	11 000
5	5 073	8 975	11 708	13 270	13 750
6	»	10 847	14 165	16 078	16 675
7	»	»	16 622	19 642	19 775
8	»	»	»	22 618	22 875
9	»	»	»	»	25 975

(1) On n'a inscrit dans ce tableau que les valeurs des moments fléchissants supérieurs à ceux qui sont produits par le convoi-type n° 3.

CONVOI-TYPE N° 3

Chariots de 16 tonnes à huit chevaux

253. — *Tableau indiquant les valeurs du moment fléchissant maximum, à des intervalles égaux au dixième de la portée de la poutre, pour des portées variant de mètre en mètre jusqu'à 75 mètres.*

PORTÉE l DE LA POUTRE	VALEUR DU MOMENT FLÉCHISSANT MAXIMUM DANS LES SECTIONS DONT LA DISTANCE A L'APPUI VOISIN EST DE				
	$\frac{1}{10}l$	$\frac{2}{10}l$	$\frac{3}{10}l$	$\frac{4}{10}l$	$\frac{5}{10}l$ (milieu)
1^{m}	$0^{MT},720$	$1^{MT},280$	$1^{MT},680$	$1^{MT},920$	$2^{MT},000$
2	1 440	2 560	3 360	3 840	4 000
3	2 160	3 840	5 040	5 760	6 000
4	3 360	5 440	6 741	7 680	8 000
5	4 800	8 000	9 600	9 740	10 000
6	6 240	10 560	12 960	13 440	12 175
7	7 757	13 120	16 320	17 322	16 525
8	9 323	15 862	19 680	21 498	20 875
9	10 889	18 646	23 271	25 674	25 225
10	12 560	21 430	27 170	29 990	29 575
11	14 252	24 368	31 118	34 502	34 100
12	15 951	27 376	35 129	39 014	38 975
13	17 769	30 384	39 371	43 526	44 025
14	19 587	33 574	43 613	48 416	49 075
15	21 440	37 030	47 855	53 600	54 125
16	23 384	40 486	52 286	58 784	59 350
17	25 328	44 040	56 822	63 968	64 925
18	27 432	47 720	61 505	69 180	70 675
19	30 096	51 400	66 356	74 700	76 425
20	32 760	55 080	71 480	80 430	82 175
21	35 424	60 040	76 604	86 286	88 100
22	38 728	65 000	81 728	92 142	94 375
23	42 112	69 960	87 092	98 306	100 825
24	45 496	75 240	93 896	104 498	107 275
25	48 985	81 480	101 795	112 080	113 725
26	52 495	87 720	109 985	119 856	120 175
27	56 012	94 128	118 238	128 314	128 800
28	59 711	100 774	126 869	138 346	137 600
29	63 473	107 462	135 647	148 378	146 400
30	67 270	114 150	144 425	158 410	155 200
31	71 158	120 992	153 392	168 442	164 000
32	75 046	127 904	162 464	178 726	172 800
33	78 997	134 816	171 536	189 094	185 600
34	83 011	141 854	180 629	199 756	198 400
35	87 025	148 990	189 995	210 460	211 200
36	91 359	156 126	199 410	221 360	224 000
37	96 093	163 360	209 070	232 400	236 800
38	100 827	170 720	218 877	243 440	249 775
39	105 641	178 136	228 831	254 480	264 925
40	111 095	185 720	238 785	265 660	280 075

PORTÉE l DE LA POUTRE	VALEUR DU MOMENT FLÉCHISSANT MAXIMUM DANS LES SECTIONS DONT LA DISTANCE A L'APPUI VOISIN EST DE									
	$\frac{1}{10}l$		$\frac{2}{10}l$		$\frac{3}{10}l$		$\frac{4}{10}l$		$\frac{5}{10}l$ (milieu)	
41m	116MT	,549	195MT	,416	248MT	,739	280MT	,400	295MT	,225
42	122	010	205	280	259	653	295	280	310	375
43	127	590	215	200	271	287	310	160	325	700
44	133	170	225	246	282	921	325	040	341	375
45	138	785	235	390	294	800	340	060	357	225
46	144	491	245	534	307	208	355	276	373	075
47	150	197	255	776	320	816	370	534	388	925
48	155	966	266	144	334	424	386	086	404	950
49	161	798	276	512	348	032	401	722	421	325
50	167	630	286	950	361	745	417	610	437	875
51	173	553	297	542	375	647	433	498	454	425
52	179	511	308	134	389	549	449	386	470	975
53	185	532	318	768	403	451	465	274	487	700
54	192	096	329	640	418	704	482	736	504	775
55	198	900	340	680	434	875	500	880	522	025
56	205	704	351	720	452	137	519	218	539	275
57	212	748	363	720	4 9	399	538	946	556	525
58	220	272	376	040	486	808	558	702	573	775
59	227	796	388	360	504	364	578	766	593	200
60	235	355	400	680	521	920	598	770	612	800
61	243	005	414	280	539	476	619	020	632	400
62	250	655	427	880	557	305	639	420	652	000
63	258	368	441	480	575	302	660	128	671	600
64	266	144	455	206	593	446	680	864	691	200
65	273	920	469	030	611	695	701	600	714	800
66	281	787	482	854	630	133	722	336	738	400
67	289	689	496	944	648	571	743	366	762	000
68	297	591	511	216	667	009	764	774	785	600
69	305	612	525	488	686	167	786	182	869	200
70	313	640	539	830	706	285	807	590	832	975
71	321	668	554	326	726	452	829	194	858	925
72	330	336	568	822	746	864	850	938	884	875
73	339	084	583	360	767	516	872	682	910	825
74	347	832	598	080	789	608	894	720	936	775
75	357	190	612	800	811	700	916	940	962	900

CHAPITRE III

Valeurs de l'effort tranchant maximum à des intervalles égaux au dixième de la portée de la poutre

Section première. — Efforts tranchants positifs

254. — A l'aide des indications des nos 177 et suivants et des barêmes du chapitre 1er, il est facile de calculer l'effort tranchant maximum dans une section quelconque de la poutre.

Les tableaux ci-après font connaître les efforts tranchants au droit des sections qui sont situées à des intervalles égaux au dixième de la portée de la poutre.

Nota. — Ces tableaux supposent que le dernier véhicule du convoi n'a pas franchi l'appui par lequel le convoi est entré.

Ils supposent, en outre, que les résultantes des charges d'un convoi (essieux et attelages) passent par l'axe de la poutre.

Dans ces tableaux, qui sont relatifs à une moitié de poutre, les sections sont définies par leur distance à l'appui voisin. Cette distance est exprimée en fraction de la portée l de la poutre.

Les efforts tranchants sont évalués en tonnes.

Charrettes de 8 tonnes à cinq chevaux sur une même file

255. — *Tableau indiquant les valeurs de l'effort tranchant positif maximum, à des intervalles égaux au dixième de la portée de la poutre, pour des portées variant de mètre en mètre jusqu'à 75 mètres.*

PORTÉE l DE LA POUTRE	VALEURS DE L'EFFORT TRANCHANT POSITIF MAXIMUM DANS LES SECTIONS DONT LA DISTANCE À L'APPUI VOISIN EST DE					
	0 (appui)	$\frac{1}{10}l$	$\frac{2}{10}l$	$\frac{3}{10}l$	$\frac{4}{10}l$	$\frac{5}{10}l$ (milieu)
1m	8T,000	7T,200	6T,400	5T,600	4T,800	4T,000
2	8 000	7 200	6 400	5 600	4 800	4 000
3	8 042	7 200	6 400	5 600	4 800	4 000
4	8 157	7 307	6 457	5 607	4 800	4 000
5	8 225	7 375	6 525	5 675	4 825	4 000
6	8 334	7 434	6 571	5 721	4 871	4 021
7	8 429	7 529	6 629	5 754	4 904	4 054
8	8 516	7 600	6 700	5 800	4 929	4 079
9	8 625	7 675	6 756	5 856	4 956	4 098
10	8 713	7 763	6 813	5 900	5 000	4 113
11	8 819	7 835	6 885	5 937	5 037	4 137
12	8 917	7 917	6 944	5 994	5 067	4 167
13	9 010	8 000	7 000	6 045	5 095	4 173
14	9 117	8 072	7 072	6 088	5 138	4 215
15	9 209	8 159	7 134	6 134	5 175	4 234
16	9 540	8 240	7 190	6 188	5 208	4 258
17	10 067	8 311	7 261	6 236	5 237	4 287
18	10 535	8 685	7 324	6 278	5 278	4 313
19	10 974	9 404	7 381	6 331	5 316	4 336
20	11 375	9 482	7 632	6 382	5 350	4 357
21	11 745	9 839	7 973	6 428	5 381	4 381
22	12 097	10 169	8 283	6 470	5 420	4 410
23	12 419	10 470	8 570	6 717	5 458	4 435
24	12 730	10 764	8 846	6 977	5 493	4 459
25	13 020	11 035	9 100	7 215	5 525	4 480
26	13 294	11 289	9 336	7 436	5 586	4 505
27	13 561	11 538	9 568	7 652	5 790	4 533
28	13 809	11 768	9 784	7 854	5 980	4 559
29	14 052	11 989	9 984	8 042	6 157	4 582
30	14 284	12 205	10 184	8 221	6 321	4 605
31	14 500	12 406	10 371	8 396	6 481	4 625
32	14 954	12 604	10 547	8 561	6 635	4 770
33	15 379	12 794	10 722	8 715	6 779	4 906
34	15 784	12 974	10 889	8 868	6 915	5 034
35	16 175	13 258	11 047	9 015	7 047	5 154
36	16 546	13 614	11 203	9 153	7 176	5 268
37	16 906	13 952	11 355	9 286	7 298	5 379
38	17 250	14 277	11 498	9 420	7 414	5 487
39	17 581	14 592	11 675	9 546	7 526	5 590
40	17 904	14 891	11 963	9 666	7 638	5 688

PORTÉE l DE LA POUTRE	VALEURS DE L'EFFORT TRANCHANT POSITIF MAXIMUM DANS LES SECTIONS DONT LA DISTANCE A L'APPUI VOISIN EST DE					
	0 (appui)	$\frac{1}{10} l$	$\frac{2}{10} l$	$\frac{3}{10} l$	$\frac{4}{10} l$	$\frac{5}{10} l$ (milieu)
41^{m}	18^{T},211	15^{T},183	12^{T},237	9^{T},786	7^{T},744	5^{T},781
42	18 512	15 465	12 498	9 903	7 846	5 873
43	18 803	15 733	12 755	10 014	7 943	5 963
44	19 083	15 999	13 001	10 121	8 042	6 049
45	19 359	16 253	13 237	10 312	8 137	6 131
46	19 623	16 498	13 468	10 529	8 227	6 210
47	19 961	16 741	13 692	10 737	8 314	6 288
48	20 368	16 973	13 907	10 936	8 403	6 365
49	20 758	17 200	14 117	11 133	8 488	6 439
50	21 140	17 423	14 323	11 323	8 570	6 510
51	21 510	17 637	14 521	11 506	8 650	6 579
52	21 868	17 889	14 714	11 683	8 756	6 647
53	22 220	18 223	14 904	11 859	8 919	6 715
54	22 558	18 544	15 088	12 028	9 076	6 781
55	22 891	18 855	15 266	12 191	9 228	6 844
56	23 215	19 161	15 444	12 353	9 374	6 905
57	23 529	19 457	15 615	12 511	9 518	6 965
58	23 839	19 746	15 780	12 663	9 660	7 026
59	24 138	20 029	16 035	12 811	9 796	7 085
60	24 434	20 303	16 294	12 959	9 928	7 142
61	24 722	20 573	16 545	13 102	10 058	7 197
62	25 000	20 836	16 791	13 241	10 186	7 250
63	25 397	21 091	17 032	13 378	10 310	7 366
64	25 782	21 345	17 266	13 513	10 430	7 477
65	26 156	21 591	17 495	13 645	10 549	7 585
66	26 525	21 831	17 721	13 772	10 666	7 690
67	26 883	22 069	17 940	13 943	10 780	7 792
68	27 236	22 300	18 153	14 145	10 891	7 892
69	27 580	22 537	18 366	14 341	10 999	7 991
70	27 917	22 858	18 572	14 531	11 108	8 088
71	28 249	23 170	18 773	14 719	11 213	8 182
72	28 572	23 473	18 973	14 903	11 316	8 273
73	28 891	23 774	19 168	15 083	11 416	8 364
74	29 203	24 067	19 358	15 258	11 517	8 453
75	29 509	24 354	19 547	15 432	11 615	8 540

Tombereaux de 6 tonnes à deux chevaux

256. — *Tableau indiquant les valeurs de l'effort tranchant positif maximum à des intervalles égaux au dixième de la portée de la poutre, pour des portées variant de mètre en mètre jusqu'à 75 mètres.*

PORTÉE l DE LA POUTRE	VALEURS DE L'EFFORT TRANCHANT POSITIF MAXIMUM DANS LES SECTIONS DONT LA DISTANCE A L'APPUI VOISIN EST DE					
	0 (appui)	$\frac{1}{10}l$	$\frac{2}{10}l$	$\frac{3}{10}l$	$\frac{4}{10}l$	$\frac{5}{10}l$ (milieu)
1m	6T,000	5T,400	4T,800	4T,200	3T,600	3T,000
2	6 000	5 400	4 800	4 200	3 600	3 000
3	6 059	5 400	4 800	4 200	3 600	3 000
4	6 219	5 549	4 879	4 209	3 600	3 000
5	6 315	5 645	4 975	4 305	3 635	3 000
6	6 467	5 727	5 040	4 370	3 700	3 030
7	6 600	5 860	5 120	4 415	3 745	3 075
8	6 700	5 960	5 220	4 480	3 780	3 110
9	7 445	6 105	5 298	4 558	3 818	3 137
10	8 040	6 700	5 360	4 620	3 880	3 158
11	8 544	7 188	5 848	4 671	3 931	3 191
12	9 007	7 597	6 254	4 914	3 974	3 234
13	9 399	7 989	6 597	5 257	4 010	3 270
14	9 772	8 324	6 914	5 552	4 212	3 300
15	10 107	8 627	7 205	5 807	4 467	3 327
16	10 400	8 920	7 460	6 050	4 690	3 350
17	11 012	9 180	7 700	6 275	4 888	3 548
18	11 556	9 476	7 929	6 475	5 065	3 723
19	12 052	9 963	8 135	6 655	5 243	3 879
20	12 524	10 400	8 320	6 840	5 404	4 020
21	12 952	10 802	8 717	7 008	5 550	4 148
22	13 364	11 190	9 077	7 160	5 682	4 272
23	13 748	11 545	9 406	7 326	5 820	4 393
24	14 100	11 880	9 720	7 627	5 947	4 504
25	14 664	12 204	10 019	7 904	6 064	4 605
26	15 185	12 504	10 296	8 160	6 173	4 700
27	15 674	12 847	10 560	8 401	6 318	4 793
28	16 146	13 295	10 818	8 639	6 538	4 886
29	16 586	13 712	11 047	8 860	6 743	4 973
30	17 014	14 106	11 280	9 066	6 934	5 054
31	17 420	14 490	11 644	9 270	7 113	5 130
32	17 800	14 850	11 985	9 465	7 290	5 200
33	18 340	15 198	12 306	9 650	7 460	5 358
34	18 848	15 535	12 617	9 823	7 620	5 506
35	19 331	15 852	12 917	10 072	7 771	5 646
36	19 803	16 218	13 200	10 340	7 920	5 778
37	20 248	16 646	13 475	10 595	8 066	5 903
38	20 585	17 051	13 744	10 835	8 205	6 026
39	21 103	17 442	13 998	11 073	8 336	6 147
40	21 500	17 822	14 240	11 302	8 460	6 262

PORTÉE l DE LA POUTRE	VALEURS DE L'EFFORT TRANCHANT POSITIF MAXIMUM DANS LES SECTIONS DONT LA DISTANCE A L'APPUI VOISIN EST DE					
	0 (appui)	$\frac{1}{10}l$	$\frac{2}{10}l$	$\frac{3}{10}l$	$\frac{4}{10}l$	$\frac{5}{10}l$ (milieu)
41m	22^T,025	18^T,185	14^T,588	11^T,520	8^T,667	6^T,372
42	22 524	18 539	14 919	11 750	8 863	6 476
43	23 005	18 882	15 234	11 939	9 051	6 580
44	23 475	19 210	15 542	12 139	9 230	6 682
45	23 924	19 589	15 842	12 329	9 404	6 780
46	24 366	20 005	16 129	12 538	9 577	6 874
47	24 792	20 403	16 409	12 801	9 742	6 964
48	25 200	20 790	16 684	13 054	9 900	7 050
49	25 715	21 169	16 947	13 296	10 054	7 194
50	26 208	21 532	17 200	13 532	10 208	7 332
51	26 686	21 890	17 538	13 765	10 357	7 465
52	27 156	22 237	17 862	13 989	10 499	7 593
53	27 608	22 572	18 174	14 204	10 636	7 716
54	28 052	22 960	18 480	14 419	10 812	7 837
55	28 484	23 368	18 780	14 628	11 004	7 957
56	28 900	23 760	19 069	14 829	11 189	8 073
57	29 408	24 146	19 352	15 023	11 368	8 185
58	29 897	24 523	19 631	15 273	11 540	8 293
59	30 373	24 887	19 900	15 524	11 714	8 400
60	30 842	25 247	20 160	15 767	11 882	8 507
61	31 295	25 598	20 491	16 002	12 044	8 610
62	31 742	25 937	20 811	16 237	12 201	8 710
63	32 178	26 332	21 120	16 465	12 359	8 807
64	32 600	26 733	21 425	16 685	12 513	8 900
65	33 102	27 122	21 725	16 902	12 662	9 037
66	33 588	27 506	22 015	17 117	12 807	9 170
67	34 063	27 881	22 300	17 325	12 965	9 299
68	34 531	28 246	22 582	17 528	13 152	9 424
69	34 986	28 608	22 855	17 750	13 337	9 545
70	35 435	28 960	23 120	18 000	13 515	9 666
71	35 874	29 303	23 446	18 244	13 688	9 785
72	36 300	29 703	23 763	18 480	13 860	9 902
73	36 798	30 100	24 071	18 714	14 030	10 015
74	37 282	30 486	24 374	18 944	14 194	10 124
75	37 755	30 869	24 673	19 169	14 355	10 234

Charrette de 11 tonnes à cinq chevaux, précédée et suivie de tombereaux de 6 tonnes à deux chevaux

257. — *Tableau indiquant les valeurs de l'effort tranchant positif maximum, à des intervalles égaux au dixième de la portée de la poutre* (1).

PORTÉE l DE LA POUTRE	VALEURS DE L'EFFORT TRANCHANT POSITIF MAXIMUM DANS LES SECTIONS DONT LA DISTANCE A L'APPUI VOISIN EST DE					
	0 (appui)	$\frac{1}{10}l$	$\frac{2}{10}l$	$\frac{3}{10}l$	$\frac{4}{10}l$	$\frac{5}{10}l$ (milieu)
1m	11T,000	9T,900	8T,800	7T,700	6T,600	5T,500
2	11 000	9 900	8 800	7 700	6 600	5 500
3	11 059	9 900	8 800	7 700	6 600	5 500
4	11 219	10 049	8 879	7 709	6 600	5 500
5	11 315	10 145	8 965	7 805	6 635	5 500
6	»	»	9 040	7 870	6 700	5 530
7	»	»	»	7 915	6 745	5 575
8	»	»	»	»	6 779	5 610
9	»	»	»	»	»	5 637
10	»	»	»	»	»	5 658

(1) On n'a inscrit dans ce tableau que les valeurs des efforts tranchants supérieurs à ceux qui sont produits par le convoi-type n° 3.

Chariots de 16 tonnes à huit chevaux

258. — *Tableau indiquant les valeurs de l'effort tranchant positif maximum, à des intervalles égaux au dixième de la portée de la poutre, pour des portées variant de mètre en mètre jusqu'à 75 mètres.*

PORTÉE l DE LA POUTRE	VALEURS DE L'EFFORT TRANCHANT POSITIF MAXIMUM DANS LES SECTIONS DONT LA DISTANCE A L'APPUI VOISIN EST DE					
	0 (appui)	$\frac{1}{10}l$	$\frac{2}{10}l$	$\frac{3}{10}l$	$\frac{4}{10}l$	$\frac{5}{10}l$ (milieu)
1m	8T,000	7T,200	6T,400	5T,600	4T,800	4T,000
2	8 000	7 200	6 400	5 600	4 800	4 000
3	8 000	7 200	6 400	5 600	4 800	4 000
4	10 000	8 400	6 800	5 600	4 800	4 000
5	11 200	9 600	8 000	6 400	4 800	4 000
6	12 059	10 400	8 800	7 200	5 600	4 000
7	12 822	11 082	9 372	7 772	6 172	4 572
8	13 394	11 654	9 914	8 200	6 600	5 000
9	13 956	12 099	10 359	8 619	6 934	5 334
10	14 440	12 560	10 715	8 975	7 235	5 600
11	14 869	12 957	11 077	9 267	7 527	5 819
12	15 313	13 293	11 407	9 527	7 770	6 030
13	15 689	13 669	11 687	9 807	7 975	6 235
14	16 086	13 991	11 971	10 046	8 166	6 411
15	16 454	14 294	12 250	10 254	8 374	6 564
16	16 775	14 615	12 495	10 475	8 555	6 697
17	17 530	14 899	12 739	10 690	8 716	6 836
18	18 200	15 240	12 992	10 882	8 862	6 978
19	18 800	15 840	13 217	11 057	9 034	7 106
20	19 740	16 380	13 420	11 260	9 188	7 220
21	20 591	16 869	13 909	11 444	9 328	7 324
22	21 380	17 604	14 353	11 611	9 455	7 435
23	22 146	18 310	14 759	11 799	9 604	7 550
24	22 848	18 957	15 197	12 170	9 744	7 657
25	23 536	19 594	15 792	12 512	9 872	7 754
26	24 185	20 191	16 342	12 828	9 991	7 845
27	24 799	20 746	16 851	13 120	10 160	7 941
28	25 406	21 303	17 356	13 563	10 432	8 043
29	25 971	21 823	17 833	14 003	10 685	8 138
30	26 534	22 319	18 279	14 414	10 920	8 227
31	27 071	22 812	18 720	14 798	11 141	8 310
32	27 575	23 275	19 145	15 186	11 398	8 388
33	28 291	23 729	19 545	15 554	11 736	8 582
34	28 965	24 175	19 939	15 899	12 055	8 765
35	29 600	24 595	20 325	16 207	12 355	8 938
36	30 423	25 080	20 689	16 569	12 638	9 100
37	31 200	25 648	21 047	16 886	12 923	9 255
38	31 947	26 186	21 403	17 186	13 199	9 400
39	32 681	26 716	21 740	17 490	13 461	9 642
40	33 379	27 380	22 060	17 784	13 709	9 870

PORTÉE l DE LA POUTRE	VALEURS DE L'EFFORT TRANCHANT POSITIF MAXIMUM DANS LES SECTIONS DONT LA DISTANCE A L'APPUI VOISIN EST DE					
	0 (appui)	$\frac{1}{10}l$	$\frac{2}{10}l$	$\frac{3}{10}l$	$\frac{4}{10}l$	$\frac{5}{10}l$ (milieu)
41^{m}	34^{T},069	28^{T},012	22^{T},521	18^{T},064	13^{T},958	10^{T},088
42	34 734	28 615	22 960	18 336	14 202	10 296
43	35 376	29 218	23 379	13 613	14 436	10 494
44	36 013	29 794	23 815	18 877	14 659	10 690
45	36 622	30 352	24 338	19 129	14 879	10 886
46	37 227	30 905	24 839	19 406	15 101	11 073
47	37 813	31 435	25 318	19 775	15 313	11 253
48	38 375	31 955	25 796	20 090	15 517	11 424
49	39 078	32 468	26 259	20 412	15 716	11 596
50	39 752	32 959	26 703	20 720	15 920	11 768
51	40 400	33 450	27 146	21 127	16 117	11 934
52	41 177	33 928	27 577	21 517	16 305	12 093
53	41 925	34 388	27 993	21 893	16 487	12 246
54	42 651	34 920	28 405	22 257	16 720	12 400
55	43 370	35 477	28 810	22 623	16 975	12 554
56	44 064	36 013	29 202	22 977	17 214	12 703
57	44 751	36 573	29 588	23 318	17 457	12 847
58	45 421	37 196	29 972	23 656	17 686	12 986
59	46 074	37 798	30 342	23 990	17 961	13 126
60	46 723	38 386	30 700	24 314	18 254	13 267
61	47 350	38 970	31 152	24 627	18 537	13 404
62	47 975	39 535	31 589	24 944	18 811	13 536
63	48 585	40 091	32 012	25 253	19 077	13 664
64	49 175	40 640	32 447	25 552	19 347	13 788
65	49 871	41 173	32 942	25 847	19 609	13 970
66	50 546	41 703	33 422	26 142	19 863	14 146
67	51 200	42 222	33 883	26 429	20 109	14 317
68	51 953	42 726	34 354	26 708	20 359	14 483
69	52 685	43 233	34 809	27 013	20 603	14 644
70	53 400	43 726	35 251	27 355	20 840	14 800
71	54 110	44 206	35 692	27 687	21 071	15 009
72	54 800	44 760	36 125	28 010	21 304	15 212
73	55 485	45 311	36 546	28 336	21 533	15 409
74	56 157	45 847	36 965	28 717	21 756	15 600
75	56 816	46 422	37 378	29 088	21 973	15 787

Section II. — Efforts tranchants négatifs

259. — A l'aide des indications des n°s 178 et suivants et des barêmes du chapitre Ier, il est facile de calculer l'effort tranchant maximum dans une section quelconque de la poutre.

Les tableaux ci-après font connaître les efforts tranchants au droit des sections qui sont situées à des intervalles égaux au dixième de la portée de la poutre.

Nota. — Ces tableaux supposent que le dernier véhicule du convoi n'a pas franchi l'appui par lequel le convoi est entré.

Ils supposent, en outre, que les résultantes des charges d'un convoi (essieux et attelages) passent par l'axe de la poutre.

Dans ces tableaux, qui sont relatifs à une moitié de poutre, les sections sont définies par leur distance à l'appui voisin. Cette distance est exprimée en fraction de la portée l de la poutre.

Les efforts tranchants sont évalués en tonnes.

Charrettes de 8 tonnes à cinq chevaux sur une même file

260. — *Tableau indiquant les valeurs de l'effort tranchant négatif maximum, à des intervalles égaux au dixième de la portée de la poutre, pour des portées variant de mètre en mètre jusqu'à 75 mètres.*

PORTÉE l DE LA POUTRE	VALEURS DE L'EFFORT TRANCHANT NÉGATIF MAXIMUM DANS LES SECTIONS DONT LA DISTANCE A L'APPUI VOISIN EST DE					
	0 (appui)	$\frac{1}{10} l$	$\frac{2}{10} l$	$\frac{3}{10} l$	$\frac{4}{10} l$	$\frac{5}{10} l$ (milieu)
1m	0	0T,800	1T,600	2T,400	3T,200	4T,000
2	0	0 800	1 600	2 400	3 200	4 000
3	0	0 800	1 600	2 400	3 200	4 000
4	0	0 800	1 600	2 400	3 200	4 000
5	0	0 800	1 600	2 400	3 200	4 000
6	0	0 800	1 600	2 400	3 200	4 021
7	0	0 800	1 600	2 400	3 204	4 054
8	0	0 800	1 600	2 400	3 229	4 079
9	0	0 800	1 600	2 400	3 248	4 098
10	0	0 800	1 600	2 413	3 263	4 113
11	0	0 800	1 600	2 425	3 275	4 137
12	0	0 800	1 600	2 436	3 286	4 167
13	0	0 800	1 600	2 445	3 295	4 173
14	0	0 800	1 602	2 452	3 315	4 215
15	0	0 800	1 609	2 459	3 334	4 234
16	0	0 800	1 615	2 465	3 350	4 258
17	0	0 800	1 620	2 470	3 365	4 287
18	0	0 800	1 624	2 478	3 378	4 313
19	0	0 800	1 628	2 490	3 390	4 336
20	0	0 800	1 632	2 500	3 407	4 357
21	0	0 800	1 635	2 540	3 426	4 381
22	0	0 800	1 638	2 519	3 443	4 410
23	0	0 800	1 641	2 527	3 458	4 435
24	0	0 800	1 643	2 534	3 472	4 459
25	0	0 800	1 645	2 540	3 485	4 480
26	0	0 800	1 648	2 548	3 500	4 505
27	0	0 800	1 652	2 559	3 519	4 533
28	0	0 801	1 658	2 569	3 536	4 559
29	0	0 803	1 663	2 579	3 552	4 582
30	0	0 805	1 667	2 588	3 567	4 605
31	0	0 806	1 671	2 596	3 581	4 625
32	0	0 808	1 675	2 604	3 595	4 770
33	0	0 809	1 679	2 612	3 613	4 906
34	0	0 810	1 683	2 619	3 631	5 034
35	0	0 811	1 686	2 629	3 647	5 154
36	0	0 812	1 689	2 639	3 662	5 268
37	0	0 813	1 692	2 649	3 677	5 379
38	0	0 814	1 695	2 658	3 691	5 487
39	0	0 815	1 699	2 667	3 724	5 590
40	0	0 816	1 704	2 675	3 816	5 688

PORTÉE l DE LA POUTRE	VALEURS DE L'EFFORT TRANCHANT NÉGATIF MAXIMUM DANS LES SECTIONS DONT LA DISTANCE A L'APPUI VOISIN EST DE					
	0 (appui)	$\frac{1}{10}l$	$\frac{2}{10}l$	$\frac{3}{10}l$	$\frac{4}{10}l$	$\frac{5}{10}l$ (milieu)
41m	0	0T,817	1T,708	2T,683	3T,904	5T,781
42	0	0 818	1 713	2 691	3 987	5 873
43	0	0 819	1 717	2 700	4 066	5 963
44	0	0 819	1 722	2 710	4 142	6 049
45	0	0 820	1 725	2 720	4 214	6 131
46	0	0 821	1 729	2 729	4 285	6 210
47	0	0 821	1 733	2 738	4 356	6 288
48	0	0 822	1 736	2 747	4 423	6 365
49	0	0 822	1 740	2 755	4 488	6 439
50	0	0 823	1 743	2 763	4 550	6 510
51	0	0 824	1 746	2 771	4 610	6 579
52	0	0 824	1 750	2 793	4 668	6 647
53	0	0 825	1 755	2 845	4 727	6 715
54	0	0 826	1 760	2 895	4 784	6 781
55	0	0 828	1 764	2 943	4 839	6 844
56	0	0 829	1 768	2 990	4 892	6 905
57	0	0 830	1 772	3 035	4 943	6 965
58	0	0 832	1 776	3 079	4 992	7 026
59	0	0 833	1 780	3 120	5 043	7 085
60	0	0 834	1 784	3 161	5 092	7 142
61	0	0 835	1 787	3 200	5 140	7 197
62	0	0 836	1 791	3 241	5 186	7 250
63	0	0 837	1 794	3 280	5 231	7 366
64	0	0 838	1 798	3 318	5 274	7 477
65	0	0 839	1 802	3 354	5 318	7 585
66	0	0 840	1 807	3 390	5 361	7 690
67	0	0 841	1 811	3 424	5 404	7 792
68	0	0 842	1 816	3 456	5 445	7 892
69	0	0 843	1 820	3 490	5 485	7 991
70	0	0 843	1 824	3 524	5 524	8 088
71	0	0 844	1 828	3 556	5 562	8 182
72	0	0 845	1 831	3 588	5 602	8 273
73	0	0 846	1 835	3 619	5 640	8 364
74	0	0 846	1 839	3 650	5 678	8 453
75	0	0 847	1 842	3 679	5 714	8 540

CONVOI-TYPE N° 2

Tombereaux de 6 tonnes à deux chevaux

261. — *Tableau indiquant les valeurs de l'effort tranchant négatif maximum, à des intervalles égaux au dixième de la portée de la poutre, pour des portées variant de mètre en mètre jusqu'à 75 mètres.*

PORTÉE l DE LA POUTRE	VALEURS DE L'EFFORT TRANCHANT NÉGATIF MAXIMUM DANS LES SECTIONS DONT LA DISTANCE A L'APPUI VOISIN EST DE					
	0 (appui)	$\frac{1}{10} l$	$\frac{2}{10} l$	$\frac{3}{10} l$	$\frac{4}{10} l$	$\frac{5}{10} l$ (milieu)
1^m	0	0^T,600	1^T,200	1^T,800	2^T,400	3^T,000
2	0	0 600	1 200	1 800	2 400	3 000
3	0	0 600	1 200	1 800	2 400	3 000
4	0	0 600	1 200	1 800	2 400	3 000
5	0	0 600	1 200	1 800	2 400	3 000
6	0	0 600	1 200	1 800	2 400	3 030
7	0	0 600	1 200	1 800	2 407	3 075
8	0	0 600	1 200	1 800	2 440	3 110
9	0	0 600	1 200	1 800	2 467	3 137
10	0	0 600	1 200	1 818	2 488	3 158
11	0	0 600	1 200	1 835	2 505	3 191
12	0	0 600	1 200	1 850	2 520	3 234
13	0	0 600	1 200	1 862	2 532	3 270
14	0	0 600	1 203	1 873	2 560	3 300
15	0	0 600	1 212	1 882	2 587	3 327
16	0	0 600	1 220	1 890	2 610	3 350
17	0	0 600	1 227	1 897	2 631	3 548
18	0	0 600	1 234	1 909	2 649	3 723
19	0	0 600	1 239	1 926	2 666	3 879
20	0	0 600	1 244	1 940	2 6[illegible]0	4 020
21	0	0 600	1 249	1 954	2 808	4 148
22	0	0 600	1 253	1 966	2 924	4 272
23	0	0 600	1 257	1 977	3 030	4 393
24	0	0 600	1 260	1 987	3 127	4 504
25	0	0 600	1 263	1 996	3 216	4 605
26	0	0 600	1 266	2 005	3 299	4 700
27	0	0 600	1 273	2 035	3 377	4 793
28	0	0 602	1 280	2 106	3 457	4 886
29	0	0 604	1 287	2 172	3 533	4 973
30	0	0 606	1 294	2 234	3 603	5 054
31	0	0 608	1 300	2 291	3 669	5 130
32	0	0 610	1 305	2 345	3 730	5 200
33	0	0 612	1 311	2 396	3 788	5 358
34	0	0 614	1 316	2 444	3 850	5 506
35	0	0 615	1 320	2 489	3 909	5 646
36	0	0 617	1 325	2 533	3 965	5 778
37	0	0 618	1 329	2 578	4 018	5 903
38	0	0 620	1 333	2 622	4 068	6 026
39	0	0 621	1 337	2 663	4 115	6 147
40	0	0 622	1 340	2 699	4 160	6 262

PORTÉE l DE LA POUTRE	VALEURS DE L'EFFORT TRANCHANT NÉGATIF MAXIMUM DANS LES SECTIONS DONT LA DISTANCE A L'APPUI VOISIN EST DE					
	0 (appui)	$\frac{1}{10}l$	$\frac{2}{10}l$	$\frac{3}{10}l$	$\frac{4}{10}l$	$\frac{5}{10}l$ (milieu)
41m	0	0T,624	1T,373	2T,740	4T,262	6T,372
42	0	0 625	1 404	2 775	4 359	6 476
43	0	0 626	1 434	2 809	4 451	6 580
44	0	0 627	1 462	2 841	4 539	6 682
45	0	0 628	1 489	2 876	4 623	6 780
46	0	0 629	1 515	2 910	4 703	6 874
47	0	0 630	1 540	2 943	4 781	6 964
48	0	0 630	1 564	2 974	4 860	7 050
49	0	0 631	1 587	3 004	4 937	7 194
50	0	0 632	1 608	3 032	5 010	7 332
51	0	0 633	1 630	3 060	5 080	7 465
52	0	0 633	1 650	3 087	5 148	7 593
53	0	0 635	1 669	3 112	5 213	7 716
54	0	0 637	1 689	3 159	5 280	7 837
55	0	0 639	1 709	3 215	5 346	7 957
56	0	0 640	1 729	3 269	5 409	8 073
57	0	0 642	1 748	3 321	5 470	8 185
58	0	0 644	1 767	3 372	5 529	8 293
59	0	0 646	1 784	3 420	5 586	8 400
60	0	0 647	1 802	3 467	5 640	8 507
61	0	0 649	1 818	3 513	5 733	8 610
62	0	0 650	1 835	3 557	5 822	8 710
63	0	0 652	1 850	3 601	5 909	8 807
64	0	0 653	1 865	3 645	5 993	8 900
65	0	0 654	1 880	3 689	6 074	9 037
66	0	0 656	1 894	3 730	6 153	9 170
67	0	0 657	1 910	3 771	6 230	9 299
68	0	0 658	1 925	3 810	6 309	9 424
69	0	0 659	1 940	3 849	6 385	9 545
70	0	0 660	1 955	3 886	6 459	9 666
71	0	0 662	1 969	3 922	6 531	9 785
72	0	0 663	1 983	3 960	6 600	9 902
73	0	0 664	1 996	3 997	6 668	10 015
74	0	0 665	2 009	4 033	6 738	10 124
75	0	0 666	2 022	4 068	6 806	10 234

Convoi-type N° 2 *bis*

Charrette de 11 tonnes à cinq chevaux, précédée et suivie de tombereaux de 6 tonnes à deux chevaux

262. — *Tableau indiquant les valeurs de l'effort tranchant négatif maximum, à des intervalles égaux au dixième de la portée de la poutre* (1)

PORTÉE l DE LA POUTRE	VALEURS DE L'EFFORT TRANCHANT NÉGATIF MAXIMUM DANS LES SECTIONS DONT LA DISTANCE A L'APPUI VOISIN EST DE					
	0 (appui)	$\frac{1}{10} l$	$\frac{2}{10} l$	$\frac{3}{10} l$	$\frac{4}{10} l$	$\frac{5}{10} l$ (milieu)
1m	0	1T,100	2T,200	3T,300	4T,400	5T,500
2	0	1 100	2 200	3 300	4 400	5 500
3	0	1 100	2 200	3 300	4 400	5 500
4	0	1 100	2 200	3 300	4 400	5 500
5	0	1 100	2 200	3 300	4 400	5 500
6	0	1 100	2 200	3 300	4 400	5 530
7	0	1 100	2 200	3 300	4 405	5 575
8	0	1 100	2 200	3 300	4 439	5 610
9	0	1 100	2 200	3 300	4 467	5 637
10	0	1 100	2 200	3 318	4 488	5 658
11	0	1 100	2 200	3 335	4 505	»
12	0	1 100	2 200	3 350	4 520	»
13	0	1 100	2 200	3 362	»	»
14	0	1 100	2 203	3 373	»	»
15	0	1 100	2 212	3 382	»	»
16	0	1 100	2 220	3 390	»	»
17	0	1 100	2 227	3 397	»	»
18	0	1 100	2 234	»	»	»
19	0	1 100	2 239	»	»	»
20	0	1 100	2 244	»	»	»
21	0	1 100	2 249	»	»	»
22	0	1 100	2 253	»	»	»
23	0	1 100	2 257	»	»	»
24	0	1 100	2 260	»	»	»
25	0	1 100	2 263	»	»	»
26	0	1 100	»	»	»	»
27	0	1 100	»	»	»	»
28	0	1 102	»	»	»	»
29	0	1 104	»	»	»	»
30	0	1 106	»	»	»	»

(1) On n'a inscrit dans ce tableau que les valeurs des efforts tranchants supérieurs à ceux qui sont produits par le convoi-type n° 3.

PORTÉE l DE LA POUTRE	VALEURS DE L'EFFORT TRANCHANT NÉGATIF MAXIMUM DANS LES SECTIONS DONT LA DISTANCE A L'APPUI VOISIN EST DE					
	0 (appui)	$\frac{1}{10}l$	$\frac{2}{10}l$	$\frac{3}{10}l$	$\frac{4}{10}l$	$\frac{5}{10}l$ (milieu)
31m	0	1T,108	»	»	»	»
32	0	1 110	»	»	»	»
33	0	1 112	»	»	»	»
34	0	1 114	»	»	»	»
35	0	1 115	»	»	»	»
36	0	1 117	»	»	»	»
37	0	1 118	»	»	»	»
38	0	1 120	»	»	»	»
39	0	1 121	»	»	»	»
40	0	1 122	»	»	»	»
41	0	1 124	»	»	»	»
42	0	1 125	»	»	»	»
43	0	1 126	»	»	»	»
44	0	1 127	»	»	»	»
45	0	1 128	»	»	»	»
46	0	1 129	»	»	»	»
47	0	1 130	»	»	»	»
48	0	1 130	»	»	»	»
49	0	1 131	»	»	»	»
50	0	1 132	»	»	»	»
51	0	1 133	»	»	»	»

CONVOI-TYPE N° 3

Chariots de 16 tonnes à huit chevaux

263. — *Tableau indiquant les valeurs de l'effort tranchant négatif maximum, à des intervalles égaux au dixième de la portée de la poutre, pour des portées variant de mètre en mètre jusqu'à 75 mètres.*

PORTÉE l DE LA POUTRE	VALEURS DE L'EFFORT TRANCHANT NÉGATIF MAXIMUM DANS LES SECTIONS DONT LA DISTANCE A L'APPUI VOISIN EST DE					
	0 (appui)	$\frac{1}{10} l$	$\frac{2}{10} l$	$\frac{3}{10} l$	$\frac{4}{10} l$	$\frac{5}{10} l$ (milieu)
1^m	0	0^T,800	1^T,600	2^T,400	3^T,200	4^T,000
2	0	0 800	1 600	2 400	3 200	4 000
3	0	0 800	1 600	2 400	3 200	4 000
4	0	0 800	1 600	2 400	3 200	4 000
5	0	0 800	1 600	2 400	3 200	4 000
6	0	0 800	1 600	2 400	3 200	4 000
7	0	0 800	1 600	2 400	3 200	4 572
8	0	0 800	1 600	2 400	3 400	5 000
9	0	0 800	1 600	2 400	3 734	5 334
10	0	0 800	1 600	2 400	4 000	5 600
11	0	0 800	1 600	2 619	4 219	5 819
12	0	0 800	1 600	2 800	4 400	6 030
13	0	0 800	1 600	2 954	4 554	6 235
14	0	0 800	1 600	3 086	4 686	6 411
15	0	0 800	1 600	3 200	4 824	6 564
16	0	0 800	1 700	3 300	4 957	6 697
17	0	0 800	1 789	3 389	5 075	6 836
18	0	0 800	1 867	3 467	5 180	6 978
19	0	0 800	1 937	3 537	5 274	7 106
20	0	0 800	2 000	3 618	5 358	7 220
21	0	0 800	2 058	3 694	5 444	7 324
22	0	0 800	2 110	3 764	5 539	7 435
23	0	0 800	2 157	3 827	5 625	7 550
24	0	0 800	2 200	3 885	5 704	7 657
25	0	0 800	2 240	3 938	5 776	7 754
26	0	0 800	2 277	3 988	5 844	7 845
27	0	0 800	2 312	4 033	5 908	7 941
28	0	0 800	2 343	4 083	5 986	8 043
29	0	0 800	2 375	4 137	6 058	8 138
30	0	0 800	2 412	4 187	6 125	8 227
31	0	0 826	2 447	4 234	6 189	8 310
32	0	0 850	2 479	4 278	6 248	8 388
33	0	0 873	2 509	4 319	6 303	8 582
34	0	0 895	2 538	4 358	6 370	8 765
35	0	0 915	2 565	4 395	6 435	8 938
36	0	0 934	2 590	4 431	6 496	9 100
37	0	0 952	2 614	4 475	6 554	9 255
38	0	0 969	2 637	4 517	6 609	9 400
39	0	0 985	2 659	4 557	6 661	9 642
40	0	1 000	2 679	4 594	6 710	9 870

PORTÉE l DE LA POUTRE	VALEURS DE L'EFFORT TRANCHANT NÉGATIF MAXIMUM DANS LES SECTIONS DONT LA DISTANCE A L'APPUI VOISIN EST DE					
	0 (appui)	$\frac{1}{10}l$	$\frac{2}{10}l$	$\frac{3}{10}l$	$\frac{4}{10}l$	$\frac{5}{10}l$ (milieu)
41m	0	1T,015	2T,699	4T,630	6T,836	10T,088
42	0	1 029	2 722	4 664	6 955	10 296
43	0	1 042	2 747	4 697	7 068	10 494
44	0	1 055	2 770	4 728	7 177	10 690
45	0	1 067	2 792	4 765	7 280	10 886
46	0	1 079	2 813	4 802	7 380	11 073
47	0	1 090	2 833	4 838	7 475	11 253
48	0	1 100	2 852	4 872	7 599	11 424
49	0	1 111	2 871	4 905	7 751	11 596
50	0	1 120	2 888	4 936	7 896	11 768
51	0	1 130	2 906	4 967	8 037	11 934
52	0	1 139	2 922	4 996	8 171	12 093
53	0	1 148	2 938	5 024	8 301	12 246
54	0	1 156	2 954	5 080	8 425	12 400
55	0	1 164	2 974	5 150	8 552	12 554
56	0	1 172	2 993	5 216	8 678	12 703
57	0	1 179	3 012	5 280	8 800	12 847
58	0	1 188	3 029	5 343	8 917	12 986
59	0	1 197	3 046	5 403	9 030	13 126
60	0	1 206	3 063	5 460	9 140	13 267
61	0	1 215	3 079	5 517	9 249	13 404
62	0	1 224	3 095	5 571	9 360	13 536
63	0	1 232	3 110	5 623	9 468	13 664
64	0	1 240	3 124	5 699	9 573	13 788
65	0	1 247	3 138	5 785	9 674	13 970
66	0	1 255	3 152	5 868	9 773	14 146
67	0	1 262	3 168	5 949	9 869	14 317
68	0	1 269	3 185	6 028	9 970	14 483
69	0	1 276	3 202	6 104	10 068	14 644
70	0	1 283	3 218	6 178	10 163	14 800
71	0	1 289	3 233	6 250	10 255	15 009
72	0	1 295	3 248	6 319	10 345	15 212
73	0	1 301	3 263	6 390	10 432	15 409
74	0	1 307	3 277	6 462	10 524	15 600
75	0	1 313	3 291	6 532	10 614	15 787

TITRE IV

PONTS SUPPORTANT DES VOIES DE TERRE

ENTRETOISES

CHAPITRE PREMIER

Moments fléchissants

264. — Les tableaux ci-après font connaître les expériences du moment fléchissant maximum dans les entretoises.

Nota. — On a admis un écartement de 1m,70 entre les deux roues d'un essieu (1).

Dans le cas des ponts à double voie charretière, on a supposé un intervalle de 0m,60 entre les roues voisines des deux véhicules appelés à se croiser (2).

Le poids désigné par la lettre P représente la pression d'une roue, soit la moitié de la charge totale d'un essieu.

(1) Cet écartement est celui qui a été indiqué à l'article 17 du règlement du ministre des Travaux publics en date du 29 août 1891.

(2) Cet intervalle est celui qui a été adopté dans les calculs relatifs aux types d'ouvrages d'art publiés par le Ministère de l'Intérieur (Service vicinal. — Circulaire du 14 janvier 1882).

SECTION PREMIÈRE. — **Ponts à une seule voie charretière**

265. — Tableaux indiquant les expressions du moment fléchissant maximum dans les entretoises.

§ 1. — Ponts formés de deux poutres longitudinales (1)

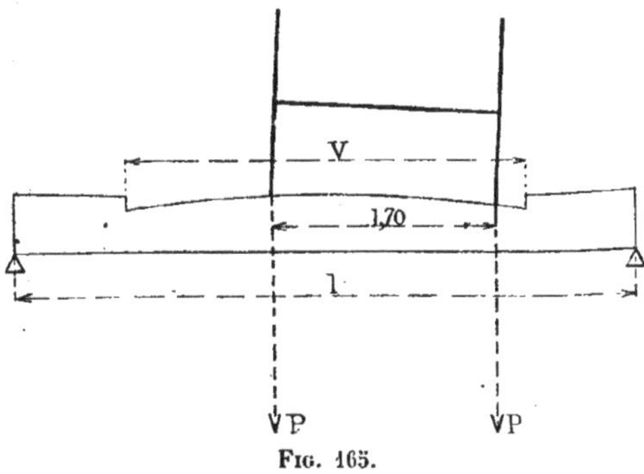

FIG. 165.

LARGEUR de la CHAUSSÉE V	EXPRESSION DU MOMENT FLÉCHISSANT MAXIMUM en FONCTION DE LA PORTÉE l DE L'ENTRETOISE
2m,20	$P\left(\frac{l}{2} + \frac{0.300}{l} - 0.85\right)$
2 30	$P\left(\frac{l}{2} + \frac{0.330}{l} - 0.85\right)$
2 40	$P\left(\frac{l}{2} + \frac{0.350}{l} - 0.85\right)$
2 50	$P\left(\frac{l}{2} + \frac{0.360}{l} - 0.85\right)$
2 55 et au dessus	$P\left(\frac{l}{2} + \frac{0.361}{l} - 0.85\right)$

(1) On suppose que le milieu de la chaussée est au droit du milieu de l'entretoise.

§ 2. — Ponts formés de trois poutres longitudinales (1)

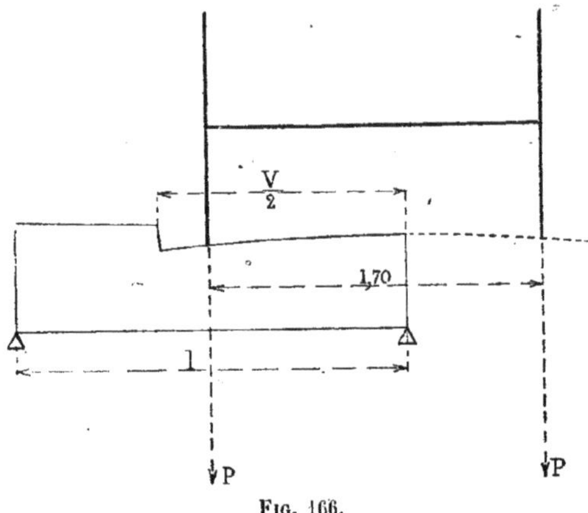

Fig. 166.

LARGEUR TOTALE de la CHAUSSÉE V	PORTÉE de L'ENTRETOISE l	EXPRESSION DU MOMENT FLÉCHISSANT MAXIMUM en fonction de la portée l de l'entretoise
2m,20	De 1m,10 à . . 2m,20	$P\frac{l}{4}$
	au-dessus de . 2 20	$P\left(1^m,10 - \frac{1.21}{l}\right)$
2m,30	De 1m,15 à. . 2 30	$P\frac{l}{4}$
	au-dessus de . 2 30	$P\left(1^m,15 - \frac{1.32}{l}\right)$
2m,40	De 1m,20 à . . 2 40	$P\frac{l}{4}$
	au-dessus de . 2 40	$P\left(1^m,20 - \frac{1.44}{l}\right)$
2m,50	De 1m,25 à . . 2 50	$P\frac{l}{4}$
	au-dessus de . 2 50	$P\left(1^m,25 - \frac{1.56}{l}\right)$

(1) On suppose que la largeur de la chaussée supportée par l'entretoise est la moitié de la largeur totale de la chaussée. S'il n'en était pas ainsi, il y aurait lieu de considérer V comme représentant le double de la largeur de chaussée supportée par l'entretoise.

LARGEUR TOTALE de la CHAUSSÉE V	PORTÉE de L'ENTRETOISE l	EXPRESSION DU MOMENT FLÉCHISSANT MAXIMUM en fonction de la portée l de l'entretoise
2m,60	De 1m,30 à . . 2m, 60	$P \frac{l}{4}$
	au-dessus de . 2 60	$P\left(1^m,30 - \frac{1,69}{l}\right)$
2m,70	De 1m,35 à . . 2 70	$P \frac{l}{4}$
	au-dessus de . 2 70	$P\left(1^m,35 - \frac{1.82}{l}\right)$
2m,80	De 1m,40 à . . 2 80	$P \frac{l}{4}$
	au-dessus de . 2 80	$P\left(1^m,40 - \frac{1.96}{l}\right)$
2m,90	De 1m,45 à . . 2 90	$P \frac{l}{4}$
	au-dessus de . 2 90	$P\left(1^m,45 - \frac{2.10}{l}\right)$
3m,00	De 1m,50 à . . 3 00	$P \frac{l}{4}$
	au-dessus de . 3 00	$P\left(1^m,50 - \frac{2.25}{l}\right)$
3m,10	De 1m,55 à . . 3 10	$P \frac{l}{4}$
	au-dessus de . 3 10	$P\left(1^m,55 - \frac{2.40}{l}\right)$
3m,20	De 1m,60 à . . 3 20	$P \frac{l}{4}$
	au-dessus de . 3 20	$P\left(1^m,60 - \frac{2.56}{l}\right)$
3m,30	De 1m,65 à . . 3 30	$P \frac{l}{4}$
	au-dessus de . 3 30	$P\left(1^m,65 - \frac{2.72}{l}\right)$
3m,40	De 1m,70 à . . 3 40	$P \frac{l}{4}$
	au-dessus de . 3 40	$P\left(1^m,70 - \frac{2.89}{l}\right)$
3m,50	De 1m,75 à . . 3 00	$P \frac{l}{4}$
	au-dessus de . 3 00	$P\left(1^m,80 - \frac{3.15}{l}\right)$
3m,60	De 1m,80 à . . 2 92	$P \frac{l}{4}$
	au-dessus de . 2 92	$P\left(1^m,90 - \frac{3.42}{l}\right)$

§ 3. — Ponts formés de plus de trois poutres longitudinales

1° *Entretoises extrêmes*

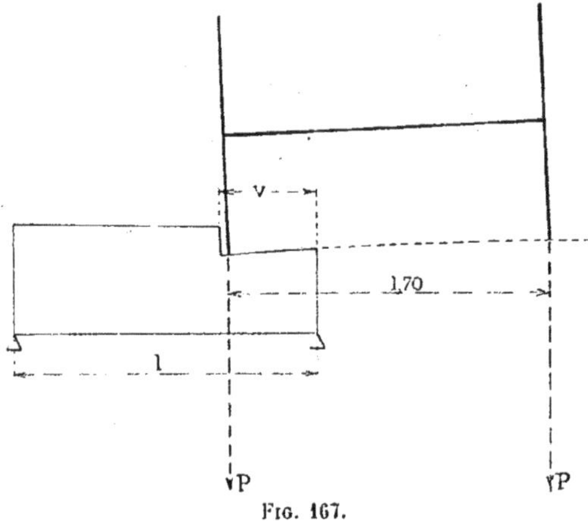

Fig. 167.

LARGEUR de la portion de chaussée v	PORTÉE de L'ENTRETOISE l	EXPRESSION DU MOMENT FLÉCHISSANT MAXIMUM en fonction de la portée l de l'entretoise
$0^m,50$	De $0^m,50$ à . . $1^m,00$	$P\frac{l}{4}$
	au-dessus de . [illegible]	$P\left(0^m,50 - \frac{0.25}{l}\right)$
$0^m,60$	De $0^m,60$ à . . 1 20	$P\frac{l}{4}$
	au-dessus de . 1 20	$P\left(0^m,60 - \frac{0.36}{l}\right)$
$0^m,70$	De $0^m,70$ à . . 1 40	$P\frac{l}{4}$
	au-dessus de . 1 40	$P\left(0^m,70 - \frac{0.49}{l}\right)$
$0^m,80$	De $0^m,80$ à . . 1 60	$P\frac{l}{4}$
	au-dessus de . 1 60	$P\left(0^m,80 - \frac{0.64}{l}\right)$

LARGEUR de la portion de chaussée v	PORTÉE de L'ENTRETOISE l	EXPRESSION DU MOMENT FLÉCHISSANT MAXIMUM en fonction de la portée l de l'entretoise
0m,90	De 0m,90 à . . 1m,80	$P\frac{l}{4}$
	au-dessus de . 1 80	$P\left(0^m,90 - \frac{0.81}{l}\right)$
1m,00	De 1m,00 à . . 2 00	$P\frac{l}{4}$
	au-dessus de . 2 00	$P\left(1^m,00 - \frac{1.00}{l}\right)$
1m,10	De 1m,10 à . . 2 20	$P\frac{l}{4}$
	au-dessus de . 2 20	$P\left(1^m,10 - \frac{1.21}{l}\right)$
1m,20	De 1m,20 à . . 2 40	$P\frac{l}{4}$
	au-dessus de . 2 30	$P\left(1^m,20 - \frac{1.44}{l}\right)$

2° *Entretoises intermédiaires*

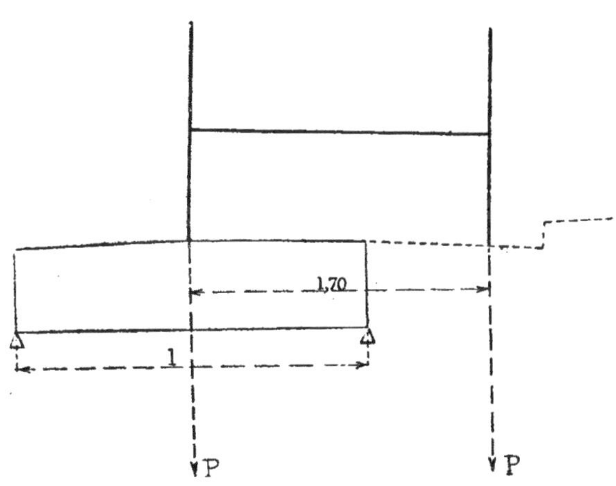

Fig. 168.

PORTÉE de L'ENTRETOISE l	EXPRESSION DU MOMENT FLÉCHISSANT MAXIMUM en FONCTION DE LA PORTÉE l DE L'ENTRETOISE
Jusqu'à . . . 2m,90	$P \frac{l}{4}$ (1)
Au-dessus de 2 90	$P\left(\frac{l}{2} + \frac{0^{m},361}{l} - 0.85\right)$

(1) On suppose que les trottoirs n'empêchent pas de faire passer l'une des roues par le milieu de l'entretoise.

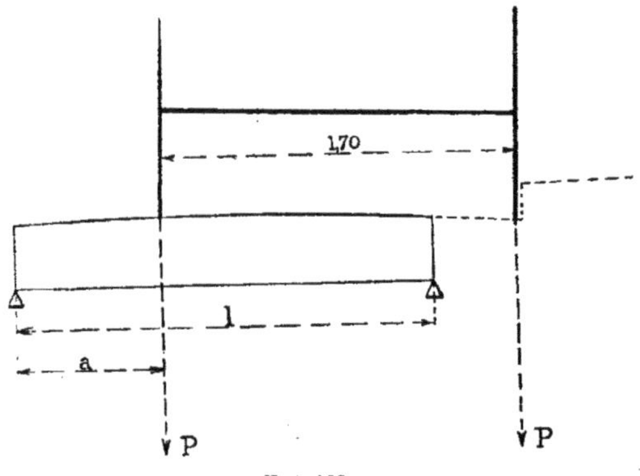

FIG. 169.

Dans le cas contraire, l'expression du moment fléchissant maximum serait :

$$\frac{Pa\,(l - a)}{l}$$

a étant la plus petite des portions d'entretoise déterminées par l'une des roues, quand l'autre est appliquée contre le trottoir.

Section II. — Ponts à double voie charretière

266. — Tableaux indiquant les expressions du moment fléchissant maximum dans les entretoises

§ 1. — Ponts formés de deux poutres longitudinales (1)

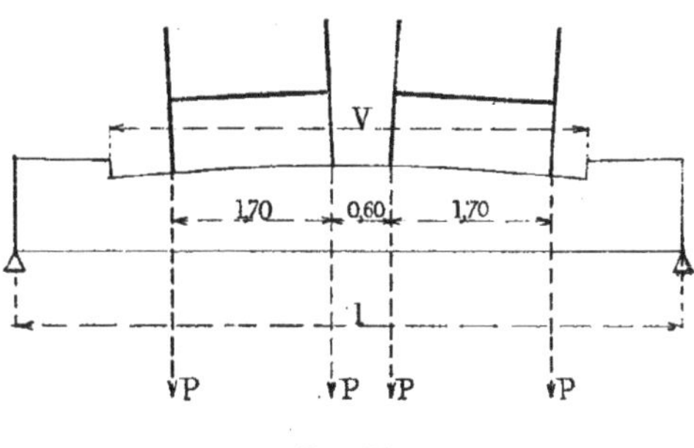

Fig. 170.

LARGEUR de la CHAUSSÉE V	EXPRESSION DU MOMENT FLÉCHISSANT MAXIMUM en FONCTION DE LA PORTÉE l DE L'ENTRETOISE
Au-dessus de 4m,30	$P\left(l + \frac{0.09}{l} - 2.30\right)$

(1) On suppose que le milieu de la chaussée est au droit du milieu de l'entretoise.

§ 2. — Ponts formés de trois poutres longitudinales (1)

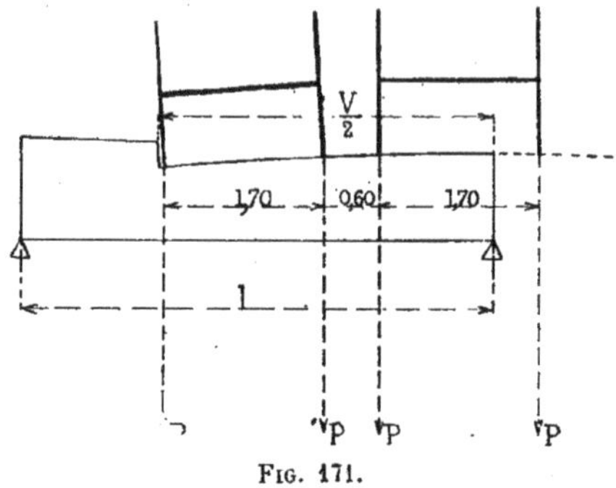

Fig. 171.

LARGEUR TOTALE de la CHAUSSÉE V	PORTÉE de L'ENTRETOISE l	EXPRESSION DU MOMENT FLÉCHISSANT MAXIMUM en fonction de la portée l de l'entretoise
	De 2m,20 à 2m,90	$P\frac{l}{4}$
4m,40	2 91 à 3 55	$P\left(\frac{l}{2}+\frac{0.361}{l}-0.85\right)$
	au-dessus de . 3 55	$P\left(2.70-\frac{5.94}{l}\right)$
	De 2m,25 à 2 90	$P\frac{l}{4}$
4m,50	2 91 à 3 65	$P\left(\frac{l}{2}+\frac{0.361}{l}-0.85\right)$
	au-dessus de. . 3 65	$P\left(2.80-\frac{6.30}{l}\right)$
	De 2m,30 à 2 90	$P\frac{l}{4}$
4m,60	2 91 à 3 75	$P\left(\frac{l}{2}+\frac{0.361}{l}-0.85\right)$
	au-dessus de. . 3 75	$P\left(2.90-\frac{6.67}{l}\right)$
	De 2m,35 à 2 90	$P\frac{l}{4}$
4m,70	2 91 à 3 48	$P\left(\frac{l}{2}+\frac{0.361}{l}-0.85\right)$
	au-dessus de. . 3 48	$P\left(3.05-\frac{7.16}{l}\right)$

(1) On suppose que la largeur de chaussée supportée par l'entretoise est la moitié de la largeur totale de la chaussée. S'il n'en était pas ainsi, il y aurait lieu de considérer V comme représentant le double de la largeur de chaussée supportée par l'entretoise.

LARGEUR TOTALE de la CHAUSSÉE V	PORTÉE de L'ENTRETOISE l	EXPRESSION DU MOMENT FLÉCHISSANT MAXIMUM en fonction de la portée l de l'entretoise
4m,80	De 2m,40 à 2m,80	$P\frac{l}{4}$
	De 2 81 à 2 91	$P\left(1.50 - \frac{2.24}{l}\right)$
	De 2 92 à 3 48	$P\left(\frac{l}{2} + \frac{0.361}{l} - 0.85\right)$
	au-dessus de.. 3 48	$P\left(3.20 - \frac{7.68}{l}\right)$
4m,90	De 2m,45 à 3 20	$P\left(1.65 - \frac{2.51}{l}\right)$
	De 3 21 à 3 48	$P\left(\frac{l}{2} + \frac{0.361}{l} - 0.85\right)$
	De 3 49 à 3 56	$P\left(\frac{3l}{4} + \frac{4}{3l} - 2\right)$
	au-dessus de.. 3 56	$P\left(3.35 - \frac{8.21}{l}\right)$
5m,00	De 2m,50 à 3 48	$P\left(1.80 - \frac{2.80}{l}\right)$
	De 3 49 à 3 66	$P\left(\frac{3l}{4} + \frac{4}{3l} - 2\right)$
	au-dessus de.. 3 66	$P\left(3.50 - \frac{8.75}{l}\right)$
5m,10	De 2m,55 à 3 64	$P\left(1.95 - \frac{3.10}{l}\right)$
	De 3 65 à 3 76	$P\left(\frac{3l}{4} + \frac{4}{3l} - 2\right)$
	au-dessus de.. 3 76	$P\left(3.65 - \frac{9.30}{l}\right)$
5m,20	De 2m,60 à 3 80	$P\left(2.10 - \frac{3.42}{l}\right)$
	De 3 81 à 3 86	$P\left(\frac{3l}{4} + \frac{4}{3l} - 2\right)$
	au-dessus de.. 3 86	$P\left(3.80 - \frac{9.88}{l}\right)$
5m,30	De 2m,65 à .. 3 95	$P\left(2.25 - \frac{3.75}{l}\right)$
	au-dessus de . 3 95	$P\left(3.95 - \frac{10.46}{l}\right)$

LARGEUR TOTALE de la CHAUSSÉE V	PORTÉE de L'ENTRETOISE l	EXPRESSION DU MOMENT FLÉCHISSANT MAXIMUM en fonction de la portée l de l'entretoise
5m,40	De 2m,70 à . . 4m,10	$P\left(2.40 - \frac{4.10}{l}\right)$
	au-dessus de . 4 10	$P\left(4.10 - \frac{11.07}{l}\right)$
5m,50	De 2m,75 à . . 4 25	$P\left(2.55 - \frac{4.46}{l}\right)$
	au-dessus de . 4 25	$P\left(4.25 - \frac{11.68}{l}\right)$
5m,60	De 2m,80 à . . 4 40	$P\left(2.70 - \frac{4.84}{l}\right)$
	au-dessus de . 4 40	$P\left(4.40 - \frac{12.32}{l}\right)$
5m,70	De 2m,85 à . . 4 55	$P\left(2.85 - \frac{5.23}{l}\right)$
	au-dessus de . 4 55	$P\left(4.55 - \frac{12.96}{l}\right)$
5m,80	De 2m,90 à . . 4 70	$P\left(3.00 - \frac{5.64}{l}\right)$
	au-dessus de . 4 70	$P\left(4.70 - \frac{13.63}{l}\right)$
5m,90	De 2m,95 à . . 4 85	$P\left(3.15 - \frac{6.06}{l}\right)$
	au-dessus de . 4 85	$P\left(4.85 - \frac{14.30}{l}\right)$
6m,00	De 3m,00 à . . 5 00	$P\left(3.30 - \frac{6.5}{l}\right)$
	au-dessus de . 5 00	$P\left(5 - \frac{15}{l}\right)$

§ 3. — Ponts formés de plus de trois poutres longitudinales

1° *Entretoises extrêmes*

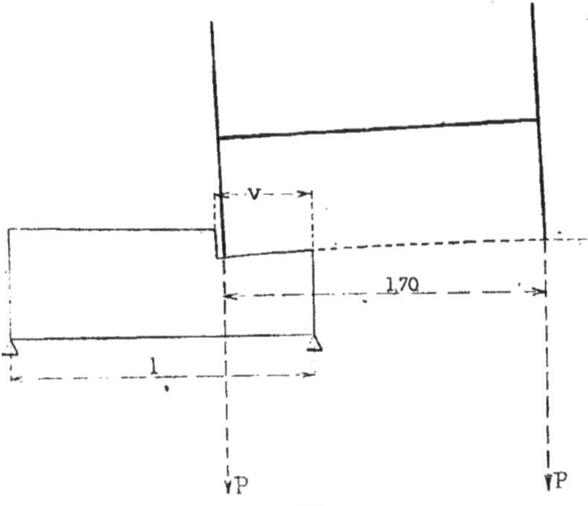

Fig. 172.

LARGEUR de la portion de chaussée v	PORTÉE de L'ENTRETOISE l			EXPRESSION DU MOMENT FLÉCHISSANT MAXIMUM en fonction de la portée l de l'entretoise
1m,00	De 1m,00 à...	2m,	00	$P \frac{l}{4}$
	au-dessus de..	2	00	$P\left(1 - \frac{1}{l}\right)$
1m,10	De 1m,10 à...	2	20	$P \frac{l}{4}$
	au-dessus de..	2	20	$P\left(1.10 - \frac{1.21}{l}\right)$
1m,20	De 1m,20 à...	2	40	$P \frac{l}{4}$
	au-dessus de..	2	40	$P\left(1.20 - \frac{1.44}{l}\right)$
1m,30	De 1m,30 à...	2	60	$P \frac{l}{4}$
	au-dessus de..	2	60	$P\left(1.30 - \frac{1.69}{l}\right)$
1m,40	De 1m,40 à...	2	80	$P \frac{l}{4}$
	au-dessus de..	2	80	$P\left(1.40 - \frac{1.96}{l}\right)$

LARGEUR de la portion de chaussée v	PORTÉE de L'ENTRETOISE l			EXPRESSION DU MOMENT FLÉCHISSANT MAXIMUM en fonction de la portée l de l'entretoise
1m,50	De 1m,50 à. . .	3m	00	$P\frac{l}{4}$
	au-dessus de. .	3	00	$P\left(1.50 - \frac{2.25}{l}\right)$
1m,60	De 1m,60 à. . .	3	20	$P\frac{l}{4}$
	au-dessus de. .	3	20	$P\left(1.60 - \frac{2.56}{l}\right)$
1m,70	De 1m,70 à. . .	3	40	$P\frac{l}{4}$
	au-dessus de. .	3	40	$P\left(1.70 - \frac{2.89}{l}\right)$
1m,80	De 1m,80 à . .	2	92	$P\frac{l}{4}$
	au-dessus de .	2	92	$P\left(1.90 - \frac{3.42}{l}\right)$
1m,90	De 1m,90 à . .	2	90	$P\frac{l}{4}$
	De 2 91 à . .	2	95	$P\left(\frac{l}{2} + \frac{0.361}{l} - 0.85\right)$
	au-dessus de .	3	95	$P\left(2.10 - \frac{3.99}{l}\right)$
2m,00	De 2m,00 à . .	2	90	$P\frac{l}{4}$
	De 2 91 à . .	2	15	$P\left(\frac{l}{2} + \frac{0.361}{l} - 0.85\right)$
	au-dessus de .	3	15	$P\left(2.300 - \frac{4.60}{l}\right)$
2m,10	De 2m,10 à . .	2	90	$P\frac{l}{4}$
	De 2 91 à . .	3	35	$P\left(\frac{l}{2} + \frac{0.361}{l} - 0.85\right)$
	au-dessus de .	3	35	$P\left(2.50 - \frac{5.25}{l}\right)$
2m,20	De 2m,20 à . .	2	90	$P\frac{l}{4}$
	De 2 91 à . .	3	55	$P\left(\frac{l}{2} + \frac{0.361}{l} - 0.85\right)$
	au-dessus de .	3	55	$P\left(2.70 - \frac{5.94}{l}\right)$

2° *Entretoises intermédiaires*

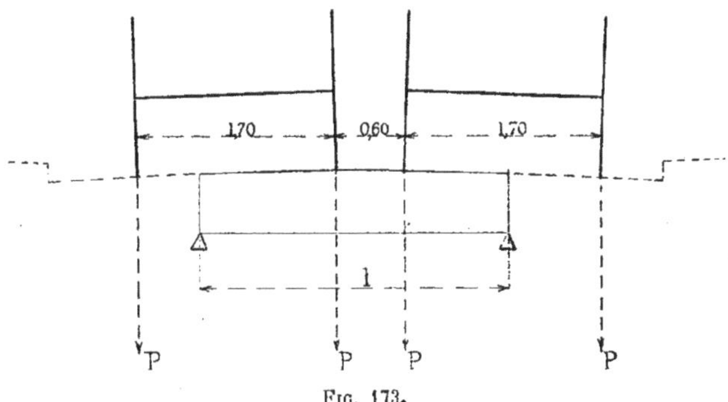

Fig. 173.

PORTÉE de L'ENTRETOISE l	EXPRESSION DU MOMENT FLÉCHISSANT MAXIMUM en FONCTION DE LA PORTÉE l DE L'ENTRETOISE
Jusqu'à 1m,02	$P \dfrac{l}{4}$
De 1m,03 à. . 3m,32	$P\left(\dfrac{l}{2} + \dfrac{0.045}{l} - 0.30\right)$
De 3 33 à. . 4 60	$P\left(\dfrac{3l}{4} + \dfrac{0.10}{l} - 1.15\right)$

CHAPITRE II

Efforts tranchants

267. — Les tableaux ci-après font connaître les expressions de l'effort tranchant maximum dans les entretoises.

Nota. — On a admis un écartement de $1^m,70$ entre les deux roues d'un essieu (1).

Dans le cas des ponts à double voie charretière, on a supposé un intervalle de $0^m,60$ entre les roues voisines des deux véhicules appelés à se croiser (2).

Le poids désigné par la lettre P représente la pression d'une roue, soit la moitié de la charge totale d'un essieu.

(1) Cet écartement est celui qui a été indiqué à l'article 17 du règlement du ministre des Travaux publics en date du 29 août 1891.

(2) Cet intervalle est celui qui a été adopté dans les calculs relatifs aux types des ouvrages d'art publiés par le ministère de l'Intérieur. (*Service vicinal.* — Circulaire du 14 janvier 1882.)

SECTION PREMIÈRE. — **Ponts à une seule voie charretière**

268. — Tableaux indiquant les expressions de l'effort tranchant maximum dans les entretoises

§ 1. — Ponts formés de deux poutres longitudinales (1)

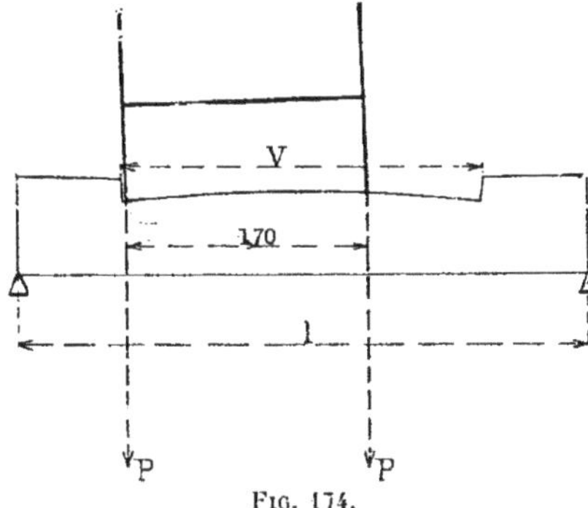

FIG. 174.

LARGEUR de la CHAUSSÉE V	EXPRESSION de L'EFFORT TRANCHANT MAXIMUM en fonction de la portée l de l'entretoise	LARGEUR de la CHAUSSÉE V	EXPRESSION de L'EFFORT TRANCHANT MAXIMUM en fonction de la portée l de l'entretoise
2m,20	$P\left(1+\frac{0.50}{l}\right)$	3m,00	$P\left(1+\frac{1.30}{l}\right)$
2 30	$P\left(1+\frac{0.60}{l}\right)$	3 10	$P\left(1+\frac{1.40}{l}\right)$
2 40	$P\left(1+\frac{0.70}{l}\right)$	3 20	$P\left(1+\frac{1.50}{l}\right)$
2 50	$P\left(1+\frac{0.80}{l}\right)$	3 30	$P\left(1+\frac{1.60}{l}\right)$
2 60	$P\left(1+\frac{0.90}{l}\right)$	3 40	$P\left(1+\frac{1.70}{l}\right)$
2 70	$P\left(1+\frac{1.00}{l}\right)$	3 50	$P\left(1+\frac{1.80}{l}\right)$
2 80	$P\left(1+\frac{1.10}{l}\right)$	3 60	$P\left(1+\frac{1.90}{l}\right)$
2 90	$P\left(1+\frac{1.20}{l}\right)$		

(1) On suppose que le milieu de la chaussée est au droit du milieu de l'entretoise.

§ 2. — Ponts formés de trois poutres longitudinales (1)

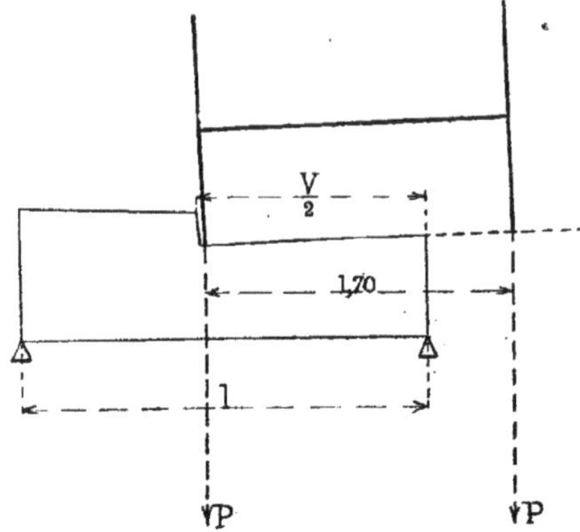

FIG. 175.

LARGEUR TOTALE de la CHAUSSÉE V	EXPRESSION de L'EFFORT TRANCHANT MAXIMUM en fonction de la portée l de l'entretoise	LARGEUR TOTALE de la CHAUSSÉE V	EXPRESSION de L'EFFORT TRANCHANT MAXIMUM en fonction de la portée l de l'entretoise
2m,20	$P\frac{1.10}{l}$	3m,00	$P\frac{1.50}{l}$
2 30	$P\frac{1.15}{l}$	3 10	$P\frac{1.55}{l}$
2 40	$P\frac{1.20}{l}$	3 20	$P\frac{1.60}{l}$
2 50	$P\frac{1.25}{l}$	3 30	$P\frac{1.65}{l}$
2 60	$P\frac{1.30}{l}$	3 40	$P\frac{1.70}{l}$
2 70	$P\frac{1.35}{l}$	3 50	$P\frac{1.80}{l}$
2 80	$P\frac{1.40}{l}$	3 60	$P\frac{1.90}{l}$
2 90	$P\frac{1.45}{l}$		

(1) On suppose que la largeur de chaussée supportée par l'entretoise est la moitié de la largeur totale de la chaussée. S'il n'en était pas ainsi, il y aurait lieu de considérer V comme représentant le double de la largeur de chaussée supportée par l'entretoise.

§ 3. — Ponts formés de plus de trois poutres longitudinales

1° *Entretoises extrêmes*

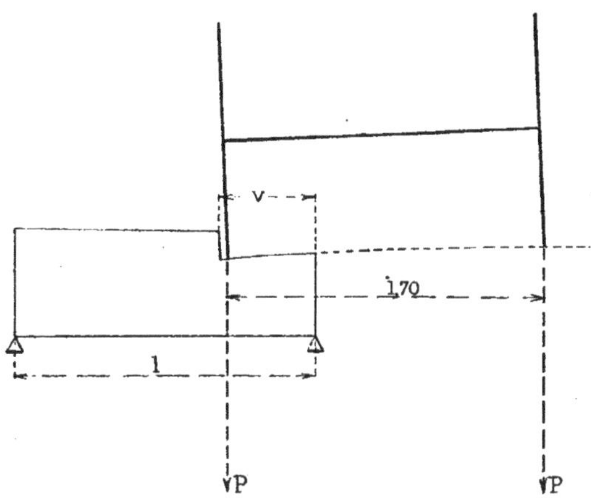

Fig. 176.

LARGEUR de la PORTION de chaussée v	EXPRESSION de L'EFFORT TRANCHANT MAXIMUM en fonction de la portée l de l'entretoise	LARGEUR de la PORTION de chaussée v	EXPRESSION de L'EFFORT TRANCHANT MAXIMUM en fonction de la portée l de l'entretoise
0m,50	$P\frac{0.50}{l}$	0m,90	$P\frac{0.90}{l}$
0 60	$P\frac{0.60}{l}$	1 00	$\frac{P}{l}$
0 70	$P\frac{0.70}{l}$	1 10	$P\frac{1.10}{l}$
0 80	$P\frac{0.80}{l}$	1 20	$P\frac{1.20}{l}$

2° *Entretoises intermédiaires*

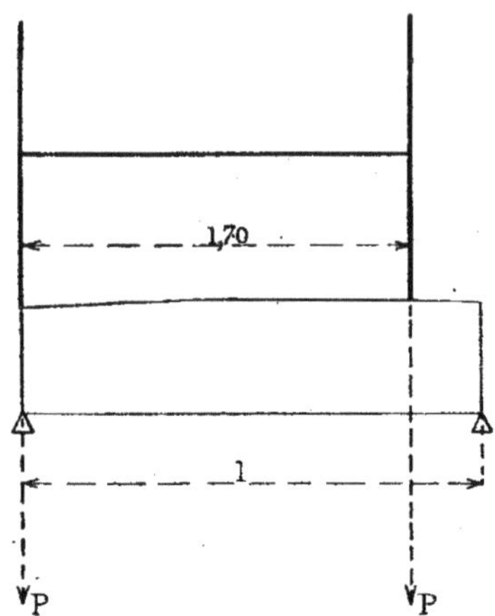

Fig. 177.

PORTÉE de L'ENTRETOISE l	EXPRESSION DE L'EFFORT TRANCHANT MAXIMUM en FONCTION DE LA PORTÉE l DE L'ENTRETOISE
Jusqu'à $1^m,70$	P
Au-dessus de $1^m,70$	$P\left(2 - \frac{1.70}{l}\right)$

SECTION II. — **Ponts à double voie charretière**

269. — Tableaux indiquant les expressions de l'effort tranchant maximum dans les entretoises

§ 1. — Ponts formés de deux poutres longitudinales (1)

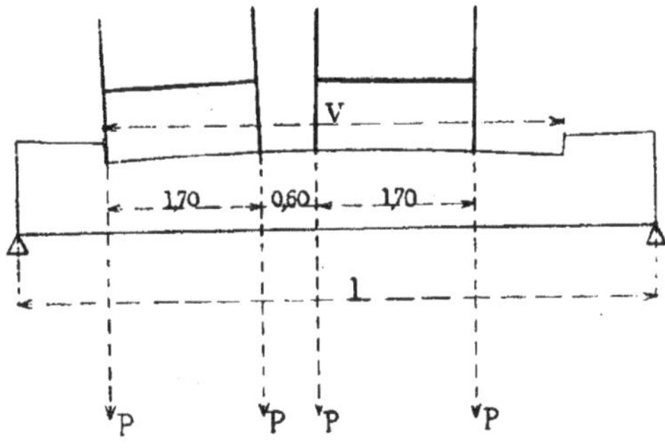

FIG. 178.

LARGEUR de la CHAUSSÉE V	EXPRESSION de L'EFFORT TRANCHANT MAXIMUM en fonction de la portée l de l'entretoise	LARGEUR de la CHAUSSÉE V	EXPRESSION de L'EFFORT TRANCHANT MAXIMUM en fonction de la portée l de l'entretoise
4m,40	$P\left(2+\frac{0.80}{l}\right)$	5m,30	$P\left(2+\frac{2.60}{l}\right)$
4 50	$P\left(2+\frac{1.00}{l}\right)$	5 40	$P\left(2+\frac{2.80}{l}\right)$
4 60	$P\left(2+\frac{1.20}{l}\right)$	5 50	$P\left(2+\frac{3.00}{l}\right)$
4 70	$P\left(2+\frac{1.40}{l}\right)$	5 60	$P\left(2+\frac{3.20}{l}\right)$
4 80	$P\left(2+\frac{1.60}{l}\right)$	5 70	$P\left(2+\frac{3.40}{l}\right)$
4 90	$P\left(2+\frac{1.80}{l}\right)$	5 80	$P\left(2+\frac{3.60}{l}\right)$
5 00	$P\left(2+\frac{2.00}{l}\right)$	5 90	$P\left(2+\frac{3.80}{l}\right)$
5 10	$P\left(2+\frac{2.20}{l}\right)$	6 00	$P\left(2+\frac{4.00}{l}\right)$
5 20	$P\left(2+\frac{2.40}{l}\right)$		

(1) On suppose que le milieu de la chaussée est au droit du milieu de l'entretoise.

§ 2. — Ponts formés de trois poutres longitudinales (1)

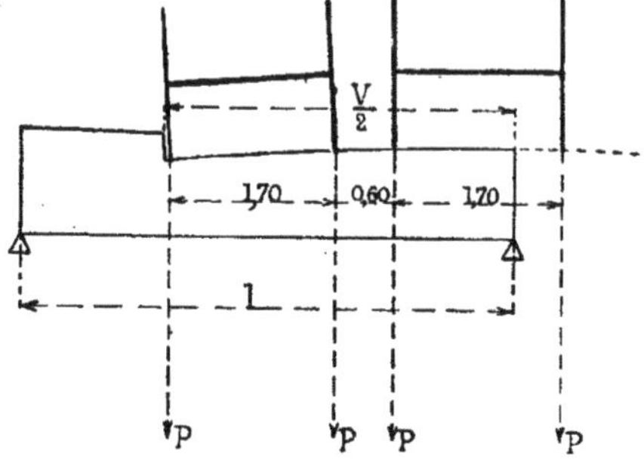

Fig. 179.

LARGEUR TOTALE de la CHAUSSÉE V	EXPRESSION de L'EFFORT TRANCHANT MAXIMUM en fonction de la portée l de l'entretoise	LARGEUR TOTALE de la CHAUSSÉE V	EXPRESSION de L'EFFORT TRANCHANT MAXIMUM en fonction de la portée l de l'entretoise
4m,40	$P \frac{2.70}{l}$	5m,30	$P \frac{3.95}{l}$
4 50	$P \frac{2.80}{l}$	5 40	$P \frac{4.10}{l}$
4 60	$P \frac{2.90}{l}$	5 50	$P \frac{4.25}{l}$
4 70	$P \frac{3.05}{l}$	5 60	$P \frac{4.40}{l}$
4 80	$P \frac{3.20}{l}$	5 70	$P \frac{4.55}{l}$
4 90	$P \frac{3.35}{l}$	5 80	$P \frac{4.70}{l}$
5 00	$P \frac{3.50}{l}$	5 90	$P \frac{4.85}{l}$
5 10	$P \frac{3.65}{l}$	6 00	$P \frac{5.00}{l}$
5 20	$P \frac{3.80}{l}$		

(1) On suppose que la largeur de chaussée supportée par l'entretoise est la moitié de la largeur totale de la chaussée. S'il n'en était pas ainsi, il y aurait lieu de considérer V comme représentant le double de la largeur de chaussée supportée par l'entretoise.

§ 3. — Ponts formés de plus de trois poutres longitudinales

1° *Entretoises extrêmes*

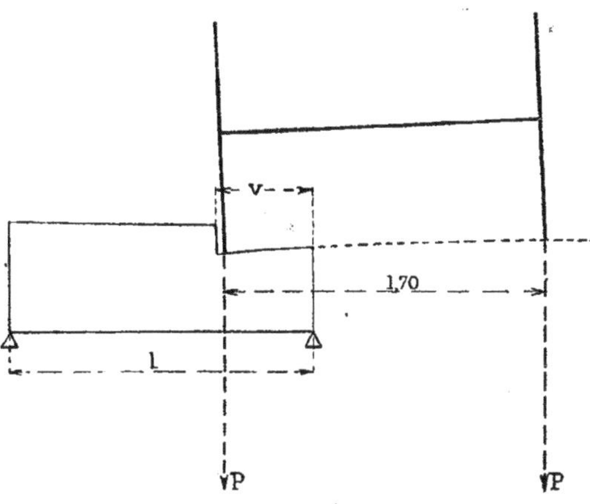

Fig. 180.

LARGEUR de la PORTION de chaussée v	EXPRESSION de L'EFFORT TRANCHANT MAXIMUM en fonction de la portée l de l'entretoise	LARGEUR de la PORTION de chaussée v	EXPRESSION de L'EFFORT TRANCHANT MAXIMUM en fonction de la portée l de l'entretoise
1m,00	$\frac{P}{l}$	1m,70	$P\frac{1.70}{l}$
1 10	$P\frac{1.10}{l}$	1 80	$P\frac{1.90}{l}$
1 20	$P\frac{1.20}{l}$	1 90	$P\frac{2.10}{l}$
1 30	$P\frac{1.30}{l}$	2 00	$P\frac{2.30}{l}$
1 40	$P\frac{1.40}{l}$	2 10	$P\frac{2.50}{l}$
1 50	$P\frac{1.50}{l}$	2 20	$P\frac{2.70}{l}$
1 60	$P\frac{1.60}{l}$		

2° *Entretoises intermédiaires*

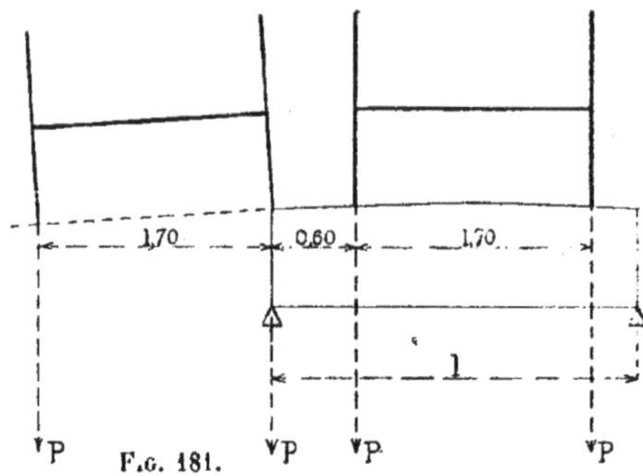

Fig. 181.

PORTÉE de L'ENTRETOISE l	EXPRESSION DE L'EFFORT TRANCHANT MAXIMUM en FONCTION DE LA PORTÉE l DE L'ENTRETOISE
De $0^m,60$ à $2^m,30$	$P\left(2 - \frac{0.60}{l}\right)$ (1)
De 2 31 à 5 10	$P\left(3 - \frac{2.90}{l}\right)$

(1) On suppose que les trottoirs n'empêchent pas de placer l'une des roues au droit de l'appui d'une entretoise.

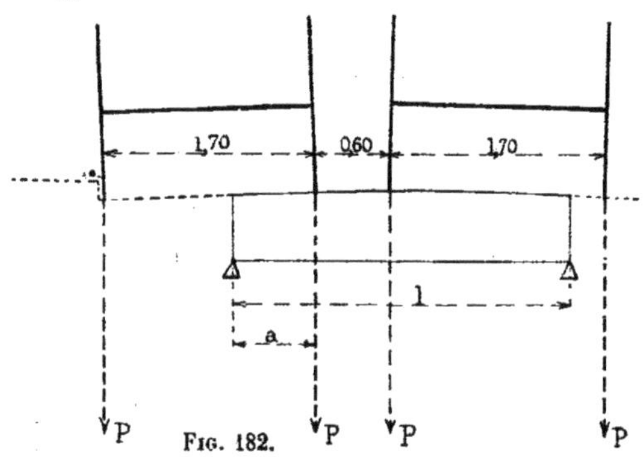

Fig. 182.

Dans le cas contraire, l'expression de l'effort tranchant maximum serait :

$$P\left(2 - \frac{2a + 0,60}{l}\right),$$

a étant la plus petite portion d'entretoise déterminée par l'une des roues, quand l'autre est appliquée contre le trottoir.

TROISIÈME PARTIE

INDICATIONS PRATIQUES

POUR LE CALCUL DES POUTRES

TITRE PREMIER

PONTS SUPPORTANT DES VOIES DE FER

CHAPITRE PREMIER

Poutres longitudinales (1)

SECTION PREMIÈRE. — **Du coefficient de proportionnalité par lequel doivent être multipliés soit les résultats fournis par les barêmes, soit les chiffres des tableaux déduits de ces barêmes.**

270. — Les barêmes des titres I et II de la deuxième partie, et les tableaux qui en ont été déduits, ont été établis dans l'hypothèse où les résultantes des charges d'un train passent par l'axe de la poutre.

Quand il n'en est pas ainsi, les moments fléchissants et les efforts tranchants fournis par ces barêmes ou tirés de ces tableaux doivent être multipliés par un certain *coefficient de proportionnalité*.

Ce coefficient s'obtient en procédant à la décomposition du poids des roues, de manière à déterminer la composante totale qui passe par l'axe de la poutre considérée. Le rapport entre cette composante et le poids d'un essieu constitue le coefficient cherché.

(1) Il s'agit des poutres longitudinales auxquelles sont transmises les charges des trains.

Lorsque, par exemple, le tablier est formé de deux poutres longitudinales entre lesquelles une seule voie est disposée, le coefficient de proportionnalité est égal à $\frac{1}{2}$, si l'axe de la voie est exactement au milieu de l'intervalle des deux poutres (1).

Section II. — Calcul des moments fléchissants

§ 1. — Poutres à section constante

271. — Le moment fléchissant maximum, d'après lequel la section de la poutre doit être calculée, peut s'obtenir en additionnant :

(1) *Autre exemple.* Si la voie est en courbe sur le pont, il résulte du devers que le poids d'un essieu ne se partage pas exactement par moitié entre les deux rails.

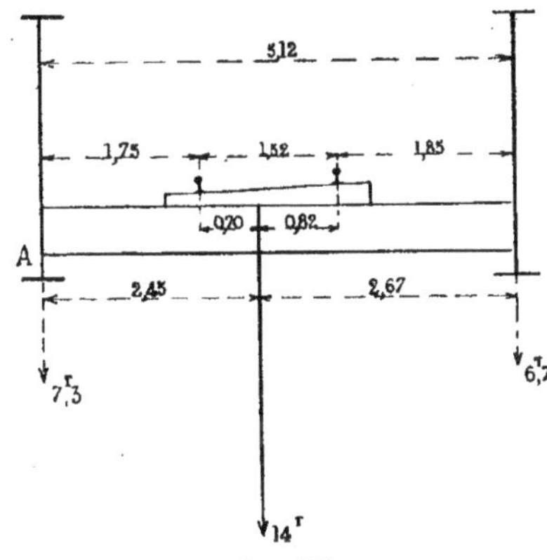

Fig. 183.

Dans le cas de la figure 183, où le poids d'un essieu passe à 0m,70 d'un rail et à 0m,82 de l'autre, il y a lieu de déterminer la composante de ce poids appliquée au point A, si l'on considère la poutre de gauche.

Cette composante a pour valeur :

$$14^{T} \times \frac{0.82 + 1.85}{5.12} = 7^{T},3$$

et le coefficient de proportionnalité est égal à $\frac{7^{T},3}{14^{T}}$ ou 0,52.

1° Le moment fléchissant produit au milieu de la poutre par la charge permanente ;

2° Le moment fléchissant maximum engendré par la surcharge roulante.

Le premier moment est fourni par la formule du n° 2.

Le second moment peut se déterminer à l'aide des expressions consignées dans le tableau ci-après, sauf à en multiplier les résultats par le coefficient de proportionnalité dont il a été question au n° 270.

272. — Tableau indiquant les expressions du moment fléchissant maximum dans les poutres longitudinales de petite portée

Nota. — Ce tableau suppose que les charges des essieux d'un train-type passent par l'axe de la poutre.

Les moments fléchissants sont exprimés en mètres-tonnes.

PORTÉE de la POUTRE l	EXPRESSION DU MOMENT FLÉCHISSANT MAXIMUM en FONCTION DE LA PORTÉE DE LA POUTRE
	1° *Voie large*
De 0 à 2m,04	$3.5l$
2m,05 2 66	$7l + \frac{2.52}{l} - 8.4$
2 67 4 47	$10.5\,l - 16.8$
4 48 11 60	$14l + \frac{5.04}{l} - 33.6$
	2° *Voie d'un mètre*
De 0 à 2m,04	$2.5\,l$
2m,05 2 66	$5l + \frac{1.8}{l} - 6$
2 67 4 47	$7.5\,l - 12$
4 48 10 68	$10l + \frac{3.6}{l} - 24$

273. — Cas des poutres sous rails. — Lorsque les poutres longitudinales sont placées sous les rails, il y a lieu d'avoir égard, en ce qui concerne la voie large, à la prescription du dernier paragraphe de l'article 4 du règlement du 29 août 1891, aux termes de laquelle les dimensions des pièces doivent être calculées dans l'hypothèse du passage d'un essieu isolé pesant 20 tonnes, si cette hypothèse réalise les plus grands efforts. En ce qui a trait à la voie d'un mètre, le poids de cet essieu isolé doit être de 14 tonnes, d'après l'article 13 du même règlement.

Dans le cas des poutres sous rails, le tableau précédent doit, pour le motif qui vient d'être indiqué, être remplacé par le suivant :

274. — Tableau indiquant les expressions du moment fléchissant maximum dans les poutres longitudinales sous rails de petite portée

Nota. — Ce tableau suppose que les charges des essieux d'un train-type passent par l'axe de la poutre (1).

Les moments fléchissants sont exprimés en mètres-tonnes.

PORTÉE de la POUTRE l	EXPRESSION DU MOMENT FLÉCHISSANT MAXIMUM en FONCTION DE LA PORTÉE DE LA POUTRE
	1° *Voie large*
De 0 à 3m,05	$5l$
3m,06 4 47	$10.5l - 16.8$
4 48 11 60	$14l + \frac{5.04}{l} - 33.6$
	2° *Voie d'un mètre*
De 0 à 3m,00	$3.5l$
3m,01 4 47	$7.5l - 12$
4 48 10 68	$10l + \frac{3.6}{l} - 24$

(1) Les résultats fournis par ce tableau doivent être, en conséquence, multipliés par le coefficient de proportionnalité dont il a été question au n° 270.

§ 2. — Poutres à section variable

275. — Dans ce cas, il est nécessaire de tracer la courbe représentative des moments fléchissants maximum.

Pour y arriver, on divise la portée de la poutre en sections. On élève, au droit de ces sections, des ordonnées qui représentent les moments fléchissants correspondants, et on trace une courbe passant par les extrémités de ces ordonnées (1).

Les moments fléchissants à porter en ordonnées s'obtiennent en additionnant :

1° Les moments dus à la charge permanente de la poutre;

2° Les moments produits par la surcharge roulante.

Pour déterminer les moments dus à la charge permanente, on trace la parabole décrite au n° 1 et on mesure les ordonnées passant par les sections considérées.

Quant aux moments produits par la surcharge roulante, ils peuvent être obtenus de deux manières différentes, suivant qu'on adopte l'une ou l'autre des deux solutions ci-après.

PREMIÈRE SOLUTION. — *Les sections choisies correspondent aux points d'attache des entretoises avec la poutre.*

276. — On commence par rechercher, pour chaque section, quel est l'essieu à y placer pour développer le moment fléchissant maximum.

Cette recherche peut s'effectuer à l'aide de la méthode indiquée au n° 93. Mais, en ce qui concerne les ponts pour chemins de fer à voie large, on évite tous les tâtonnements que comporte cette méthode en procédant ainsi qu'il suit :

(1) Cette courbe devant être symétrique par rapport à l'ordonnée du milieu de la poutre, les opérations relatives à la détermination des ordonnées ne sont à effectuer que pour l'une des moitiés de la poutre.

On calcule la proportion suivant laquelle chaque section partage la portée de la poutre, c'est-à-dire le rapport $\frac{a_1}{l}$, a_1 étant la distance de la section au premier appui, et l la portée de la poutre. Connaissant cette proportion, on trouve, par une simple lecture, dans le tableau du n° 185, l'essieu à appliquer à la section pour donner lieu au moment fléchissant maximum.

On se sert ensuite du barême relatif à l'essieu ainsi trouvé, c'est-à-dire du barême qui porte le même numéro d'ordre que ledit essieu. Ce barême fournit les éléments nécessaires pour calculer le moment fléchissant donné par la formule:

$$M_f = \frac{a_1 a_2 (\Sigma P_1 + \Sigma P_2) - (a_1 \Sigma P_2 + a_2 \Sigma P_1)}{l}.$$

Il ne reste plus qu'à multiplier le résultat par le coefficient de proportionnalité dont il a été question au n° 270, pour obtenir le moment fléchissant maximum produit, dans la section envisagée, par la surcharge roulante.

277. — Application à un exemple. — *Poutre de 41 mètres de portée pour chemin de fer à voie large.* — On suppose le tablier composé de deux poutres longitudinales avec une voie unique placée exactement dans l'axe du pont.

1° *Charge permanente.* — Si cette charge est de 1200^K par mètre courant de poutre, les moments fléchissants sont représentés par une parabole (n° 1) dont l'ordonnée au sommet a pour valeur:

$$1200^K \times \frac{\overline{41}^2}{8} = 252^{MT},150.$$

2° *Surcharge roulante.* — Si les entretoises sont disposées comme dans l'exemple donné au n° 206 pour l'usage des barêmes, les essieux à placer au droit des cinq premières sections sont les suivants :

Section 1.	Essieu n° 2
— 2.	— 3
— 3.	— 4
— 4.	— 6
— 5.	— 7

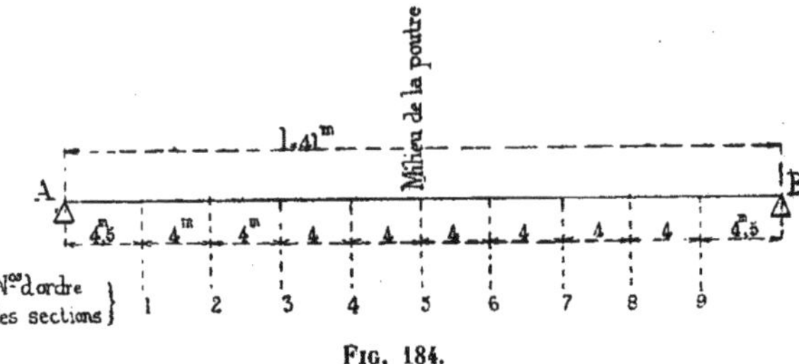

Fig. 184.

et les moments fléchissants, calculés dans l'hypothèse où les charges du train-type passent par l'axe de la poutre, sont ceux qui ont été indiqués au n° 206, savoir :

Section 1	452MT, 693
— 2	730 605
— 3	898 469
— 4	1.008 947
— 5	1.067 600

Le coefficient de proportionnalité par lequel ces chiffres doivent être multipliés est $\frac{1}{2}$, de telle sorte que les moments fléchissants produits par la surcharge roulante dans la poutre considérée sont, en définitive, les suivants :

Section 1.	226MT, 347
— 2.	365 303
— 3.	449 235
— 4.	504 459
— 5.	533 800

3° *Courbe représentative des moments fléchissants totaux.* — Pour obtenir cette courbe, on trace d'abord la parabole relative à la charge permanente, en élevant au milieu de la poutre une perpendiculaire égale à $252^{MT},150$ et en appliquant le procédé décrit au n° 335.

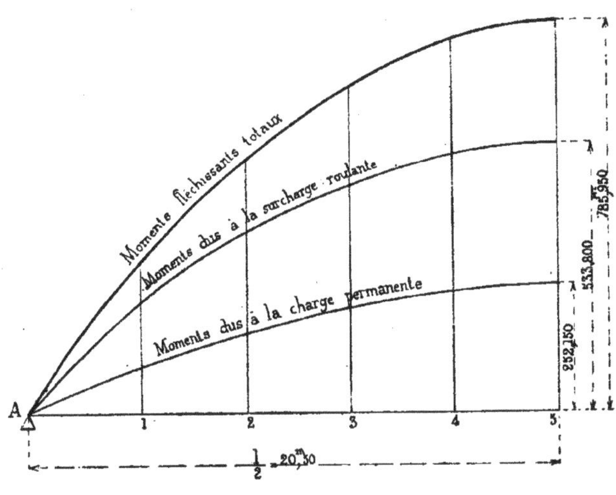

FIG. 185.

On trace ensuite la courbe représentative des moments dus à la surcharge roulante. On mène, au droit de chaque section, des ordonnées égales aux valeurs ci-dessus indiquées et on fait passer une courbe par les extrémités de ces ordonnées.

Enfin on additionne les valeurs des ordonnées qui, dans les deux courbes, correspondent à chaque section, et l'on porte les totaux en ordonnées au droit des diverses sections. On fait passer par les extrémités de ces nouvelles ordonnées une troisième courbe, qui représente les moments fléchissants totaux engendrés dans la poutre.

DEUXIÈME SOLUTION. — *Les sections sont choisies à des intervalles égaux au dixième de la portée de la poutre.*

278. — Cette solution permet d'obtenir avec rapidité des résultats suffisamment approchés.

On trouve, en effet, les moments fléchissants dus à la surcharge roulante tout calculés dans l'hypothèse où les charges d'un train-type passent par l'axe de la poutre. Ces moments sont indiqués dans le tableau du n° 209 pour les chemins de fer à voie large et dans le tableau du n° 231 pour les chemins de fer à voie d'un mètre (1).

Il ne reste qu'à multiplier les chiffres de ces tableaux par le coefficient de proportionnalité dont il est question au n° 270, pour obtenir les moments fléchissants maximum produits, dans les sections envisagées, par la surcharge roulante.

279. — Application à l'exemple du n° 277. — Les opérations sont celles qui ont été indiquées au n° 277, sauf pour la position des sections et la détermination des moments fléchissants dus à la surcharge roulante.

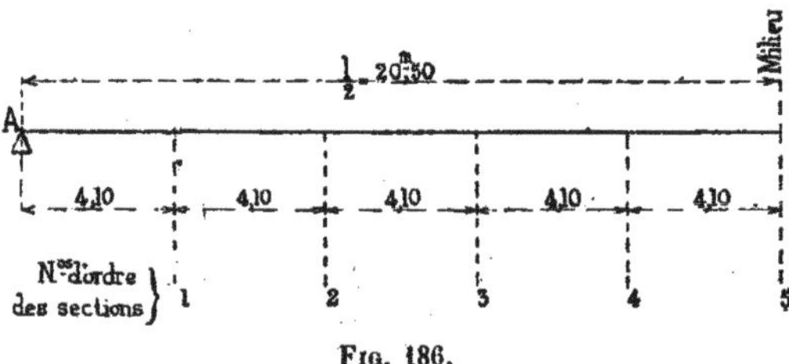

FIG. 186.

Les sections, qui, pour une moitié de poutre, sont au

(1) Ces tableaux ne donnent les moments fléchissants que pour des portées en nombres entiers de mètres. Quand la portée renferme une fraction de mètre, on procède par interpolation.

nombre de cinq, présentent entre elles un intervalle constant de $4^m,10$.

Quant aux moments fléchissants au droit de ces sections, ils s'obtiennent en tirant du tableau du n° 209 les valeurs correspondant à une portée de 41 mètres, savoir :

Section 1.	$418^{MT},32$
— 2.	713 60
— 3.	892 56
— 4.	1.006 64
— 5.	1.067 60

puis, en multipliant ces valeurs par le coefficient $\frac{1}{2}$, ce qui donne, en définitive, pour les moments fléchissants produits par la surcharge roulante :

Section 1.	$209^{MT},16$
— 2.	356 80
— 3.	446 28
— 4.	503 32
— 5.	533 80

280. — Cas des poutres de petite portée. — Lorsque les poutres ont une portée inférieure à $8^m,20$ ou à $7^m,70$ (suivant qu'il s'agit de la voie large ou de la voie de 1 mètre), on peut tracer la courbe représentative des moments fléchissants dus à la surcharge roulante, sans diviser la portée en sections et, par conséquent, sans avoir recours aux barêmes ou aux tableaux qui en dérivent.

Dans ce cas, les moments fléchissants maximum sont engendrés par le passage d'une machine seulement. Les poutres sont donc parcourues, suivant que leur portée est plus ou moins grande, par un, deux, trois ou quatre essieux. La courbe des moments fléchissants peut dès lors s'obtenir au moyen des paraboles décrites dans la première partie (titre Ier, chapitre III), pour les poutres chargées d'un poids unique ou d'un système de poids égaux et également distants qui se déplace.

1° *La portée de la poutre est inférieure ou égale à* 1^m,20.

La courbe représentative n'est autre que la parabole indiquée au n° 50.

2° *La portée de la poutre est comprise entre* 1^m,20 *et* 2^m.40.

On trace les deux paraboles qui représentent les moments produits par le déplacement de deux essieux P (n° 54), puis la parabole due au déplacement d'un essieu unique P (n° 50).

La ligne représentative des moments maximum est formée par le contour extérieur des trois paraboles.

3° *La portée de la poutre est comprise entre* 2^m,40 *et* 3^m,60.

On trace les trois paraboles qui représentent les moments engendrés par le déplacement de trois essieux P (n° 75), puis les deux paraboles dues au déplacement de deux essieux P (n° 54).

La ligne représentative des moments maximum est formée par le contour extérieur de ces paraboles.

4° *La portée de la poutre est comprise entre* 3^m,60 *et* 8^m,20 (*voie large*) *ou* 7^m,70 (*voie de* 1 *mètre*).

On trace les quatre paraboles qui représentent les moments déterminés par le déplacement de quatre essieux P (n° 85), puis les trois paraboles dues au déplacement de trois essieux P (n° 75).

La ligne représentative des moments maximum est formée par le contour extérieur de ces paraboles.

Nota. — Les expressions à calculer pour le tracé des paraboles dont il vient d'être question renferment toutes le poids P comme facteur. Si l'on a pris ce poids égal à celui d'un essieu de machine, soit 14T pour la voie large et 10T pour la voie d'un mètre, il y a lieu de multiplier les résultats par le coefficient de proportionnalité indiqué au n° 270.

281. — Cas des poutres sous rails. — Lorsque les poutres longitudinales sont placées sous les rails, il y a lieu d'avoir égard, en ce qui concerne la voie large, à la prescription du dernier paragraphe de l'article 4 du règlement du 29 août 1891, aux termes de laquelle les dimensions des pièces doivent être calculées dans l'hypothèse du passage d'un essieu isolé pesant 20 tonnes, si cette hypothèse réalise les plus grands efforts. En ce qui a trait à la voie de 1 mètre, le poids de cet essieu isolé doit être de 14 tonnes, d'après l'article 13 du même règlement.

L'hypothèse du passage d'un essieu isolé ne conduit à de plus grands moments fléchissants qu'autant que la portée de la poutre est inférieure à $3^m,30$ (voie large) ou à $3^m,20$ (voie de 1 mètre).

Il n'y a donc lieu d'envisager cette hypothèse que dans ce cas seulement.

Si l'on a déterminé la courbe des moments fléchissants produits par le train-type en divisant la poutre en sections (première et deuxième solutions, n°s 276 et 278), il suffit de tracer la parabole due à un essieu isolé (n° 1) de 20 tonnes ou de 14 tonnes, suivant qu'il s'agit de la voie large ou de la voie de 1 mètre. On combine cette parabole avec la courbe préalablement obtenue, de manière à prendre le contour extérieur qui en résulte.

Si l'on veut tracer la ligne représentative des moments fléchissants au moyen des paraboles dues au déplacement des essieux, ainsi qu'il a été indiqué au n° 280 pour les poutres de petite portée, voici comment on peut procéder :

1° *La portée de la poutre est inférieure ou égale à* $2^m,10$ (*voie large*) *ou* 2 *mètres* (*voie de* 1 *mètre*).

La courbe représentative consiste uniquement dans la parabole décrite au n° 1, le poids P étant de 20 tonnes ou de 14 tonnes, suivant qu'il s'agit de la voie large ou de la voie de 1 mètre.

2° *La portée de la poutre est comprise entre* $2^m,10$ (*voie large*) *ou* 2 *mètres* (*voie de* 1 *mètre*) *et* $2^m,40$.

On trace les deux paraboles qui représentent les moments

produits par le déplacement de deux essieux P d'une machine (n° 54), puis la parabole due au déplacement d'un essieu isolé de 20 tonnes ou de 14 tonnes, suivant qu'il s'agit de la voie large ou de la voie de 1 mètre.

La ligne représentative des moments maximum est formée par le contour extérieur des trois paraboles.

3° *La portée de la poutre est comprise entre* 2^m,40 *et* 3^m,30 (*voie large*) *ou* 3^m,20 (*voie de 1 mètre*).

On trace les trois paraboles qui représentent les moments engendrés par le déplacement de trois essieux P d'une machine (n° 75), puis les deux paraboles dues au déplacement de deux essieux P (n° 54), enfin la parabole relative au déplacement d'un essieu isolé de 20 tonnes ou de 14 tonnes, suivant qu'il s'agit de la voie large ou de la voie de 1 mètre.

La ligne représentative des moments maximum est formée par le contour extérieur de ces paraboles.

4° *La portée de la poutre est comprise entre* 3^m,30 *et* 8^m,20 *pour la voie large, ou bien entre* 3^m,20 *et* 7^m,70 *pour la voie de 1 mètre.*

Comme au n° 280, 4°.

Nota. — Les expressions à calculer pour le tracé des paraboles dont il vient d'être question renferment, comme facteur, soit le poids P de l'essieu d'une machine, soit le poids d'un essieu isolé de 20 ou de 14 tonnes. Les résultats doivent être multipliés par le coefficient de proportionnalité indiqué au n° 270.

SECTION III. — Calcul des efforts tranchants

§ 1. — Poutres à section constante

282. — L'effort tranchant maximum, auquel la poutre est soumise, peut s'obtenir en additionnant :

1° L'effort tranchant produit, au droit d'un appui, par la charge permanente de la poutre ;

2° L'effort tranchant produit, également au droit d'un appui, par la surcharge roulante.

Le premier effort est fourni par la formule du n° 103.

Le second effort peut se déterminer à l'aide des expressions consignées dans le tableau ci-après, sauf à en multiplier les résultats par le coefficient de proportionnalité dont il a été question au n° 270.

283. — Tableau indiquant les expressions de l'effort tranchant maximum dans les poutres longitudinales de petite portée

Nota. — Ce tableau suppose que les charges des essieux d'un train-type passent par l'axe de la poutre.
Les efforts tranchants sont exprimés en tonnes.

PORTÉE de la POUTRE l	EXPRESSION DE L'EFFORT TRANCHANT MAXIMUM en FONCTION DE LA PORTÉE DE LA POUTRE
	1° *Voie large*
De 0 à 1m,20	14^T
1m,21 2 40	$28 - \frac{16.8}{l}$
2 41 3 60	$42 - \frac{50.4}{l}$
3 61 8 20	$56 - \frac{100.8}{l}$
	2° *Voie d'un mètre*
De 0 à 1m,20	10^T
1m,21 2 40	$20 - \frac{12}{l}$
2 41 3 60	$30 - \frac{36}{l}$
3 61 7 70	$40 - \frac{72}{l}$

284. — Cas des poutres sous rails. — Lorsque les poutres longitudinales sont placées sous les rails, il y a lieu d'avoir égard, en ce qui concerne la voie large, à la prescription du dernier paragraphe de l'article 4 du règlement du 29 août 1891, aux termes de laquelle les dimensions des pièces doivent être calculées dans l'hypothèse du passage d'un essieu isolé pesant 20 tonnes, si cette hypothèse réalise les plus grands efforts. En ce qui a trait à la voie de 1 mètre, le poids de cet essieu isolé doit être de 14 tonnes, d'après l'article 13 du même règlement.

Dans le cas des poutres sous rails, le tableau précédent doit, pour le motif qui vient d'être indiqué, être remplacé par le suivant :

285. — Tableau indiquant les expressions de l'effort tranchant maximum dans les poutres longitudinales sous rails de petite portée

Nota. — Ce tableau suppose que les charges des essieux d'un train-type passent par l'axe de la poutre (1).
Les efforts tranchants sont exprimés en tonnes.

PORTÉE de la POUTRE l	EXPRESSION DE L'EFFORT TRANCHANT MAXIMUM en FONCTION DE LA PORTÉE DE LA POUTRE
	1° *Voie large*
De 0 à 2m,10	20^T
2m,11 2 40	$28 - \frac{16.8}{l}$
2 41 3 60	$42 - \frac{50.4}{l}$
3 61 8 20	$56 - \frac{100.8}{l}$
	2° *Voie d'un mètre*
De 0 à 2m,00	14^T
2m,01 2 40	$20 - \frac{12}{l}$
2 41 3 60	$30 - \frac{36}{l}$
3 61 7 70	$40 - \frac{72}{l}$

(1) Les résultats fournis par ce tableau doivent être, en conséquence, multipliés par le coefficient de proportionnalité dont il a été question au n° 270.

§ 2. — Poutres à section variable

286. — Dans ce cas, il est nécessaire de tracer les courbes représentatives des efforts tranchants maximum.

Pour y arriver on divise la portée de la poutre en sections. On élève au-dessus de la poutre, au droit de ces sections, des ordonnées qui représentent les efforts tranchants positifs et on trace une courbe passant par les extrémités de ces ordonnées. On mène par les mêmes sections, au-dessous de la poutre, des ordonnées qui représentent les efforts négatifs, et on trace une courbe passant par les extrémités de ces ordonnées.

Ces courbes devant être symétriques par rapport à l'ordonnée du milieu de la poutre, on se borne à les déterminer pour l'une des moitiés de la poutre.

En ce qui concerne la courbe des efforts tranchants positifs, les efforts à porter en ordonnées s'obtiennent en additionnant les efforts positifs dus à la charge permanente de la poutre et les efforts positifs déterminés par la surcharge roulante.

En ce qui a trait à la courbe des efforts tranchants négatifs, les efforts à porter en ordonnées s'obtiennent en retranchant les efforts positifs dus à la charge permanente des efforts négatifs produits par la surcharge roulante.

Pour déterminer les efforts positifs dus à la charge permanente, on mène la ligne droite indiquée au n° 102, et on mesure les ordonnées correspondant aux sections considérées.

Quant aux efforts positifs ou négatifs engendrés par la surcharge roulante, ils peuvent être obtenus de deux manières différentes, suivant qu'on adopte l'une ou l'autre des deux solutions ci-après.

PREMIÈRE SOLUTION. — *Les solutions choisies correspondent aux points d'attache des entretoises avec la poutre.*

287. — On se sert du barême n° 1 qui suppose la première roue de la machine de tête au droit de chaque section (1). Ce barême fournit les éléments nécessaires pour calculer les efforts tranchants donnés par la formule :

$$T = \frac{a_2 \Sigma P_2 - \Sigma P_2 d_2}{l}.$$

Il ne reste plus qu'à multiplier les résultats par le coefficient de proportionnalité dont il a été question au n° 270 pour obtenir les efforts tranchants maximum produits, dans les sections envisagées, par la surcharge roulante.

On détermine ainsi les efforts tranchants pour la totalité des sections de la poutre : les efforts correspondant à la première moitié de cette poutre représentent les efforts positifs ; les efforts correspondant à la seconde moitié représentent les efforts négatifs (n° 181).

288. — Application à un exemple. — *Poutre de 41 mètres de portée pour chemin de fer à voie large.*

On suppose le tablier composé de deux poutres longitudinales avec une voie unique placée exactement dans l'axe du pont.

1° *Charge permanente.* — Si cette charge est de $1,200^{K}$ par mètre courant de poutre, les efforts tranchants positifs sont représentés par une ligne droite qui aboutit au milieu de la poutre en partant de l'extrémité d'une ordon-

(1) Par exception à cette règle, quand la portée de la poutre est comprise entre $14^{m},20$ et $16^{m},58$ (voie large) ou bien entre $13^{m},70$ et $16^{m},20$ (voie d'un mètre), on se sert du barême n° 7 pour la section située au droit du premier appui ou pour une section située à une distance de cet appui qui n'excède pas $1^{m},20$.

née élevée au droit de l'appui avec une hauteur égale à :

$$\frac{1200^{K} \times 41}{2} = 24^{T},600.$$

2° *Surcharge roulante.* — Si les entretoises sont disposées comme dans l'exemple donné au n° 208 pour l'usage des barêmes, les efforts tranchants, calculés dans l'hypothèse où

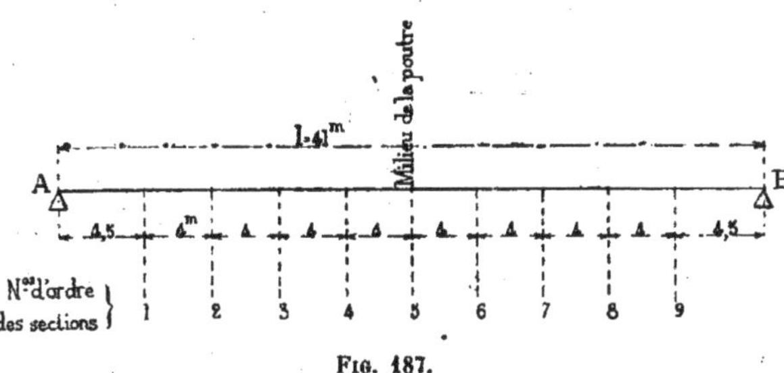

Fig. 187.

les charges d'un train-type passent par l'axe de la poutre, sont ceux qui ont été indiqués au n° 208, savoir :

1er appui	119T,630
Section 1.	98 947
— 2.	81 581
— 3.	65 386
— 4.	50 215
— 5.	36 654
— 6.	24 615
— 7.	16 400
— 8.	9 239
— 9.	3 688

Le coefficient de proportionnalité par lequel les chiffres doivent être multipliés est $\frac{1}{2}$, de telle sorte que les efforts tranchants produits par la surcharge roulante, sur toute la longueur de la poutre considérée, sont, en définitive, les suivants :

1er appui.	59T,815
Section 1.	49 474
— 2.	40 791
— 3.	32 693
— 4.	25 108
— 5.	18 327
— 6.	12 308
— 7.	8 200
— 8.	4 620
— 9.	1 844

3° *Courbes représentatives des efforts tranchants totaux.* — On trace d'abord la ligne droite qui représente les efforts positifs dus à la charge permanente, en élevant au droit de l'appui une perpendiculaire égale à 24T,600 et en joignant l'extrémité de cette perpendiculaire au milieu de la poutre (n° 102).

On trace ensuite les courbes représentatives des efforts produits par la surcharge roulante. Pour obtenir la courbe des efforts positifs, dans la moitié de poutre envisagée, on mène, au droit de chaque section, des ordonnées positives égales aux valeurs ci-dessus indiquées pour les cinq premières sections. Pour obtenir la courbe des efforts négatifs, dans la même moitié de poutre, on mène des ordonnées négatives égales aux valeurs ci-dessus indiquées pour les cinq dernières sections. En ce qui concerne le tracé de cette dernière courbe, on a soin de porter en ordonnée négative à la section 1 la valeur trouvée pour la section 9, à la section 2 la valeur trouvée pour la section 8, et ainsi de suite jusqu'au milieu de la poutre où l'ordonnée négative est égale à l'ordonnée positive, c'est-à-dire à la valeur trouvée pour la section 5. La courbe des efforts négatifs doit être, en définitive, celle que l'on aurait en rabattant au-dessous de la poutre la courbe des efforts positifs de la moitié de droite (si on

A'
A"
A
B
O'
O
O"
C'
G
Milieu de la poutre.
Efforts totaux maximum (positifs)
Surcharge roulante
Charge permanente
Efforts totaux minimum (positifs)
Efforts totaux maximum (négatifs)
24,600
84,415

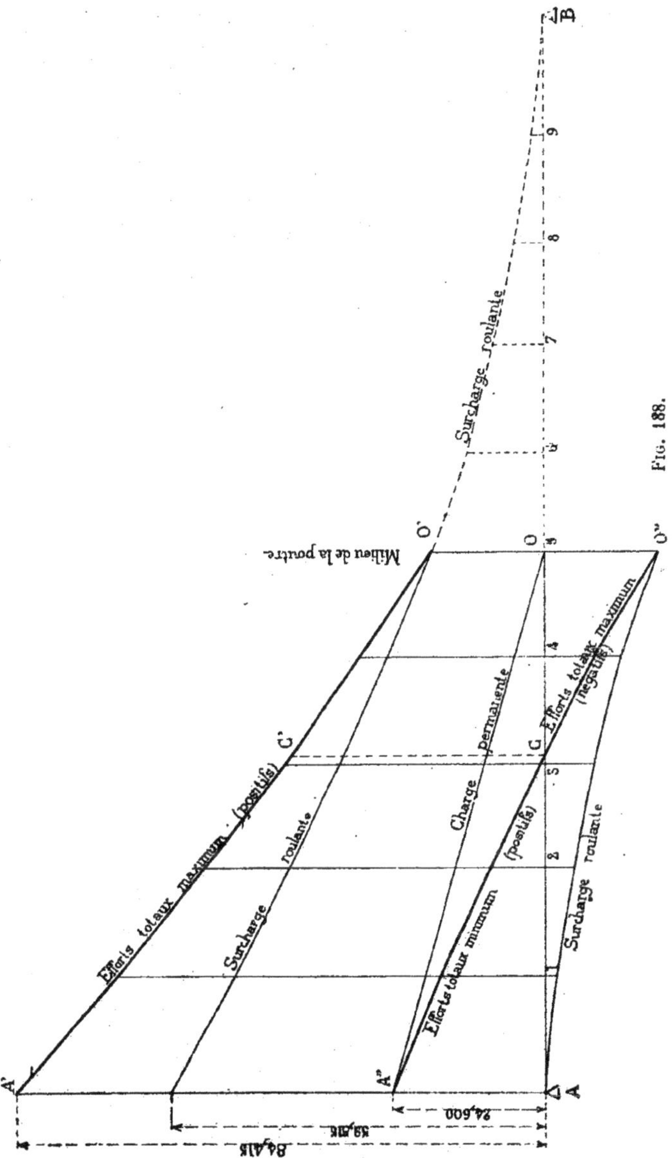

FIG. 188.

l'avait tracée), puis en la renversant autour de l'ordonnée du milieu, de telle sorte qu'elle vienne se placer au-dessous de la moitié de gauche de la poutre.

Pour obtenir les efforts totaux maximum résultant de l'action simultanée de la charge permanente et de la surcharge roulante, voici comment on procède :

Pour les efforts positifs, on additionne les valeurs des ordonnées de la ligne droite et de la courbe supérieure qui correspondent à chaque section. On porte les totaux en ordonnées au-dessus de la poutre et on fait passer une courbe par les extrémités de ces ordonnées.

Pour les efforts négatifs, on retranche les ordonnées de la ligne droite de celles de la courbe inférieure. Quand les différences sont positives, on les porte en ordonnées au-dessous de la poutre ; quand elles sont négatives, on les porte au-dessus. On fait ensuite passer une courbe par les extrémités de toutes ces ordonnées. Cette courbe rencontre la poutre en un point C, qui divise la moitié de poutre considérée en deux parties : la partie AC, où il ne se développe que des efforts positifs, et la partie CO, dans l'étendue de laquelle se produisent des efforts négatifs.

Dans le tronçon AC, les efforts positifs maximum sont représentés par la courbe A'C' et les efforts positifs minimum par la courbe A''C. Dans le tronçon CO, les efforts positifs maximum sont représentés par la courbe C'O' et les efforts négatifs maximum par la courbe CO''.

DEUXIÈME SOLUTION. — *Les sections sont choisies à des intervalles égaux au dixième de la portée de la poutre.*

289. — Cette solution permet d'obtenir avec rapidité des résultats suffisamment approchés.

On trouve, en effet, les efforts tranchants dus à la surcharge roulante tout calculés dans l'hypothèse où les charges d'un train-type passent par l'axe de la poutre. Ces efforts sont indiqués dans les tableaux du n° 210 (efforts positifs) et du n° 211 (efforts négatifs) pour les chemins de fer à voie large, et dans les tableaux du n° 232 (efforts positifs) et du n° 233 (efforts négatifs) pour des chemins de fer à voie de 1 mètre (1).

Il ne reste qu'à multiplier les chiffres de ces tableaux par le coefficient de proportionnalité dont il est question au n° 270, pour obtenir les efforts tranchants maximum, positifs ou négatifs, produits dans les sections envisagées par la surcharge roulante.

290. — Application à l'exemple du n° 288. — Les opérations sont celles qui ont été indiquées au n° 288, sauf pour la position des sections et la détermination des efforts tranchants dus à la surcharge roulante.

Les sections, qui, pour une moitié de poutre, sont au nombre de cinq, présentent entre elles un intervalle constant de 4m,10.

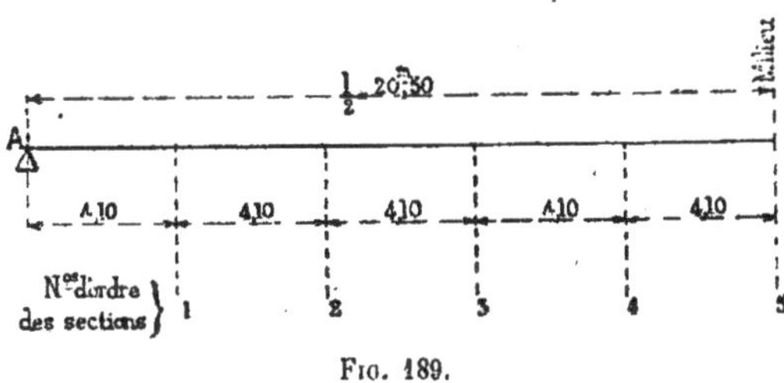

Fig. 189.

Quant aux efforts tranchants au droit de ces sections, ils s'obtiennent en tirant des tableaux n°s 210 et 211 les valeurs correspondant à une portée de 41 mètres, savoir :

(1) Ces tableaux ne donnent les efforts tranchants que pour des portées en nombres entiers de mètres. Quand la portée renferme une fraction de mètre, on procède par interpolation.

Efforts positifs :	1er appui	$119^T,630$
	Section 1	100 742
	— 2	82 869
	— 3	66 166
	— 4	50 576
	— 5	36 654
Efforts négatifs :	1er appui	0
	Section 1	3 142
	— 2	8 742
	— 3	16 010
	— 4	24 386
	— 5	36 654

puis en multipliant ces valeurs par le coefficient $\frac{1}{2}$, ce qui donne, en définitive, pour les efforts tranchants produits par la surcharge roulante :

Efforts positifs :	1er appui	$59^T,815$
	Section 1	50 371
	— 2	41 435
	— 3	33 083
	— 4	25 288
	— 5	18 327
Efforts négatifs :	1er appui	0
	Section 1	1 571
	— 2	4 371
	— 3	8 005
	— 4	12 193
	— 5	18 327

291. — Cas des poutres sous rails. — Lorsque les poutres longitudinales sont placées sous les rails, il y a lieu d'avoir égard, en ce qui concerne la voie large, à la prescription du dernier paragraphe de l'article 4 du règlement du 29 août 1891, aux termes de laquelle les dimensions des pièces doivent être calculées dans l'hypothèse du passage d'un essieu isolé pesant 20 tonnes, si cette hypothèse réalise les plus grands efforts. En ce qui a trait à la voie d'un mètre, le poids de cet essieu isolé doit être de 14 tonnes, d'après l'article 13 du même règlement.

Pour envisager l'hypothèse du passage d'un essieu isolé, après qu'on a tracé les courbes des efforts tranchants produits par le train-type, il suffit de mener les deux lignes droites qui représentent les efforts positifs et négatifs dus au déplacement d'un essieu de 20 tonnes ou de 14 tonnes, suivant qu'il s'agit de la voie large ou de la voie de 1 mètre (n°s 152 et 153). On combine ces lignes avec les courbes préalablement obtenues, de manière à prendre le contour extérieur qui en résulte.

CHAPITRE II

Entretoises ou pièces de pont

Section première. — Détermination du poids maximum transmis à une entretoise par la surcharge roulante

292. — Les voies de fer occupant une position invariable, les entretoises ou pièces de pont supportent, par l'effet de la surcharge roulante, des pressions qui sont appliquées en des points fixes. Ces points sont, par exemple, au nombre de deux, si les entretoises soutiennent une voie unique.

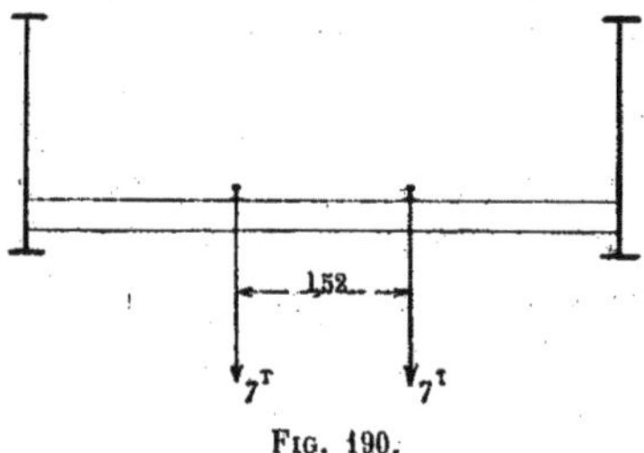

Fig. 190.

Quel que soit le nombre de ces points, le même poids maximum agit au droit de chacun d'eux (1).

(1) A moins toutefois que la voie ne soit en courbe et, par suite, en devers sur le pont, auquel cas le poids d'un essieu ne se partage pas exactement par moitié entre les deux rails (voir la note du n° 270).

Il est nécessaire de déterminer ce poids maximum, pour calculer soit les moments fléchissants, soit les efforts tranchants auxquels est soumise l'entretoise.

Le poids maximum peut dépendre de la distance à laquelle les entretoises se trouvent les unes des autres. Si ces entretoises sont réunies par des longerons sur lesquels portent une ou plusieurs roues de la machine, le poids supporté par une entretoise se compose non seulement du poids de la roue placée au droit de cette entretoise, mais encore des composantes des poids des autres roues R′, R″, R‴, situées de part et d'autre jusqu'aux entretoises les plus voisines.

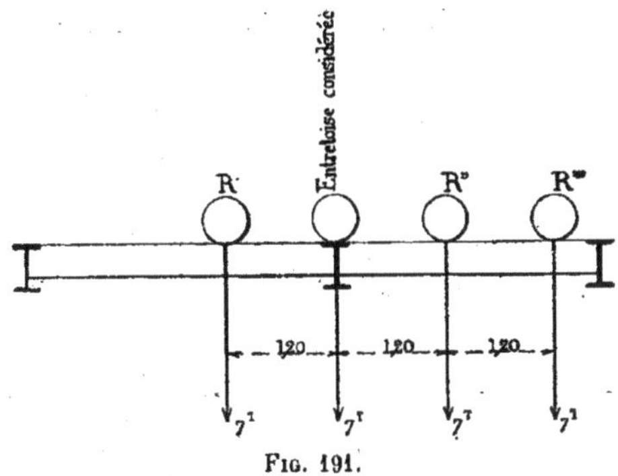

Fig. 191.

En outre, il y a lieu d'avoir égard, en ce qui concerne la voie large, à la prescription du dernier paragraphe de l'article 4 du règlement du 29 août 1891, aux termes de laquelle les dimensions des entretoises doivent être calculées dans l'hypothèse du passage d'un essieu isolé pesant 20 tonnes, si cette hypothèse réalise les plus grands efforts. En ce qui a trait à la voie de 1 mètre, le poids de cet essieu isolé doit être de 14 tonnes, d'après l'article 13 du même règlement.

Si donc la détermination du poids maximum transmise à l'entretoise par les roues du train-type conduit à un résultat inférieur à 10 tonnes (voie large) ou à 7 tonnes (voie de 1 mètre), c'est ce dernier poids qui doit être adopté.

Le tableau ci-après fait connaître immédiatement, en tenant compte de l'hypothèse du passage d'un essieu isolé, les expressions du poids maximum F à appliquer au droit de chaque rail, suivant les valeurs de la distance constante E qui sépare les entretoises les unes des autres (1).

293. — Tableau indiquant les expressions du poids maximum à appliquer aux entretoises au droit de chaque rail.

Nota. — Les poids sont exprimés en tonnes.

ÉCARTEMENT des ENTRETOISES E	EXPRESSION DU POIDS MAXIMUM F en FONCTION DE L'ÉCARTEMENT E
	1° *Voie large*
De 0 à 1m,52	10^T
1m,53 2 40	$21 - \frac{16.8}{E}$
2 41 5 80	$28 - \frac{33.6}{E}$
5 81 7 00	$34 - \frac{68.4}{E}$
	2° *Voie d'un mètre*
De 0 à 1m,50	7^T
1m,51 2 40	$15 - \frac{12}{E}$
2 41 5 30	$20 - \frac{24}{E}$
5 31 6 50	$24 - \frac{45.2}{E}$

(1) Voir la note z.

Section II. — Calcul des moments fléchissants

§ 1. — Entretoises à section constante

294. — Le moment fléchissant maximum, d'après lequel la section de l'entretoise doit être calculée, peut s'obtenir en additionnant :

1° Le moment fléchissant produit au milieu de l'entretoise par la charge permanente répartie sur toute la longueur de l'entretoise ;

2° Le moment fléchissant maximum dû, s'il y a lieu, à la charge permanente des longerons qui relient entre elles les entretoises. Cette charge permanente donne lieu à des composantes qui agissent sur l'entretoise au droit des rails ;

3° Le moment fléchissant maximum déterminé par la pression des essieux.

Le premier moment est fourni par la formule du n° 2 ou des numéros suivants.

Le second moment est donné par la formule du n° 27 ou des numéros suivants, le poids désigné par la lettre P représentant la composante due à la charge permanente des longerons.

Le troisième moment s'obtient également par la formule du n° 27 ou des numéros suivants, le poids désigné par la lettre P étant le poids maximum tiré du tableau du n° 293.

§ 2. — Entretoises à section variable

295. — Dans ce cas, il est nécessaire de tracer la ligne représentative des moments fléchissants maximum.

Pour y arriver, on construit d'abord la ligne représentative des moments fléchissants dus à la charge permanente répartie sur toute la longueur de l'entretoise (n°s 2 ou suivants). On construit ensuite la ligne représentative des moments fléchissants déterminés tant par les composantes de la charge permanente des longerons que par les essieux d'une machine (nos 27 ou suivants), la pression déterminée par ces essieux étant tirée du tableau du n° 293.

On fait enfin le total des ordonnées qui correspondent, dans ces deux lignes représentatives, à diverses sections convenablement choisies et on obtient ainsi un nombre suffisant d'ordonnées pour tracer la ligne représentative des moments fléchissants totaux.

296. — Application à un exemple. — *Entretoises de* $4^m,70$ *de portée pour chemin de fer à voie large.* — On suppose que les entretoises, reliées par des longerons sous rails, sont espacées de 2 mètres.

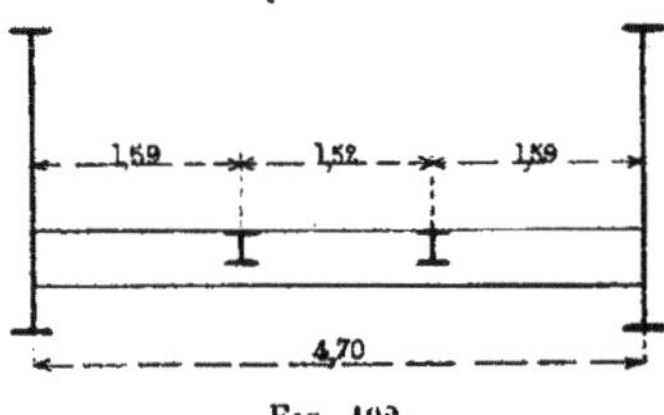

Fig. 192.

1° *Charge uniformément répartie.* — Si cette charge est de 200^K par mètre courant d'entretoise, les moments fléchissants sont représentés par une parabole (n° 1) dont l'ordonnée au sommet a pour valeur:

$$\frac{200 \times \overline{4.70}^2}{8} = 0^{MT},553.$$

2° *Charges appliquées au droit des rails.* — Elles se composent :

a. — Des charges permanentes transmises à l'entretoise par les longerons situés de part et d'autre de cette entretoise. On suppose que ces charges, au droit de chaque rail, s'élèvent à 500^K.

b. — Des pressions déterminées par les essieux d'une machine.

Le tableau du n° 293 permet de calculer la pression exercée au droit de chaque rail. L'écartement de 2 mètres étant compris entre $1^m,53$ et $2^m,40$, la valeur de cette pression est :

$$21^T - \frac{16.8}{E} = 12^T,600.$$

En additionnant la pression due à la charge permanente des longerons avec la pression due aux essieux, on trouve une pression totale de $13^T,100$, agissant au droit de chaque rail.

3° *Ligne représentative des moments fléchissants totaux.* — Pour obtenir cette ligne, on trace d'abord la parabole relative à la charge uniformément répartie, en élevant au

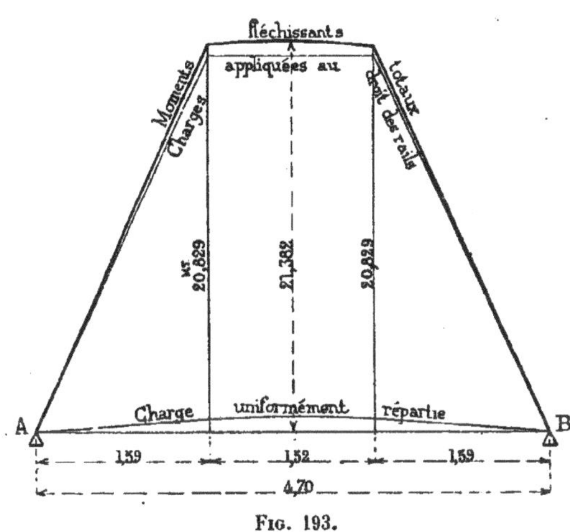

Fig. 193.

milieu de cette entretoise une perpendiculaire égale à 0,553 et en appliquant le procédé décrit au n° 335.

On trace ensuite le trapèze qui représente les moments fléchissants déterminés par les charges égales de $13^T,100$ appliquées au droit des rails (n° 27).

On fait enfin la somme des ordonnées correspondant à un

certain nombre de sections et on trace la ligne qui passe par les extrémités des ordonnées ainsi obtenues.

SECTION III. — Calcul des efforts tranchants

§ 1. — Entretoises à section constante

297. — L'effort tranchant maximum, auquel l'entretoise est soumise, peut s'obtenir en additionnant :

1° L'effort tranchant produit, au droit d'un appui, par la charge permanente répartie sur toute la longueur de l'entretoise ;

2° L'effort tranchant engendré, s'il y a lieu, au droit d'un appui, par la charge permanente des longerons ou pièces longitudinales qui relient entre elles les entretoises. Cette charge permanente donne lieu à des composantes qui agissent sur l'entretoise au droit des rails ;

3° L'effort tranchant déterminé, au droit d'un appui, par la pression des essieux.

Le premier effort est fourni par la formule du n° 103 ou des numéros suivants.

Le second effort est donné par la formule du n° 127 ou des numéros suivants, le poids désigné par la lettre P représentant la composante due à la charge permanente des longerons.

Le troisième effort s'obtient également par la formule du n° 127 ou des numéros suivants, le poids désigné par la lettre P étant le poids maximum tiré du tableau du n° 293.

§ 2. — Entretoises à section variable

298. — Dans ce cas, il est nécessaire de tracer la ligne représentative des efforts tranchants maximum.

Pour y arriver, on construit d'abord la ligne représentative des efforts tranchants dus à la charge permanente répartie sur toute la longueur de l'entretoise (n°s 103 ou suivants). On construit ensuite la ligne représentative des efforts tranchants déterminés tant par les composantes de la charge permanente des longerons que par les essieux de la machine (n° 127 ou suivants), la pression déterminée par ces essieux étant tirée du tableau du n° 293.

On fait enfin le total des ordonnées qui correspondent, dans ces deux lignes représentatives, à des sections convenablement choisies et l'on trace ainsi la ligne représentative des efforts tranchants totaux.

299. — Application à un exemple. — *Entretoises de* $4^m,70$ *de portée pour chemin de fer à voie large.*

On suppose que les entretoises, reliées par des longerons sous rails, sont espacées de 2 mètres.

1° *Charge uniformément répartie* — Si cette charge est de 200^K par mètre courant d'entretoise, les efforts tranchants sont représentés par une ligne droite qui aboutit au milieu de l'entretoise, en partant de l'extrémité d'une ordonnée élevée au droit de l'appui avec une hauteur égale à :

$$\frac{pl}{2} = 0^T,940.$$

2° *Charges appliquées au droit des rails.* — Elles se composent :

a. — Des charges permanentes transmises à l'entretoise par les longerons situés de part et d'autre de cette entretoise. On suppose que ces charges, au droit de chaque rail, s'élèvent à 500^K.

b. — Des pressions déterminées par les essieux d'une machine.

Le tableau du n° 293 permet de calculer la pression exercée au droit de chaque rail. L'écartement de 2 mètres étant compris entre $1^m,53$ et $2^m,40$, la valeur de cette pression est:

$$21^T - \frac{16,8}{E} = 12^T,600.$$

En additionnant la pression due à la charge permanente des longerons avec la pression due aux essieux, on trouve une pression totale de 13^T, 100, agissant au droit de chaque rail.

3° *Ligne représentative des efforts tranchants totaux.* — Pour obtenir cette ligne, on trace d'abord la ligne droite

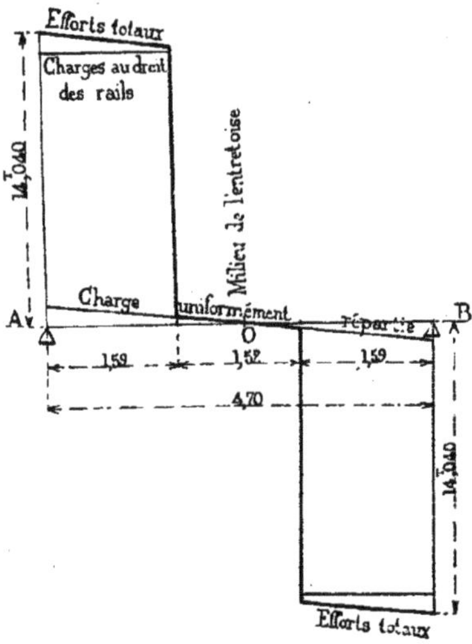

Fig. 194.

relative à la charge uniformément répartie, en élevant au droit d'un appui une perpendiculaire égale à 0^T,940 et en joignant l'extrémité de cette perpendiculaire au milieu de l'entretoise.

On trace ensuite les rectangles qui représentent les efforts tranchants déterminés par les charges égales de 13^T,100 appliquées au droit des rails (n° 127).

On fait enfin la somme des ordonnées correspondantes dans les deux lignes représentatives et on trace la ligne qui passe par les extrémités des ordonnées totales.

TITRE II

PONTS SUPPORTANT DES VOIES DE TERRE

CHAPITRE PREMIER

Poutres longitudinales de chaussée

SECTION PREMIÈRE. — Du choix du type de convoi de voitures

300. — Le règlement du 29 août 1891, adopté par M. le ministre des Travaux publics, prévoit le passage de trois sortes de convois, qui constituent les types nos 2, 2 *bis* et 3 (nos 235, 236 et 237), savoir :

Type n° 2. — Tombereaux de 6 tonnes à deux chevaux ;

Type n° 2 *bis*. — Charrette de 11 tonnes à cinq chevaux, précédée et suivie de tombereaux de 6 tonnes à deux chevaux ;

Type n° 3. — Chariots de 16 tonnes à huit chevaux.

Un autre type, portant le n° 1, a été ajouté aux précédents (n° 234) pour prendre place dans les barêmes et les tableaux qui en dérivent, savoir :

Type n° 1. — Charrettes de 8 tonnes à cinq chevaux sur une même file.

Les deux diagrammes ci-après font connaître les moments

fléchissants produits au milieu de la poutre par les quatre types dont il vient d'être question. Ces diagrammes indiquent, en outre, les moments fléchissants dus à des charges uni-

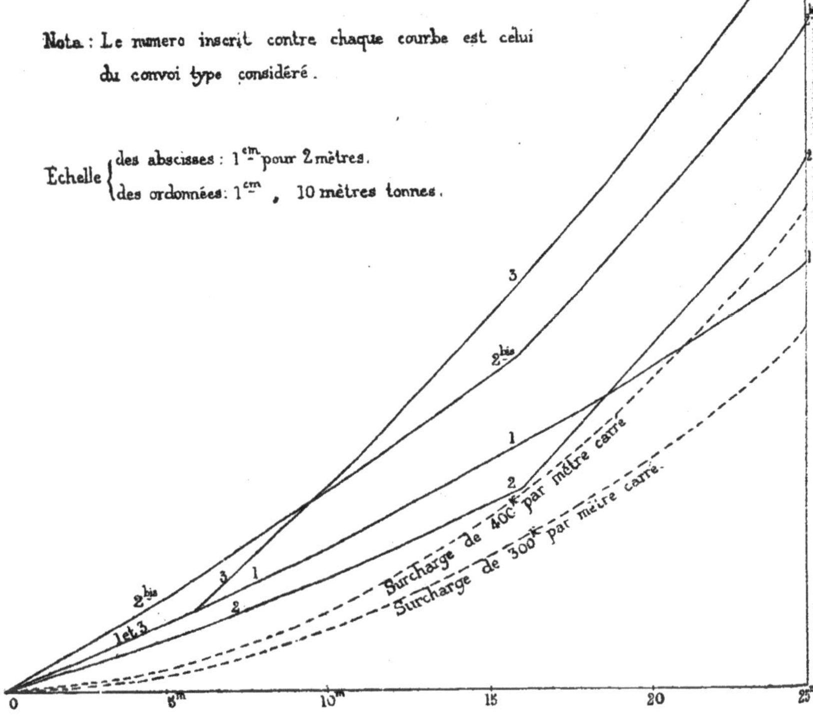

Fig. 195.
Diagramme des moments fléchissants au milieu de la poutre pour des portées comprises entre 0 et 25 mètres.

formément réparties de 300k et de 400k par mètre carré, dans l'hypothèse où ces charges s'appliquent à une largeur de chaussée de 2m,25 (1).

(1) Ces diagrammes supposent que les résultantes des charges des convois et des charges uniformément réparties passent par l'axe de la poutre.

Le premier de ces diagrammes concerne les portées comprises entre 0 et 25 mètres, le second les portées comprises entre 25 mètres et 75 mètres.

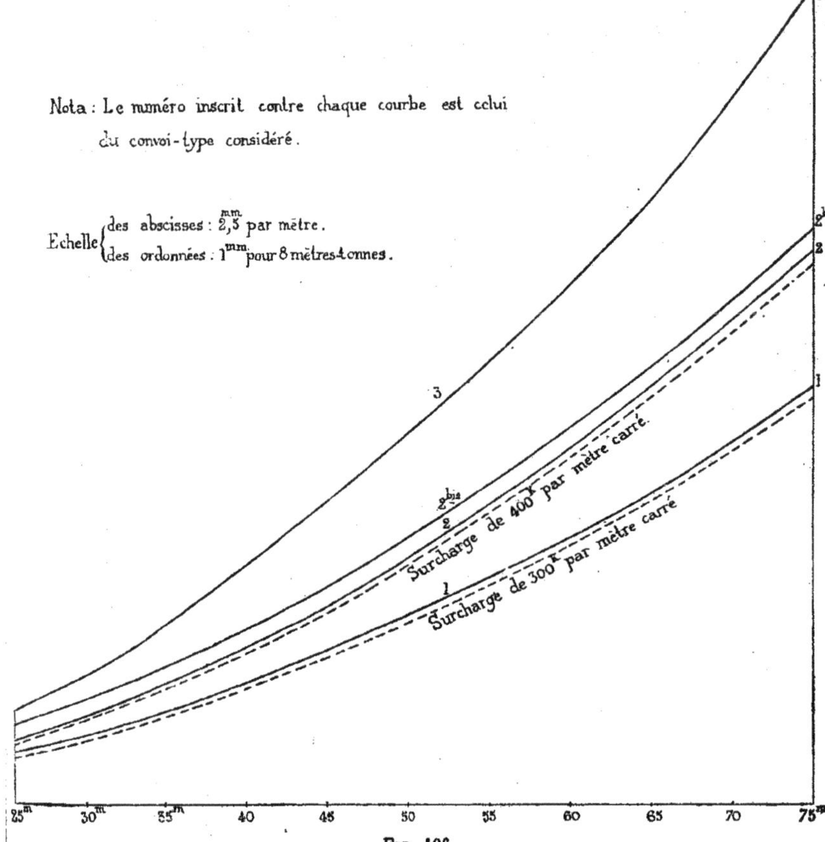

Fig. 196.
Diagramme des moments fléchissants au milieu de la poutre pour des portées comprises entre 25 et 75 mètres.

Les deux diagrammes ci-après font également connaître les efforts tranchants produits au droit d'un appui par les quatre types dont il vient d'être question. Ces diagrammes indiquent, en outre, les efforts tranchants dus à des charges uniformément réparties de 300^{K} et de 400^{K} par mètre carré,

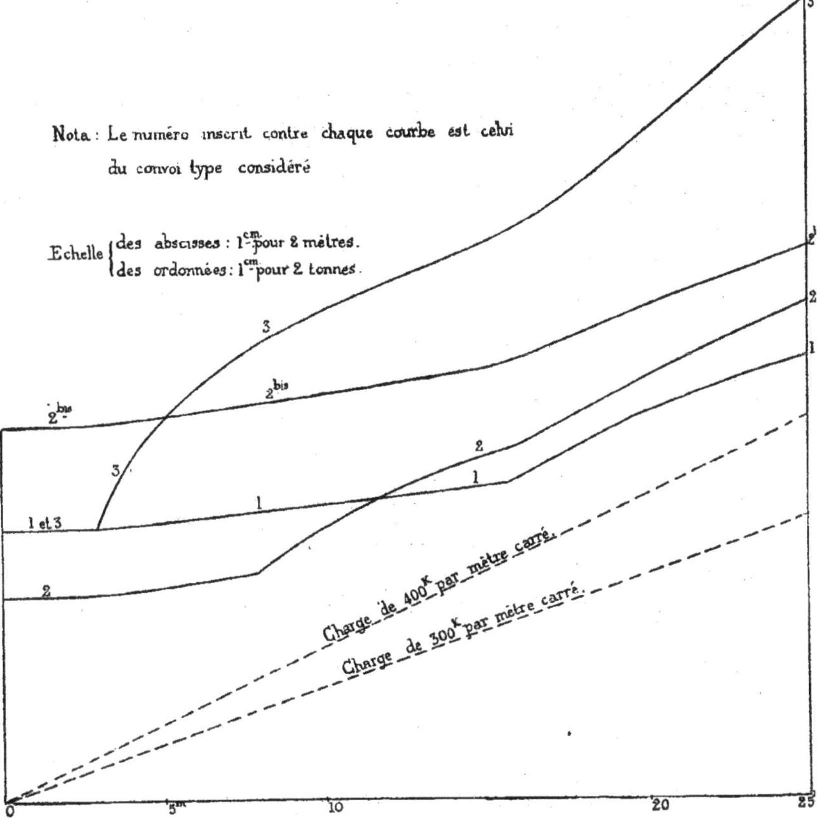

Fig. 197.
Diagramme des efforts tranchants au droit d'un appui pour des portées comprises entre 0 et 25 mètres.

dans l'hypothèse où ces charges s'appliquent à une largeur de chaussée de $2^{m},25$ (1).

(1) Ces diagrammes supposent que les résultantes des charges des convois et des charges uniformément réparties passent par l'axe de la poutre.

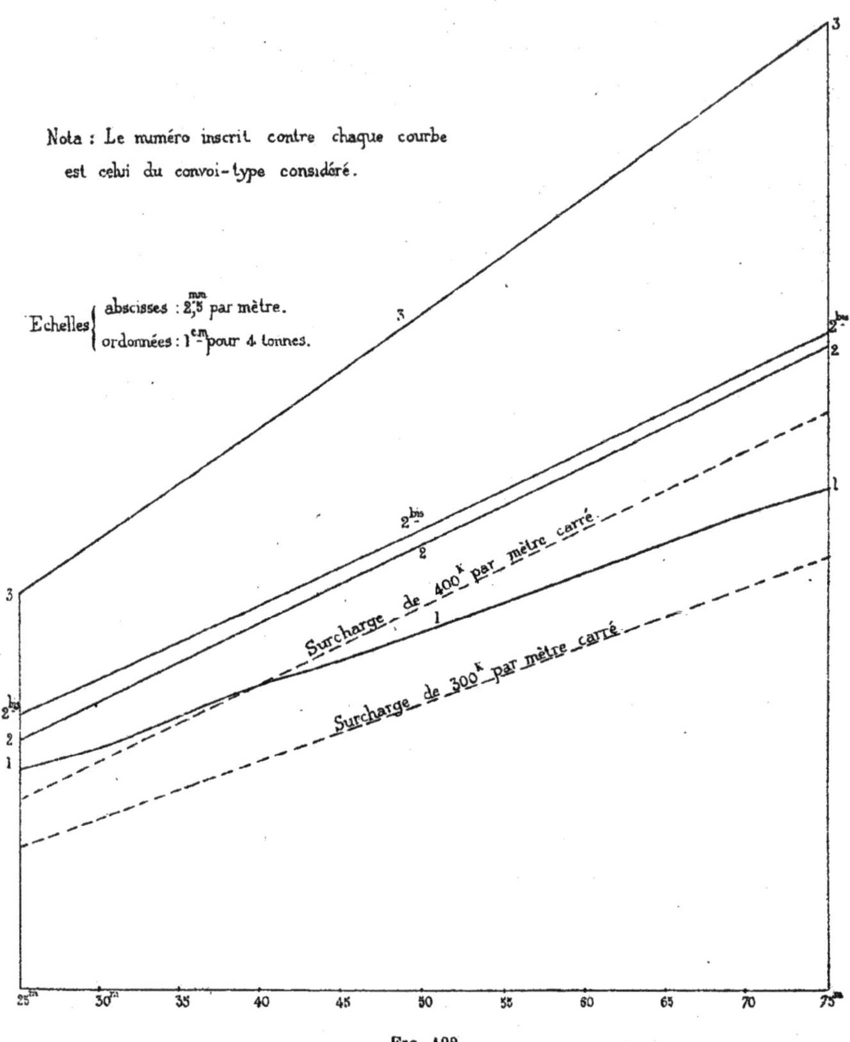

FIG. 198.

Diagramme des efforts tranchants au droit d'un appui pour des portées comprises entre 25 et 75 mètres

Le premier de ces diagrammes concerne les portées comprises entre 0 et 25 mètres ; le second, les portées comprises entre 25 mètres et 75 mètres.

Lorsqu'on n'est pas tenu d'adopter les convois-types du règlement du 29 août 1891, les diagrammes qui précèdent permettent d'arrêter le choix du type qui convient au tablier métallique considéré. Ces diagrammes renseignent sur l'importance des moments fléchissants et des efforts tranchants auxquels conduisent les divers types.

On remarquera que l'importance de ces moments et de ces efforts ne dépend pas seulement du poids des voitures. Elle dépend aussi des dispositions des attelages, notamment de la longueur qu'ils occupent. C'est pour ce motif que le type n° 1, quoique comportant des charrettes de 8 tonnes, donne lieu, pour les portées de plus de 20 mètres, à des moments fléchissants inférieurs à ceux du type n° 2, bien que ce dernier ne comprenne que des tombereaux de 6 tonnes.

301. — Cas où l'on applique le règlement du ministre des Travaux publics en date du 29 août 1891. — D'après les prescriptions de l'article 17 de ce règlement, il semble que les calculs des poutres longitudinales doivent exiger quatre vérifications.

Il n'en est rien, ainsi qu'on peut s'en assurer en examinant les diagrammes qui précèdent.

En ce qui concerne les moments fléchissants, on remarque que, pour les portées inférieures à $9^m,60$, la courbe du type n° 2 *bis* dépasse celle du type n° 3. La vérification prescrite pour les convois de ce dernier type n'a donc pas besoin d'être faite.

De plus, la courbe du type n° 2 *bis* excède celle du type n° 2 de quantités telles que, si le métal travaille à raison de $C + 1^k$ par millimètre carré lors du passage des convois du type n° 2 *bis* (C étant la limite adoptée conformément aux dispositions de l'article 2 du règlement), ce métal travaille à moins de C kilogrammes, lors du passage des convois du type n° 2. Cela tient à ce que le rapport des ordonnées des deux courbes est supérieur au rapport $\frac{C+1}{C}$. Il est donc encore inutile de vérifier le travail du métal dans l'hypothèse du passage du convoi-type n° 2.

Reste la surcharge uniformément répartie à raison de 400^k par mètre carré sur toute la surface de la chaussée. Les diagrammes font connaître les moments fléchissants déterminés par cette surcharge dans le cas où la largeur de la voie charretière est de $2^m,25$. Ces moments sont inférieurs à ceux des trois convois-types. Il est vrai que l'importance des moments fléchissants dont il s'agit s'accroîtrait si la largeur de la voie charretière dépassait $2^m,25$. Mais, par contre, la fraction de la charge transmise aux poutres maîtresses serait plus grande pour les convois-types que pour la surcharge uniformément répartie, par suite de cette circonstance que la charge due aux convois se détermine d'après la position la plus désavantageuse qu'ils peuvent occuper. (Voir le n° 303.) Finalement, dans tous les cas qui peuvent se présenter, la surcharge uniformément répartie conduit à des résultats inférieurs à ceux du convoi-type n° 2 *bis*.

Il s'ensuit que, pour les portées de moins de $9^m,60$, il n'y a qu'une seule opération à faire : c'est celle qui consiste à vérifier si le métal travaille, au maximum, à $C+1^k$ par millimètre carré lors du passage du convoi-type n° 2 *bis*.

A l'égard des portées supérieures à $9^m,60$, le convoi-type n° 3 jouit de la propriété qui vient d'être indiquée pour le convoi-type n° 2 *bis* dans le cas où les portées sont inférieures à $9^m,60$. Le passage du convoi-type n° 3 est donc le seul à considérer.

En ce qui concerne les efforts tranchants, les diagrammes montrent pareillement que le convoi-type n° 2 *bis* est le seul à envisager pour les portées inférieures à $5^m,13$, et le convoi-type n° 3 pour les portées supérieures à cette longueur.

En résumé, lorsqu'il s'agit de poutres soumises aux prescriptions du règlement du 29 août 1891, les règles sont les suivantes :

En matière de moments fléchissants, les dimensions doivent être telles que le métal travaille au plus à $C + 1^K$ (C étant la limite fixée par l'article 2 du règlement) dans l'hypothèse du passage du convoi-type n° 2 *bis*, si la portée de la poutre est inférieure à $9^m,60$, et dans l'hypothèse du passage du convoi-type n° 3, si la portée de la poutre est supérieure à $9^m,60$.

En matière d'efforts tranchants, les dimensions doivent être telles que le métal travaille au plus à $C + 1^K$ dans l'hypothèse du passage du convoi-type n° 2 *bis*, si la portée de la poutre est inférieure à $5^m,13$, et dans l'hypothèse du passage du convoi-type n° 3, si la portée de la poutre est supérieure à $5^m,13$.

302. — Cas où l'on applique la circulaire du ministre de l'Intérieur en date du 21 mai 1892. — Cette circulaire se borne à prescrire le passage des véhicules les plus lourds en usage dans le pays, en prenant toutefois 6 tonnes comme minimum du poids de ces véhicules. En outre, le travail du métal ne doit pas dépasser la limite fixée à l'article 2 de la circulaire, sous l'action d'une surcharge uniformément répartie de 300^K par mètre carré de chaussée.

On peut dès lors, suivant les circonstances, choisir l'un des quatre types représentés aux n°s 234 et suivants.

Quant à la surcharge uniformément répartie, il peut se faire, notamment dans le cas où le type adopté est le n° 1, qu'elle conduise à un travail supérieur à celui du convoi. Il est donc nécessaire de rechercher quelle est, de cette surcharge ou de celle du convoi-type, celle qui donne lieu aux plus grands moments fléchissants ou aux plus grands efforts tranchants.

SECTION II. — **Du coefficient de proportionnalité par lequel doivent être multipliés soit les résultats fournis par les barêmes, soit les chiffres des tableaux déduits de ces barêmes**

303. — Les barêmes du titre III de la deuxième partie et les tableaux qui en ont été déduits ont été établis dans l'hypothèse où les résultantes des charges d'un convoi passent par l'axe de la poutre.

Quand il n'en est pas ainsi, les moments fléchissants et les efforts tranchants fournis par ces barêmes ou tirés de ces tableaux doivent être multipliés par un certain *coefficient de proportionnalité.*

Ce coefficient s'obtient en plaçant les roues des voitures dans la position qui conduit au maximum de charge pour la poutre considérée, puis en procédant à la décomposition du poids des roues, de manière à déterminer la composante totale qui passe par l'axe de la poutre. Le rapport entre cette composante et le poids d'un essieu constitue le coefficient cherché.

Voici, à titre d'exemples, quelques-uns des cas qui se présentent habituellement :

1° *Ponts à une voie charretière*

Nota. — On admet un écartement de 1m,70 entre les deux roues d'un essieu. On désigne par P le poids d'un essieu, c'est-à-dire le poids total de deux roues.

a. — Ponts composés de deux poutres longitudinales.

La composante passant par la poutre A est égale à $P \times \frac{b}{l}$ et le coefficient de proportionnalité K a pour valeur :

$$K = \frac{b}{l}.$$

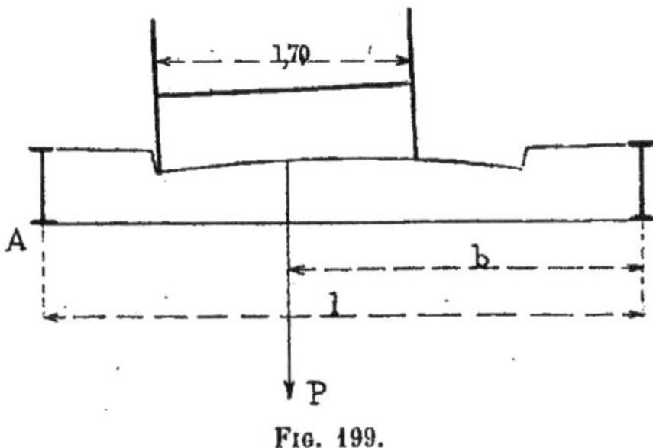

Fig. 199.

b. — Ponts composés de trois poutres longitudinales.

Pour la poutre extrême A, la composante passant par cette poutre est égale à $\frac{P}{2} \times \frac{b}{i}$, d'où :

$$K = \frac{b}{2i}.$$

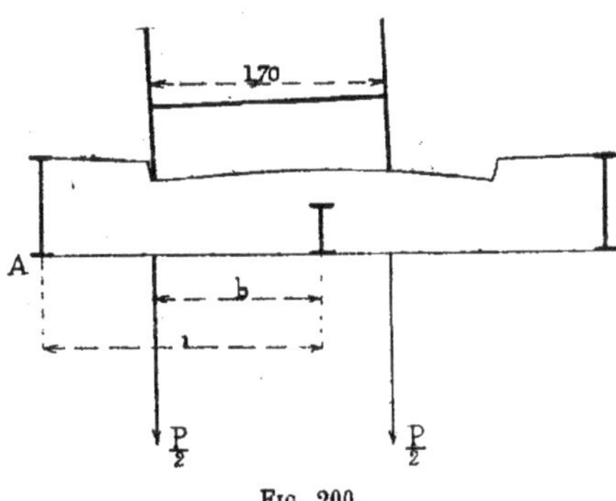

Fig. 200.

Pour la poutre intermédiaire C, la somme des deux composantes est égale à :

$$2 \times \frac{P}{2} \left(\frac{i - 0^m,85}{i} \right),$$

d'où :

$$K = \frac{i - 0^m,85}{i}.$$

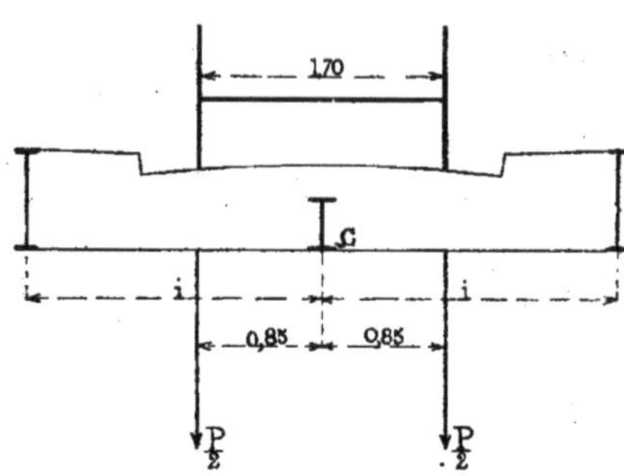

Fig. 201.

2° *Ponts à deux voies charretières*

Nota. — On admet un écartement de $1^m,70$ entre les deux roues d'un essieu.

On suppose un intervalle de $0^m,60$ entre les roues les plus voisines de deux voitures qui se croisent.

On désigne par P le poids d'un essieu, c'est-à-dire le poids total de deux roues.

a. — Ponts composés de deux poutres longitudinales.

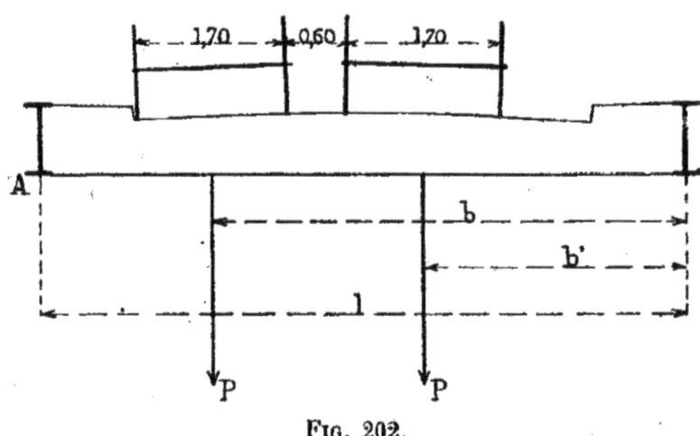

Fig. 202.

La somme des composantes passant par la poutre A est

$P\left(\frac{b+b'}{l}\right)$, d'où :

$$K = \frac{b+b'}{l}.$$

b. — Ponts composés de trois poutres longitudinales.

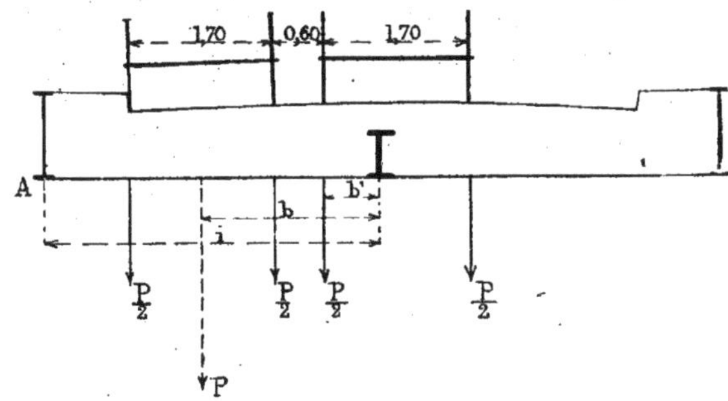

FIG. 203.

Pour la poutre extrême A, la somme des composantes est égale à :

$$P \times \frac{b}{i} + \frac{P}{2} \times \frac{b'}{i},$$

d'où :

$$K = \frac{2b+b'}{2i}.$$

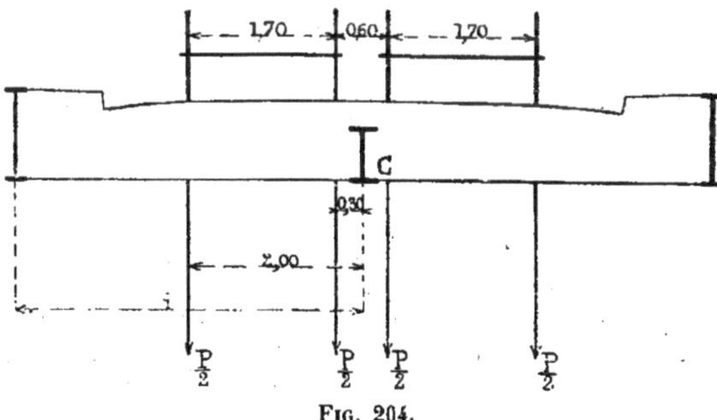

FIG. 204.

Pour la poutre intermédiaire C, la somme des composantes est égale à :

$$2 \times \frac{P}{2} \left(\frac{i - 2^m + i - 0^m,30}{i} \right)$$

ou :

$$P \times \frac{2i - 2^m,30}{i}$$

et le coefficient de proportionnalité a pour valeur :

$$K = \frac{2i - 2^m,30}{i}.$$

SECTION III. — Calcul des moments fléchissants

§ 1. — Poutres à section constante

304. — Le moment fléchissant maximum d'après lequel la section de la poutre doit être calculée peut s'obtenir en additionnant :

1° Le moment fléchissant produit au milieu de la poutre par la charge permanente ;

2° Le moment fléchissant déterminé également au milieu de la poutre par la surcharge du trottoir, s'il y a lieu ;

3° Le moment fléchissant maximum engendré par la surcharge roulante.

Les deux premiers moments, dus à des charges uniformément réparties, sont fournis par la formule du n° 2.

Quant au moment maximum produit par la surcharge roulante, il peut se déterminer à l'aide des expressions consignées dans le tableau ci-après, sauf à en multiplier les résultats par le coefficient de proportionnalité dont il a été question au n° 303.

305. — Tableau indiquant les expressions du moment fléchissant maximum dans les poutres longitudinales de petite portée

Nota. — Les types de convois sont ceux qui figurent aux nos 234 et suivants.

Le tableau suppose que les résultantes des charges d'un convoi passent par l'axe de la poutre.

Les moments fléchissants sont exprimés en mètres-kilogrammes.

TYPE du CONVOI	PORTÉE de la POUTRE l	EXPRESSION DU MOMENT FLÉCHISSANT MAXIMUM en FONCTION DE LA PORTÉE DE LA POUTRE
N° 1	De 0m à 5m,41	$2000\, l$
	5 42 5 58	$2125\, l + \frac{55.61}{l} - 687{,}50$
	5 59 10 35	$2250\, l - 1375$
N° 2	De 0m à 5 35	$1500\, l$
	5 36 5 64	$1675\, l + \frac{138.27}{l} - 962{,}50$
	5 65 10 26	$1850\, l - 1925$
N° 2 *bis*	De 0m à 5 41	$2750\, l$
	5 42 5 58	$2925\, l + \frac{79.18}{l} - 962{,}50$
	5 59 10 35	$3100\, l - 1925$
N° 3	De 0m à 5 12	$2000\, l$
	5 13 6 82	$4000\, l + \frac{9000}{l} - 12000$
	6 83 10 16	$4350\, l + \frac{5833{,}65}{l} - 13925$

§ 2. — Poutres à section variable

306. — Dans ce cas, il est nécessaire de tracer la courbe représentative des moments fléchissants maximum.

Pour y arriver, on divise la portée de la poutre en sections. On élève, au droit de ces sections, des ordonnées qui représentent les moments fléchissants correspondants, et on trace une courbe passant par les extrémités de ces ordonnées.

Les moments fléchissants à porter en ordonnées s'obtiennent en additionnant :

1° Les moments dus à la charge permanente de la poutre ;

2° Les moments produits par la surcharge du trottoir, s'il y a lieu ;

3° Les moments engendrés par la surcharge roulante.

Pour déterminer les moments dus à la charge permanente de la poutre, on trace la parabole décrite au n° 1 et on mesure les ordonnées correspondant aux sections considérées.

De même pour les moments produits par la surcharge du trottoir, s'il y a lieu.

Comme les deux paraboles passent par les appuis et ont leur axe disposé suivant la même ligne, il est plus simple de construire une parabole unique ayant pour ordonnées au sommet la somme des ordonnées maximum des deux paraboles.

Quant aux moments engendrés par la surcharge roulante, ils peuvent être obtenus de deux manières différentes suivant qu'on adopte l'une ou l'autre des deux solutions ci-après.

PREMIÈRE SOLUTION. — *Les sections choisies correspondent aux points d'attache des entretoises avec la poutre.*

307. — On se sert du barème qui porte le même numéro d'ordre que le convoi-type dont le passage est envisagé. Ce barème fournit les éléments nécessaires pour calculer les moments fléchissants donnés par la formule :

$$M_f = \frac{a_1 a_2 (\Sigma P_1 + \Sigma P_2) - (a_1 \Sigma P_2 + a_2 \Sigma P_1)}{l}.$$

Il ne reste plus qu'à multiplier les résultats par le coefficient de proportionnalité dont il a été question au n° 303, pour obtenir les moments fléchissants maximum produits dans les sections considérées par la surcharge roulante.

Il convient de noter que, lorsque la surcharge est formée par les convois des types n°s 1 et 2, il suffit de calculer les moments fléchissants pour une moitié de poutre seulement. Si les convois appartiennent aux types n°s 2 *bis* et 3, il est nécessaire de calculer les moments pour les deux moitiés de la poutre, de manière à choisir le plus grand des deux moments qui correspondent à deux sections symétriques et à l'adopter pour chacune de ces sections (voir n° 97).

308. — Application à un exemple. — *Poutre de 16 mètres de portée pour pont à deux voies charretières.* — On suppose le tablier composé de deux poutres longitudinales reliées par des entretoises qui supportent une chaussée de 5 mètres et deux trottoirs de 1 mètre de largeur.

1° *Charge permanente et surcharge du trottoir.* — Si la charge permanente est de 4,000 ^{K} par mètre courant de poutre, les moments fléchissants sont représentés par une parabole (n° 1) dont l'ordonnée au sommet a pour valeur :

$$4{,}000^{K} \times \frac{\overline{16}^2}{8} = 128^{MT}{,}000.$$

Quant à la surcharge du trottoir, elle est, par mètre courant de poutre, égale à :

$$1^{m} \times 400^{K} = 400^{K}$$

et l'ordonnée du sommet de la parabole qui représente les moments fléchissants produits par cette surcharge est :

$$400^{K} \times \frac{\overline{16}^2}{8} = 12^{MT}{,}800.$$

La parabole unique, qui représente les moments fléchissants déterminés tant par la charge permanente que par la surcharge du trottoir, a dès lors pour ordonnée :

$$128^{MT},000 + 12^{MT},800 = 140^{MT},800.$$

2° *Surcharge roulante.* — On suppose que les convois appelés à circuler sur le pont sont formés de tombereaux de 6 tonnes à deux chevaux (type n° 2).

Si les entretoises sont disposées comme dans l'exemple donné au n° 244 pour l'usage des barêmes, les moments flé-

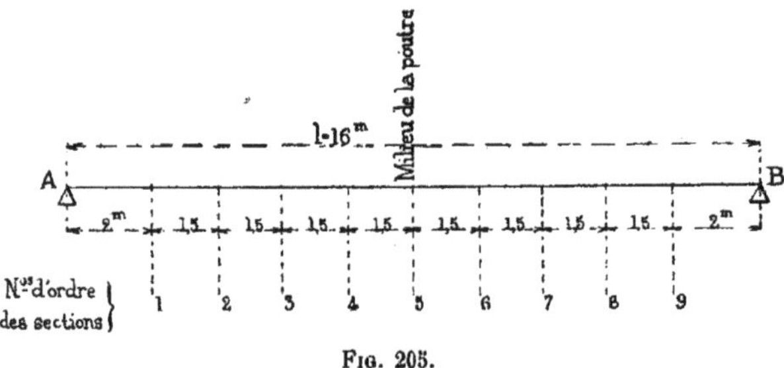

FIG. 205.

chissants, calculés dans l'hypothèse où les résultantes des charges d'un convoi-type passent par l'axe de la poutre, sont ceux qui ont été indiqués au n° 244, savoir :

Section 1.	$17^{MT},100$
— 2.	25 394
— 3.	30 450
— 4.	32 019
— 5.	29 600

Reste à déterminer le coefficient de proportionnalité.

En plaçant les voitures ainsi que le représente la figure ci-après, on trouve que la composante totale des pressions transmises par les deux essieux à la poutre de gauche est égale à :

$$\frac{6{,}000^{K} \times (5^{m},15 + 2^{m},85)}{7},$$

de telle sorte que le coefficient de proportionnalité a pour valeur :

$$\frac{5^m,15 + 2^m,85}{7} = \frac{8}{7}.$$

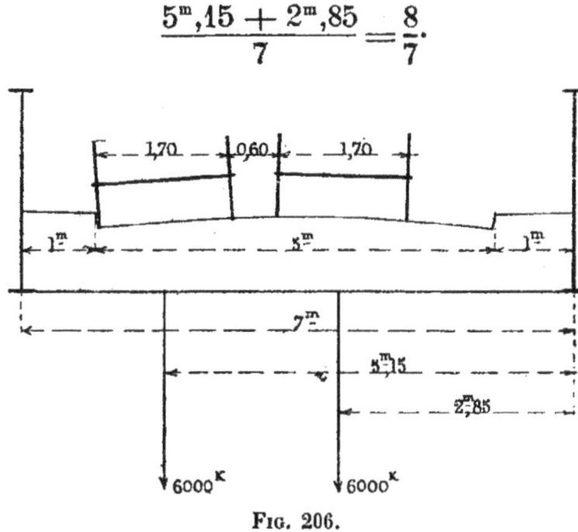

Fig. 206.

En multipliant par ce coefficient les moments fléchissants mentionnés plus haut, on obtient, en définitive, pour les moments fléchissants dus à la surcharge roulante :

Section 1.	$19^{MT},543$
— 2.	29 251
— 3.	34 800
— 4.	36 593
— 5.	33 829

3° *Courbe représentative des moments fléchissants totaux.* — On trace d'abord la parabole relative tant à la charge permanente qu'à la surcharge du trottoir, en élevant au milieu de la poutre une perpendiculaire égale à $140^{MT},800$ et en appliquant le procédé décrit au n° 335.

On trace ensuite la courbe représentative des moments dus à la surcharge roulante. On mène à cet effet, au droit de chaque section, des ordonnées égales aux valeurs ci-dessus indiquées et on fait passer une courbe par les extrémités de ces ordonnées.

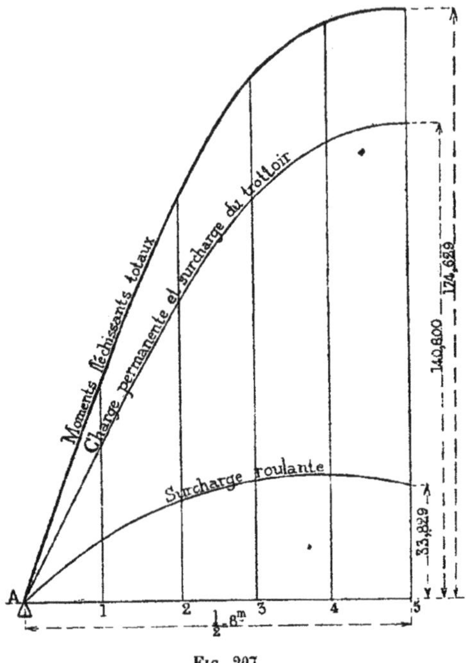

Fig. 207.

Enfin, on additionne les valeurs des ordonnées qui, dans les deux courbes, correspondent à chaque section et l'on porte les totaux en ordonnées au droit des diverses sections. On fait passer par les extrémités de ces ordonnées totales une troisième courbe qui représente les moments fléchissants totaux engendrés dans la poutre.

Deuxième solution. — *Les sections sont choisies à des intervalles égaux au dixième de la portée de la poutre.*

309. — Cette solution permet d'obtenir avec rapidité des résultats suffisamment approchés.

On trouve, en effet, les moments fléchissants dus à la surcharge roulante tout calculés dans l'hypothèse où les résultantes des charges d'un convoi-type passent par l'axe de la poutre. Ces moments sont indiqués dans les tableaux du n° 250 pour le convoi-type n° 1, du n° 251 pour le convoi-type n° 2, du n° 252 pour le convoi-type n° 2 *bis*, enfin du n° 253 pour le convoi-type n° 3 (1).

Il ne reste qu'à multiplier les chiffres de ces tableaux par le coefficient de proportionnalité dont il est question au n° 303, pour obtenir les moments fléchissants maximum produits, dans les sections envisagées, par la surcharge roulante.

310. — Application à l'exemple du n° 308. — Les opérations sont celles qui ont été indiquées au n° 308, sauf pour la position des sections et la détermination des moments fléchissants dus à la surcharge roulante.

Les sections, qui, pour une moitié de poutre, sont au nombre de cinq, présentent entre elles un intervalle constant de $1^{m},60$.

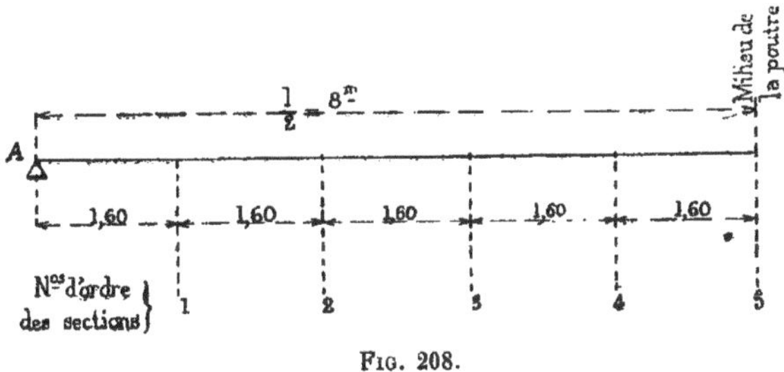

Fig. 208.

Quant aux moments fléchissants au droit de ces sections, ils s'obtiennent en tirant du tableau du n° 251 les valeurs correspondant à une portée de 16 mètres, savoir :

(1) Ces tableaux ne donnent les moments fléchissants que pour des portées en nombres entiers de mètres. Quand la portée renferme une fraction de mètre, on procède par interpolation.

Section 1.	14^{MT},272	
— 2.	24	123
— 3.	30	043
— 4.	32	032
— 5.	29	600

puis, en multipliant ces valeurs par le coefficient $\frac{8}{7}$: ce qui donne, en définitive, pour les moments fléchissants produits par la surcharge roulante:

Section 1.	16^{MT},311	
— 2.	27	569
— 3.	34	335
— 4.	36	608
— 5.	33	829

Section IV. — Calcul des efforts tranchants

§ 1. — Poutres à section constante

311. — L'effort tranchant maximum, auquel la poutre est soumise, peut s'obtenir en additionnant :

1° L'effort tranchant produit, au droit d'un appui, par la charge permanente de la poutre ;

2° L'effort tranchant, engendré, au droit d'un appui, par la surcharge d'un trottoir, s'il y a lieu ;

3° L'effort tranchant déterminé, au droit d'un appui, par la surcharge roulante.

Les deux premiers efforts, dus à des charges uniformément réparties, sont fournis par la formule du n° 103.

Quant à l'effort engendré par la surcharge roulante, il peut se déterminer à l'aide des expressions consignées dans le tableau ci-après, sauf à en multiplier les résultats par le coefficient de proportionnalité dont il a été question au n° 303.

312. — Tableau indiquant les expressions de l'effort tranchant maximum dans les poutres longitudinales de petite portée.

Nota. — Les types de convois sont ceux qui figurent aux nos 234 et suivants. Le tableau suppose que les résultantes des charges d'un convoi passent par l'axe de la poutre.

Les efforts tranchants sont exprimés en tonnes.

TYPE du CONVOI	PORTÉE de la POUTRE l	EXPRESSION DE L'EFFORT TRANCHANT MAXIMUM en FONCTION DE LA PORTÉE DE LA POUTRE
N° 1	De 0 à 2m,75	8^T
	2m,76 5 25	$8.5 - \frac{1.375}{l}$
	5 26 7 75	$9 - \frac{4}{l}$
	7 76 10 25	$9.5 - \frac{7.875}{l}$
N° 2	De 0 à 2 75	6^T
	2m,76 5 25	$6.7 - \frac{1.925}{l}$
	5 26 8 00	$7.4 - \frac{5.6}{l}$
	8 01 10 75	$13.4 - \frac{53.6}{l}$
N° 2 *bis*	De 0 à 2 75	11^T
	2m,76 5 25	$11.7 - \frac{1.925}{l}$
	5 26 7 75	$12.4 - \frac{5.6}{l}$
	7 76 10 25	$13.1 - \frac{11.025}{l}$
N° 3	De 0 à 3 00	8^T
	3m,01 5 75	$16 - \frac{24}{l}$
	5 76 8 25	$17.4 - \frac{32.05}{l}$
	8 26 10 75	$18.8 - \frac{43.6}{l}$

§ 2. — Poutres à section variable

313. — Dans ce cas, il est nécessaire de tracer les courbes représentatives des efforts tranchants maximum.

Pour y arriver, on divise la portée de la poutre en sections. On élève au-dessus de la poutre, au droit de ces sections, des ordonnées qui représentent les efforts tranchants positifs et on trace une courbe passant par les extrémités de ces ordonnées. On mène par les mêmes sections des ordonnées qui représentent les efforts négatifs, et on trace une courbe passant par les extrémités de ces ordonnées. Ces courbes devant être symétriques par rapport à l'ordonnée du milieu de la poutre, on se borne à les déterminer pour l'une des moitiés de la poutre.

En ce qui concerne la courbe des efforts tranchants positifs, les efforts à porter en ordonnées s'obtiennent en additionnant les efforts positifs dus à la charge permanente de la poutre, ceux qui sont produits par la surcharge du trottoir, et enfin ceux qui sont engendrés par la surcharge roulante.

En ce qui a trait à la courbe des efforts tranchants négatifs, les efforts à porter en ordonnées s'obtiennent en retranchant les efforts positifs dus à la charge permanente de la poutre des efforts négatifs produits par la surcharge roulante.

Pour déterminer les efforts positifs dus à la charge permanente de la poutre, on mène la ligne droite indiquée au n° 102 et on mesure les ordonnées correspondant aux sections considérées.

De même pour les efforts produits par la surcharge du trottoir.

Quant aux efforts positifs ou négatifs engendrés par la surcharge roulante, ils peuvent être obtenus de deux manières différentes, suivant qu'on adopte l'une ou l'autre des deux solutions ci-après.

PREMIÈRE SOLUTION. — *Les sections choisies correspondent aux points d'attache des entretoises avec la poutre.*

314. — On se sert du barême qui porte le même numéro d'ordre que le convoi-type dont le passage est envisagé. Ce barême fournit les éléments nécessaires pour calculer les efforts tranchants donnés par la formule :

$$T = \frac{a_2 \Sigma P_2 - \Sigma P_2 d_2}{l}.$$

Il ne reste plus qu'à multiplier les résultats par le coefficient de proportionnalité dont il a été question au n° 303, pour obtenir les efforts tranchants maximum produits dans les sections considérées par la surcharge roulante.

On détermine ainsi les efforts tranchants pour la totalité des sections de la poutre : les efforts correspondant à la première moitié de cette poutre représentent les efforts positifs; les efforts correspondant à la seconde moitié représentent les efforts négatifs (n° 181).

315. — Application à un exemple. — *Poutre de 16 mètres de portée pour pont à deux voies charretières.*

On suppose le tablier composé de deux poutres longitudinales reliées par des entretoises qui supportent une chaussée de 5 mètres et deux trottoirs de 1 mètre de longueur.

1° *Charge permanente et surcharge du trottoir.* — Si la charge permanente est de $4{,}000^K$ par mètre courant de poutre, les efforts tranchants positifs sont représentés par une ligne droite qui aboutit au milieu de la poutre, en partant de l'extrémité d'une ordonnée élevée au droit de l'appui avec une hauteur égale à :

$$\frac{4000^K \times 16}{2} = 32^T.$$

Quant à la surcharge du trottoir, elle est, par mètre courant de poutre, égale à :

$$1^{m} \times 400^{K} = 400^{K}$$

et l'ordonnée, au droit de l'appui, de la ligne droite qui représente les efforts tranchants est :

$$\frac{400^{K} \times 16}{2} = 3^{T},2.$$

La ligne droite, qui représente les efforts dus tant à la charge permanente qu'à la surcharge du trottoir, présente dès lors, au droit de l'appui, une ordonnée égale à :

$$32^{T} + 3^{T},2 = 35^{T},2.$$

2° *Surcharge roulante.* — On suppose que les convois appelés à circuler sur le pont sont formés de tombereaux de 6 tonnes à deux chevaux (type n° 2).

Si les entretoises sont disposées comme dans l'exemple donné au n° 247 pour l'usage des barèmes, les efforts tran-

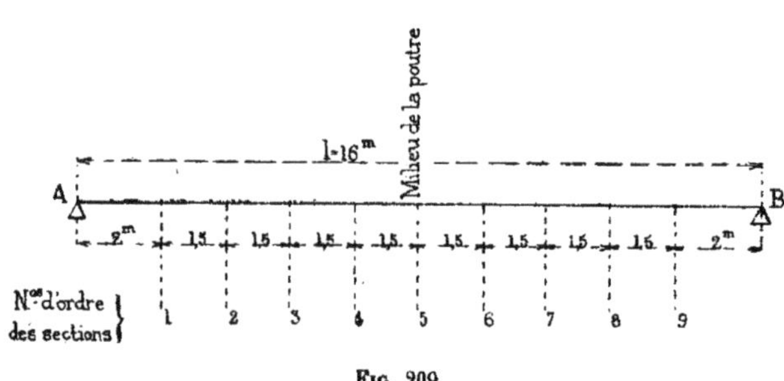

Fig. 209.

chants, calculés dans l'hypothèse où les résultantes des charges d'un convoi-type passent par l'axe de la poutre, sont ceux qui ont été indiqués au n° 247, savoir :

1er appui..........	10T, 400
Section 1..........	8 500
— 2..........	7 195
— 3..........	5 873
— 4..........	4 606
— 5..........	3 350
— 6..........	2 656
— 7..........	1 973
— 8..........	1 345
— 9..........	0 750

Le coefficient de proportionnalité par lequel ces chiffres doivent être multipliés est $\frac{7}{8}$, ainsi qu'on l'a trouvé au n° 308. Les efforts tranchants produits par la surcharge roulante, sur toute la longueur de la poutre, sont, en conséquence, les suivants :

1er appui..........	11T, 886
Section 1..........	9 712
— 2..........	8 223
— 3..........	6 712
— 4..........	5 264
— 5..........	3 829
— 6..........	3 036
— 7..........	2 225
— 8..........	1 538
— 9..........	0 858

3° *Courbes représentatives des efforts tranchants totaux.* — On trace d'abord la ligne droite qui représente les efforts positifs dus à la charge permanente, en élevant au droit de l'appui une perpendiculaire égale à 32^T, et en joignant l'extrémité de cette perpendiculaire au milieu de la poutre (n° 102).

On trace ensuite la ligne droite qui représente les efforts produits tant par la charge permanente que par la surcharge

Efforts totaux maximum (positifs)
Charge permanente et surcharge du trottoir
Charge permanente
Efforts totaux minimum (positifs)
Surcharge roulante
Surcharge roulante
Surcharge roulante
Milieu de la poutre.
A'
A°
A
B
O'
O
O"
C'
C

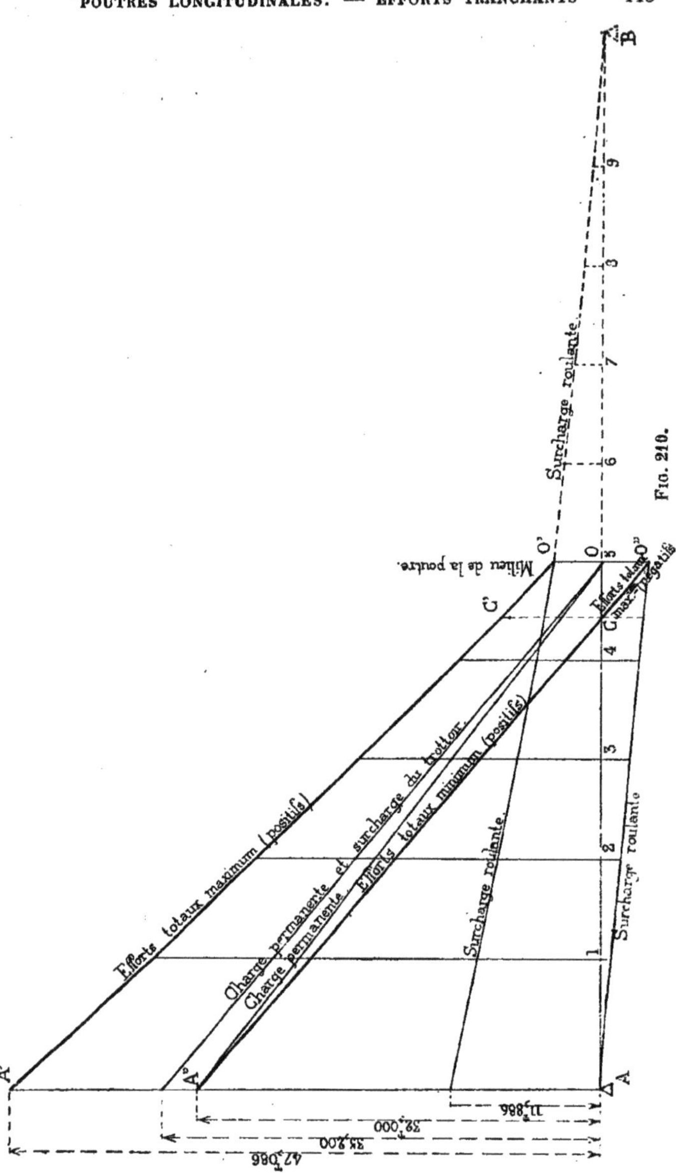

Fig. 210.

du trottoir, en élevant pareillement au droit de l'appui une perpendiculaire égale à $35^{T},2$ et en joignant l'extrémité de cette perpendiculaire au milieu de la poutre.

On trace enfin les courbes représentatives des efforts déterminés par la surcharge roulante. Pour obtenir la courbe des efforts positifs, dans la moitié de poutre envisagée, on mène, au droit de chaque section, des ordonnées positives égales aux valeurs ci-dessus indiquées pour les cinq premières sections. Pour obtenir la courbe des efforts négatifs, dans la même moitié de poutre, on mène des ordonnées négatives égales aux valeurs ci-dessus indiquées pour les cinq dernières sections. En ce qui concerne le tracé de cette dernière courbe, on a soin de porter en ordonnée négative à la section 1 la valeur trouvée pour la section 9, à la section 2 la valeur trouvée pour la section 8, et ainsi de suite jusqu'au milieu de la poutre, où l'ordonnée négative est égale à l'ordonnée positive, c'est-à-dire à la valeur trouvée pour la section 5. La courbe des efforts négatifs doit être, en définitive, celle que l'on aurait en rabattant au-dessous de la poutre la courbe des efforts positifs de la moitié de droite (si on l'avait tracée), puis en la renversant autour de l'ordonnée du milieu, de telle sorte qu'elle vienne se placer au-dessous de la moitié de gauche de la poutre.

Pour obtenir les efforts totaux maximum résultant de l'action simultanée de la charge permanente, de la surcharge du trottoir et de la surcharge roulante, voici comment l'on procède :

Pour les efforts positifs, on additionne :

1° Les ordonnées de la ligne droite qui représente les efforts dus tant à la charge permanente qu'à la surcharge du trottoir;

2° Les ordonnées de la courbe supérieure relative à la surcharge roulante.

On porte les totaux en ordonnées au-dessus de la poutre et on fait passer une courbe par les extrémités de ces ordonnées.

Pour les efforts négatifs, on retranche des ordonnées de la courbe inférieure relative à la surcharge roulante les ordonnées de la ligne droite qui représente les efforts dus à la charge permanente seulement. Quand les différences sont positives, on les porte en ordonnées au-dessous de la poutre ; quand elles sont négatives, on les porte au-dessus. On fait ensuite passer une courbe par les extrémités de toutes ces ordonnées. Cette courbe rencontre la poutre en un point C qui divise la moitié de poutre considérée en deux parties, la partie AC, où il ne se développe que des efforts positifs, et la partie CO, dans l'étendue de laquelle se produisent des efforts négatifs.

Dans le tronçon AC, les efforts positifs maximum sont représentés par la courbe A'C', et les efforts positifs minimum par la courbe A"C. Dans le tronçon CO, les efforts positifs maximum sont représentés par la courbe C'O' et les efforts négatifs maximum par la courbe CO".

DEUXIÈME SOLUTION. — *Les sections sont choisies à des intervalles égaux au dixième de la portée de la poutre.*

316. — Cette solution permet d'obtenir avec rapidité des résultats suffisamment rapprochés.

On trouve, en effet, les efforts tranchants dus à la surcharge roulante tout calculés dans l'hypothèse où les résultantes des charges d'un convoi-type passent par l'axe de la poutre. Ces efforts, soit positifs, soit négatifs, sont indiqués dans les tableaux des nos 255 et 260 pour le convoi-type n° 1, des nos 256 et 261 pour le convoi-type n° 2, des nos 257 et 262 pour le convoi-type n° 2 *bis*, enfin des nos 258 et 263 pour le convoi-type n° 3 (1).

(1) Ces tableaux ne donnent les efforts tranchants que pour des portées en nombres entiers de mètres. Quand la portée renferme une fraction de mètre, on procède par interpolation.

Il ne reste qu'à multiplier les chiffres de ces tableaux par le coefficient de proportionnalité dont il a été question au n° 303, pour obtenir les efforts tranchants, positifs ou négatifs, produits dans les sections envisagées par la surcharge roulante.

317. — Application à l'exemple du n° 315. — Les opérations sont celles qui ont été indiquées au n° 315, sauf pour la position des sections et la détermination des efforts tranchants dus à la surcharge roulante.

Les sections, qui, pour une moitié de poutre, sont au nombre de cinq, présentent entre elles un intervalle constant de 1m,60.

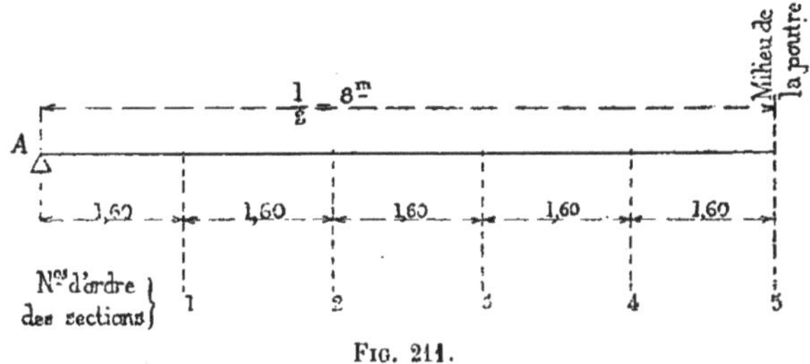

Fig. 211.

Quant aux efforts tranchants au droit de ces sections, ils s'obtiennent en tirant des tableaux n°s 256 et 261 les valeurs correspondant à une portée de 16 mètres, savoir :

Efforts positifs.	1er appui.	10T,400
	Section 1	8 920
	— 2	7 460
	— 3	6 050
	— 4	4 690
	— 5	3 350
Efforts négatifs.	1er appui.	0
	Section 1	0 600
	— 2	1 220
	— 3	1 890
	— 4	2 610
	— 5	3 350

puis en multipliant les valeurs par le coefficient $\frac{8}{7}$, ce qui donne, en définitive, pour les efforts tranchants produits par la surcharge roulante :

Efforts positifs.	1er appui.	11T,886
	Section 1	10 195
	— 2	8 526
	— 3	6 915
	— 4	5 360
	— 5	3 829
Efforts négatifs.	1er appui.	0
	Section 1	0 686
	— 2	1 395
	— 3	2 160
	— 4	2 983
	— 5	3 829

CHAPITRE II

Entretoises ou pièces de pont

318. — Les indications suivantes s'appliquent aux entretoises ou pièces de pont qui réunissent les poutres longitudinales d'un tablier métallique et auxquelles la pression des roues des véhicules peut être transmise, en des points variables, par l'intermédiaire de voûtes en briques, par exemple.

SECTION PREMIÈRE. — Du choix du type de voitures

319. — Cas où l'on applique le règlement du ministre des Travaux publics en date du 29 août 1891. — D'après les prescriptions de l'article 17 de ce règlement, il semble que les calculs des entretoises doivent exiger quatre vérifications.

Il n'en est rien.

En ce qui concerne les voitures dont le passage doit être envisagé, le poids P d'une roue est de $3{,}000^{K}$ pour le tombereau de 6 tonnes, de $4{,}000^{K}$ pour le chariot de 16 tonnes, de $5{,}500^{K}$ pour la charrette de 11 tonnes. Les moments fléchissants et les efforts tranchants engendrés dans les entretoises étant proportionnels au poids P d'une roue, il s'ensuit que le chariot de 16 tonnes doit être écarté, puisqu'il déterminerait des résultats inférieurs à ceux de la charrette de 11 tonnes.

Il reste donc à comparer cette charrette de 11 tonnes avec le tombereau de 6 tonnes. Or, le rapport entre les poids des roues, qui est égal à $\frac{5500^{K}}{3000^{K}}$ ou 1,83 est supérieur au rapport entre les limites du travail du métal indiquées par l'article 17 du règlement, c'est-à-dire au rapport $\frac{c + 1^{K}}{c}$, c désignant la limite fixée par l'article 2 du règlement. Il en résulte que le tombereau de 6 tonnes doit être également écarté.

Quant à la surcharge uniformément répartie à raison de 400^{K} par mètre carré de chaussée, elle conduirait à des moments fléchissants et à des efforts tranchants très inférieurs à ceux que déterminent les roues des voitures.

En résumé, lorsqu'il s'agit d'entretoises soumises aux prescriptions du règlement du 29 août 1891, il y a lieu d'envisager exclusivement le passage des charrettes de 11 tonnes, auquel cas le travail du métal ne doit pas dépasser de plus d'un kilogramme la limite fixée par l'article 2 du règlement.

320. — Cas où l'on applique la circulaire du ministre de l'Intérieur en date du 21 mai 1892. — Cette circulaire se borne à prescrire le passage des véhicules les plus lourds en usage dans le pays, en prenant toutefois 6 tonnes comme minimum du poids de ces véhicules.

Le poids P des roues à appliquer aux entretoises dépend du poids des véhicules adoptés.

Il n'y a pas lieu, d'ailleurs, d'envisager la surcharge uniformément répartie à raison de 300^{K} par mètre carré de chaussée.

SECTION II. — Calcul des moments fléchissants

§ 1. — Entretoises à section constante

321. — Le moment fléchissant maximum, d'après lequel la section de l'entretoise doit être calculée, peut s'obtenir en additionnant :

1° Le moment fléchissant produit au milieu de l'entretoise par la charge permanente répartie sur la longueur de cette entretoise ;

2° Le moment fléchissant déterminé également au milieu de l'entretoise par la surcharge des trottoirs, s'il y a lieu ;

3° Le moment fléchissant maximum engendré par la surcharge roulante.

Les deux premiers moments dus à des charges uniformément réparties sont fournis par les formules des n°s 2 et suivants, à raison des cas qui se présentent.

Quant au moment maximum produit par la surcharge roulante, il peut se déterminer à l'aide des expressions consignées dans les tableaux de la deuxième partie, titre IV, chapitre 1er (n°s 265 et 266) (1).

322. — Application à un exemple. — On suppose un tablier à deux voies charretières, composé de trois poutres longitudinales et disposé ainsi que l'indique la figure 212.

1° *Charge permanente de l'entretoise.* — Si cette entretoise supporte une charge p au droit du trottoir et une charge p' au droit de la chaussée, le moment fléchissant maximum, au milieu de l'entretoise, est fourni par la formule du n° 10 :

$$\frac{\frac{p'l^2}{2} - (p' - p)\,a^2}{4}.$$

(1) L'addition de ces trois moments ne fournit pas toujours la valeur exacte du moment fléchissant maximum engendré dans l'entretoise, par la raison que ces trois moments ne se produisent pas toujours dans la même section. Mais la solution indiquée comporte une approximation suffisante dans la pratique.

dans laquelle $l = 3^m,25$, et $a = 0^m,75$. Si l'on a :

$$p = 1300^K \qquad \text{et} \qquad p' = 1100^K,$$

le calcul donne $1,466^{MK}$ pour le moment au milieu de l'entretoise.

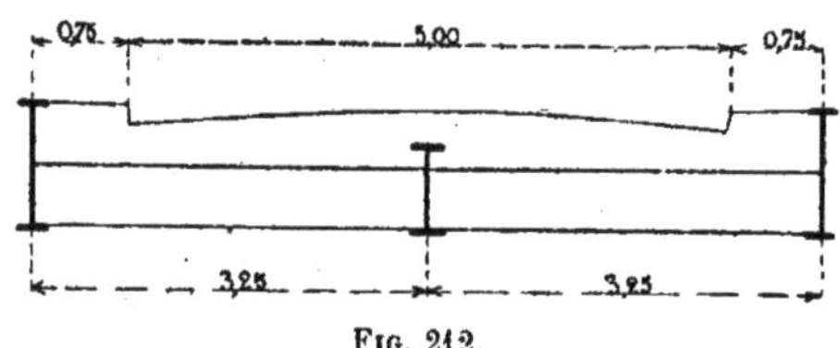

Fig. 212.

2° *Surcharge du trottoir.* — Cette surcharge constitue une charge uniformément répartie sur un tronçon de l'entretoise aboutissant à un appui. Le moment fléchissant au milieu de l'entretoise est donné par la formule du n° 4 et il est égal à $\frac{pa^2}{4}$.

Si l'écartement des entretoises est de $1^m,40$, la surcharge à raison de 400^K par mètre carré s'élève à 560^K par mètre courant d'entretoise.

On a dès lors :

$$p = 560^K \qquad \text{et} \qquad a = 0,75$$

d'où :

$$\frac{pa^2}{4} = 315^{MK}.$$

3° *Surcharge roulante.* — L'expression du moment fléchissant maximum, dans le cas dont il s'agit, est consignée au tableau du n° 266, § 2. La largeur totale de la chaussée étant de 5 mètres, ce tableau indique que, pour une portée comprise entre $2^m,50$ et $3^m,48$, le moment maximum a pour expression :

$$P\left(1,80 - \frac{2,80}{l}\right).$$

Si l'entretoise doit être calculée conformément aux prescriptions du règlement du 29 août 1891, il y a lieu d'envisager le passage d'une charrette de 11 tonnes.

On a dès lors :

$$P = 5500^{K} \text{ et } l = 3^{m},25,$$

ce qui conduit à $5,162^{MK}$ pour le moment maximum dû à la surcharge roulante.

4° *Moment fléchissant total.* — Ce moment a pour valeur :

$$1466^{MK} + 315^{MK} + 5162^{MK} = 6943^{MK}.$$

§ 2. — Entretoises à section variable

323. — Dans ce cas, il est nécessaire de tracer la ligne représentative des moments fléchissants maximum.

Pour y arriver, on construit d'abord la ligne représentative des moments fléchissants dus à la charge permanente répartie sur la longueur de l'entretoise.

On construit ensuite la ligne représentative des moments fléchissants déterminés par la surcharge des trottoirs, s'il y a lieu.

On trace enfin la ligne représentative des moments fléchissants susceptibles d'être engendrés par la surcharge roulante.

On fait le total des ordonnées qui correspondent, dans ces trois lignes représentatives, à diverses sections convenablement choisies, et on obtient ainsi un nombre suffisant d'ordonnées pour tracer la ligne représentative des moments fléchissants totaux.

Les deux premières lignes représentatives, qui ont trait à des charges uniformément réparties, se construisent à l'aide des indications des nos 1 et suivants.

Quant à la troisième ligne, relative à la charge roulante, elle peut se tracer exactement au moyen des indications de la première partie, titre I, chapitre III, en assignant aux roues des voitures les déplacements susceptibles d'être opérés sur la longueur de l'entretoise.

Voici, à titre d'exemples, quelques-uns des cas qui se présentent habituellement :

1° *Ponts à une voie charretière*

Nota. — On admet un écartement de $1^m,70$ entre les deux roues d'un essieu. On désigne par P le poids d'une roue.

a. — Ponts composés de deux poutres longitudinales (un seul cours d'entretoises).

324. — Si l'on suppose que le milieu de l'entretoise coïncide avec le milieu de la chaussée, la ligne représentative des moments fléchissants doit être symétrique par rapport à

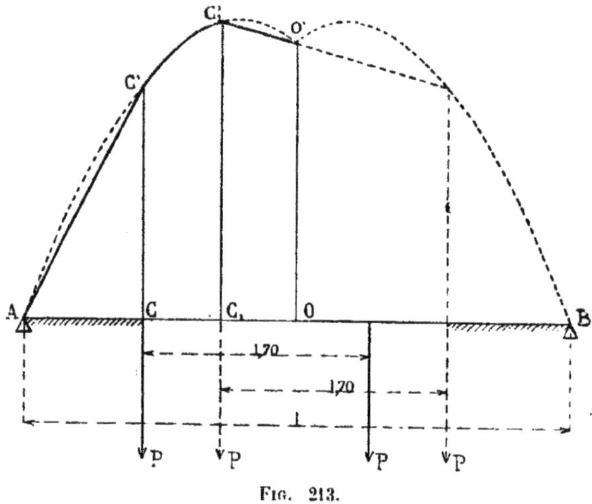

Fig. 213.

la perpendiculaire élevée au milieu de l'entretoise. Il suffit dès lors de déterminer la moitié de cette ligne représentative, celle de gauche, par exemple.

On construit à cette fin la parabole qui représente les moments fléchissants dus au premier poids (celui de gauche) quand une poutre est parcourue par un système de deux poids égaux P (n° 54).

Cette parabole passe par le premier appui ; son axe est à $0^m,425$ du milieu de l'entretoise et l'ordonnée du sommet a pour valeur :

$$P\left(\frac{l}{2}+\frac{0,361}{l}-0,85\right).$$

Ces données permettent de tracer la parabole à l'aide du procédé indiqué au n° 335.

On peut vérifier que la perpendiculaire élevée au milieu de l'entretoise rencontre la parabole au nœud O′, dont l'ordonnée OO′ est égale à :

$$OO'=P\left(\frac{l}{2}-0,85\right).$$

On mène ensuite l'ordonnée $C_1C'_1$, qui correspond à la position occupée par la première roue quand la seconde est placée contre le bord du second trottoir, et l'on joint le point C'_1 au nœud O′.

On mène pareillement l'ordonnée CC′, qui correspond au bord du premier trottoir, et l'on joint le point C′ au premier appui A.

La ligne représentative des moments fléchissants maximum est composée de la droite AC′, de l'arc $C'C'_1$ et de la droite C'_1O'.

b. — Ponts composés de trois poutres longitudinales (deux cours d'entretoises).

325. — On suppose que la largeur de chaussée supportée par l'entretoise est égale ou inférieure à $1^m,70$.

Dans ce cas, l'entretoise ne peut recevoir que la pression d'une roue seulement.

On construit la parabole qui représente les moments fléchissants engendrés lors du déplacement d'un poids unique P (n° 50).

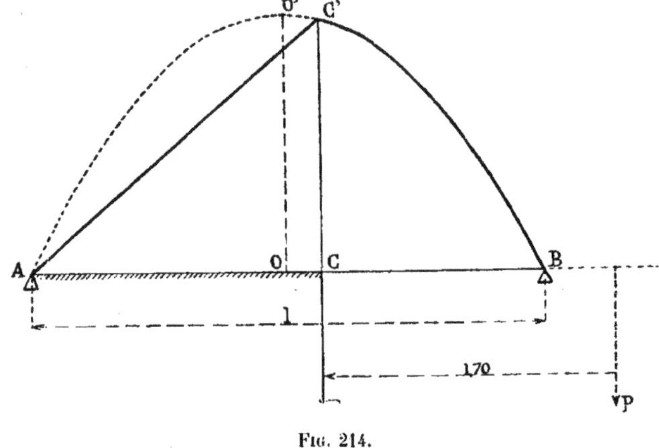

Fig. 214.

Cette parabole passe par les appuis ; son axe est formé par une perpendiculaire élevée au milieu de l'entretoise et l'ordonnée du sommet a pour valeur :

$$OO' = \frac{Pl}{4}.$$

Ces données permettent de tracer la parabole à l'aide du procédé indiqué au n° 335.

On mène ensuite l'ordonnée CC', qui correspond au bord du trottoir, et l'on joint le point C' au premier appui A.

La ligne représentative des moments fléchissants maximum est composée de la droite AC' et de l'arc C'B.

2° *Ponts à deux voies charretières*

Nota. — On admet un écartement de 1m,70 entre les deux roues d'un essieu.
On suppose un intervalle de 1m,60 entre les roues les plus voisines de deux voitures qui se croisent.
On désigne par P le poids d'une roue.

a. — Ponts composés de deux poutres longitudinales (un seul cours d'entretoises).

326. — Si l'on suppose que le milieu de l'entretoise coïncide avec le milieu de la chaussée, la ligne représentative des moments fléchissants doit être symétrique par rapport à la perpendiculaire élevée au milieu de l'entretoise. Il suffit dès lors de déterminer la moitié de cette ligne représentative, celle de gauche, par exemple.

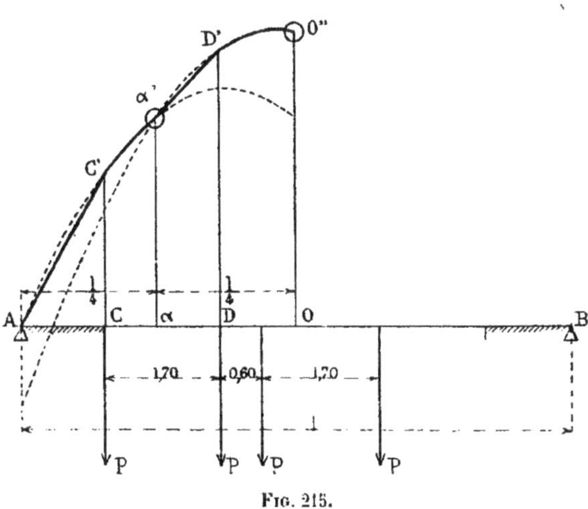

Fig. 215.

On construit, à cette fin, les deux paraboles qui représentent les moments fléchissants dus aux deux premiers poids, quand une poutre est parcourue par un système de quatre poids égaux P (n° 80).

Pour la première de ces paraboles, qui passe par le premier appui, l'axe se trouve à 1 mètre du milieu de l'entretoise et l'ordonnée du sommet a pour valeur :

$$P\left(l + \frac{4}{l} - 4\right).$$

Quant à la seconde parabole, elle passe, au droit du premier appui, par un point situé à l'extrémité d'une ordonnée négative égale, en valeur absolue, à 1,70P. L'axe de cette parabole est à $0^m,15$ en-deçà du milieu de l'entretoise et l'ordonnée du sommet a pour valeur :

$$P\left(l + \frac{0,09}{l} - 2,30\right).$$

Ces données permettent de tracer les deux paraboles à l'aide du procédé indiqué au n° 335.

On peut vérifier que les deux paraboles se rencontrent au premier nœud α', dont l'abscisse est $\frac{l}{4}$ et l'ordonnée :

$$\alpha\alpha' = P\left(\frac{3l}{4} - 2\right).$$

On peut vérifier aussi que la seconde parabole passe par le second nœud O″, situé au droit du milieu de l'entretoise et à une distance de cette entretoise égale à :

$$OO'' = P\,(l - 2,30).$$

On mène ensuite l'ordonnée CC′, qui correspond au bord du trottoir, et on joint le point C′ au premier appui A. On mène pareillement l'ordonnée DD′, qui correspond à la position occupée par la seconde roue, quand la première est contre le trottoir, et on joint le point D′ au premier nœud α'.

On fait mouvoir le système des quatre roues, de telle sorte

que la dernière s'arrête contre le second trottoir, et on détermine les positions occupées alors par la première et la deuxième roue. Si, comme dans la figure 215, la première roue dépasse le premier quart de l'entretoise et si, de même, la deuxième roue s'avance au-delà du milieu de cette entretoise, la ligne représentative des moments fléchissants maximum se compose de la droite AC', de l'arc C'α', de la droite α'D' et de l'arc D'O''.

S'il en était autrement, les arcs devraient être limités aux ordonnées élevées au droit des nouvelles positions occupées par les deux premières roues et il y aurait lieu de joindre l'extrémité de chacun de ces arcs au nœud voisin.

b. — Ponts composés de trois poutres longitudinales (deux cours d'entretoises).

327. — Premier cas. — La largeur de chaussée supportée par l'entretoise est égale ou inférieure à $2^m,30$.

Dans ce cas, l'entretoise ne peut être parcourue que par les deux roues d'une voiture.

On construit les deux paraboles qui représentent les moments fléchissants dus aux déplacements d'un système de deux poids égaux P (n° 54).

Chacune de ces paraboles passe par un appui ; l'axe se trouve à $0^m,425$ du milieu de l'entretoise, et l'ordonnée du sommet est égale à :

$$P\left(\frac{l}{2}+\frac{0,361}{l}-0,85\right).$$

On peut vérifier que les deux paraboles se rencontrent au nœud O', situé à l'extrémité d'une ordonnée ayant pour valeur :

$$OO' = P\left(\frac{l}{2}-0,85\right).$$

On mène ensuite l'ordonnée CC', qui correspond au bord du trottoir, et l'ordonnée C_1C_1, qui correspond à la position occupée par la première roue quand la deuxième franchit l'appui B. On délimite ainsi la portion d'arc $C'C'_1$ représentant les moments fléchissants produits au droit de la première roue.

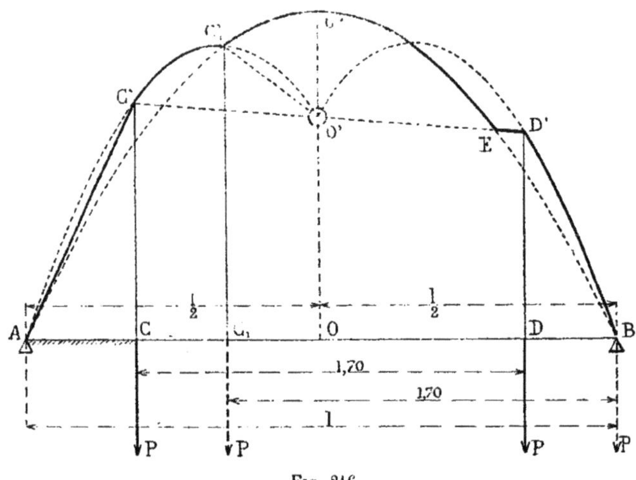

Fig. 216.

D'un autre côté, on mène l'ordonnée DD', qui correspond à la position prise par la deuxième roue quand la première est contre le trottoir. On obtient ainsi la portion d'arc $D'B$ représentant les moments fléchissants produits au droit de la deuxième roue.

En joignant le point C' au premier appui A, ainsi que les points C'_1 et D' au nœud O', on a la ligne représentative des moments fléchissants maximum engendrés par le déplacement du système des deux roues. Cette ligne se compose de la droite AC', de l'arc $C'C'_1$, des droites $C_1'O'$ et $O'D'$, enfin de l'arc $D'B$.

Il reste à combiner cette ligne avec la parabole représentative des moments fléchissants déterminés par le déplacement d'une roue unique (n° 50).

Cette parabole passe par les deux appuis. Son axe est formé par une perpendiculaire élevée au milieu de l'entretoise et l'ordonnée OO″ du sommet est égale à $\frac{Pl}{4}$.

La parabole dont il s'agit coupe en C'_1 la première des deux paraboles relatives au système des deux roues. L'ordonnée commune C_1C_1' correspond à la position occupée par la première roue quand la deuxième franchit l'appui B.

On peut vérifier que cette ordonnée a pour valeur :

$$C_1C_1' = P\left(1,70 - \frac{2,89}{l}\right).$$

La parabole unique rencontre en E, d'autre part, la droite O′D′, qui fait partie de la ligne représentative des moments dus au système des deux roues.

Il s'ensuit que la ligne représentative des moments fléchissants maximum susceptibles d'être engendrés dans l'entretoise est formée de la droite AC′, des arcs $C'C'_1$ et $C_1'O''E$, de la droite ED′ et enfin de l'arc D′B.

328. — Deuxième cas. — La largeur de chaussée supportée par l'entretoise est supérieure à $2^m,30$.

Dans ce cas, l'entretoise peut être parcourue par trois roues, savoir : les deux roues d'une voiture et l'une des roues d'une autre voiture qui croise cette dernière.

On construit les trois paraboles qui représentent les moments fléchissants dus au déplacement d'un système de trois poids égaux P (n° 68).

Pour la première parabole, qui passe par l'appui A, l'axe est à $0^m,67$ du milieu de l'entretoise et l'ordonnée du sommet a pour valeur :

$$P\left(\frac{3l}{4} + \frac{1}{3l} - 2\right).$$

La deuxième parabole passe, au droit de l'appui B, par un point situé à l'extrémité d'une ordonnée négative égale, en valeur absolue, à 0,60P. Son axe se trouve à $0^m,18$ au-

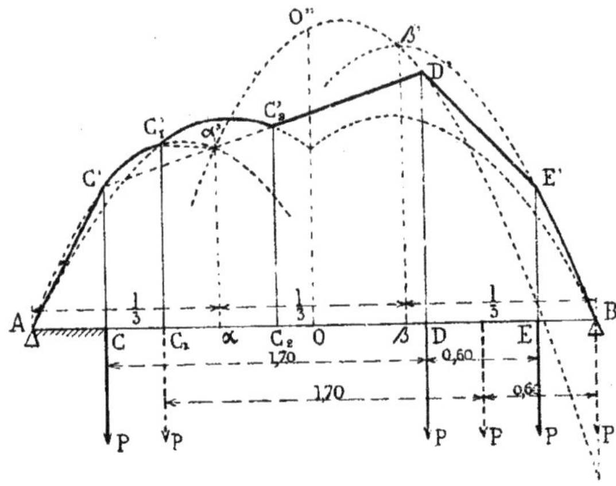

FIG. 217.

delà du milieu de l'entretoise et l'ordonnée du sommet est égale à :

$$P\left(\frac{3l}{4}+\frac{0.101}{l}-1.15\right)\cdot$$

Quant à la troisième parabole qui passe par l'appui B, son axe est à $0^m,48$ au-delà du milieu de l'entretoise et l'ordonnée du sommet est :

$$P\left(\frac{3l}{4}+\frac{0.701}{l}-1.45\right)\cdot$$

On peut vérifier que les trois paraboles se rencontrent aux nœuds α' et β', dont les abscisses sont $\frac{l}{3}$ et $\frac{2l}{3}$, et dont les ordonnées sont :

$$\alpha\alpha' = P\left(\frac{2l}{3} - 1.333\right)$$

$$\beta\beta' = P\left(\frac{2l}{3} - 0.967\right).$$

On mène ensuite les ordonnées correspondant aux positions occupées par les trois roues, quand la première est appliquée contre le trottoir. Si, comme dans la figure 217, la première roue est en-deçà du premier tiers de l'entretoise et la deuxième roue au-delà du deuxième tiers, la ligne représentative des moments fléchissants maximum dus au système des trois roues est formée par la droite AC', l'arc $C'C'_1$, les droites $C'_1\alpha'$, $\alpha'D'$ et D'E', enfin l'arc F'B.

Il reste à combiner cette ligne avec les deux paraboles indicatives des moments engendrés par le déplacement du système de deux roues seulement (n° 54).

Chacune de ces paraboles passe par un appui. Son axe est à $0^m,425$ du milieu de l'entretoise et l'ordonnée du sommet a pour valeur :

$$P\left(\frac{l}{2} + \frac{0.361}{l} - 0.85\right).$$

La première parabole dépasse la ligne relative au déplacement des trois roues à partir du point C_1', extrémité de l'ordonnée correspondant à la position occupée par la première roue quand la troisième franchit l'appui B. L'arc $C_1'C_2'$ doit dès lors être substitué aux portions de droite, $C_1'\alpha'$ et $\alpha'C_2'$, appartenant à la ligne des trois roues.

Il s'ensuit que la ligne représentative des moments fléchissants maximum est, en définitive, composée de la droite AC', des arcs $C'C'_1$ et $C_1'C_2'$, des droites $C_2'D'$ et D'E' et enfin de l'arc E'B.

Dans l'exemple ci-après (*fig.* 218), les deux paraboles relatives au déplacement de deux roues sont tout entières au-dessous de la ligne indicative des moments dus au déplacement de trois roues. Cette dernière constitue dès lors la

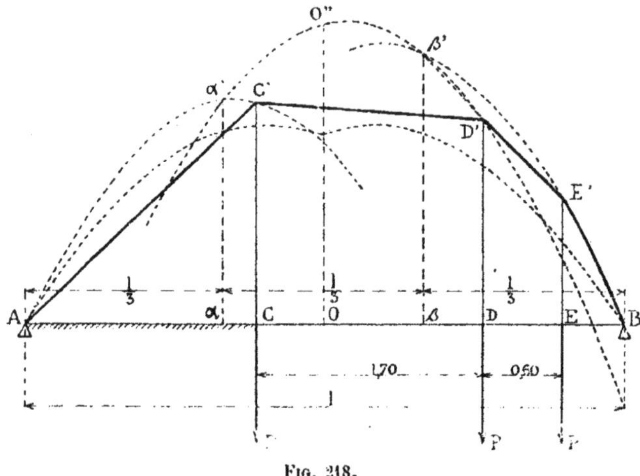

FIG. 218.

ligne représentative des moments fléchissants maximum susceptibles d'être engendrés dans l'entretoise. Elle se compose des droites AC', C'D' et D'E', ainsi que de l'arc E'B.

SECTION III. — Calcul des efforts tranchants

329. — Dans les ponts pour voies de terre, il suffit d'ordinaire de déterminer l'effort tranchant maximum auquel les entretoises sont soumises.

Cet effort est celui qui se produit au droit d'un appui. Il peut s'obtenir en additionnant :

1° L'effort tranchant dû à la charge permanente de l'entretoise ;

2° L'effort tranchant déterminé par la surcharge des trottoirs, s'il y a lieu ;

3° L'effort tranchant engendré par la surcharge roulante.

Les deux premiers efforts, dus à des charges uniformément réparties, sont fournis par les formules des nos 103 et suivants, à raison des cas qui se présentent.

Quant à l'effort tranchant produit par la surcharge roulante, il peut se déterminer à l'aide des expressions consignées dans les tableaux de la deuxième partie, titre IV, chapitre II (nos 268 et 269).

330. — Application à un exemple. — On suppose un tablier composé comme celui du n° 322.

1° *Charge permanente de l'entretoise.* — Si cette entretoise supporte une charge p au droit d'un trottoir et une charge p' au droit de la chaussée, l'effort tranchant, au droit de l'appui, est fourni par la formule du n° 111 :

$$\frac{pa\left(b+\frac{a}{2}\right)+\frac{p'b^2}{2}}{l},$$

dans laquelle :

$$l = 3^m,25 \qquad a = 0^m,75 \qquad b = 2^m,50$$

Si l'on a :

$$p = 1,300^K \text{ et } p' = 1,100^K,$$

le calcul donne $1,920^K$ pour l'effort tranchant au droit de l'appui.

2° *Surcharge du trottoir.* — Cette surcharge constitue une charge uniformément répartie sur un tronçon de l'entretoise aboutissant à un appui. L'effort tranchant au droit de l'appui est donné par la formule du n° 105:

$$\frac{pa}{l}\left(l-\frac{a}{2}\right).$$

Si l'écartement des entretoises est de $1^m,40$, la surcharge à raison de 400^K par mètre carré s'élève à 560^K par mètre courant d'entretoise.

On a dès lors :

$$p = 560^K \quad l = 3^m,25 \quad a = 0^m,75.$$

Le calcul donne 372^K pour l'effort tranchant.

3° *Surcharge roulante.* — L'expression de l'effort tranchant au droit d'un appui, dans le cas dont il s'agit, est consignée dans le tableau du n° 269, § 2. La largeur totale de la chaussée étant de 5 mètres, l'expression de l'effort tranchant est :

$$P \frac{3^m,50}{l}.$$

Si l'entretoise doit être calculée conformément aux prescriptions du règlement du 29 août 1891, il y a lieu d'envisager le passage d'une charrette de 11 tonnes.

On a dès lors :

$$P = 5,500^K \quad \text{et} \quad l = 3^m,25,$$

ce qui conduit à $5,923^K$ pour l'effort dû à la surcharge roulante.

4° *Effort tranchant total.* — Cet effort a pour valeur :

$$1,920^K + 372^K + 5,923^K = 8,215^K.$$

TITRE III

OBJETS DIVERS

CHAPITRE PREMIER

Du calcul de la charge permanente

331. — Dans les ponts pour voie de terre, la charge permanente joue souvent un rôle prépondérant, surtout à l'égard des poutres longitudinales. Il importe donc qu'elle soit évaluée avec une exactitude suffisante.

Lorsque le tablier est composé de poutres longitudinales reliées par des entretoises, on commence habituellement par calculer la charge moyenne par mètre courant d'entretoise.

Connaissant cette charge moyenne, on détermine facilement les poids transmis par les entretoises à chaque poutre longitudinale. Si l'on considère la charge permanente d'une poutre longitudinale comme étant uniformément répartie, ainsi qu'on l'admet généralement, on fait la somme des poids transmis par les entretoises, en ayant soin d'y comprendre les poids provenant des entretoises extrêmes, alors même qu'elles aboutissent aux points d'appui de la poutre (1).

(1) Voir les nos 45 et 146.

On y ajoute le poids propre de la poutre, ainsi que les autres poids que cette pièce est appelée à supporter. En divisant le total de ces poids par la portée de la poutre, on obtient la charge uniformément répartie par mètre courant de poutre longitudinale.

332. — Du calcul de la charge permanente des entretoises. — On suppose, à titre d'exemple, que les entretoises reçoivent des voûtes en briques dont les reins sont garnis de béton. Une chape recouvre le béton de manière à assurer l'évacuation des eaux. Sur cette chape sont disposées une couche de remblai et une chaussée d'empierrement.

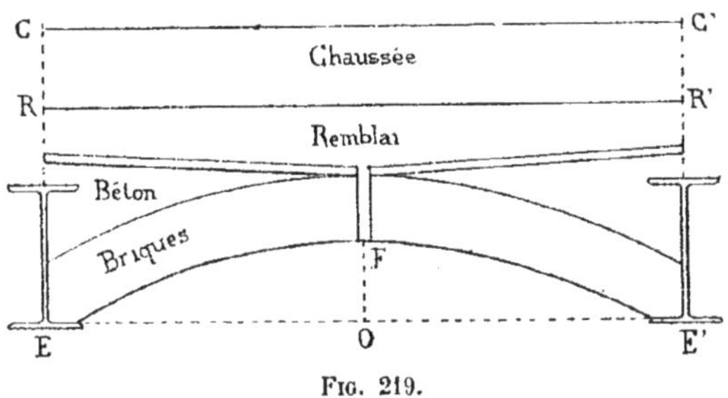

Fig. 219.

Il s'agit de calculer le poids moyen de cette charge par mètre courant d'entretoise.

Pour y arriver, il convient de fixer les dimensions de la section moyenne comprise entre deux entretoises consécutives. Cette section ne résulte pas immédiatement du dessin de la coupe longitudinale du tablier, par la raison que la chaussée présente un certain bombement, de telle sorte que l'épaisseur du tablier est plus grande au sommet de la chaussée qu'au pied de la bordure des trottoirs.

On peut remplacer le profil curviligne ABC de la chaussée par une ligne droite horizontale EF qui détermine une surface équivalente. Cette ligne de compensation passe sensiblement à une distance de la corde AC égale aux deux tiers du bombement total (1). On doit donc avoir :

$$BG = \frac{BD}{3}.$$

Si donc on désigne par S la cote du nivellement du sommet de la chaussée, et par f le bombement total de cette

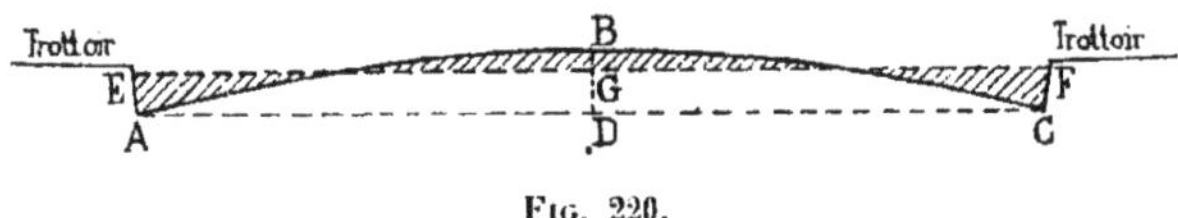

Fig. 220.

chaussée, la cote de la ligne CC', qui, dans la figure 219, représente le dessus de la chaussée, a pour expression :

$$S - \frac{f}{3}.$$

Quand la cote de la ligne CC' (*fig.* 219) est ainsi fixée, on calcule le volume total de la charge permanente comprise entre les plans verticaux EC et E'C', et s'appliquant à une longueur de 1 mètre. Pour trouver ce volume, on détermine celui du parallélipipède, de 1 mètre de longueur, qui a le rectangle ECC'E' pour section transversale, puis on en défalque le volume du solide, de 1 mètre de longueur, qui a pour section transversale le segment EFE'. La surface de ce segment s'obtient pratiquement en multipliant la corde EE' par les deux tiers de la flèche OF (2).

Le volume total de la charge permanente étant connu, on calcule les volumes de la voûte en briques, de la chape, du

(1) Cela revient à admettre que le profil transversal de la chaussée a la forme d'une parabole.

(2) On admet alors que l'intrados des voûtes en briques a la forme d'un arc de parabole, au lieu d'un arc de cercle.

remblai et de la chaussée. On fait la somme de ces volumes et on la retranche du volume total, pour obtenir le volume du béton dont la forme est peu géométrique.

On applique à chacun de ces volumes partiels le poids spécifique des matériaux qui les constituent et on a le poids total de la charge permanente (abstraction faite des fers) par mètre courant d'entretoise.

La méthode qui vient d'être indiquée consiste essentiellement à évaluer avec une exactitude suffisante le volume total de la charge, en le décomposant ensuite en volumes partiels pour chacune des espèces de matériaux qui composent cette charge. Il en résulte que les erreurs commises dans la détermination de ces volumes partiels n'influent que dans une mesure très limitée sur le poids total, puisqu'elles ne portent, en définitive, que sur l'application des poids spécifiques. On s'exposerait à des erreurs bien plus grandes, si l'on calculait directement chaque volume et, par suite, chaque poids partiel, pour faire ensuite le total de ces poids. Il pourrait arriver que la somme des volumes partiels différât notablement du volume total occupé par la charge permanente.

333. — Des poids spécifiques à adopter. — Il convient d'adopter des poids spécifiques qui se rapprochent autant que possible de la réalité.

Des expériences sont parfois nécessaires pour déterminer ces poids spécifiques avec quelque exactitude.

Voici, à titre de renseignements, les poids résultant d'expériences spéciales qui ont été faites sur les matériaux en usage dans un département de la région de l'Est.

DÉSIGNATION DES MATÉRIAUX		POIDS du mètre cube	OBSERVATIONS
Voûtes en briques	pleines	1.800K	avec mortier de chaux hydraulique et de ciment.
	creuses	1.500	
Béton	de gravier	2.100	
	de silex	1.900	
Chape ou revêtement de trottoir en ciment		2.000	
Remblai		1.400	
Chaussée	en trapp des Vosges	2.200	
	en quartzites des Ardennes	2.200	
	en gravier	2.100	
	en silex	1.900	
Sable		1.700	
Pavés		2.500	Joints compris.
Bordures		2.600	Bordures de Givet.

CHAPITRE II

Du passage des rouleaux compresseurs

334. — Le règlement du ministre des Travaux publics en date du 29 août 1891, ainsi que la circulaire du ministre de l'Intérieur en date du 21 mai 1892, ne mentionnent pas l'éventualité du passage des rouleaux compresseurs, qui, lorsqu'ils sont à vapeur, peuvent atteindre des poids considérables.

L'emploi de ces rouleaux à vapeur tend à se généraliser et leur circulation donne lieu parfois à des embarras quand ils sont appelés à passer sur des tabliers métalliques.

Il peut être nécessaire de vérifier que les dimensions des pièces d'un pont métallique sont à même de livrer passage à un rouleau compresseur.

On trouvera dans la première partie les moyens de procéder à cette vérification.

En ce qui concerne les poutres longitudinales, elles peuvent être considérées comme chargées d'un système de deux poids inégaux qui se déplacent, ces deux poids étant ceux des roues d'avant et d'arrière du rouleau. Les moments fléchissants sont indiqués au n° 31 et les efforts tranchants au n° 131.

Il va sans dire que les résultats fournis par les formules doivent être multipliés par un coefficient de proportionnalité analogue à celui dont il a été question au n° 303.

En ce qui concerne les entretoises, elles peuvent être envisagées comme chargées uniformément, soit sur un tronçon, soit sur deux tronçons d'égale largeur, suivant qu'elles reçoivent la pression de la roue d'avant ou des deux roues d'arrière. Les moments fléchissants sont indiqués aux n°s 7 et 21, les efforts tranchants aux n°s 108 et 122, dans ces deux cas.

CHAPITRE III

Du tracé des paraboles

335. — Quand on connaît la direction de l'axe, le sommet et un autre point d'une parabole, on peut tracer rapidement cette courbe à l'aide du procédé suivant :

Soit OO′ la direction de l'axe, O′ le sommet et A un autre point par lequel doit passer la parabole.

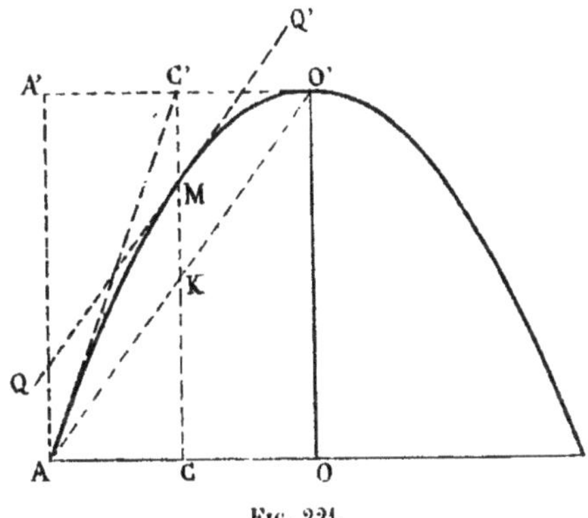

Fig. 221.

On abaisse du point A la perpendiculaire AO sur l'axe, on construit le rectangle AA′O′O, et on mène la diagonale AO′.

Par le milieu C′ du côté A O′, on trace la ligne C′C parallèle à l'axe O′O.

On prend ensuite le milieu M de la portion C′K comprise

entre le côté A'O' et la diagonale AO'. Ce point M est un point de la parabole.

Par ce point M on mène une parallèle QQ' à la diagonale AO' : cette parallèle constitue la tangente à la parabole au point M.

On joint, en outre, le point A au point C' : la ligne AC' n'est autre chose que la tangente à la parabole menée au point A.

A l'aide de ces deux tangentes et de la ligne A'O' qui forme la tangente au sommet O', il est généralement facile de tracer avec une exactitude suffisante la parabole passant par les points A, M et O'.

S'il était nécessaire de déterminer un autre point de la parabole, entre M et O', par exemple, on agirait à l'égard du point M comme on vient de l'indiquer à l'égard du point A.

CHAPITRE IV

Règlements ministériels relatifs à la construction des ponts métalliques

§ 1. — Ministère des Travaux publics. — Règlement ministériel du 29 août 1891

336. — Chapitre premier. — Ponts supportant des voies de fer

I. — Voies de largeur normale

Article premier. *Conditions à remplir.* — Les ponts à travées métalliques, qui portent des voies de fer de largeur normale, devront être en état de livrer passage aux trains autorisés à circuler sur le réseau auquel ils appartiennent et, en outre, au train-type défini à l'article 4 ci-dessous.

Art. 2. *Limites du travail du métal.* — Les dimensions des différentes pièces des ponts seront calculées de telle sorte que, dans la position la plus défavorable des trains désignés à l'article premier et en tenant compte de la charge permanente ainsi que des efforts accessoires, tels que ceux qui peuvent être produits par les variations de température, le travail (1) du métal par millimètre carré de section nette, c'est-

(1) Le mot *travail* est entendu non dans le sens scientifique, mais dans le sens d'effort imposé au métal par unité de surface, qui lui est donné dans la pratique des constructions.

à-dire déduction faite des trous de rivets ou de boulons, ne dépasse pas les limites indiquées ci-dessous.

I. Pour la fonte supportant un effort d'extension directe.. $1^K,50$

Pour la fonte travaillant à l'extension dans des pièces soumises à des efforts tendant à les faire fléchir .... $2^K,50$

Pour la fonte supportant un effort de compression. $6^K,00$

II. Pour le fer et l'acier travaillant à l'extension, à la compression ou à la flexion, les limites exprimées en kilogrammes par millimètre carré de section seront fixées aux valeurs suivantes :

Pour le fer.................................. $6^K,50$
Pour l'acier................................. $8^K,50$

Toutefois ces limites seront abaissées respectivement :

A $5^K,50$ pour le fer et à $7^K,50$ pour l'acier dans les pièces de pont, longerons et entretoises sous rail ;

A 4 kilogrammes pour le fer et à 6 kilogrammes pour l'acier, pour les barres de treillis et autres pièces exposées à des efforts alternatifs d'extension et de compression ; ces dernières limites pourront néanmoins être rapprochées des précédentes pour les pièces qui seront soumises à de faibles variations de ces efforts.

Dans l'établissement du projet des ouvrages métalliques d'une ouverture supérieure à 30 mètres, les ingénieurs pourront appliquer au calcul des fermes principales des limites supérieures à celles qui ont été fixées plus haut, sans jamais dépasser :

Pour le fer.................................. $8^K,50$
Pour l'acier................................. $11^K,50$

Ils devront justifier, dans chaque cas particulier, les diverses limites dont ils auront cru devoir faire usage.

Lorsque des fers laminés dans un seul sens seront soumis

à des efforts de traction perpendiculaire au sens du laminage, les coefficients seront réduits d'un tiers dans les calculs relatifs à ces efforts.

Les coefficients concernant l'acier ne subiront pas cette réduction.

On appliquera aux efforts de cisaillement et de glissement longitudinal les mêmes limites qu'aux efforts d'extension et de compression, mais en leur faisant subir une réduction d'un cinquième, étant entendu que les pièces auront les dimensions nécessaires pour résister au voilement ; pour le fer laminé dans un seul sens, on fera subir à ces coefficients une réduction d'un tiers, lorsque l'effort tendra à séparer les fibres métalliques.

Le nombre et les dimensions des rivets seront calculés de telle sorte que le travail de cisaillement du métal ne dépasse pas les quatre cinquièmes de la limite qui aura été admise pour la plus faible des pièces à assembler et que le travail d'arrachement des têtes, s'il s'en produit, ne dépasse pas 3 kilogrammes par millimètre carré en sus de l'effort résultant du serrage.

III. Les calculs justificatifs de la rivure seront toujours fournis à l'appui des projets en même temps que les calculs des dimensions des diverses pièces.

Il en sera de même des calculs des assemblages par boulons dans les ponts en fonte.

Art. 3. *Qualités du fer et de l'acier auxquelles correspondent les limites de travail du métal fixées par l'article 2.* — Les coefficients de travail du métal fixés ci-dessus pour le fer et l'acier correspondent aux qualités définies par les conditions suivantes :

DÉSIGNATION			ALLONGEMENT minimum de rupture mesuré sur des éprouvettes de 200 millim. de longueur	RÉSISTANCE minimum à la traction par millim. carré mesurée sur des éprouvettes de 200 millim. de longueur
Fer laminé.	Fer profilé et plat (dans le sens du laminage)		8 p. 100	32 kilogr.
	Tôle	dans le sens du laminage.	8 —	32 —
		dans le sens perpendiculaire au laminage	3,5 —	28 —
Acier laminé.			22 —	42 —
Rivets en fer.			16 —	36 —
— en acier.			28 —	38 —

Les cahiers des charges fixeront pour l'acier le minimum et le maximum entre lesquels devra être compris le rapport de la limite pratique d'élasticité à la résistance à la rupture. Le minimum ne devra pas être inférieur à un demi et le maximum ne devra pas dépasser deux tiers.

Des coefficients de travail plus élevés pourront être autorisés par l'Administration pour des métaux de qualités différentes, si des justifications suffisantes sont produites.

On ne tolérera dans aucun cas l'emploi d'aciers fragiles et on s'assurera fréquemment, pendant la construction, de la qualité du métal à ce point de vue, au moyen d'essais de trempe et d'expériences faites en pliant des barres percées de trous au poinçon. Les cahiers des charges devront renfermer des prescriptions détaillées à cet égard sans préjudice des autres conditions relatives aux qualités du métal.

Dans tous les cas, lorsqu'on emploiera l'acier, les trous des rivets seront forés ou alésés, après le perçage sur une épaisseur d'au moins un millimètre et les bords des pièces coupées à la cisaille seront affranchis sur la même épaisseur.

Art. 4. *Composition du train-type.* — Les auteurs des projets de travées métalliques devront justifier par des calculs suffisamment détaillés qu'ils ont satisfait aux prescriptions des articles 1, 2 et 3 qui précèdent.

En ce qui concerne les fermes longitudinales, ils seront tenus d'examiner l'hypothèse du passage, sur chaque voie, du train-type défini ci-dessous.

Le train-type se composera de deux machines à quatre essieux, de leurs tenders et de wagons chargés. Les poids et dimensions des machines, tenders et wagons chargés sont donnés par le tableau et la figure ci-après :

DÉSIGNATION	MACHINE	TENDER	WAGON CHARGÉ
Nombre d'essieux	4	2	2
Charge par essieu	14^T	12^T	8^T
Distance du tampon d'avant au 1er essieu	$2^m,60$	$2^m,00$	$1^m,50$
Ecartement des essieux entre eux	$1^m,20$	$2^m,50$	$3^m,00$
Distance du dernier essieu au tampon d'arrière	$2^m,60$	$2^m,00$	$1^m,50$
Poids total	56^T	24^T	16^T
Longueur totale	$8^m,80$	$6^m,50$	$6^m,00$

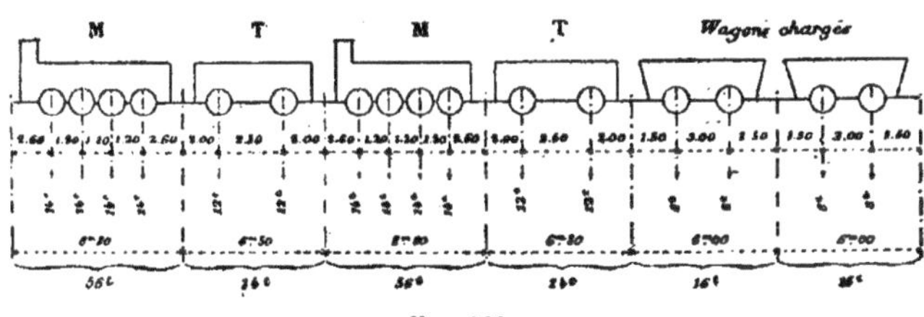

Fig. 222.

Les machines, avec leurs tenders, seront placées toutes deux en tête du train.

L'ensemble du train sera supposé occuper successivement différentes positions le long de la portée, et ces positions seront choisies de manière à réaliser en chaque point les plus grands efforts tranchants et fléchissants que le passage du train-type puisse déterminer.

Les dimensions des pièces qui ne font pas partie des fermes longitudinales et notamment celles des pièces de pont seront calculées d'après les plus grands efforts qu'elles pourront avoir à supporter, soit dans l'hypothèse du passage du train-type, soit dans l'hypothèse du passage d'un essieu isolé pesant 20 tonnes, si cette dernière réalise les plus grands efforts.

Art. 5. *Pression du vent.* — Le travail du métal sous l'influence des plus grands vents ne devra pas dépasser de plus de un kilogramme les limites fixées à l'article 2 ci-dessus.

On admettra que la pression du vent par mètre carré de surface verticale peut s'élever à 270 kilogrammes, mais que le passage des trains est interrompu lorsqu'elle atteint 170 kilogrammes. On supposera, en outre, que cette pression s'exerce sur la surface nette, déduction faite des vides, de chacune des maîtresses poutres, qu'elle agit intégralement sur l'une d'elles et que, sur la suivante, elle est diminuée d'une fraction de sa valeur égale au rapport de la surface nette de la première à la surface totale limitée par son contour; enfin, que l'effet du vent, en arrière de ces deux poutres, est négligeable. Pour les piles métalliques, on supposera que la pression s'exerce intégralement sur la surface nette de toutes les pièces.

Dans l'hypothèse d'un train placé sur le pont, on comptera, pour sa surface verticale nette, un rectangle de 3 mètres de hauteur ayant la même longueur que le pont et dont le côté inférieur sera placé à 50 centimètres au-dessus du rail; on déduira de ce rectangle la surface nette de la partie de la première poutre placée en avant et on supposera que la pression du vent est nulle sur la partie de la seconde poutre masquée par le train.

Enfin, on s'assurera que les efforts de glissement transversal et de renversement des tabliers et des piles métalliques sous l'action du vent n'atteignent pas des limites dangereuses, en tenant compte des conditions spéciales dans lesquelles pourront être placés les ouvrages et en supposant que le train défini ci-dessus est composé de wagons vides.

Art. 6. *Pièces travaillant à la compression.* — On s'assurera, autant que possible, que les pièces travaillant à la compression, soit d'une manière continue, soit d'une manière intermittente, ne sont pas exposées à flamber.

Art. 7. *Calcul des flèches.* — On fournira, à l'appui des projets, le calcul des flèches sous l'action de la charge permanente et sous l'action de la surcharge.

Art. 8. *Calcul des efforts pendant le lançage.* — Lorsque la mise en place du tablier devra être faite au moyen d'un lançage, on devra justifier que le travail du métal pendant cette opération n'atteindra dans aucune pièce une limite dangereuse.

Art. 9. — Chaque travée métallique sera soumise à deux natures d'épreuves, l'une par poids mort, l'autre par poids roulant.

§ 1. — Composition des trains d'épreuves

Épreuves. Poids. — Ces épreuves seront faites au moyen de trains composés de deux machines attelées en tête et de wagons chargés.

Les poids des éléments de ces trains se rapprocheront autant que possible de ceux du train-type défini à l'article 4.

En tous cas ils devront être au moins égaux aux plus forts poids des éléments similaires appelés à circuler sur la voie considérée.

Longueurs. — Les longueurs de ces trains seront fixées comme suit :

Pour les ponts à travées indépendantes, la longueur mesurée entre les deux essieux extrêmes sera au moins égale à la plus grande portée.

Pour les ponts à travées solidaires, la longueur, mesurée comme ci-dessus, devra être suffisante pour couvrir les deux plus grandes travées consécutives.

§ 2. — Ponts à une seule voie ou à voies indépendantes

Épreuve par poids mort. — Pour l'épreuve par poids mort, le train d'essai sera placé successivement dans les positions qui produiront les plus grands efforts sur les pièces principales du pont.

Il suffira toutefois, en général, d'opérer de la manière suivante :

a) Pour les ponts à travées indépendantes, le train d'essai sera amené successivement sur chaque travée de manière à la couvrir complètement, puis à en couvrir une moitié seulement, les machines étant placées en tête du train.

Il séjournera dans chacune de ces positions au moins pendant une demi-heure.

b) Pour les ponts à travées solidaires, chaque travée sera d'abord chargée isolément, comme il vient d'être dit. A cet effet, le train d'essai sera coupé à la longueur voulue. Ensuite on chargera simultanément les deux travées contiguës à chaque pile à l'exclusion de toutes les autres, au moyen du train d'essai tout entier.

c) Pour les ponts en arcs, on chargera d'abord toute la longueur de la portée, puis chaque moitié seulement et enfin la partie médiane en y plaçant les deux locomotives nez à nez, lorsque faire se pourra, et réduisant la composition du train à ces deux locomotives.

Épreuve par poids roulant. — Les épreuves par poids roulant seront au nombre de deux. Elles seront faites au moyen des mêmes trains qu'on fera circuler sur le pont, d'abord à la vitesse de 20 kilomètres à l'heure, puis à celle de 40 kilomètres à l'heure. Toutefois l'épreuve à la vitesse de 40 kilomètres pourra être ajournée jusqu'à l'époque où la voie aux abords du pont sera suffisamment consolidée.

§ 3. — Ponts à voies solidaires

Pour les ponts à deux voies solidaires entre elles, l'épreuve par poids mort se fera d'abord sur chaque voie séparément, comme il a été dit au paragraphe précédent, l'autre voie restant libre, puis sur les deux voies simultanément. Il en sera de même pour l'épreuve par poids roulant. L'épreuve simultanée des deux voies se fera dans ce cas au moyen de deux trains marchant dans le même sens aux vitesses fixées ci-dessus.

§ 4. — Ponts de types exceptionnels

Pour les ponts d'un type exceptionnel, les dispositions des épreuves devront être réglées dans un article spécial du cahier des charges.

A défaut, elles seront arrêtées par l'Administration supérieure, sur la proposition des ingénieurs chargés du contrôle de la construction, le concessionnaire ou entrepreneur entendu.

§ 5. — Mesure des flèches

Visite. Repères. — On mesurera, au moment des épreuves, la flèche maximum au milieu de chaque travée, sous l'influence d'abord de la charge immobile, puis de la surcharge en mouvement.

Lorsque, sur une même ligne, il se trouvera plusieurs ponts, de construction identique, dont l'ouverture ne dépassera pas 10 mètres, la mesure des flèches pourra n'être faite que pour l'un d'entre eux.

Immédiatement après les épreuves de chaque pont, la partie métallique sera visitée dans tous ses détails.

En outre, pour les ponts d'une ouverture supérieure à 10 mètres, les niveaux des points les plus bas des sections des poutres ou des arcs, au milieu de chaque travée et à ses extrémités, seront repérés avant les épreuves à deux points fixes choisis de manière à permettre de constater, après l'enlèvement de la surcharge, et ensuite à une époque quelconque, les déformations qui se seraient produites ; on repérera par rapport aux mêmes points le dessus de chacun des appuis. Le procès-verbal des épreuves contiendra les renseignements nécessaires pour permettre de retrouver ultérieurement ces repères.

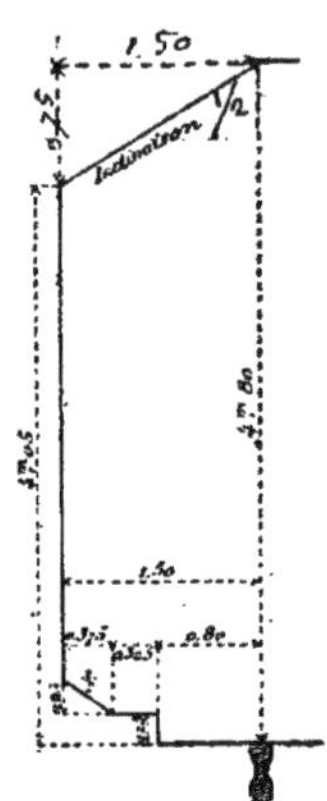

Fig. 223.

Art. 10. *Dispositions à prendre pour faciliter la visite et l'entretien.* — On s'attachera à rendre faciles la visite, la peinture et la réparation des parties métalliques, et l'on fera connaître dans les mémoires à l'appui des projets les mesures prises à cet effet.

Art. 11. *Distance au rail le plus voisin des pièces les plus rapprochées de la voie.* — Les pièces les plus rapprochées de la voie ne pourront, à partir de 0m,50 jusqu'à 4m,05 de hauteur au-dessus du rail le plus voisin, être placées à moins de 1m,50 de l'axe de ce rail. Les pièces placées à une distance moindre ne pourront, à la partie inférieure, jusqu'à 0m,80 de l'axe du rail le plus voisin, faire saillie sur le niveau de ce rail et, à partir de 0m,80 du même axe, dépasser une ligne brisée composée : 1° d'une verticale de 0m,25 de hauteur ; 2° d'une horizontale de 0m,325 de longueur ; 3° d'une ligne inclinée à 3 de base pour 2 de hauteur ; à la partie supérieure, les mêmes pièces devront rester au-dessus d'une même ligne s'abaissant avec une inclinaison de 2 de base pour 1 de hauteur à partir d'un point pris à l'aplomb de l'axe du rail le plus voisin et à 4^m,80 au-dessus de ce rail. Aucune pièce placée au-dessus des voies ou entre-voies ne pourra être à moins de 4^m,80 de hauteur au-dessus du niveau des rails.

ART. 12. *Limite du poids des machines qui pourront circuler sur les ponts sans autorisation préalable.* — La mise en circulation, sur les ponts, de machines dont le poids moyen par mètre courant dépasserait de plus de 1 dixième celui de la machine-type déterminée à l'article 4 ci-dessus, ou dont un des essieux aurait à supporter une charge de plus de 18 tonnes, ne pourra avoir lieu qu'en vertu d'une autorisation spéciale du ministre des Travaux publics.

II. — Voies étroites

ART. 13. *Ponts pour les chemins de fer à voie de 1 mètre et au-dessus.* — Les prescriptions relatives aux ponts pour chemins de fer à voie normale sont applicables aux chemins de fer à voie étroite, dont la largeur ne sera pas inférieure à 1 mètre, sauf les modifications indiquées ci-dessous.

Le poids par essieu des machines du train-type (art. 4)

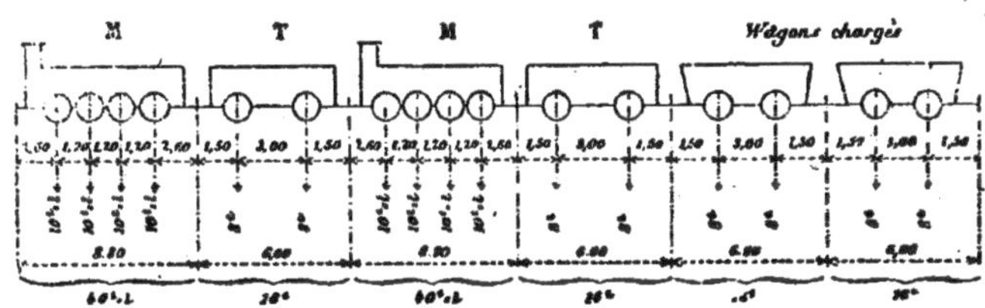

FIG. 224.

sera réduit à $10^T \times l$, l étant la largeur de la voie entre les bords intérieurs des rails. Les dimensions des machines et les poids et dimensions des wagons seront les mêmes que pour la voie normale et les tenders seront supposés avoir les mêmes poids et les mêmes dimensions que les wagons chargés.

Pour le calcul du travail du métal sous l'action d'un essieu isolé, on admettra une charge de $14^T \times l$.

La seconde épreuve par poids roulant (art. 9) sera faite à la vitesse de 35 kilomètres à l'heure.

Le contour, à l'intérieur duquel aucune pièce des ponts ne devra faire saillie (art. 11), sera déterminé, dans chaque cas, en tenant compte des minima de largeur et de hauteur autorisés, pour les ouvrages d'art, sur la ligne à laquelle appartiendra le pont à construire.

La charge d'essieu maximum, dont le passage ne pourra avoir lieu sur les ponts sans autorisation spéciale (art. 12), sera fixée à $12^T \times l$, l étant la largeur de la voie entre les bords intérieurs de rails.

Les trains à employer aux épreuves seront composés avec le plus lourd matériel propre à la ligne sur laquelle est placé le pont métallique.

Art. 14. *Ponts pour chemins de fer à voie de largeur inférieure à 1 mètre.* — Les conditions auxquelles devront satisfaire les ponts supportant des voies de chemins de fer de moins de 1 mètre de largeur seront déterminées, dans chaque cas, sur la proposition du concessionnaire, par le ministre des Travaux publics, en tenant compte des poids et des dimensions des machines appelées à circuler sur l'ouvrage.

Chapitre II. — **Ponts supportant des voies de terre**

Art. 15. *Conditions à remplir.* — Les ponts à travées métalliques qui portent des voies de terre devront être en état de livrer passage à toute voiture dont la circulation est autorisée par le règlement du 10 août 1852, sur la police du roulage et des messageries, c'est-à-dire aux voitures attelées au maximum de cinq chevaux si elles sont à deux roues et de huit chevaux si elles sont à quatre roues.

Art. 16. *Limites de travail du métal.* — Les dimensions des différentes pièces des ponts seront calculées dans les conditions fixées à l'article 2, sauf la substitution au train-type des surcharges définies par l'article 17 ci-dessous.

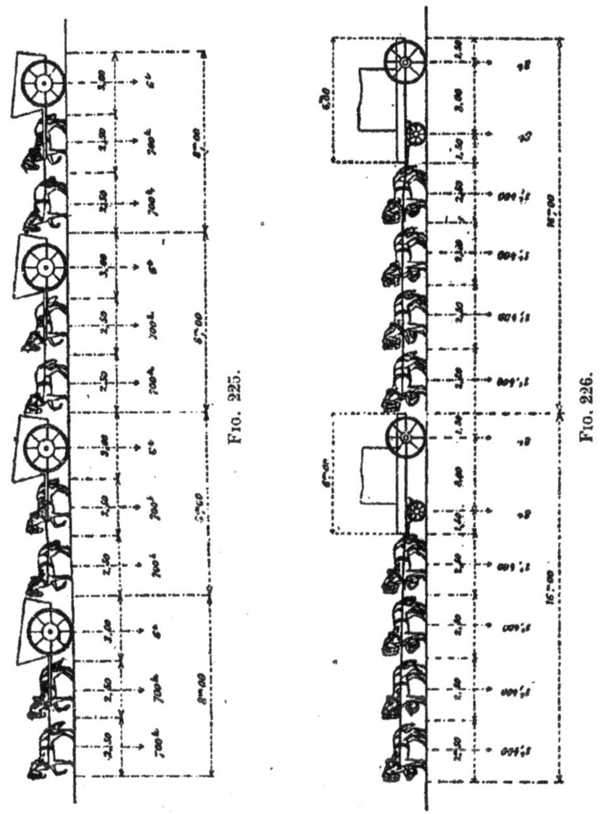

Fig. 225.

Fig. 226.

Art. 17. *Surcharges à adopter pour le calcul.* — On s'assurera que le travail du métal par millimètre carré dans chaque pièce ne dépasse pas les limites fixées à l'article 2 ci-dessus :

1° Sous l'action d'une surcharge uniformément répartie de

400 kilogrammes par mètre carré sur toute la largeur de l'ouvrage, y compris les trottoirs ;

2° Sous le passage de tombereaux à un essieu, traînés par deux chevaux et formant autant de files continues que le comportera la largeur de la chaussée. On admettra, pour faire ce calcul, que les trottoirs sont surchargés uniformément à raison de 400 kilogrammes par mètre carré, et que les tombereaux et leurs attelages ont les poids et dimensions suivants :

Tombereaux ...	Poids	6T
	Longueur (non compris les brancards)	3m,00
	Largeur de voie	1 70
	Largeur de chaussée occupée	2 25
Chevaux..	Poids	700K
	Longueur (y compris les traits et brancards).	2m,50

On s'assurera que le travail du métal par millimètre carré, dans chaque pièce, ne dépasse pas de plus de 1 kilogramme les limites fixées à l'article 2, dans le cas où on substituerait à l'un des tombereaux un véhicule pesant 11 tonnes, ayant les mêmes dimensions et traîné par cinq chevaux sur une seule file, et dans le cas où ces tombereaux seraient remplacés, sur toute la surface du tablier du pont, par des chariots à deux essieux traînés par huit chevaux sur deux files ayant les poids et dimensions suivants :

Chariots..	Poids sur chaque essieu	8T
	Longueur	6m,00
	Largeur de la voie	1 70
	Écartement des essieux	3 00
	Distance du 1er essieu à l'avant du chariot.	1 50
	Distance du 2e essieu à l'arrière du chariot.	1 50
	Largeur de chaussée occupée	2 25
Chevaux..	Poids	700K
	Longueur (y compris les traits et brancards).	2m,50

Lorsqu'il s'agira d'ouvrages à établir sur les routes à fortes pentes, placées dans des conditions telles que la circulation des charges indiquées ci-dessus ne puisse pas être considérée comme possible dans le présent ni dans l'avenir, l'Administration se réserve d'autoriser l'emploi, dans les calculs, de charges moindres qui seront déterminées d'après les circonstances locales. Dans aucun cas, la charge uniformément répartie ne pourra descendre au-dessous de 300 kilogrammes par mètre carré, et les autres charges indiquées ci-dessus ne pourront être réduites de plus de moitié.

ART. 18. *Pression du vent, pièces travaillant à la compression, calcul des flèches, calcul des efforts pendant le lançage, dispositions à prendre pour faciliter la visite et l'entretien, surveillance.* — Les prescriptions des articles 5, 6, 7, 8 et 10 ci-dessus sont applicables aux ponts pour voie de terre. Toutefois, pour le calcul des efforts résultant de l'effet du vent (art. 5), il ne sera pas tenu compte de la présence possible de véhicules sur le pont.

ART. 19. *Épreuves.* — Chaque travée métallique sera soumise à deux natures d'épreuves : l'une par poids mort, l'autre par poids roulant.

Compositions des surcharges d'épreuve. — Pour l'épreuve par poids mort, la surcharge d'épreuve sera de 400 kilogrammes par mètre carré du tablier, trottoirs compris.

Pour l'épreuve par poids roulant, les véhicules sont disposés en files continues et devront se rapprocher, autant que possible, comme poids et écartement des essieux, de ceux désignés pour types dans le troisième alinéa de l'article 17. En tous cas, ces véhicules devront représenter, avec leurs attelages, une charge minima de 400 kilogrammes par mètre carré en prenant $2^m,25$ pour largeur de la zone occupée.

Longueur des files de voitures. — Les longueurs des files de voitures seront fixées comme suit :

Pour les ponts à travées indépendantes et pour les ponts

en arcs, la longueur sera au moins égale à la plus grande portée.

Pour les ponts à travées solidaires, la longueur devra être suffisante pour couvrir les deux plus grandes travées consécutives.

Nombre des files de voitures. — Le nombre des files de voitures devra être égal au quotient de la largeur de la chaussée par le nombre $2^{m},25$. Toutefois, ce nombre pourra être réduit quand il y aura difficulté à réunir assez de véhicules pour constituer toutes les files, mais il devra être suffisant pour couvrir au moins la moitié de la largeur du tablier ; le surplus de cette largeur sera alors occupé par une surcharge à poids mort de 400 kilogrammes par mètre carré, répartie de chaque côté des files.

Épreuve par poids mort. — Il sera procédé aux épreuves par poids mort de la manière suivante :

Pour les ponts à travées indépendantes, la surcharge sera étendue successivement d'une extrémité à l'autre, avec interruption d'une demi-heure au moment où la surcharge aura atteint la moitié de la portée. Lorsque la totalité de la travée aura été couverte, la surcharge devra demeurer en place pendant une demi-heure.

Pour les ponts à travées solidaires, chaque travée sera d'abord chargée isolément comme il vient d'être dit ci-dessus, puis on chargera simultanément les travées contiguës à chaque pile, à l'exclusion de toutes les autres.

Pour les ponts en arcs, chaque travée sera chargée sur la totalité de sa portée, ensuite sur chaque moitié et, enfin, dans la partie médiane seulement.

Épreuve par poids roulant. — On procédera aux épreuves par poids roulant en faisant circuler au pas les files de voitures d'une extrémité à l'autre du pont.

On fera passer, en outre, sur le pont un véhicule comprenant au moins un essieu chargé de 11 tonnes.

Tempéraments aux surcharges d'épreuve. — Lorsque,

dans le cas prévu par le dernier alinéa de l'article 17, les surcharges ayant servi à faire les calculs auront été réduites, les surcharges à employer pour faire les épreuves seront réduites dans la même proportion.

Les règles fixées par l'article 9 pour les épreuves des ponts d'un type exceptionnel ainsi que pour les constatations à faire, pendant et après les épreuves, et enfin pour les mesures à prendre en vue des vérifications ultérieures, sont applicables aux ponts supportant des voies de terre.

Chargements exceptionnels. — Le passage, sur le tablier du pont, de chargements notablement supérieurs à ceux qui auront été adoptés dans les calculs relatifs à la stabilité de l'ouvrage ne pourra avoir lieu qu'en vertu d'une autorisation spéciale donnée par le préfet, conformément au rapport de l'ingénieur en chef.

Chapitre III. — **Ponts-canaux métalliques**

Art. 20. *Conditions à remplir.* — Les ponts-canaux devront être en état de recevoir la charge d'eau correspondant au mouillage normal, augmenté de 0m,30.

Art. 21. *Limites du travail du métal.* — Les dimensions des différentes pièces des ponts-canaux seront calculées de manière à ce que le travail du métal par millimètre carré de section nette, déduction faite des trous de rivets, ne dépasse nulle part 8K,50 pour le fer, et 11K,50 pour l'acier.

Art. 22. *Pression du vent, pièces travaillant à la compression, calcul des efforts pendant le lançage, dispositions à prendre pour faciliter la visite et l'entretien, surveillance.* — Les prescriptions des articles 5, 6, 8 et 10 sont applicables aux ponts-canaux. Pour l'application de l'article 5, on tiendra compte de la présence de la bâche, ainsi que de celle des bateaux sur l'ouvrage ; le calcul sera fait en admettant une pression de 270 kilogrammes par mètre carré de surface verticale ; la surface des bateaux exposée au vent sera comptée pour un rectangle de 1^{m},50 de hauteur au-dessus de la bâche ayant la même longueur que le pont.

ART. 23. *Calcul des flèches.* — On fournira, à l'appui des projets, le calcul des flèches sous l'action du poids propre du pont et sous l'action de la surcharge d'eau prévue à l'article 20.

ART. 24. *Épreuves.* — L'épreuve des ponts-canaux consistera dans la mesure des flèches avant et après le remplissage au maximum de hauteur fixé par l'article 20.

Immédiatement après les épreuves, l'ouvrage sera visité dans toutes ses parties ; en outre, on repérera à deux points fixes, avant l'épreuve, les niveaux des points les plus bas des sections des poutres et des axes au milieu de chaque travée et à ses extrémités, de manière à pouvoir, après la mise en charge et à une époque quelconque, mesurer les déformations qui se seraient produites ; on repérera, par rapport aux mêmes points, le dessus de chacun des appuis. Le procès-verbal des épreuves contiendra les renseignements nécessaires pour permettre ultérieurement de retrouver ces repères.

CHAPITRE IV. — **Dispositions diverses**

ART. 25. *Contrôle des épreuves.* — Pour les ouvrages construits ou entretenus par des concessionnaires, les épreuves seront faites en présence d'un ingénieur chargé du contrôle ; les procès-verbaux détaillés, dont elles devront être l'objet, seront dressés dans la forme qui sera prescrite par l'Administration.

ART. 26. *Dérogation aux prescriptions du règlement.* — L'Administration se réserve d'apprécier les cas exceptionnels qui pourraient motiver des dérogations quelconques aux prescriptions du présent règlement.

§ 2. — Ministère de l'Intérieur. — Circulaire ministérielle du 21 mai 1892

337. — Monsieur le Préfet, une circulaire de l'un de mes prédécesseurs, en date du 26 mai 1881, a déterminé les conditions auxquelles doivent satisfaire les ponts à travées métalliques dépendant des chemins vicinaux. L'expérience a fait reconnaître que les règles précédemment établies sont susceptibles de quelques modifications et qu'elles doivent, en outre, être complétées sur divers points.

Le service vicinal devra donc désormais se conformer aux prescriptions de la présente circulaire pour l'étude des projets d'ouvrages de cette nature.

Conditions à remplir. — I. Les ponts à travées métalliques dépendant des chemins vicinaux doivent être en état de livrer passage aux voitures les plus lourdement chargées en usage dans la contrée, sans dépasser les limites résultant des lois et règlements sur la police du roulage.

Limites du travail du métal. — II. Les dimensions des différentes pièces seront calculées de telle sorte que, dans la position la plus défavorable des surcharges que l'ouvrage peut avoir à supporter, et en tenant compte de la charge permanente ainsi que des efforts accessoires tels que ceux qui peuvent être produits par les variations de température, le travail du métal par millimètre carré ne dépasse pas les limites indiquées ci-dessous :

1° Pour la fonte supportant un effort d'extension directe	1^{k},50
Pour la fonte travaillant à l'extension dans des pièces soumises à des efforts tendant à les faire fléchir	2 50
Pour la fonte supportant un effort de compression. . .	6 »
2° Pour le fer et l'acier travaillant à l'extension, à la compression ou à la flexion :	
Fer.	6 »
Acier.	8 »

Toutefois, pour les fermes principales des ouvrages d'une ouverture supérieure à 30 mètres, ces limites pourront être élevées jusqu'à 7 kilogrammes pour le fer et 9 kilogrammes pour l'acier.

Le nombre et le diamètre des rivets seront déterminés de telle sorte que le travail de cisaillement du métal ne dépasse pas les quatre cinquièmes de la limite qui aura été admise pour la plus faible des pièces à assembler, et que le travail d'arrachement des têtes, s'il s'en produit, ne dépasse pas 3 kilogrammes par millimètre carré en sus de l'effort résultant du serrage.

Dimensions minima. — III. L'épaisseur des semelles des poutres et des barres de treillis ne sera pas inférieure à 8 millimètres ; celle des autres pièces de l'ossature, à 7 millimètres. On ne pourra descendre au-dessous de cette dernière limite que pour certaines pièces accessoires entièrement apparentes au-dessus de la chaussée, telles que garde-corps et contreventements supérieurs.

Qualités du fer et de l'acier auxquelles correspondent les limites du travail du métal fixées par l'article 2. — IV. Les coefficients du travail du métal fixés ci-dessus pour le fer et l'acier correspondent aux qualités définies par les conditions suivantes :

DÉSIGNATION			ALLONGEMENT minimum de rupture mesuré sur des éprouvettes de 200 mm de longueur	RÉSISTANCE minimum à la traction par mm² mesurée sur des éprouvettes de 200 mm de longueur
Fer laminé.	Fer profilé et plat (dans le sens du laminage)		8 p. 100	32 kilogr.
	Tôle	dans les sens du laminage.	8 —	32 —
		dans le sens perpendiculaire au laminage.	3,5 —	28 —
Acier laminé.			22 —	42 —
Rivets en fer.			16 —	36 —
Rivets en acier.			28 —	38 —

Les devis détermineront pour l'acier le minimum et le maximum entre lesquels devra être compris le rapport de la limite pratique d'élasticité à la résistance à la rupture. Le minimum ne devra pas être inférieur à $\frac{1}{2}$ et le maximum ne devra pas dépasser $\frac{2}{3}$.

Des coefficients de travail plus élevés pourront être autorisés par l'Administration pour des métaux de qualités différentes, si des justifications suffisantes sont produites.

On ne tolérera dans aucun cas l'emploi d'aciers fragiles et on s'assurera fréquemment, pendant la construction, de la qualité du métal à ce point de vue, au moyen d'essais de trempe et d'expériences faites en pliant des barres percées de trous au poinçon.

Les devis doivent renfermer des prescriptions détaillées sans préjudice des autres conditions relatives aux qualités du métal.

Dans tous les cas, lorsqu'on emploiera l'acier, les trous de rivets seront forés ou alésés après le perçage sur une épaisseur d'au moins un millimètre, et les bords des pièces coupées à la cisaille seront affranchis sur la même épaisseur.

Surcharges à adopter pour le calcul. — V. On s'assurera que le travail du métal par millimètre carré dans chaque pièce ne dépasse pas les limites fixées à l'article 2 ci-dessus :

1° Sous l'action d'une surcharge uniformément répartie de 300 kilogrammes par mètre carré sur toute la largeur de l'ouvrage, y compris les trottoirs ;

2° Sous le passage des véhicules les plus lourds en usage dans le pays, en prenant toutefois 6 tonnes comme minimum du poids de ces véhicules. On admettra autant de ces voitures attelées que le tablier pourra en contenir sur le nombre de files que comporte la largeur de la voie, concurremment avec la surcharge de 300 kilogrammes sur les trottoirs.

Pression du vent. — VI. Le travail du métal sous l'influence des plus grands vents ne devra pas dépasser de plus de 1 kilogramme les limites fixées à l'article 2 ci-dessus.

On admettra que la pression du vent par mètre carré de surface verticale peut s'élever à 270 kilogrammes.

Pièces travaillant à la compression. — VII. On s'assurera que les pièces travaillant à la compression, soit d'une manière continue, soit d'une manière intermittente, ne sont pas exposées à flamber.

Travail pendant le lançage. — VIII. Lorsque la mise en place d'un tablier sera faite au moyen d'un lançage, le travail du métal pendant cette opération ne devra atteindre dans aucune pièce une limite dangereuse.

Calculs de résistance. — IX. Les calculs justificatifs des dimensions des diverses pièces seront joints aux projets.

Ceux relatifs à la rivure et aux flèches pourront n'être fournis que pour les travées d'une ouverture supérieure à 20 mètres.

Épreuves. — X. Chaque travée sera soumise à deux natures d'épreuves: l'une par poids mort et l'autre par poids roulant.

La première épreuve aura lieu au moyen d'une surcharge uniformément répartie de 300 kilogrammes par mètre carré de tablier, trottoirs compris.

Sur les ponts à travées indépendantes, la surcharge sera étendue successivement d'une extrémité à l'autre, avec interruption d'une demi-heure au moment où la surcharge aura atteint la moitié de la portée. Lorsque la totalité de la travée aura été couverte, la surcharge devra demeurer en place pendant une demi-heure.

Pour les ponts à travées solidaires, chaque travée sera d'abord chargée isolément, comme il vient d'être dit ci-dessus, puis on chargera simultanément les travées contiguës à chaque pile, à l'exclusion de toutes les autres.

Pour les ponts en arc, chaque travée sera chargée sur la totalité de sa portée, ensuite sur chaque moitié et enfin sur la partie médiane seulement.

On procédera à l'épreuve par poids roulant avec les véhicules les plus lourds en usage dans la contrée, les trottoirs étant chargés à raison de 300 kilogrammes par mètre carré.

Les longueurs des files des voitures seront fixées ainsi qu'il suit :

Ponts à travées indépendantes et ponts en arc, la longueur sera au moins égale à la plus grande portée ;

Ponts à travées solidaires, la longueur devra être suffisante pour couvrir les deux plus grandes travées consécutives.

On fera circuler au pas les files de voitures d'une extrémité à l'autre du pont.

On mesurera la flèche maximum au milieu de chaque travée, sous l'influence d'abord de la charge par poids mort, puis de la charge par poids roulant.

En outre, les niveaux des points les plus bas des poutres ou des arcs, au milieu de chaque travée et à ses extrémités, seront repérés avant les épreuves à deux points fixes, choisis en dehors de l'ouvrage, de manière à permettre de constater, après l'enlèvement de la surcharge et ensuite à une époque quelconque, les déformations qui se seraient produites ; on repérera, par rapport aux mêmes points, le dessus de chacun des appuis. Le procès-verbal des épreuves contiendra les renseignements nécessaires pour permettre de retrouver ultérieurement ces repères.

Les dispositions des épreuves, concernant les ponts d'un type exceptionnel, seront réglées par un article spécial du devis.

Entretien et visites périodiques. — XI. La surveillance et l'entretien des ponts métalliques doivent être l'objet de soins incessants.

Indépendamment d'une visite annuelle portant principalement sur l'état de la rivure, ces ouvrages seront soumis, au moins une fois tous les cinq ans, et, dans tous les cas, chaque fois qu'on renouvellera la peinture, à un examen détaillé et à une vérification des flèches permanentes. Dans chacune de ces opérations, on s'assurera de l'état des pièces, du serrage des boulons et des rivets, du jeu des appareils de dilatation et de l'état des maçonneries qui les supportent; enfin, pour les ponts à travées solidaires, on vérifiera le nivellement des repères.

La première visite et la première vérification des flèches auront lieu avant le 1er janvier 1893.

Les résultats de cette première visite et des vérifications quinquennales seront consignés dans des tableaux dont copie sera adressée à l'Administration supérieure.

QUATRIÈME PARTIE

NOTES JUSTIFICATIVES

Nœuds par lesquels passent les droites représentatives des moments fléchissants (1)

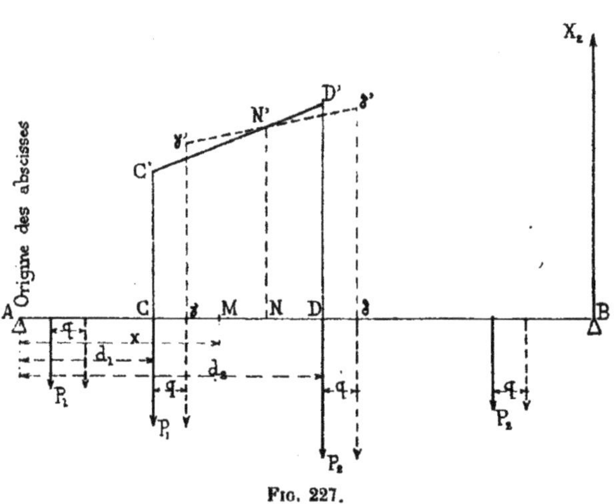

FIG. 227.

Si l'on envisage, d'une manière générale, un ensemble de poids quelconques, le moment fléchissant entre deux poids consécutifs quelconques, dans la section M par exemple, a pour expression :

$$M_r = \Sigma P_1 d_1 + x\,(\Sigma P_2 - X_2),$$

$\Sigma P_1 d_1$ désignant la somme des moments, par rapport au premier appui, de tous les poids à gauche de la section M,

(1) Les propriétés de ces nœuds ont été signalées par M. Le Châtelier, ingénieur des Ponts et Chaussées, dans un mémoire inséré aux *Annales des Ponts et Chaussées* (1884, 2e semestre, page 494).

et ΣP_2 la somme de tous les poids à droite de cette section. Cette expression est celle qui est indiquée au n° 47 (2°).

Elle fournit l'équation de la droite C'D' représentative des moments fléchissants entre les deux poids consécutifs.

Cette équation devient, quand on remplace X_2 par sa valeur :

$$M_f = \Sigma P_1 d_1 + x \left(\Sigma P_2 - \frac{\Sigma P_1 d_1 + \Sigma P_2 d_2}{l} \right).$$

Si l'on déplace tout le système des poids d'une quantité q, l'équation de la droite $\gamma'\delta'$ représentative des moments fléchissants entre les mêmes poids consécutifs sera :

$$M_f = \Sigma P_1 (d_1 + q) + x \left(\Sigma P_2 - \frac{\Sigma P_1 (d_1 + q) + \Sigma P_2 (d_2 + q)}{l} \right)$$

ou bien :

$$M_f = \Sigma P_1 d_1 + q \Sigma P_1 + x \left(\Sigma P_2 - \frac{\Sigma P_1 d_1 + q \Sigma P_1 + \Sigma P_2 d_2 + q \Sigma P_2}{l} \right)$$

Il est dès lors facile de déterminer l'abscisse AN du point d'intersection N' des deux droites C'D' et $\gamma'\delta'$.

Cette abscisse est donnée par l'égalité :

$$q \Sigma P_1 - x \frac{q \Sigma P_1 + q \Sigma P_2}{l} = 0$$

ou :

$$\frac{x}{l} (\Sigma P_1 + \Sigma P_2) = \Sigma P_1,$$

d'où :

$$x = l \frac{\Sigma P_1}{\Sigma P_1 + \Sigma P_2}$$

ou bien, en appelant π la somme de tous les poids qui sollicitent la poutre :

$$x = AN = l \times \frac{\Sigma P_1}{\pi}.$$

Or, cette expression est indépendante de la position occupée par le système des poids. Il s'ensuit que la droite représentative des moments fléchissants entre deux poids consécutifs quelconques passe toujours par un point invariable. L'ordonnée de ce point, désigné sous le nom de *nœud*, divise la longueur l de la poutre en deux parties proportionnelles à la somme des poids de gauche et à celle des poids de droite, le premier des deux poids consécutifs étant compris dans la somme de gauche et le second dans la somme de droite.

Quant à la valeur de l'ordonnée du nœud, elle s'obtient en introduisant la valeur x de l'abscisse de ce nœud dans l'expression :

$$M_f = \Sigma P_1 d_1 + x\,(\Sigma P_2 - X_2)$$

§ 1. — Cas où la poutre est chargée de deux poids égaux
(Voir la figure 16 au n° 29)

Le nœud unique a pour abscisse :

$$AO = l\,\frac{\Sigma P_1}{\pi} = \frac{l}{2}.$$

Quant à l'ordonnée de ce nœud, elle a pour expression:

$$OO' = \Sigma P_1 d_1 + \frac{l}{2}(\Sigma P_2 - X_2),$$

dans laquelle :

$$\Sigma P_1 d_1 = Pa$$
$$\Sigma P_2 = P$$
$$X_2 = \frac{P}{l}(2a + d)$$

d'où :

$$OO' = Pa + \frac{l}{2}\left\{ P - \frac{P}{l}(2a + d) \right\}$$

ou :

$$OO' = P\,\frac{l - d}{2}.$$

§ 2. — Cas où la poutre est chargée de deux poids inégaux
(Voir la figure 17 au n° 31)

Le nœud unique a pour abscisse :

$$AN = l\frac{\Sigma P_1}{\pi} = \frac{Pl}{P+Q}l.$$

Quant à l'ordonnée de ce nœud, elle a pour expression :

$$NN' = \Sigma P_1 d_1 + \frac{Pl}{P+Q}(\Sigma P_2 - X_2),$$

dans laquelle :

$$\Sigma P_1 d_1 = Pa$$
$$\Sigma P_2 = Q$$
$$X_2 = \frac{Pa + Q(l-b)}{l}.$$

d'où :

$$NN' = Pa + \frac{Pl}{P+Q}\left\{Q - \frac{Pa + Q(l-b)}{l}\right\}$$

ou :

$$NN' = \frac{P \times Q}{P+Q}(l-d).$$

§ 3. — Cas où la poutre est chargée de trois poids égaux et inégalement distants
(Voir la figure 19 au n° 35)

Premier nœud. — Le premier nœud, par lequel passe la droite représentative des moments fléchissants compris entre les deux premiers poids a pour abscisse :

$$AN_1 = l\frac{\Sigma P_1}{\pi} = \frac{l}{3}.$$

Quant à l'ordonnée de ce nœud, elle a pour expression :

$$N_1N_1' = \Sigma P_1 d_1 + \frac{l}{3}(\Sigma P_2 - X_2),$$

dans laquelle :

$$\Sigma P_1 d_1 = Pa$$

$$\Sigma P_2 = 2P$$

$$X_2 = \frac{P}{l}(3a + 2d + e)$$

d'où :

$$N_1N_1' = Pa + \frac{l}{3}\left\{2P - \frac{P}{l}(3a + 2d + e)\right\}$$

ou :

$$N_1N_1' = \frac{P}{3}(2l - 2d - e).$$

Second nœud. — Le second nœud, par lequel passe la droite représentative des moments fléchissants compris entre les deux derniers poids, a pour abscisse :

$$AN_2 = l\frac{\Sigma P_1}{\pi} = \frac{2l}{3}.$$

Quant à l'ordonnée de ce nœud, elle a pour expression :

$$N_2N_2' = \Sigma P_1 d_1 + \frac{2l}{3}(\Sigma P_2 - X_2),$$

dans laquelle :

$$\Sigma P_1 d_1 = P(2a + d)$$

$$\Sigma P_2 = P$$

$$X_2 = \frac{P}{l}(3a + 2d + e),$$

d'où :

$$N_2N_2' = P(2a + d) + \frac{2l}{3}\left\{P - \frac{P}{l}(3a + 2d + e)\right\}$$

ou:

$$N_2N_2' = \frac{P}{3}(2l - d - 2e).$$

§ 4. — Poutre chargée de trois poids égaux et également distants
(Voir la figure 18 au n° 33)

Ce cas se déduit du précédent en faisant $e = d$.

Premier nœud :

$$AN_1 = \frac{l}{3} \qquad N_1N_1' = P\left(\frac{2l}{3} - d\right).$$

Second nœud :

$$AN_2 = \frac{2l}{3} \qquad N_2N_2' = P\left(\frac{2l}{3} - d\right).$$

Les deux nœuds sont symétriques par rapport à la perpendiculaire élevée au milieu de la poutre.

§ 5. — Poutre chargée de quatre poids égaux, l'écartement des deux premiers étant égal à celui des deux derniers
(Voir la figure 22 au n° 39)

Premier nœud. — Le premier nœud, par lequel passe la droite représentative des moments fléchissants compris entre les deux premiers poids, a pour abscisse :

$$AN_1 = l\frac{\Sigma P_1}{\pi} = \frac{l}{4}.$$

Quant à l'ordonnée de ce nœud, elle a pour expression :

$$N_1N_1' = \Sigma P_1 d_1 + \frac{l}{4}(\Sigma P_2 - X_2),$$

dans laquelle :

$$\Sigma P_1 d_1 = P\left(a - d - \frac{e}{2}\right)$$

$$\Sigma P_2 = 3P$$

$$X_2 = \frac{4Pa}{l},$$

d'où :

$$N_1N_1' = P\left(a - d - \frac{e}{2}\right) + \frac{l}{4}\left(3P - \frac{4Pa}{l}\right)$$

ou :

$$N_1N_1' = P\left(\frac{3l}{4} - d - \frac{e}{2}\right).$$

Deuxième nœud. — Le deuxième nœud, par lequel passe la droite représentative des moments fléchissants compris entre le deuxième et le troisième poids, a pour abscisse :

$$AO = l\frac{\Sigma P_1}{\pi} = \frac{l}{2}.$$

Quant à l'ordonnée de ce nœud, elle a pour expression :

$$OO' = \Sigma P_1 d_1 + \frac{l}{2}(\Sigma P_2 - X_2),$$

dans laquelle :

$$\Sigma P_1 d_1 = P(2a - d - e)$$

$$\Sigma P_2 = 2P$$

$$X_2 = \frac{4Pa}{l},$$

d'où :

$$OO' = P(2a - d - e) + \frac{l}{2}\left(2P - \frac{4Pa}{l}\right)$$

ou :

$$OO' = P(l - d - e).$$

Troisième nœud. — Le troisième nœud, par lequel passe la droite représentative des moments fléchissants compris entre les deux derniers poids, a pour abscisse :

$$AN_2 = l\frac{\Sigma P_1}{\pi} = \frac{3l}{4}.$$

Quant à l'ordonnée de ce nœud, elle a pour expression :

$$N_2N_2' = \Sigma P_1 d_1 + \frac{3l}{4}(\Sigma P_2 - X_2),$$

dans laquelle :

$$\Sigma P_1 d_1 = P\left(3a - d - \frac{e}{2}\right)$$

$$\Sigma P_2 = P$$

$$X_2 = \frac{4Pa}{l},$$

d'où :

$$N_2N_2' = P\left(3a - d - \frac{e}{2}\right) + \frac{3l}{4}\left(P - \frac{4Pa}{l}\right)$$

ou :

$$N_2N_2' = P\left(\frac{3l}{4} - d - \frac{e}{2}\right).$$

Le premier et le troisième nœuds sont symétriques par rapport à la perpendiculaire élevée au milieu de la poutre.

§ 6. — Poutre chargée de quatre poids égaux et également distants

(Voir la figure 23 au n° 41)

Ce cas se déduit du précédent en faisant $e = d$.

Premier nœud :

$$AN_1 = \frac{l}{4} \qquad N_1N_1' = \frac{3P}{4}(l - 2d);$$

Deuxième nœud :

$$AO = \frac{l}{2} \qquad OO' = P\,(l - 2d);$$

Troisième nœud :

$$AN_2 = \frac{3l}{4} \qquad N_2N_2' = \frac{3P}{4}\,(l - 2d).$$

NOTE b

Poutre chargée de poids égaux, situés à des distances égales les uns des autres ou des appuis. — Moments fléchissants.

La réaction X_1 du premier appui A (voir la figure 24 au n° 43) a pour valeur :

$$X_1 = \frac{PN}{2}.$$

Si l'on envisage un poids quelconque P situé à n intervalles du premier appui, le moment fléchissant au droit de ce poids est égal à :

$$M_f = X_1 nd - Pd\,(1 + 2 + 3 + \ldots\ldots + n - 1)$$

$$M_f = X_1 nd - Pd \times \frac{n\,(n-1)}{2}$$

$$M_f = \frac{PN}{2}\,nd - \frac{P}{2}\,(n-1)\,nd$$

$$M_f = \frac{P}{2}\,(N+1)\,dn - \frac{P}{2}\,dn^2.$$

Le moment fléchissant varie, par conséquent, comme les ordonnées d'une parabole dont il est aisé d'écrire l'équation.

Si l'on désigne par x l'abscisse du point d'application du poids P, auquel cas $x = dn$, on a :

$$M_f = \frac{P\,(N+1)}{2}\,x - \frac{P}{2d}\,x^2,$$

ou bien, comme $N + 1 = \frac{l}{d}$:

$$M_f = \frac{Pl}{2d}x - \frac{P}{2d}x^2.$$

Telle est l'équation de la parabole dans laquelle est inscrit le polygone représentatif des moments fléchissants.

L'axe vertical de cette parabole rencontre la portée l en son milieu. Quant à l'ordonnée du sommet, elle a pour valeur :

$$\frac{Pl^2}{8d} \text{ ou } \frac{P(N+1)l}{8}.$$

Cette valeur est celle du moment fléchissant maximum, quand le nombre N est impair, c'est-à-dire quand il existe un poids P passant par le milieu de la poutre.

Lorsque N est pair, le moment fléchissant atteint son maximum au droit de l'un ou de l'autre des deux poids P situés immédiatement de chaque côté du milieu de la poutre. Pour calculer ce maximum, il y a donc lieu de se reporter à l'équation :

$$M_f = \frac{Pl}{2d}x - \frac{P}{2d}x^2,$$

soit:

$$M_f = \frac{Px}{2d}(l - x),$$

et d'y faire, par exemple, $x = \frac{Nd}{2}$.

On trouve ainsi :

$$M_f = \frac{PN}{4}\left(l - \frac{Nd}{2}\right),$$

d'où :

$$M_f = \frac{PNl}{8}\left(\frac{N+2}{N+1}\right)$$

ou bien:

$$M_f = \frac{P(N+1)l}{8} - \frac{Pd}{8}.$$

Note c

Poutre chargée de poids quelconques. — Expression du moment fléchissant en fonction de la réaction d'un appui

S'il s'agit du premier appui A (voir la figure 26 au n° 47), les moments fléchissants produits dans la section C par les différents poids qui sollicitent la poutre sont fournis par les formules indiquées au n° 25.

En ce qui concerne tout poids de gauche P_1 situé en-deçà de la section C, le moment fléchissant a pour valeur :

$$\frac{P_1(l-d_1)b}{l}$$

ou bien :

$$bP_1 - \frac{b}{l}P_1d_1,$$

d'où pour l'ensemble des poids de gauche :

$$b\Sigma P_1 - \frac{b}{l}\Sigma P_1d_1.$$

En ce qui a trait à tout poids de droite P_2, placé au-delà de la section C :

$$\frac{P_2d_2(l-b)}{l}$$

ou bien :

$$P_2d_2 - \frac{b}{l}P_2d_2;$$

d'où, pour l'ensemble des poids de droite :

$$\Sigma P_2 d_2 - \frac{b}{l}\Sigma P_2 d_2.$$

Le moment fléchissant total est donc égal à :

$$M_f = b\Sigma P_1 - \frac{b}{l}\Sigma P_1 d_1 + \Sigma P_2 d_2 - \frac{b}{l}\Sigma P_2 d_2$$

ou :

$$M_f = b\Sigma P_1 + \Sigma P_2 d_2 - \frac{b}{l}(\Sigma P_1 d_1 + \Sigma P_2 d_2),$$

Or :

$$X_1 = \frac{\Sigma P_1 d_1 + \Sigma P_2 d_2}{l}.$$

Donc :

$$M_f = b\Sigma P_1 + \Sigma P_2 d_2 - bX_1$$

ou bien :

$$M_f = \Sigma P_2 d_2 + b(\Sigma P_1 - X_1).$$

On trouverait d'une manière analogue l'expression du moment en fonction de la réaction du second appui.

NOTE d

Poutre chargée de poids quelconques. — Expression du moment fléchissant en fonction des moments des poids pris par rapport à la section

Les moments fléchissants produits dans la section C (voir la figure 28 au n° 48) par les différents poids qui sollicitent la poutre s'obtiennent au moyen des formules indiquées au n° 25.

Pour tout poids de gauche P_1, situé en-deçà de la section C, le moment fléchissant a pour valeur :

$$\frac{P_1 (a_1 - d_1)(l - a_1)}{l}$$

ou :

$$\frac{P_1 (a_1 - d_1) a_2}{l}$$

ou encore :

$$\frac{P_1 a_1 a_2}{l} - P_1 d_1 \frac{a_2}{l},$$

d'où, pour l'ensemble des poids de gauche :

$$\frac{a_1 a_2}{l} \Sigma P_1 - \frac{a_2}{l} \Sigma P_1 d_1.$$

Pour tout poids de droite P_2 placé au-delà de la section C :

$$\frac{P_2 (a_2 - d_2) a_1}{l}$$

ou :

$$\frac{P_2 a_1 a_2}{l} - P_2 d_2 \frac{a_1}{l},$$

d'où, pour l'ensemble des poids de droite :

$$\frac{a_1 a_2}{l} \Sigma P_2 - \frac{a_1}{l} \Sigma P_2 d_2.$$

En additionnant, on trouve pour le moment total dû à l'ensemble des poids de gauche et de droite :

$$M_f = \frac{a_1 a_2 (\Sigma P_1 + \Sigma P_2) - (a_1 \Sigma P_2 d_2 + a_2 \Sigma P_1 d_1)}{l}.$$

Note e

Poutre chargée de poids quelconques. — Détermination du poids au droit duquel se produit le plus grand moment fléchissant

Si l'on envisage un poids quelconque, P^{III} par exemple (voir la figure 29 au n° 49), le moment fléchissant au point d'application de ce poids peut s'obtenir en fonction de la réaction X_1 du premier appui A, à l'aide de la formule indiquée au n° 47 (1°).

Il a pour valeur :

$$P^{IV}d^{IV} + P^{V}d^{V} + P^{VI}d^{VI} + d^{III}(P^{I} + P^{II} + P^{III} - X_1),$$

le poids P^{III} étant supposé compris dans les poids de gauche.

Au droit du poids suivant P^{IV}, le moment fléchissant a pareillement pour valeur :

$$P^{IV}d^{IV} + P^{V}d^{V} + P^{VI}d^{VI} + d^{IV}(P^{I} + P^{II} + P^{III} - X_1),$$

le poids P^{IV} étant supposé compris dans les poids de droite.

La différence entre ces deux moments est égale à :

$$(d^{IV} - d^{III})(P^{I} + P^{II} + P^{III} - X_1).$$

Comme le facteur $d^{IV} - d^{III}$ est toujours négatif, on voit que la différence est positive, c'est-à-dire que le moment va en augmentant, en passant du poids P^{III} au poids P^{IV}, si l'on a :

$$P^{I} + P^{II} + P^{III} < X_1.$$

D'une manière générale, le moment au droit du poids P^{n} est :

$$P^{n+1}d^{n+1} + P^{n+2}d^{n+2} + \dots + d^{n}(P^{I} + P^{II} + \dots + P^{n} - X_1).$$

et le moment au droit du poids suivant P^{n+1} présente avec ce dernier une différence égale à :

$$(d^{n+1} - d^n)(P^{I} + P^{II} + ... + P^n - X_1).$$

Si donc on considère la série des moments au droit des poids successifs, en allant du premier appui A vers le second appui B, on trouve que ces moments vont en s'accroissant tant que le second facteur de la différence reste négatif Puis on arrive à un poids P^n qui rend pour la première fois ce facteur positif, et qui, par conséquent, détermine une différence négative, auquel cas le moment au droit du poids P^{n+1} est inférieur au moment correspondant au poids P^n. Ce dernier moment est donc le plus grand qui puisse se manifester.

En définitive, pour que le moment au droit de P^n soit maximum, il faut :

1° Qu'il soit supérieur à celui de P^{n-1}, c'est-à-dire que l'on ait :

$$P^{I} + P^{II} + P^{III} + ... + P^{n-1} < X_1;$$

2° Qu'il soit supérieur à celui de P^{n+1}, c'est-à-dire que l'on ait :

$$P^{I} + P^{II} + P^{III} + ... + P^n > X_1.$$

Ce sont les deux conditions formulées.

Dans le cas où l'on trouverait :

$$P^{I} + P^{II} + P^{III} + ... + P^n = X_1,$$

e moment au droit de P^{n+1} serait égal au moment au droit de P^n, et chacun de ces deux moments présenterait le maximum cherché. Leur valeur serait supérieure, d'une part, à celle du moment de P^{n-1} et, d'autre part, à celle du moment de P^{n+2}.

NOTE Γ

Poutre chargée d'un système de deux poids égaux qui se déplace. — Moments fléchissants

§ 1. — La construction indiquée au n° 89 permet de déterminer les sections de la poutre dans lesquelles chacun des poids engendre le moment fléchissant maximum.

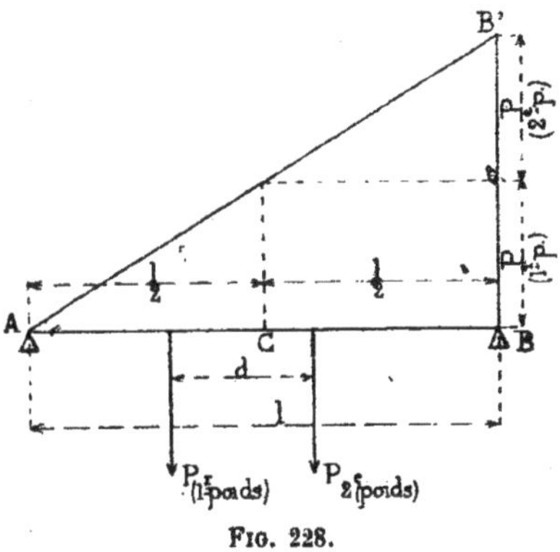

FIG. 228.

Après avoir porté les deux poids P sur la perpendiculaire BB′, on obtient les tronçons AC et CB, dans lesquels chacun de ces poids doit être appliqué pour produire le moment fléchissant maximum. Ces deux tronçons ont la même longueur, qui est égale à $\frac{l}{2}$. Le premier tronçon AC est celui qui doit recevoir le premier poids P que l'on rencontre en parcourant la poutre à partir de l'appui A ; le second tronçon CB est celui qui doit recevoir le second poids P.

§ 2. — Si l'on se reporte au cas d'une poutre chargée de deux poids égaux situés à des distances quelconques des appuis (n° 30), on trouve que le moment fléchissant au droit du premier poids (voir la figure 16) a pour valeur:

$$M_f = \frac{Pa}{l}(2b + d),$$

a étant la distance du premier poids à l'appui A, et b la distance du deuxième poids à l'appui B.

Si donc l'on remplace a par x et conséquemment b par $l - d - x$, on aura l'expression du moment fléchissant au droit du premier poids pour une abscisse quelconque x du point d'application de ce poids.

Cette expression est dès lors la suivante :

$$M_f = \frac{Px}{l}[2(l - d - x) + d]$$

ou :

$$M_f = \frac{Px}{l}(2l - d - 2x)$$

ou enfin :

$$M_f = \frac{P}{l}(2l - d)\,x - \frac{2P}{l}x^2.$$

On trouve aisément que l'axe vertical de la parabole représentée par cette équation a pour abscisse :

$$\frac{l}{2} - \frac{d}{4}$$

et que l'ordonnée du sommet de cette parabole est égale à :

$$\frac{P}{2l}\left(l - \frac{d}{2}\right)^2$$

Remarque. — Le point d'intersection O' de la parabole avec la perpendiculaire élevée au milieu O de la poutre (voir la figure 32 au n° 54) a pour abscisse :

$$AO = \frac{l}{2}$$

et pour ordonnée :

$$OO' = \frac{P(l-d)}{2}$$

Ces coordonnées sont celles du nœud relatif au système des deux poids dont il s'agit (voir la note *a*, § 1).

NOTE g

Poutre chargée d'un système de deux poids inégaux qui se déplace. — Moments fléchissants

§ 1. — La construction indiquée au n° 89 permet de déterminer les sections de la poutre dans lesquelles chacun des poids engendre le moment fléchissant maximum.

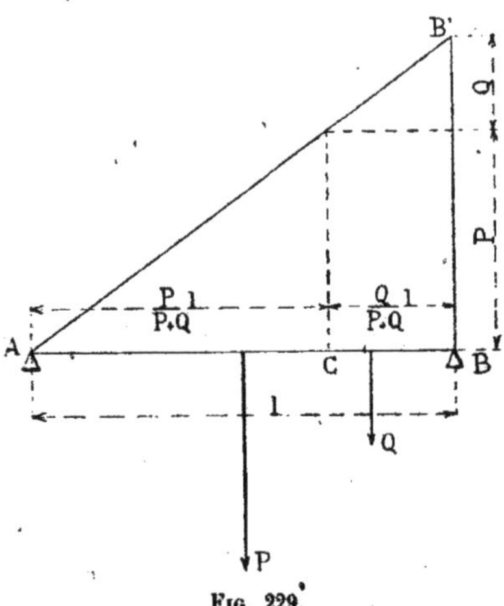

Fig. 229.

Après avoir porté les deux poids P et Q sur la perpendiculaire BB', on obtient les tronçons AC et CB, dans lesquels chacun de ces poids doit être appliqué pour produire le moment fléchissant maximum. Le premier tronçon AC, dont la longueur est égale à $\frac{P}{P+Q}l$, est celui qui doit recevoir le poids P ; le second tronçon CB, dont la longueur est égale à $\frac{Q}{P+Q} l$, est celui qui doit recevoir le poids Q.

§ 2. — Si l'on se reporte au cas d'une poutre chargée de deux poids inégaux situés à des distances quelconques des appuis (n° 32), on trouve que le moment fléchissant au droit du poids P (voir la figure 17) a pour valeur :

$$M_f = \frac{a}{l} \left\{ P(b+d) + Qb \right\},$$

a étant la distance du poids P à l'appui A, et b la distance du poids Q à l'appui B.

Si donc l'on remplace a par x et conséquemment b par $l - d - x$, on aura l'expression du moment fléchissant au droit du poids P pour une abscisse quelconque x du point d'application de ce poids.

Cette expression est dès lors la suivante :

$$M_f = \frac{x}{l} \left\{ P(l-x) + Q(l-d-x) \right\}$$

ou :

$$M_f = \frac{x}{l} \left\{ (P+Q)l - Qd - (P+Q)x \right\}$$

ou enfin :

$$M_f = \left(P + Q - \frac{Qd}{l} \right) x - \frac{P+Q}{l} x^2.$$

On trouve aisément que l'axe vertical de la parabole représentée par cette équation a pour abscisse :

$$\frac{l}{2} - \frac{Qd}{2(P+Q)}$$

et que l'ordonnée du sommet est égale à :

$$\frac{\{(P+Q)\,l-Qd\}^2}{4l\,(P+Q)}.$$

Cette parabole passe par l'appui A (voir la figure 39 au n° 65). Elle rencontre la poutre près de l'appui B, en un point D dont l'abscisse est :

$$AD = l - \frac{Qd}{P+Q}.$$

Quant au moment fléchissant au droit du poids Q, il a pour valeur :

$$M_f = \frac{b}{l}\{Pa + Q\,(a+d)\},$$

a étant la distance du poids P à l'appui A, et b la distance du poids Q à l'appui B (n° 32).

Si l'on remplace $a+d$ par x et conséquemment a par $x-d$ et b par $l-x$, on aura l'expression du moment fléchissant au droit du poids Q pour une abscisse quelconque x du point d'application de ce poids.

Cette expression est dès lors la suivante :

$$M_f = \frac{l-x}{l}\{P\,(x-d) + Qx\}$$

ou :

$$M_f = \frac{l-x}{l}\{(P+Q)\,x - Pd\}$$

ou enfin :

$$M_f = \left(P + Q + \frac{Pd}{l}\right)x - \frac{P+Q}{l}x^2 - Pd.$$

On trouve facilement que l'axe vertical de la parabole

représentée par cette équation a pour abscisse :

$$\frac{l}{2}+\frac{\mathrm{P}d}{2\,(\mathrm{P}+\mathrm{Q})}$$

et que l'ordonnée du sommet est égale à :

$$\frac{\{(\mathrm{P}+\mathrm{Q})\,l+\mathrm{P}d\}^2}{4l\,(\mathrm{P}+\mathrm{Q})}-\mathrm{P}d.$$

Cette parabole passe par l'appui B (figure n° 39). Elle rencontre la poutre, près de l'appui A, en un point E, dont l'abscisse est:

$$\mathrm{AE}=\frac{\mathrm{P}d}{\mathrm{P}+\mathrm{Q}}.$$

Enfin, elle présente, au droit de l'appui A, une ordonnée négative, qui est égale, en valeur absolue, à Pd.

Remarque. — Les deux paraboles se coupent en un point C′, qui a pour abscisse:

$$\mathrm{AC}=\frac{\mathrm{P}}{\mathrm{P}+\mathrm{Q}}\,l$$

et pour ordonnée :

$$\mathrm{CC'}=\frac{\mathrm{P}\times\mathrm{Q}}{\mathrm{P}+\mathrm{Q}}(l-d).$$

Ces coordonnées sont celles du *nœud* relatif au système des deux poids P et Q (Voir la note *a*, § 2.)

Note h

Poutre chargée d'un système de trois poids égaux et inégalement distants qui se déplace. — Moments fléchissants

§ 1. — La construction indiquée au n° 89 permet de déterminer les sections de la poutre pour lesquelles chacun des poids engendre le moment fléchissant maximum.

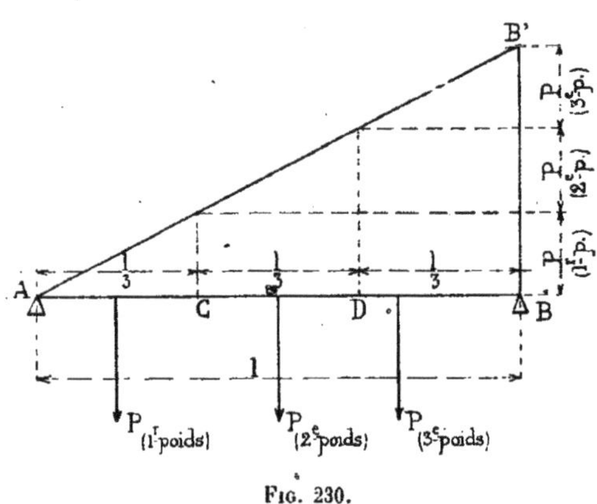

Fig. 230.

Après avoir porté les trois poids P sur la perpendiculaire BB', on obtient les tronçons AC, CD et DB, dans lesquels chacun de ces poids doit être appliqué pour produire le moment maximum. Ces trois tronçons ont la même longueur, qui est égale à $\frac{l}{3}$. Le premier tronçon AC est celui qui doit recevoir le premier poids P, que l'on rencontre en parcourant la poutre à partir de l'appui A, et ainsi de suite jusqu'au dernier tronçon DB qui doit recevoir le dernier poids P.

§ 2. — L'expression du moment fléchissant au droit de l'un des poids peut s'obtenir à l'aide de la formule générale :

$$M_f = \Sigma P_1 d_1 + a\,(\Sigma P_2 - X_2)$$

indiquée au n° 47 (2°).

1° *Moment fléchissant au droit du premier poids.*

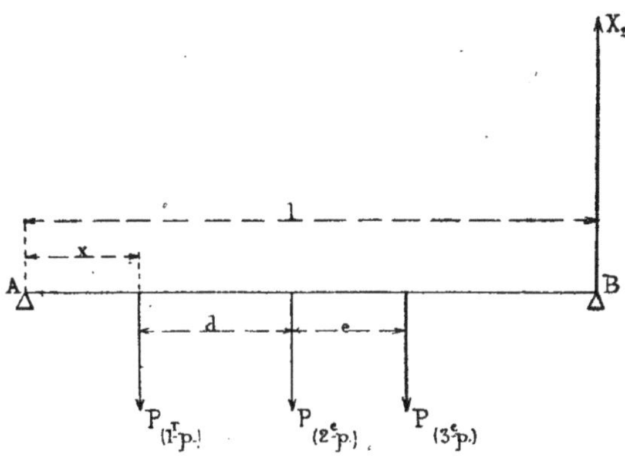

Fig. 231.

Pour appliquer la formule précédente, il convient de remarquer que la distance a doit être remplacée par x. Si donc on comprend le premier poids dans le groupe des poids de droite, on a :

$$M_f = x\,(3P - X_2).$$

Or :

$$X_2 = \frac{P}{l}\,(3x + 2d + e),$$

d'où :

$$M_f = x \left\{ 3P - \frac{P}{l}(3x + 2d + e) \right\}$$

ou :

$$M_f = \frac{Px}{l}(3l - 2d - e - 3x)$$

ou enfin :

$$M_f = \frac{Px}{l}(3l - 2d - e) - \frac{3P}{l}x^2.$$

On trouve aisément que l'axe vertical de la parabole représentée par cette équation a pour abscisse :

$$\frac{l}{2} - \frac{2d + e}{6}$$

et que l'ordonnée du sommet de cette parabole a pour valeur :

$$\frac{P}{12l}(3l - 2d - e)^2.$$

2° *Moment fléchissant au droit du deuxième poids.*

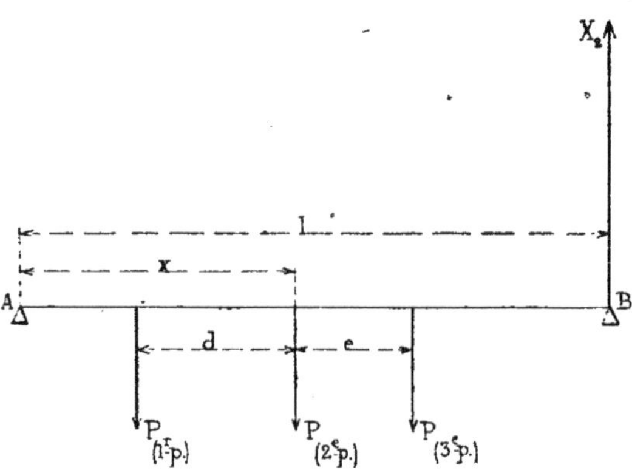

FIG. 232.

La distance a, dans la formule générale, doit être remplacée par x. Si l'on comprend le deuxième poids dans le groupe des poids de droite, on a :

$$M_f = P(x - d) + x(2P - X_2).$$

Or :

$$X_2 = \frac{P}{l}(3x - d + e),$$

d'où :

$$M_f = P(x - d) + x\left\{2P - \frac{P}{l}(3x - d + e)\right\}$$

ou :

$$M_f = \frac{P}{l}(3l + d - e)x - \frac{3P}{l}x^2 - Pd.$$

On trouve facilement que l'axe vertical de la parabole représentée par cette équation a pour abscisse :

$$\frac{l}{2} + \frac{d - e}{6}$$

et que l'ordonnée de cette parabole a pour valeur :

$$\frac{P}{12l}(3l + d - e)^2 - Pd.$$

On trouve aussi qu'au droit des deux appuis A et B les ordonnées de la parabole sont négatives et égales respectivement, en valeur absolue, à Pd et à Pe.

3° *Moment fléchissant au droit du troisième poids.*

La distance a, dans la formule générale, doit être remplacée par x. Si l'on considère le troisième poids comme un poids de droite, on a :

$$M_f = P(x - d - e) + P(x - e) + x(P - X_2).$$

Or :

$$X_2 = \frac{P}{l}(3x - d - 2e),$$

d'où :

$$M_f = P(x - d - e) + P(x - e) + x \left\{ P - \frac{P}{l}(3x - d - 2e) \right\}$$

ou :

$$M_f = \frac{P}{l}(3l + d + 2e)x - \frac{3P}{l}x^2 - P(d + 2e).$$

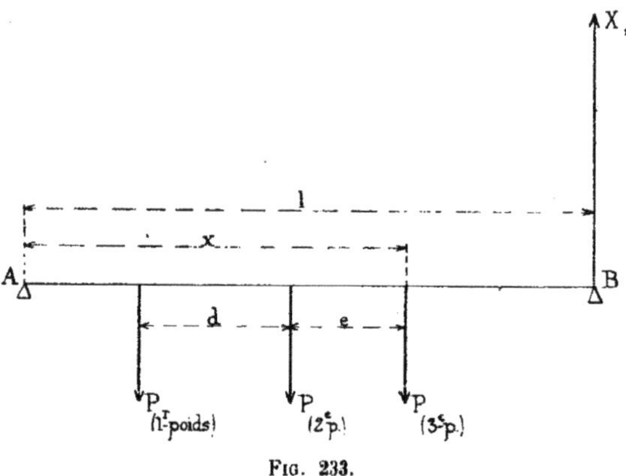

Fig. 233.

Cette équation est celle d'une parabole dont l'axe vertical a pour abscisse :

$$\frac{l}{2} + \frac{d + 2e}{6}$$

et dont l'ordonnée du sommet a pour valeur :

$$\frac{P}{12l}(3l + d + 2e)^2 - P(d + 2e).$$

On trouve que cette parabole passe par le second appui B et qu'elle présente, au droit du premier appui A, une ordonnée négative égale, en valeur absolue, à :

$$P(d + 2e).$$

REMARQUE. — Le point d'intersection C' des deux premières paraboles (voir la figure 40 au n° 68) a pour abscisse :

$$AC = \frac{l}{3}$$

et pour ordonnée :

$$CC' = \frac{P}{3}(2l - 2d - e).$$

Le point d'intersection D' des deux dernières paraboles a pour abscisse :

$$AD = \frac{2}{3}l$$

et pour ordonnée :

$$DD' = \frac{P}{3}(2l - d - 2e).$$

Ces coordonnées sont celles des deux nœuds auxquels donne lieu un système de trois poids égaux et inégalement distants (Voir la note *a*, § 3.)

Poutre chargée d'un système de quatre poids égaux qui se déplace, la distance des deux premiers étant égale à celle des deux derniers. — Moments fléchissants

§ 1. — La construction indiquée au n° 89 permet de déterminer les sections de la poutre pour lesquelles chacun des poids engendre le moment fléchissant maximum.

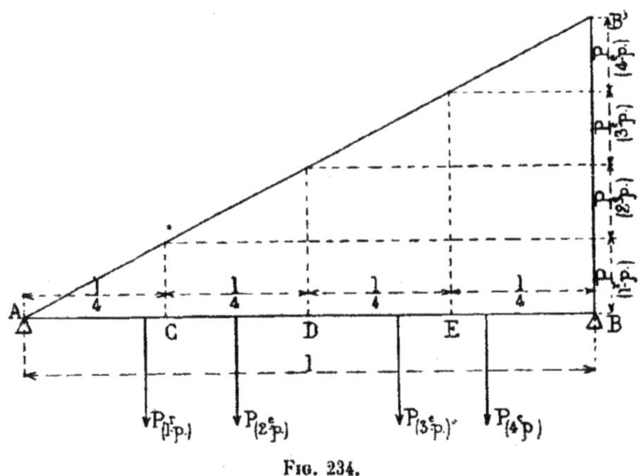

FIG. 234.

Après avoir porté les quatre poids P sur la perpendiculaire BB', on obtient les tronçons AC, CD, DE et EB, dans lesquels chacun de ces poids doit être appliqué pour produire le moment maximum. Ces quatre tronçons ont la même longueur, qui est égale à $\frac{l}{4}$. Le premier tronçon AC est celui qui doit recevoir le premier poids P que l'on rencontre en parcourant la poutre à partir de l'appui A, et ainsi de suite jusqu'au dernier tronçon EB qui doit recevoir le dernier poids P.

§ 2. — L'expression du moment fléchissant au droit de l'un ou l'autre des deux premiers poids peut s'obtenir à l'aide de la formule générale :

$$M_f = \Sigma P_1 d_1 + a(\Sigma P_2 - X_2)$$

indiquée au n° 47 (2°).

1° *Moment fléchissant au droit du premier poids.*

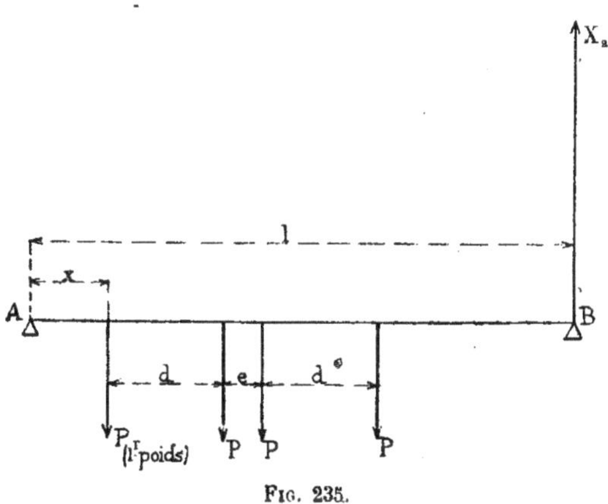

Fig. 235.

Pour appliquer la formule précédente, il convient de remarquer que la distance a doit être remplacée par x. Si donc on comprend le premier poids dans le groupe des poids de droite, on a :

$$M_f = x(4P - X_2).$$

Or :

$$X_2 = \frac{4P}{l}\left(x + d + \frac{e}{2}\right).$$

d'où :

$$M_f = x\left[4P - \frac{4P}{l}\left(x + d + \frac{e}{2}\right)\right]$$

ou :

$$M_f = \frac{4Px}{l}\left(l - d - \frac{e}{2} - x\right)$$

ou enfin ;

$$M_f = \frac{4P}{l}\left(l - \frac{2d+e}{2}\right)x - \frac{4P}{l}x^2$$

On trouve aisément que l'axe vertical de la parabole représentée par cette équation a pour abscisse :

$$\frac{l}{2} - \frac{2d+e}{4}$$

et que l'ordonnée du sommet de cette parabole a pour valeur :

$$\frac{P}{l}\left(l - \frac{2d+e}{2}\right)^2.$$

2° *Moment fléchissant au droit du second poids.*

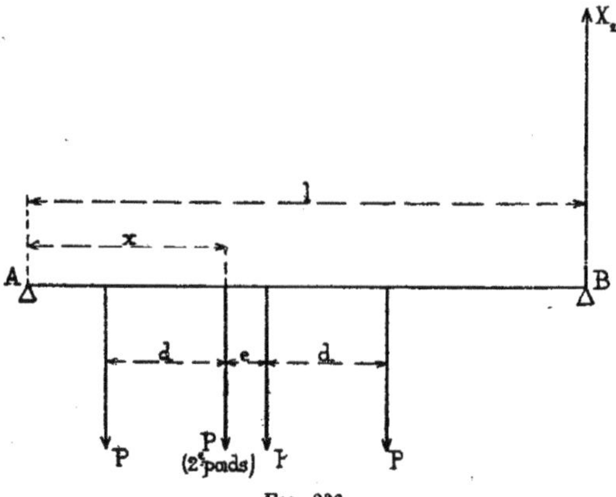

FIG. 236.

La distance a, dans la formule générale, doit être remplacée par x. Si l'on comprend le second poids dans le groupe des poids de droite, on a :

$$M_f = P(x-d) + x(3P - X_2).$$

Or:

$$X_2 = \frac{4P}{l}\left(x + \frac{e}{2}\right)$$

d'où :

$$M_f = P(x-d) + x\left[3P - \frac{4P}{l}\left(x + \frac{e}{2}\right)\right]$$

ou:

$$M_f = 4Px - \frac{4Px}{l}\left(x + \frac{e}{2}\right) - Pd$$

ou enfin :

$$M_f = \frac{4P}{l}\left(l - \frac{e}{2}\right)x - \frac{4Px^2}{l} - Pd.$$

On trouve aisément que l'axe vertical de la parabole représentée par cette équation a pour abscisse :

$$\frac{l}{2} - \frac{e}{4}$$

et que l'ordonnée du sommet de cette parabole a pour valeur :

$$\frac{P}{l}\left(l - \frac{e}{2}\right)^2 - Pd.$$

On trouve aussi qu'à l'origine des abscisses, c'est-à-dire au droit du premier appui A, l'ordonnée de la parabole est négative et égale, en valeur absolue, à Pd.

Remarque. — Le point d'intersection C' des deux paraboles

(voir la figure 45 au n° 80) a pour abscisse :

$$AC = \frac{l}{4}$$

et pour ordonnée :

$$CC' = \frac{P}{4}(3l - 4d - 2e).$$

Ces coordonnées sont celles du premier nœud relatif au système des quatre poids dont il s'agit (voir la note *a*, § 5).

Quant au point d'intersection O″ de la seconde parabole avec la perpendiculaire élevée au milieu de la poutre, il a pour abscisse :

$$AO = \frac{l}{2}$$

et pour ordonnée :

$$OO'' = P(l - d - e).$$

Ces coordonnées sont celles du second nœud.

NOTE J

Poutre chargée de poids quelconques qui se déplacent. — Moments fléchissants. — Premier cas. — Première règle

§ 1. — Première démonstration

La règle dont il s'agit peut être établie en envisageant d'abord une poutre chargée d'un poids unique et en recherchant comment varie le moment fléchissant dans une section déterminée, quand le poids se meut sur toute la longueur de la poutre.

Ligne représentative des variations du moment fléchissant dans une section déterminée, quand le poids qui sollicite la poutre se déplace d'un appui à l'autre.

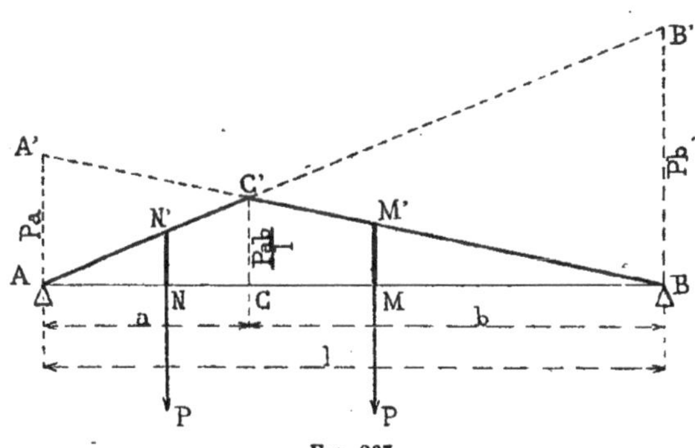

FIG. 237.

l, portée de la poutre.
C, section considérée.
a et b, distances de cette section aux deux appuis.
P, poids unique qui se déplace.

Si on élève, à l'emplacement de la section C, une perpendiculaire CC' égale à $\frac{Pab}{l}$, et si l'on joint l'extrémité C' de cette perpendiculaire aux deux appuis A et B, on obtient une ligne brisée AC'B (1) dont les ordonnées représentent les moments fléchissants produits dans la section C lorsque le poids P se trouve appliqué au droit de ces ordonnées.

En effet, lorsque le poids P est en N, c'est-à-dire en-deçà de la section C, le moment déterminé dans cette section a pour valeur (n° 25) :

$$M_f = \frac{P \times AN (l - AC)}{l}$$

ou :

$$M_f = Pb \times \frac{AN}{AB}.$$

Or, si l'on a prolongé la droite AC' jusqu'à la rencontre de la perpendiculaire élevée au droit de l'appui B, on a :

$$BB' = Pb.$$

L'expression du moment devient donc :

$$M_f = BB' \times \frac{AN}{AB},$$

d'où :

$$M_f = NN'.$$

On vérifierait d'une manière analogue que, lorsque le poids P est au-delà de la section C, en M par exemple, la valeur du moment fléchissant produit dans cette section est représentée par l'ordonnée MM'.

(1) La construction de cette ligne peut s'effectuer en élevant en A et en B deux perpendiculaires respectivement égales à Pa et à Pb et en joignant les extrémités de ces perpendiculaires aux appuis opposés.

Cela établi, il est facile de reconnaître que, lorsqu'un système de poids sollicite une poutre, il faut que l'un de ces poids passe par la section considérée, pour donner lieu au moment fléchissant maximum dans cette section.

Si, en effet, il n'en était pas ainsi, il serait toujours possible d'opérer un déplacement du système qui déterminât une augmentation du moment fléchissant dans la section.

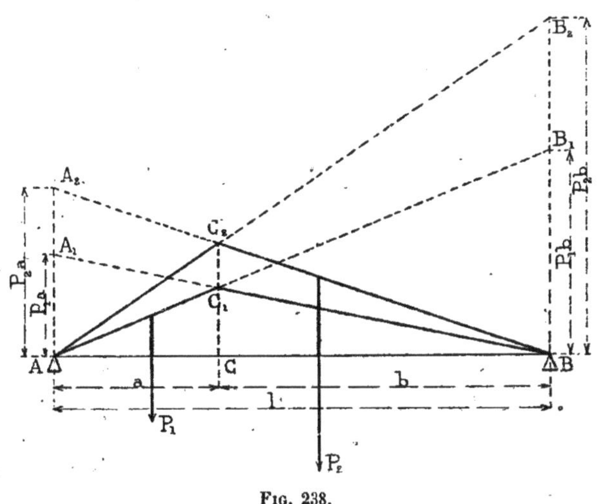

Fig. 238.

Soit une poutre chargée de deux poids P_1 et P_2, le premier situé à gauche de la section C, le second à droite. Les lignes brisées AC_1B et AC_2B représentent respectivement les variations des moments fléchissants, dans la section C, quand ces deux poids P_1 et P_2 se meuvent d'un appui à l'autre.

Il est manifeste que, si l'on vient à déplacer le système des deux poids en le portant de la gauche vers la droite, le moment dû au poids P_1 augmentera, tandis que le moment dû au poids P_2 diminuera. L'augmentation et la diminution seront proportionnelles aux tangentes des angles qui mesurent l'inclinaison des droites AC_1 et BC_2 : elles seront représentées par BB_1 et par AA_2, soit par P_1b et P_2a. Le résultat final sera exprimé par $P_1b - P_2a$.

Si le déplacement s'opérait en sens contraire, c'est-à-dire de la droite vers la gauche, la variation subie par le moment fléchissant dans la section C serait représentée par $P_2a - P_1b$.

Il y a donc un sens dans lequel la variation du moment se traduit par une augmentation.

On a supposé que la poutre était chargée de deux poids seulement. Si elle supportait un nombre quelconque de poids partagés en un groupe de poids P_1 à gauche de la section C et en un groupe de poids P_2 à droite, le résultat serait le même. La variation du moment fléchissant serait représentée, pour un mouvement de gauche à droite, par :

$$b\Sigma P_1 - a\Sigma P_2$$

et, pour un mouvement de droite à gauche, par :

$$a\Sigma P_2 - b\Sigma P_1.$$

Il existerait donc un sens dans lequel le déplacement déterminerait un accroissement du moment fléchissant.

On en conclut que le moment fléchissant maximum ne peut se produire dans la section C tant qu'aucun des poids ne passe par cette section (1).

(1) Cette règle souffre une exception, dans le cas où l'on a :

$$b\Sigma P_1 - a\Sigma P_2 = 0$$

ou :

$$b\Sigma P_1 = a\Sigma P_2.$$

Le moment fléchissant reste alors constant dans la section C, quelle que soit la position occupée par les groupes de poids P_1 et P_2 à gauche et à droite de cette section. Ce cas se présente quand il existe, dans le système des poids supportés par la poutre, deux poids consécutifs qui, appliqués à la section, engendrent le moment fléchissant maximum. Ce moment maximum se maintient dans la section, quand on déplace le système à partir de la position où l'un des poids passe par cette section, jusqu'à ce que l'autre vienne le remplacer.

§ 2. — Seconde démonstration

La démonstration qui précède peut être présentée d'une manière moins saisissante, mais plus rapide.

Il s'agit toujours de montrer que, lorsqu'aucun poids ne passe par la section considérée, il est possible d'augmenter le moment fléchissant développé dans cette section en déplaçant le système des poids dans un certain sens.

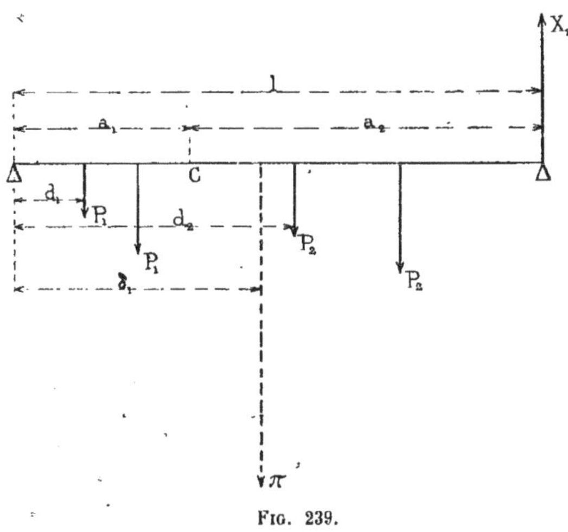

Fig. 239.

Le moment fléchissant dans la section C, pour une position déterminée du système des poids, a pour expression (n° 47, 2°) :

$$M_f = \Sigma P_1 d_1 + a_1 (\Sigma P_2 - X_2).$$

En désignant par π la résultante de tous les poids et par δ_1 la distance de cette résultante au premier appui A, on a :

$$X_2 = \frac{\pi \delta_1}{l},$$

de telle sorte que l'expression du moment fléchissant devient :

$$M_f = \Sigma P_1 d_1 + a_1 \left(\Sigma P_2 - \frac{\pi \delta_1}{l}\right).$$

Or, si l'on déplace le système des poids d'une quantité q. de la gauche vers la droite, toutes les distances d_1, ainsi que la distance δ_1, augmentent de cette quantité q et le moment fléchissant produit dans la section C prend la valeur :

$$M_f = \Sigma P_1 (d_1 + q) + a_1 \left[\Sigma P_2 - \frac{\pi (\delta_1 + q)}{l}\right]$$

ou :

$$M_f = \Sigma P_1 d_1 + q \Sigma P_1 + a_1 \left(\Sigma P_2 - \frac{\pi \delta_1}{l}\right) - \frac{a_1 q \pi}{l}.$$

La variation subie par le moment fléchissant, par suite du déplacement dont il s'agit, est donc égale à :

$$q \Sigma P_1 - \frac{a_1 q \pi}{l} \qquad \text{ou} \qquad \frac{q}{l}(l \Sigma P_1 - a_1 \pi).$$

En remplaçant l par $a_1 + a_2$ et π par $\Sigma P_1 + \Sigma P_2$, cette variation revêt la forme :

$$\frac{q}{l}(a_2 \Sigma P_1 - a_1 \Sigma P_2)$$

Si le déplacement avait été opéré de la droite vers la gauche, on eût trouvé :

$$\frac{q}{l}(a_1 \Sigma P_2 - a_2 \Sigma P_1).$$

On en tire la conclusion qui a été précédemment formulée.

Note k

Poutre chargée de poids quelconques qui se déplacent. — Moments fléchissants. — Premier cas. — Deuxième règle

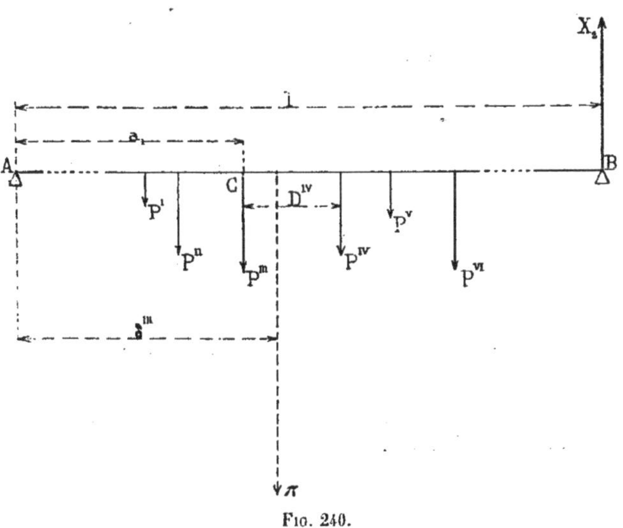

Fig. 240.

Pour trouver le poids qui produit le moment fléchissant maximum dans une section quelconque C, il suffit de faire mouvoir le système de manière à appliquer successivement chacun des poids à cette section et de voir comment varie la valeur du moment fléchissant à chaque position du système.

L'expression générale du moment fléchissant, en fonction de la réaction du deuxième appui, est la suivante (n° 47, 2°) :

$$M_f = \Sigma P_1 d_1 + a_1 (\Sigma P_2 - X_2)$$

le poids qui passe par la section pouvant être indifféremment compris dans les poids de gauche ou dans ceux de droite.

En désignant par π la résultante de tous les poids et par δ la distance de cette résultante à l'appui A, cette expression générale devient :

$$M_f = \Sigma P_1 d_1 + a_1 \left(\Sigma P_2 - \frac{\pi\delta}{l}\right).$$

Quand un poids quelconque P^{III} est appliqué à la section C, le moment fléchissant est donc égal à :

$$M_f^{III} = \Sigma P_1 d_1 + a_1 \left(\Sigma P_2 - \frac{\pi\delta^{III}}{l}\right)$$

le poids P^{III} étant supposé compris dans les poids de gauche et la distance de la résultante π au premier appui étant désignée par δ^{III}.

Si l'on déplace le système de droite à gauche, de manière à faire passer le poids P^{IV} par la section C, auquel cas le mouvement s'effectuera sur une étendue égale à D^{IV}, la somme $\Sigma P_1 d_1$ de tous les poids à gauche de P^{IV} décroîtra d'une quantité égale à :

$$D^{IV} \times \Sigma P_1$$

et la distance de la résultante π subira une diminution égale à D^{IV}.

La valeur du moment fléchissant sera dès lors :

$$M_f^{IV} = \Sigma P_1 d_1 - D^{IV}\Sigma P_1 + a_1 \left[\Sigma P_2 - \frac{\pi\,(\delta^{III} - D^{IV})}{l}\right]$$

le poids P^{IV} étant supposé compris dans les poids de droite.

Cette expression devient :

$$M_f^{IV} = M_f^{III} - D^{IV}\Sigma P_1 + \frac{\pi a_1 D^{IV}}{l},$$

d'où :

$$M_l^{IV} - M_l^{III} = D^{IV}\left(\frac{\pi a_1}{l} - \Sigma P_1\right).$$

Telle est la variation du moment fléchissant, dans la section C, quand le poids P^{IV} remplace le poids P^{III}.

D'une manière générale, lorsqu'un poids quelconque P succède à celui qui le précède, la variation du moment fléchissant a pour expression :

$$D\left(\frac{\pi a_1}{l} - \Sigma P_1\right) \qquad (\alpha)$$

D étant la distance du poids P à celui auquel il fait suite, et ΣP_1 étant la somme des poids placés à gauche de P.

On peut dès lors, à l'aide de cette expression, calculer la valeur du moment fléchissant développé dans la section C par chacun des poids du système. Il suffit de déterminer le moment fléchissant produit par le premier poids P^I et d'ajouter ou de retrancher, suivant qu'elle est positive ou négative, la valeur de l'expression (α) pour chacun de ces poids. On peut aussi construire une ligne polygonale qui représente les valeurs du moment fléchissant quand chacun des poids occupe l'emplacement de la section.

On remarque que le signe de l'expression (α) dépend de la valeur relative des deux termes compris entre parenthèses. Or, le premier terme est invariable, tandis que l'autre va en grandissant quand on envisage les poids de gauche à droite. L'expression (α) commence donc par être positive, puis elle va sans cesse en décroissant en devenant négative à partir d'un certain poids. La ligne polygonale qui représente les valeurs des moments fléchissants offre dès lors un sommet indiquant le moment fléchissant maximum et, par suite, le poids auquel ce moment est dû.

Ce poids détermine une valeur positive de l'expression (α).

On doit donc avoir :

$$\Sigma P_1 < \frac{\pi a_1}{l}.$$

Par contre, le poids qui lui fait suite donne lieu à une valeur négative de l'expression (α). Comme la somme des poids situés à sa gauche est égale à $\Sigma P_1 + P$, on doit avoir :

$$\frac{\pi a_1}{l} - (\Sigma P_1 + P) < 0,$$

d'où :

$$\Sigma P_1 + P > \frac{\pi a_1}{l}.$$

Ce sont les deux conditions énoncées.

Si, en construisant la ligne polygonale dont il vient d'être question, on trouvait :

$$\frac{\pi a_1}{l} - \Sigma P_1 = 0$$

cette ligne présenterait deux ordonnées égales. Mais il est manifeste que ces deux ordonnées seraient supérieures à celles qui seraient situées de part et d'autre ; il existerait alors deux poids qui engendreraient le même moment fléchissant maximum.

NOTE I

Poutre chargée de poids quelconques qui se déplacent. — Moments fléchissants. — Deuxième cas. — Voies de fer

§ 1. — Pour reconnaître que le moment fléchissant maximum se produit quand un essieu occupe l'emplacement de la section considérée, il suffit de se reporter à la première démonstration de la note *j*.

Il convient de remarquer que, dans les mouvements dont le train peut être l'objet, celui qui s'effectue de gauche à droite ne peut que faire sortir un ou plusieurs poids par l'appui B. Inversement, le mouvement de droite à gauche ne peut que faire entrer un ou plusieurs poids par ce même appui B.

Cette remarque faite, si l'on a :

$$b\Sigma P_1 - a\Sigma P_2 > 0$$

c'est-à-dire si le déplacement de gauche à droite détermine une augmentation du moment fléchissant, alors que la poutre reste chargée des mêmes poids, il doit en être de même, à plus forte raison, dans le cas où le déplacement fait sortir un ou plusieurs poids.

Si, au contraire, on a :

$$a\Sigma P_2 - b\Sigma P_1 > 0$$

c'est-à-dire si le mouvement de droite à gauche conduit à un accroissement du moment fléchissant, cet accroissement grandira encore dans le cas où le mouvement ferait arriver un ou plusieurs poids sur la poutre.

§ 2. — Pour que les moments fléchissants développés dans une section déterminée présentent un maximum, quand un essieu est appliqué à cette section, il faut que le déplacement du train, dans chaque sens, donne lieu à une diminution du moment fléchissant dans la section considérée.

Soit un essieu P^{II} passant par la section C et produisant le maximum des moments fléchissants susceptibles d'être engendrés dans cette section.

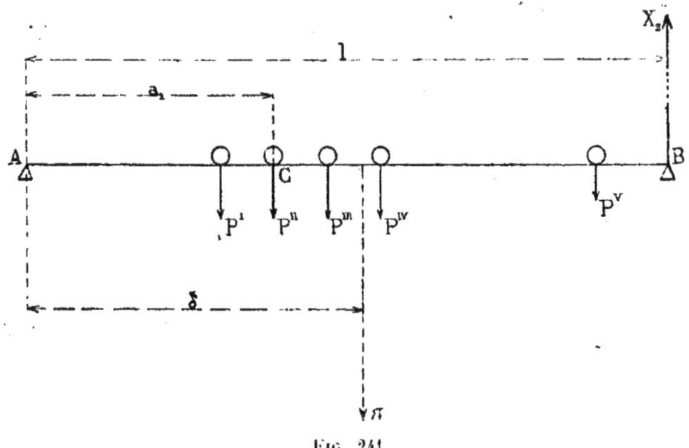

Fig. 241.

La valeur de ce moment est (n° 47, 2°) :

$$M_f = \Sigma P_1 d_1 + a_1 (\Sigma P_2 - X_2)$$

ou bien, en désignant par π la résultante de tous les poids et par δ la distance de cette résultante à l'appui A :

$$M_f = \Sigma P_1 d_1 + a_1 \left(\Sigma P_2 - \frac{\pi \delta}{l} \right)$$

expression dans laquelle le poids P^{II} peut être indifféremment compris dans les poids de gauche ou dans ceux de droite.

Si l'on imagine un déplacement du train, de gauche à

droite, sur une étendue q telle qu'aucun poids ne sorte en franchissant l'appui B, le moment fléchissant produit dans la section C aura pour expression :

$$\Sigma P_1 d_1 + q\Sigma P_1 + a_1\left(\Sigma P_2 - \frac{\pi(\delta + q)}{l}\right)$$

l'essieu P^{II} étant supposé compris dans les poids de droite, auquel cas ΣP_1 représente la somme des poids situés à gauche de l'essieu P^{II}.

La variation subie par le moment fléchissant dans la section B sera donc égale à :

$$q\Sigma P_1 - q\frac{\pi a_1}{l}$$

ou :

$$q\left(\Sigma P_1 - \frac{\pi a_1}{l}\right).$$

Elle devra être négative, pour que le déplacement du train détermine une diminution du moment fléchissant. D'où la condition :

$$\Sigma P_1 < \frac{\pi a_1}{l}.$$

C'est la première condition énoncée.

Si, au contraire, on imagine un déplacement du train, de droite à gauche, sur une étendue q telle qu'aucun nouveau poids ne s'engage sur la poutre en franchissant l'appui B, le moment fléchissant produit dans la section C aura pour expression :

$$\Sigma P_1 d_1 - q\Sigma P_1 + a_1\left(\Sigma P_2 - \frac{\pi(\delta - q)}{l}\right)$$

l'essieu P^{II} étant supposé compris dans les poids de gauche.

auquel cas ΣP_1 représente la somme du poids P'' et de tous les autres poids situés à sa gauche.

La variation subie par le moment fléchissant dans la section C sera donc égale à :

$$q\frac{\pi a_1}{l} - q\Sigma P_1$$

ou :

$$q\left(\frac{\pi a_1}{l} - \Sigma P_1\right).$$

Pour qu'elle soit négative, il faut que l'on ait :

$$\Sigma P_1 > \frac{\pi a_1}{l}.$$

C'est la seconde condition énoncée.

Poutre chargée de poids quelconques qui se déplacent. — Moments fléchissants. — Deuxième cas. — Voies de terre

§ 1. — On prendra successivement, comme exemples, des convois composés de véhicules à deux roues et des convois formés de chariots à quatre roues.

1° *Les véhicules consistent en tombereaux ou charrettes à deux roues.*

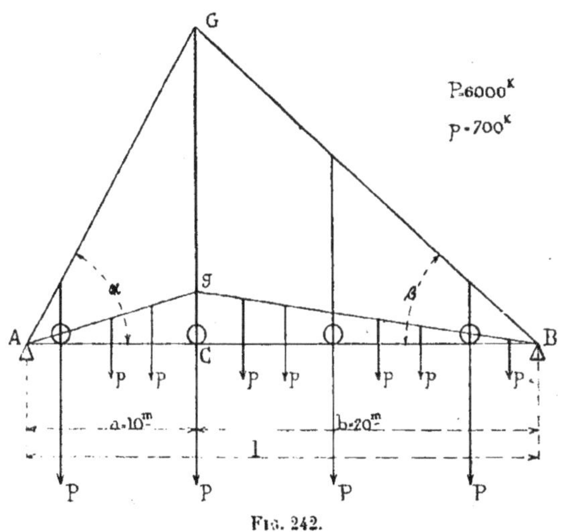

FIG. 242.

Soit une poutre sur laquelle passe un convoi composé de tombereaux de 6 tonnes attelés de deux chevaux de 700 kilogs chacun (type n° 2). Le moment fléchissant atteint son maximum, dans une section quelconque C, quand l'essieu d'un tombereau est appliqué à cette section, ainsi que l'indique la figure ci-dessus.

Si, en effet, on venait à faire mouvoir le convoi dans un sens ou dans l'autre, le moment produit dans la section C diminuerait.

On peut s'en assurer en employant le procédé que voici :

On construit la ligne AGB représentative des valeurs du moment fléchissant dans la section C, pour toutes les positions susceptibles d'être occupées par le poids P d'un essieu (voir la note j). On prend, par conséquent :

$$CG = P\frac{ab}{l}.$$

On construit pareillement la ligne AgB représentative des valeurs du moment fléchissant déterminées par le poids p d'un cheval, en prenant $Cg = p\frac{ab}{l}$.

Les ordonnées tracées sur la figure 242 indiquent les moments engendrés dans la section C par chacun des poids qui sollicitent la poutre.

Quand un poids P quelconque se déplace d'une quantité q, l'augmentation de la diminution du moment dû à ce poids a pour valeur, suivant le cas :

$$q \operatorname{tg} \alpha \qquad \text{ou} \qquad q \operatorname{tg} \beta$$

α et β étant les angles formés avec la poutre par les droites AG et BG.

Or, on a :

$$\operatorname{tg} \alpha = \frac{CG}{AC} = P \times \frac{ab}{l} \times \frac{1}{a}$$

et :

$$\operatorname{tg} \beta = \frac{CG}{CB} = P \times \frac{ab}{l} \times \frac{1}{b}$$

Il s'ensuit que les variations du moment fléchissant dans la section C sont représentées par $\frac{P}{a}$ ou $\frac{P}{b}$, suivant que le poids P est appliqué à la portion a ou à la portion b de la poutre.

On reconnaîtrait de même que les variations dues au déplacement q d'un poids p quelconque sont représentées soit par $\frac{p}{a}$, soit par $\frac{p}{b}$.

Cela établi, il est aisé d'apprécier les changements que subit le moment fléchissant dans la section C, quand on fait mouvoir le convoi dans les deux sens. Pour plus de simplicité, on a supposé, dans la figure choisie à titre d'exemple, que a était égal à la moitié de b, d'où il résulte que les variations du moment, pour les poids appliqués à la première portion de la poutre, sont doubles de celles que déterminent les poids appliqués à la seconde portion.

Si l'on fait avancer le convoi de A vers B, on constate qu'il y a, à droite de la section C, trois poids de 6,000 kilogs qui donnent lieu à une diminution du moment fléchissant, tandis qu'il n'en existe à gauche qu'un seul qui produise une augmentation. Et, bien que, pour chaque poids, l'augmentation à gauche soit le double de la diminution à droite, il en ressort une diminution finale égale à celle d'un poids de droite.

Quant aux poids de 700 kilogs, ils donnent lieu à une diminution pour 5 poids de droite et à une augmentation pour 2 de gauche, ce qui conduit, en définitive, à une diminution de la valeur relative à un poids de droite.

Le moment engendré dans la section C s'abaisse donc quand le convoi se déplace de A vers B. On peut vérifier qu'il en est de même quand le mouvement s'effectue en sens contraire.

2° *Les véhicules consistent en chariots à quatre roues.*

Soit une poutre sur laquelle passe un convoi composé de

chariots de 16 tonnes attelés de huit chevaux de 700 kilogs chacun (type n° 3). Le moment fléchissant atteint son maximum dans une section quelconque C, quand l'un des essieux d'un chariot est appliqué à cette section, ainsi que l'indique la figure ci-dessous.

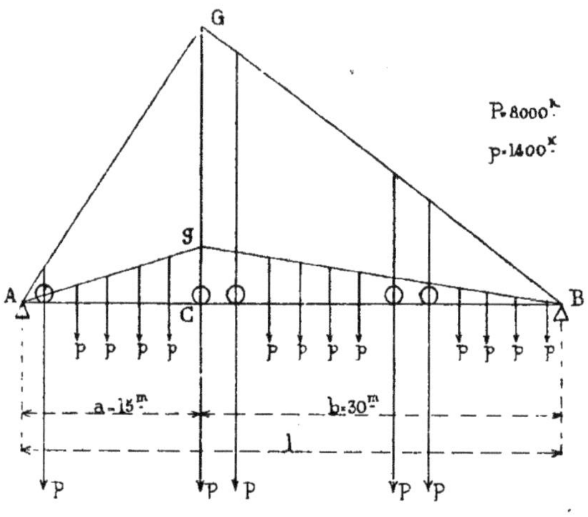

Fig. 243.

A l'aide de la méthode précédente, on peut, en effet, reconnaître que, si l'on déplaçait le convoi dans les deux sens, il s'ensuivrait une diminution dans la valeur du moment fléchissant développé dans la section C.

Si, par exemple, on faisait mouvoir le convoi de A vers B, il y aurait, à droite, quatre poids de 8,000 kilogs, qui feraient décroître le moment, contre un seul à gauche, qui le ferait augmenter. Il en résulterait une diminution finale équivalente à celle de deux poids de droite. Quant aux poids de 1,400 kilogs, leur déplacement ne modifierait pas sensiblement ce résultat.

Dans l'exemple qui vient d'être choisi, l'essieu de gauche est celui qui conduit au moment fléchissant maximum. La figure ci-après montre que, dans d'autres cas, c'est l'essieu de droite qu'il faut appliquer à la section pour y engendrer le moment fléchissant maximum.

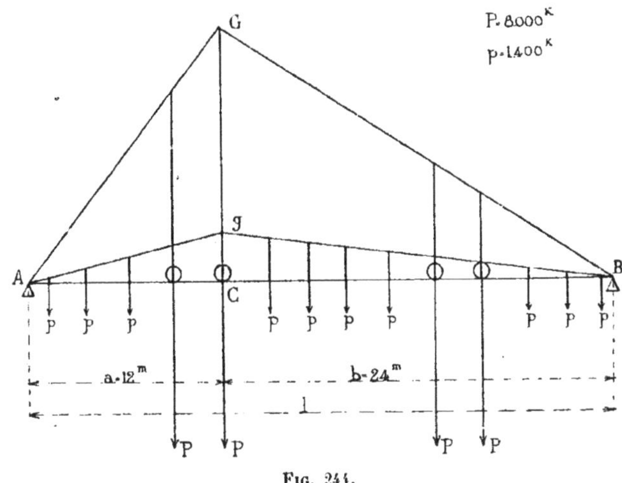

FIG. 244.

On vérifie aisément que, si l'on faisait mouvoir le convoi dans les deux sens, le moment fléchissant diminuerait dans la section C.

§ 2. — Soit, par exemple, une poutre sur laquelle passe un convoi composé de chariots à quatre roues attelés de huit chevaux sur deux files (type n° 3).

Le moment fléchissant maximum se produit dans une section, quand on y applique soit l'essieu d'arrière, soit l'essieu d'avant. La première figure représente l'essieu d'arrière passant par la section ; la troisième figure indique l'essieu d'avant placé au droit de cette section. C'est le plus grand des moments engendrés dans ces deux positions du convoi qui constitue le moment maximum.

Au lieu de rechercher le moment dans la position de la

troisième figure, il suffit de le calculer pour la section C_2

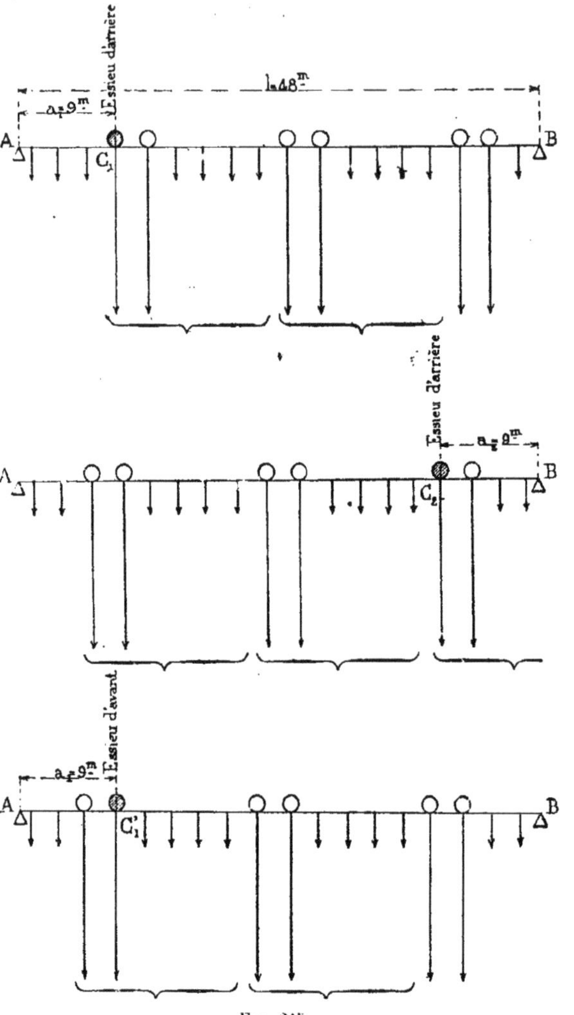

Fig. 245.

(2me figure), symétrique de la section C_1 (1re figure) par rapport au milieu de la poutre, l'essieu d'arrière étant appliqué à la section C_2, comme il l'est à la section C_1. En rapprochant les deuxième et troisième figures, on reconnaît aisément qu'elles sont identiques, après que l'une d'elles a été retournée bout pour bout, et que dès lors le moment en C_2 est égal au moment en C'_1.

Il est donc inutile de se préoccuper du sens dans lequel le convoi doit se mouvoir. Il suffit de déterminer le moment fléchissant pour les deux sections symétriques et de choisir le plus grand des deux moments ainsi obtenus.

Cette manière de procéder dispense d'établir, pour les deux sens, des barèmes destinés à faciliter le calcul des moments. Elle permet de ne dresser les barèmes que pour un sens unique.

Note II

Poutre chargée de poids quelconques qui se déplacent. — Cas où les charges sont transmises à la poutre par l'intermédiaire d'entretoises. — Moments fléchissants

Dans ce cas, on peut calculer les moments fléchissants comme si les entretoises n'existaient pas, c'est-à-dire en conservant aux poids des roues ou des chevaux les positions qu'ils occupent réellement.

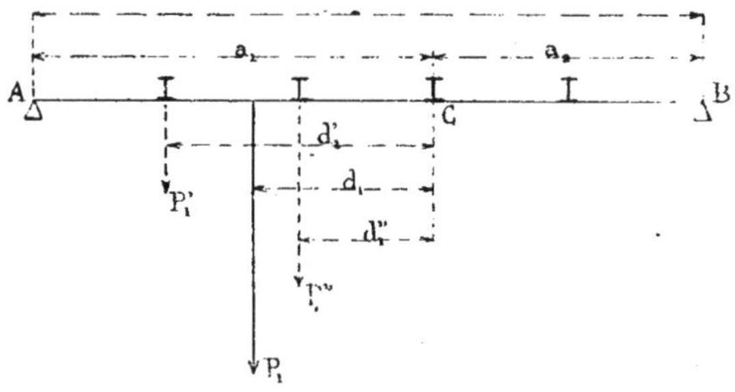

Fig. 246.

L'expression du moment fléchissant dans une section C quelconque étant (n° 48) :

$$M_f = \frac{a_1a_2(\Sigma P_1 + \Sigma P_2) - (a_1\Sigma P_2d_2 + a_2\Sigma P_1d_1)}{l}$$

on voit que les poids n'y entrent que pour leurs sommes ou pour celles de leurs moments par rapport à la section.

Si donc un poids P_1, par exemple, passe dans l'intervalle de deux entretoises, et si on le décompose en deux poids P'_1

et P_1'' appliqués à ces entretoises, le résultat sera le même, soit qu'on introduise dans la formule les deux poids partiels P_1' et P_1'', soit qu'on y introduise le poids unique P_1.

Cela tient à ce que l'on a, d'une part :

$$P_1 = P'_1 + P''_1$$

et, d'autre part :

$$P_1 d_1 = P'_1 d'_1 + P''_1 d''_1.$$

Note O

Poutre chargée de poids quelconques. — Expression de l'effort tranchant en fonction des moments des poids pris par rapport à la section

Les efforts tranchants produits dans la section C (voir la figure 82 au n° 149) par les différents poids qui sollicitent la poutre s'obtiennent au moyen des formules indiquées au n° 125.

Pour tout poids de gauche P_1, situé en-deçà de la section C, l'effort tranchant a pour valeur :

$$-\frac{P_1(a_1 - d_1)}{l}.$$

ou:

$$\frac{-a_1P_1 + P_1d_1}{l}.$$

d'où, pour l'ensemble des poids de gauche :

$$\frac{-a_1\Sigma P_1 + \Sigma P_1d_1}{l}.$$

Pour tout poids de droite P_2, placé au-delà de la section C:

$$\frac{P_2(a_2 - d_2)}{l}$$

ou:

$$\frac{a_2P_2 - P_2d_2}{l}$$

d'où, pour l'ensemble des poids de droite :

$$\frac{a_2 \Sigma P_2 - \Sigma P_2 d_2}{l}.$$

En additionnant, on trouve pour l'effort tranchant total dû à l'ensemble des poids de gauche et de droite :

$$T = \frac{a_2 \Sigma P_2 - a_1 \Sigma P_1 - (\Sigma P_2 d_2 - \Sigma P_1 d_1)}{l}.$$

NOTE P

Poutre chargée d'un système de deux poids égaux qui se déplace

1° Efforts tranchants positifs

Le maximum des efforts positifs peut se produire soit au droit du premier poids, soit au droit du second.

L'effort développé au droit du premier poids est égal à la réaction du premier appui A. Sa valeur dépend de la position occupée par le premier poids. Si on appelle x l'abscisse du point d'application du premier poids, mesurée à partir de l'appui A, on trouve aisément :

$$T = X_1 = \frac{P}{l}(2l - d - 2x)$$

d étant la distance des deux poids.

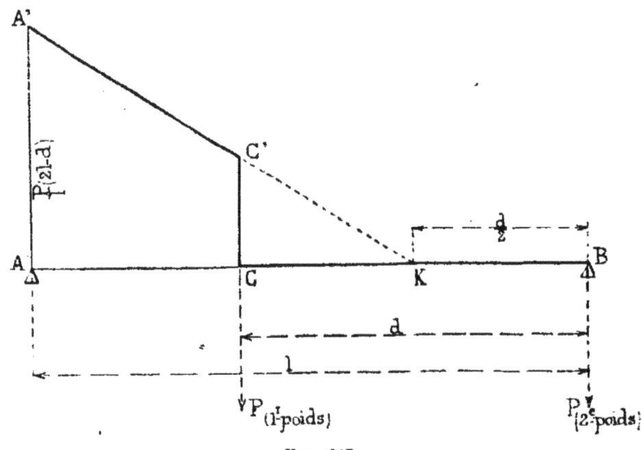

Fig. 247.

Telle est l'équation de la ligne droite qui représente les variations de l'effort tranchant dû au premier poids.

Au droit du premier appui A, cette ligne a pour ordonnée :

$$AA' = \frac{P}{l}(2l - d).$$

Elle rencontre la droite AB en un point K situé à une distance $\frac{d}{2}$ du second appui B.

La ligne dont il s'agit est limitée à l'ordonnée du point C. où le premier poids se trouve placé, quand le second passe par l'appui B.

En ce qui concerne les efforts tranchants qui se produisent au droit du second poids, leur expression est la suivante (n° 148, 1°) :

$$T = X_1 - P.$$

En appelant x l'abscisse du point d'application du deuxième poids, mesurée à partir de l'appui A, on trouve :

$$X_1 = \frac{P}{l}(2l + d - 2x).$$

On a donc :

$$T = \frac{P}{l}(2l + d - 2x) - P$$

ou :

$$T = \frac{P}{l}(l + d - 2x).$$

Cette équation est celle de la ligne droite qui représente les variations de l'effort tranchant dû au deuxième poids, entre les positions extrêmes que ce poids peut occuper. On remarque que cette ligne a le même coefficient angulaire

$\frac{2P}{l}$ que la droite A'C' (*fig.* 247) décrite précédemment. Elle est donc parallèle à cette droite.

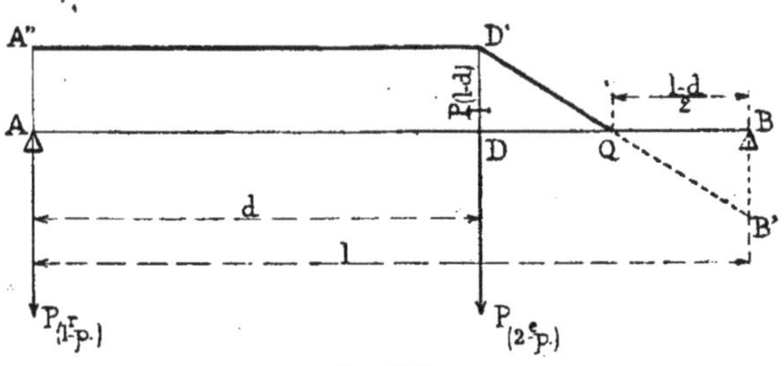

FIG. 248.

Au point D, où le second poids est appliqué, quand le premier passe par l'appui A, la droite dont il s'agit a pour ordonnée positive :

$$DD' = \frac{P}{l}(l - d).$$

Au droit du second appui B, l'ordonnée est négative et elle a pour valeur absolue :

$$BB' = \frac{P}{l}(l - d).$$

Il en résulte que la droite D'B' coupe la ligne AB en un point Q, situé à une distance de l'appui B égale à :

$$QB = \frac{l - d}{2}.$$

Si l'on mène par le point D' une parallèle à la poutre, on obtient une ligne brisée A''D'Q qui représente les efforts positifs engendrés par le deuxième poids dans toute l'étendue de la poutre.

Il peut arriver que cette seconde ligne soit entièrement absorbée par la première. Ce résultat se produit quand le point Q coïncide avec le point C ou bien se trouve à gauche de ce point, c'est-à-dire quand on a :

$$QB \geqslant CB$$

ou :

$$\frac{l-d}{2} \geqslant d$$

ou bien :

$$d \leqslant \frac{l}{3}.$$

Dans ce cas, la ligne représentative des efforts tranchants se réduit à la ligne A'C'CB (*fig.* 247) qui indique les efforts dus au premier poids P.

2° Efforts tranchants négatifs

Le maximum des efforts négatifs peut se produire soit au droit du second poids, soit au droit du premier.

L'effort développé au droit du second poids est égal et opposé à la réaction X_2 de l'appui B. Si on appelle x l'abscisse du point d'application du deuxième poids, mesurée à partir de cet appui B, on trouve aisément :

$$T = -X_2 = -\frac{P}{l}(2l - d - 2x).$$

Cette expression est, sauf le signe, identique à celle de l'effort positif à gauche du premier poids.

En ce qui concerne les efforts négatifs qui se produisent au droit du premier poids, leur valeur est la suivante (n° 148, 2°) :

$$T = P - X_2.$$

En désignant par x l'abscisse du premier poids, mesurée

à partir de l'appui B, on trouve :

$$T = -\frac{P}{l}(l + d - 2x).$$

Cette expression est, sauf le signe, identique à celle des efforts positifs à gauche du deuxième poids.

On déduit des expressions des efforts négatifs une ligne représentative semblable à celle qui a été obtenue pour les efforts positifs. Elle n'en diffère que par la position qu'elle occupe par rapport à la poutre. Elle est symétrique de la ligne des efforts positifs, après que cette dernière a été rabattue autour de la poutre.

Note q

Poutre chargée d'un système de trois poids égaux et également distants qui se déplace

1° Efforts tranchants positifs

Le maximum des efforts positifs peut se produire soit au droit du premier poids, soit au droit du deuxième. L'effort développé au droit du premier poids est égal à la réaction X_1 du premier appui A. Sa valeur dépend de la position occupée par le premier poids. Si l'on appelle x l'abscisse du point d'application de ce poids, mesurée à partir de l'appui A, on trouve aisément :

$$T = X_1 = \frac{3P}{l}(l - d - x).$$

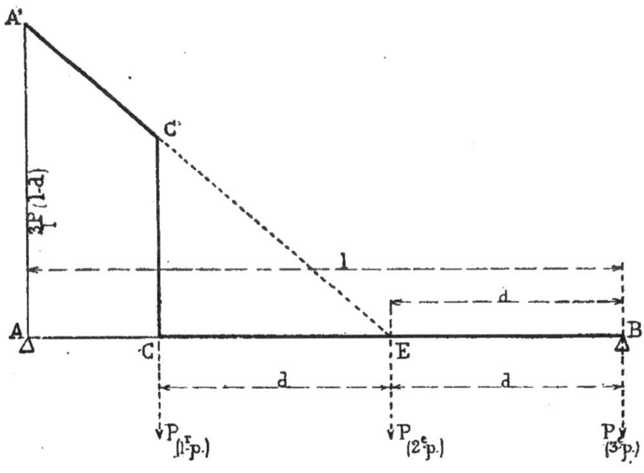

Fig. 249.

Telle est l'équation de la ligne droite qui représente les variations de l'effort tranchant dû au premier poids.

Au droit du premier appui A, cette ligne a pour ordonnée :

$$AA' = \frac{3P}{l}(l - d).$$

Elle rencontre la droite AB en un point E situé à une distance d du second appui B.

La ligne dont il s'agit est limitée à l'ordonnée du point C, où le premier poids se trouve placé, quand le troisième passe par l'appui B.

En ce qui concerne les efforts tranchants qui se produisent au droit du deuxième poids, leur expression est la suivante (n° 148, 1°) :

$$T = X_1 - P.$$

En appelant x l'abscisse du point d'application du deuxième poids, mesurée à partir de l'appui A, on trouve :

$$X_1 = \frac{3P}{l}(l - x)$$

on a donc :

$$T = \frac{3P}{l}(l - x) - P$$

ou :

$$T = \frac{P}{l}(2l - 3x).$$

Cette équation est celle de la ligne droite qui représente les variations de l'effort tranchant dû au deuxième poids entre les positions extrêmes que ce poids peut occuper. On remarque que cette ligne a le même coefficient angulaire $\frac{3P}{l}$ que la droite A'C' (*fig.* 249) décrite précédemment. Elle est donc parallèle à cette droite.

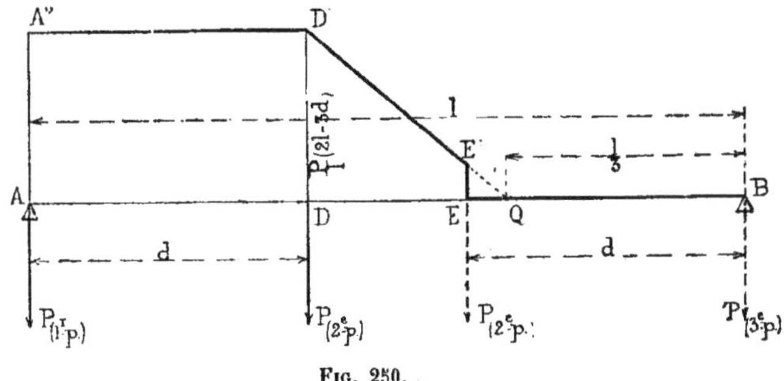

FIG. 250.

Au point D, où le deuxième poids se trouve placé quand le premier passe par l'appui A, la droite dont il s'agit a pour ordonnée :

$$DD' = \frac{P}{l}(2l - 3d).$$

Elle rencontre la ligne AB en un point Q situé à une distance $\frac{l}{3}$ de l'appui B.

Cette droite est limitée à l'ordonnée du point E où le deuxième poids se trouve appliqué quand le troisième passe par l'appui B.

Complétée par la ligne A''D', tracée parallèlement à la poutre, elle forme la ligne représentative des efforts tranchants engendrés par le deuxième poids dans toutes les sections du tronçon AE.

Si l'ordonnée DD' est toujours positive, il n'en est pas de même de l'ordonnée EE' qui a pour valeur :

$$EE' = \frac{P}{l}(3d - l).$$

Cette dernière est négative quand la distance d est inférieure au tiers de l. Dans ce cas, le point de rencontre Q se trouve à gauche du point E et la ligne représentative des efforts positifs se prolonge suivant D'E' jusqu'à la ligne AB à laquelle elle s'arrête.

Quant aux efforts tranchants positifs susceptibles d'être produits par le troisième poids, ils ne sauraient l'emporter sur ceux que le deuxième poids peut déterminer.

Leur expression est :

$$T = X_1 - 2P.$$

En appelant x l'abscisse du troisième poids mesurée à partir de l'appui A, on trouve :

$$X_1 = \frac{3P}{l}(l + d - x)$$

d'où :

$$T = \frac{3P}{l}(l + d - x) - 2P$$

ou :

$$T = \frac{P}{l}(l + 3d - 3x).$$

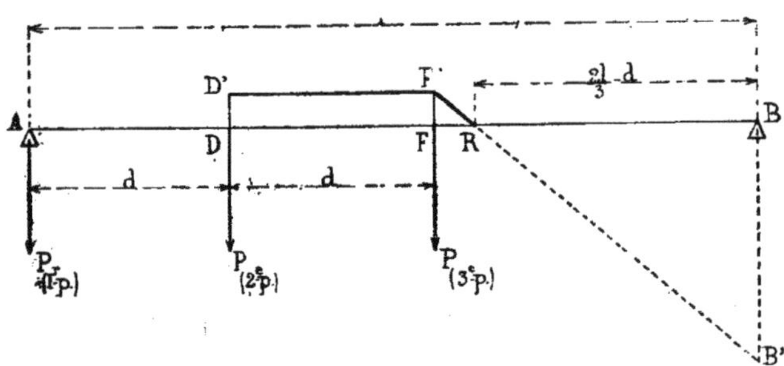

Fig. 251.

La droite F'B' a la même inclinaison que les droites précédemment décrites. Elle a pour ordonnée au point F :

$$FF' = \frac{P}{l_1}(l - 3d)$$

et elle rencontre la droite AB en un point R situé à une distance de l'appui B égale à :

$$RB = \frac{2l}{3} - d.$$

Il résulte de ces indications que la ligne D'F'R, représentative des efforts tranchants dus au troisième poids, ne donne lieu à des efforts positifs que si l'ordonnée du point F est positive, c'est-à-dire si l'on a :

$$d < \frac{l}{3}.$$

Mais, quand ce cas se produit, il est facile de reconnaître que le point R (*fig.* 251) est en-deçà du point Q (*fig.* 250) et, comme la ligne représentative des efforts positifs dus au deuxième poids se prolonge alors jusqu'à la droite AB, il s'ensuit que cette ligne dépasse partout celle qui est relative au troisième poids.

2° Efforts négatifs

Le maximum des efforts négatifs peut se produire soit au droit du troisième poids, soit au droit du deuxième.

L'effort développé au droit du troisième poids est égal et opposé à la réaction X_2 de l'appui B. Si on appelle x l'abscisse du point d'application du troisième poids, mesurée à partir de cet appui B, on trouve aisément :

$$T = -X_2 = -\frac{3P}{l}(l - d - x)$$

Cette expression est, sauf le signe, identique à celle de l'effort positif à gauche du premier poids.

En ce qui concerne les efforts négatifs qui se produisent

au droit du deuxième poids, leur valeur est la suivante (n° 148, 2°) :

$$T = P - X_2.$$

En désignant par x l'abscisse du deuxième poids, mesurée à partir de l'appui B, on trouve :

$$T = -\frac{P}{l}(2l - 3x).$$

Cette expression est, sauf le signe, identique à celle de l'effort positif à gauche du deuxième poids.

On déduit de ces expressions des efforts négatifs une ligne représentative semblable à celle qui a été obtenue pour les efforts positifs. Elle n'en diffère que par la position qu'elle occupe par rapport à la poutre. Elle est symétrique de la ligne des efforts positifs, après que cette dernière a été rabattue autour de la poutre.

Note I

Poutre chargée d'un système de quatre poids égaux et également distants qui se déplace

1° Efforts tranchants positifs

Le maximum des efforts positifs peut se produire soit au droit du premier poids, soit au droit du second, soit enfin au droit du troisième.

L'effort développé au droit du premier poids est égal à la réaction X_1 du premier appui A. Sa valeur dépend de la position occupée par le premier poids. Si l'on appelle x l'abscisse du point d'application de ce poids, mesurée à partir de l'appui A, on trouve aisément :

$$T = X_1 = \frac{P}{l}(4l - 6d - 4x).$$

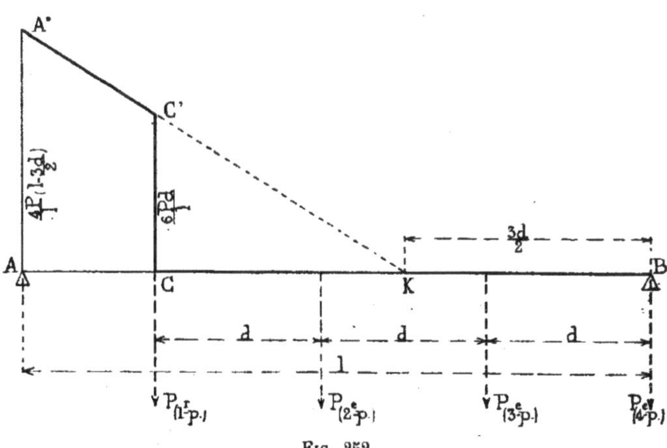

Fig. 252.

Telle est l'équation de la ligne droite qui représente les variations de l'effort tranchant dû au premier poids.

Au droit du premier appui A, cette ligne a pour ordonnée :

$$AA' = \frac{4P}{l}\left(l - \frac{3d}{2}\right).$$

Elle rencontre la droite AB en un point K situé à une distance $\frac{3d}{2}$ du second appui B.

La ligne dont il s'agit est limitée à l'ordonnée du point C, où le premier poids se trouve placé quand le quatrième passe par l'appui B.

En ce qui concerne les efforts tranchants qui se produisent au droit du second poids, leur expression est la suivante (n° 148, 1°) :

$$T = X_1 - P.$$

En appelant x l'abscisse du point d'application du deuxième poids, mesurée à partir de l'appui A, on trouve :

$$X_1 = \frac{P}{l}(4l - 2d - 4x).$$

On a donc :

$$T = \frac{P}{l}(4l - 2d - 4x) - P$$

ou :

$$T = \frac{P}{l}(3l - 2d - 4x).$$

Cette équation est celle de la ligne droite qui représente les variations de l'effort tranchant dû au deuxième poids entre les positions extrêmes que ce poids peut occuper. On remarque que cette ligne a le même coefficient angulaire

$\frac{4P}{l}$ que la droite A'C' (*fig.* 252) décrite précédemment. Elle est donc parallèle à cette droite.

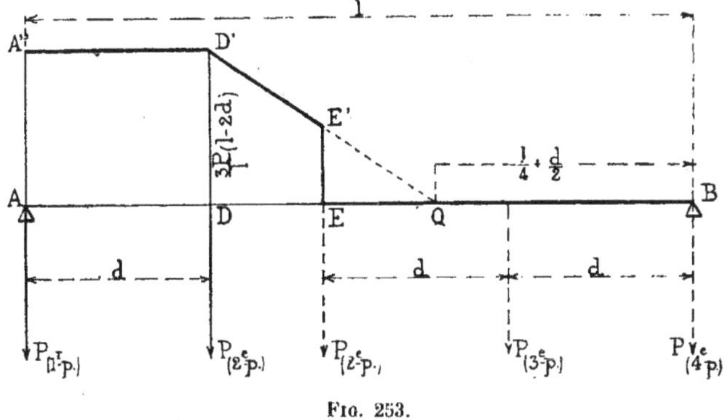

Fig. 253.

Au point D, où le second poids se trouve placé quand le premier passe par l'appui A, la droite dont il s'agit a pour ordonnée :

$$DD' = \frac{3P}{l}(l - 2d).$$

Elle rencontre la ligne AB en un point Q situé à une distance de l'appui B égale à :

$$QB = \frac{l}{4} + \frac{d}{2}.$$

Cette droite est limitée à l'ordonnée du point E où le deuxième poids se trouve appliqué quand le quatrième passe par l'appui B.

Complétée par la ligne A"D' tracée paralèllement à la poutre, elle forme la ligne représentative des efforts tranchants engendrés par le deuxième poids dans toutes les sections du tronçon AE.

Si l'ordonnée DD' est toujours positive, il n'en est pas de

même de l'ordonnée EE', qui a pour valeur :

$$EE' = \frac{P}{l}(6d - l).$$

Cette dernière est négative, lorsque la distance d est inférieure au sixième de l. Dans ce cas, le point de rencontre Q se trouve à gauche du point E, et la ligne représentative des efforts positifs se prolonge suivant D'E' jusqu'à la ligne AB à laquelle elle s'arrête.

En ce qui a trait aux efforts tranchants engendrés au droit du troisième poids, leur expression est :

$$T = X_1 - 2P.$$

En appelant x l'abscisse du troisième poids, mesurée à partir de l'appui A, on trouve :

$$X_1 = \frac{P}{l}(4l + 2d - 4x),$$

d'où :

$$T = \frac{P}{l}(4l + 2d - 4x) - 2P,$$

ou :

$$T = \frac{P}{l}(2l + 2d - 4x).$$

C'est l'équation de la ligne droite qui représente les variations de l'effort tranchant dû au troisième poids, entre les positions extrêmes que ce poids peut occuper. On remarque que cette ligne a le même coefficient angulaire $\frac{4P}{l}$ que les deux droites précédemment décrites. Elle est donc parallèle à ces droites.

Au point G, où le troisième poids se trouve placé quand

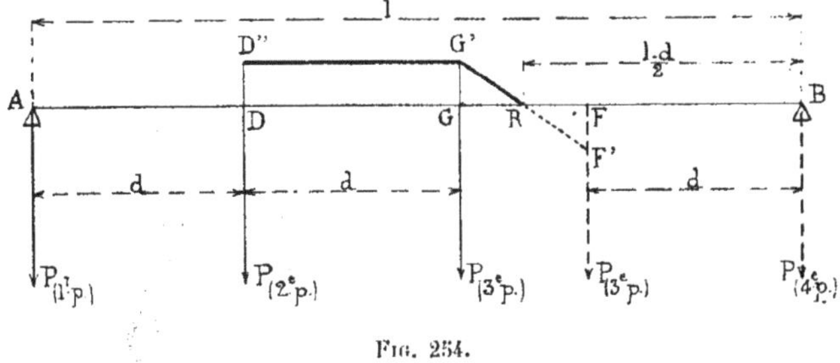

Fig. 254.

le premier passe par l'appui A. la droite dont il s'agit a pour ordonnée :

$$GG' = \frac{2P}{l}(l - 3d).$$

Au point F, où le troisième poids est appliqué quand le quatrième passe par l'appui B, l'ordonnée a pour valeur :

$$-\frac{2P}{l}(l - 3d).$$

Elle est donc négative et égale, en valeur absolue, à l'ordonnée du point G. Il en résulte que la droite coupe la ligne AB en un point R situé à une distance de l'appui B égale à :

$$RB = \frac{l - d}{2}$$

La droite G'R, complétée par la parallèle D''G', forme la ligne représentative des efforts tranchants positifs développés par le troisième poids dans toutes les sections du tronçon DF.

Quant aux efforts tranchants positifs susceptibles d'être produits par le quatrième poids, ils ne sauraient l'emporter sur ceux que le troisième poids peut déterminer.

Leur expression est :

$$T = X_1 - 3P.$$

En appelant x l'abscisse du quatrième poids, mesurée à partir de l'appui A, on trouve :

$$X_1 = \frac{P}{l}(4l + 6d - 4x),$$

d'où :

$$T = \frac{P}{l}(l + 6d - 4x) - 3P,$$

ou

$$T = \frac{P}{l}(4l + 6d - 4x).$$

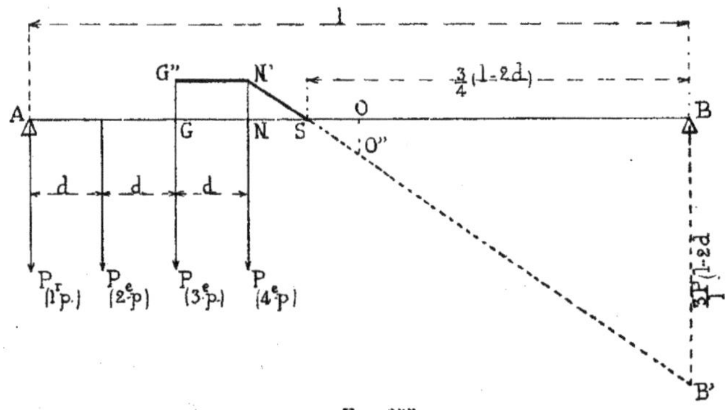

Fig. 255.

La droite N′B′ a la même inclinaison que les droites précédemment décrites. Elle a pour ordonnée au point N :

$$NN' = \frac{P}{l}(l - 6d),$$

et elle rencontre la droite AB en un point S situé à une distance de l'appui B égale à :

$$SB = \frac{3}{4}(l - 2d).$$

Il résulte de ces indications que la ligne G″N′B′, représentative des efforts tranchants dus au quatrième poids, ne donne lieu à des efforts positifs que si l'ordonnée du point N est positive, c'est-à-dire si l'on a :

$$d < \frac{l}{6}$$

mais, quand ce cas se produit, il est facile de reconnaître que le point S (*fig.* 255) est en-deçà du point R (*fig.* 254), si bien que la ligne représentative des efforts dus au quatrième poids est partout inférieure à la ligne relative au troisième poids.

2° Efforts négatifs

Le maximum des efforts négatifs peut se produire soit au droit du quatrième poids, soit au droit du troisième, soit enfin au droit du deuxième.

L'effort développé au droit du quatrième poids est égal et opposé à la réaction X_2 de l'appui B. Si on appelle x l'abscisse du point d'application du quatrième poids, mesurée à partir de cet appui B, on trouve aisément :

$$T = -X_2 = -\frac{P}{l}(4l - 6d - 4x).$$

Cette expression est, sauf le signe, identique à celle de l'effort positif à gauche du premier poids.

En ce qui concerne les efforts négatifs qui se produisent au droit du troisième poids, leur valeur est la suivante (n° 148, 2°) :

$$T = P - X_2.$$

En désignant par x l'abscisse du troisième poids, mesurée

à partir de l'appui B, on trouve :

$$T = -\frac{P}{l}(3l - 2d - 4x).$$

Cette expression est, sauf le signe, identique à celle de l'effort positif à gauche du deuxième poids.

Enfin, en ce qui a trait aux efforts négatifs engendrés au droit du deuxième poids, leur valeur est :

$$T = 2P - X_2$$

d'où :

$$T = -\frac{P}{l}(2l + 2d - 4x)$$

ce qui, sauf le signe, constitue l'expression de l'effort positif à gauche du troisième poids.

On déduit de ces expressions des efforts négatifs une ligne représentative semblable à celle qui a été obtenue pour les efforts positifs. Elle n'en diffère que par la position qu'elle occupe par rapport à la poutre. Elle est symétrique de la ligne des efforts positifs, après que cette dernière a été rabattue autour de la poutre.

Poutre chargée de poids quelconques qui se déplacent. — Efforts tranchants. — Premier cas. — Première règle

§ 1. — Première démonstration

La règle dont il s'agit peut être établie en envisageant d'abord une poutre chargée d'un poids unique et en recherchant comment varie l'effort tranchant dans une section déterminée, quand le poids se meut sur toute la longueur de la poutre.

Ligne représentative des variations de l'effort tranchant dans une section déterminée, quand le poids qui sollicite la poutre se déplace d'un appui à l'autre.

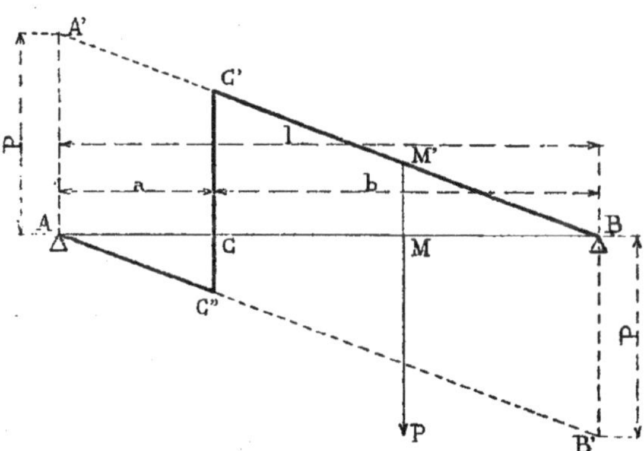

FIG. 256.

l, portée de la poutre.
C, section considérée.
a et b, distances de cette section aux deux appuis.
P, poids unique qui se déplace.

Si l'on construit le parallélogramme AA'BB' en menant les deux perpendiculaires AA' et BB' égales à P, on détache de ce parallélogramme, à l'aide de la perpendiculaire C'C'' passant par la section C, une ligne brisée AC''C'B dont les ordonnées représentent les efforts tranchants produits dans la section C quand le poids P se trouve appliqué au droit de ces ordonnées. La droite C'B, qui est au-dessus de la poutre, représente des efforts positifs ; la droite AC'', qui est au-dessous, représente des efforts négatifs.

En effet, lorsque le poids P est, par exemple, en M, c'est-à-dire au-delà de la section C, l'effort tranchant déterminé dans cette section est positif, et il a pour valeur (n° 125) :

$$T = P \times \frac{MB}{AB}$$

Or, la comparaison des deux triangles semblables BMM' et BAA' donne :

$$MM' = AA' \times \frac{MB}{AB}$$

et comme AA' = P :

$$MM' = P \times \frac{MB}{AB},$$

donc :

$$T = MM'$$

On vérifierait d'une manière analogue que les ordonnées de la droite AC'' représentent les efforts tranchants négatifs, quand le poids P est en-deçà de la section C.

Cela établi, il est facile de reconnaître que, lorsqu'un système de poids sollicite une poutre, il faut que l'un de ces poids passe par la section considérée, pour donner lieu à un effort tranchant maximum dans cette section.

Si, en effet, il n'en était pas ainsi, il serait toujours possible d'opérer un déplacement du système qui déterminât une augmentation de l'effort tranchant dans la section.

1° *Efforts positifs*

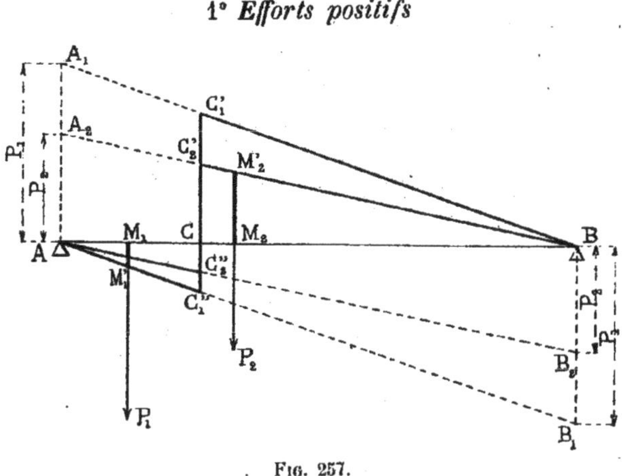

FIG. 257.

Soit une poutre chargée de deux poids P_1 et P_2, le premier situé à gauche de la section C, le second à droite. Les lignes brisées $AC''_1C'_1B$ et $AC''_2C'_2B$ représentent respectivement les efforts tranchants dans la section C, quand ces deux poids P_1 et P_2 se meuvent d'un appui à l'autre.

On suppose que les deux poids P_1 et P_2 déterminent dans la section C un effort positif, qui est égal à la différence entre l'effort positif $M_2M'_2$ engendré par le poids P_2 et l'effort négatif M_1M_1' engendré par le poids P_1.

Il est manifeste que, si l'on venait à déplacer le système des deux poids en le portant de la droite vers la gauche, l'effort positif dû au poids P_2 augmenterait proportionnellement à la tangente de l'angle qui mesure l'inclinaison de la droite BC'_2, par conséquent proportionnellement à P_2. Quant à l'effort négatif dû au poids P_1, il diminuerait, en valeur absolue, proportionnellement à la tangente de l'angle de la droite AC''_1, par conséquent proportionnellement à P_1. Finalement, le déplacement imaginé déterminerait une augmentation de l'effort résultant, et cette augmentation serait proportionnelle à $P_1 + P_2$.

On a imaginé que la poutre était chargée de deux poids seulement. Si elle supportait un nombre quelconque de poids partagé en un groupe de poids P_1 à gauche de la section C et en un groupe de poids P_2 à droite, le résultat serait le même. L'accroissement de l'effort tranchant, par suite d'un mouvement de droite à gauche, serait représenté par $\Sigma P_1 + \Sigma P_2$.

On en conclut qu'un effort tranchant positif maximum ne peut se produire dans la section C, tant qu'aucun des poids ne passe par cette section.

2° *Efforts négatifs*

On reconnaîtrait d'une façon analogue, en concevant un déplacement de gauche à droite, qu'un effort négatif maximum ne peut se manifester, si aucun des poids n'est appliqué à la section considérée.

§ 2. — **Deuxième démonstration**

La démonstration qui précède peut être présentée d'une manière moins saisissante, mais plus rapide.

Il s'agit toujours de montrer que, lorsqu'aucun poids ne passe par la section considérée, il est possible d'augmenter l'effort tranchant développé dans cette section, en déplaçant le système des poids dans un certain sens.

1° *Efforts positifs*

L'effort tranchant, dans la section C, a pour expression (n° 148, 1°) :

$$T = X_1 - \Sigma P_1.$$

En désignant par π la résultante de tous les poids et par δ_2 la distance de cette résultante au deuxième appui B, on a :

$$X_1 = \frac{\pi\delta_2}{l}$$

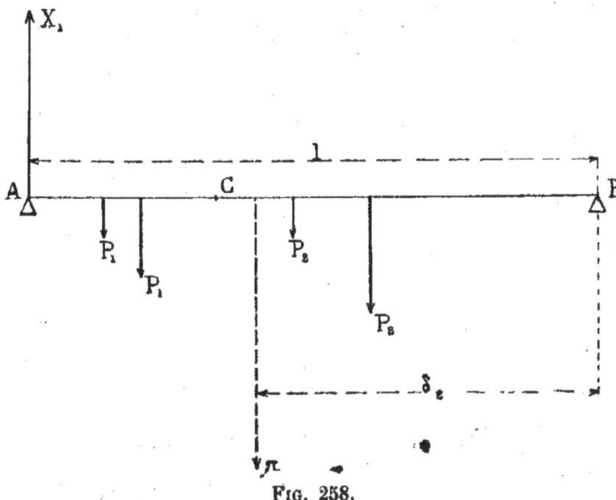

Fig. 258.

de telle sorte que l'expression de l'effort tranchant devient :

$$T = \frac{\pi\delta_2}{l} - \Sigma P_1.$$

Si l'effort tranchant déterminé dans la section C est positif, il suffit, pour accroître sa valeur, de faire mouvoir le système des poids de droite à gauche.

La distance δ_2 augmente de l'étendue q du déplacement, et la nouvelle valeur de l'effort tranchant est :

$$T = \frac{\pi(\delta_2 + q)}{l} - \Sigma P_1$$

ou :

$$T = \left(\frac{\pi\delta_2}{l} - \Sigma P_1\right) + \frac{\pi q}{l}.$$

Cette valeur est supérieure à la précédente, et la différence est égale à $\frac{\pi q}{l}$.

2° *Efforts négatifs*

Si l'effort tranchant déterminé dans la section C est négatif, il suffit d'opérer un déplacement de gauche à droite pour accroître l'importance de cet effort.

Note 1

Poutre chargée de poids quelconques qui se déplacent. — Efforts tranchants. — Premier cas. — Deuxième règle

1° *Efforts tranchants positifs*

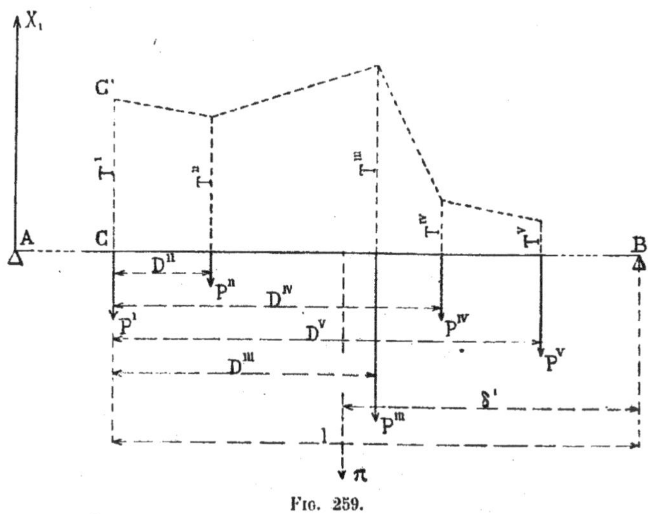

Fig. 259.

Pour trouver le poids qui produit l'effort tranchant maximum dans une section quelconque C, il suffit de faire mouvoir le système de manière à appliquer successivement chacun des poids à cette section et de voir comment varie la valeur de l'effort tranchant à chaque position du système.

L'expression générale de l'effort tranchant positif en fonction de la réaction du premier appui est la suivante (n° 148, 1°):

$$T = X_1 - \Sigma P_1,$$

la somme ΣP_1 des poids de gauche ne renfermant pas le poids appliqué à la section.

En désignant par π la résultante de tous les poids et par δ la distance de cette résultante à l'appui B, cette expression générale devient :

$$T = \frac{\pi\delta}{l} - \Sigma P_1.$$

Quand le poids appliqué à la section C est le premier poids P^1, l'effort tranchant est donc égal à :

$$T^1 = \frac{\pi\delta^1}{l}$$

δ^1 étant la valeur de la distance δ correspondant à la position dont il s'agit.

Si l'on déplace le système, de droite à gauche, de manière à faire passer chaque poids par la section C, l'effort tranchant variera, d'abord parce que la distance δ s'accroîtra, ensuite parce qu'il apparaîtra, à gauche de la section, un nombre de poids de plus en plus grand.

Lorsqu'un poids quelconque P^{IV}, par exemple, occupera l'emplacement de la section C, le mouvement se sera effectué sur une étendue égale à D^{IV}, et l'effort tranchant sera dès lors égal à :

$$T^{IV} = \frac{\pi(\delta^1 + D^{IV})}{l} - \Sigma P_1$$

d'où :

$$T^{IV} = T^1 + \frac{\pi D^{IV}}{l} - \Sigma P_1$$

ou :

$$T^{IV} - T^{I} = \frac{\pi D^{IV}}{l} - \Sigma P_{1}.$$

Ainsi, la variation de l'effort tranchant positif, dans la section C, quand un poids quelconque remplace le premier poids P^{I} du système, a pour expression :

$$\frac{\pi D}{l} - \Sigma P_{1}. \qquad (\alpha)$$

D étant la distance du poids considéré au premier poids du système, et ΣP_{1} désignant la somme des poids situés à gauche du poids considéré.

On peut, dès lors, à l'aide de cette expression, calculer la valeur de l'effort tranchant développé par chacun des poids P^{II}, P^{III}, P^{IV} ..... du système.

Il suffit de déterminer l'effort produit par le poids P^{I}, et d'ajouter ou de retrancher, suivant qu'elle est positive ou négative, la valeur de l'expression (α) pour chacun de ces poids.

Si l'on trace, au droit des poids, des ordonnées égales aux valeurs T^{I}, T^{II}, T ,... des efforts tranchants correspondants (voir la figure 259), on obtient une ligne polygonale qui représente les variations de l'effort tranchant positif quand chacun des poids occupe l'emplacement de la section C.

Cette ligne révèle l'effort tranchant maximum et, par suite, le poids qui donne lieu à cet effort maximum. On remarque que ce poids est indépendant de la position de la section. Le poids qui doit être appliqué à une section pour y engendrer l'effort tranchant maximum est donc le même, quelle que soit la section considérée.

Ce poids est celui pour lequel l'expression (α) atteint sa plus grande valeur positive. Il convient de remarquer que cette expression est égale à *o* pour le premier poids P^{I}; si donc tous les autres poids conduisent à des valeurs négatives, le poids cherché n'est autre que le premier poids du système; si, au contraire, les autres poids fournissent une ou plusieurs valeurs positives, le poids cherché est celui qui donne lieu à la plus grande de ces valeurs positives.

On peut déterminer ce poids à l'aide de la construction indiquée dans le texte.

Cette construction est facile à justifier :

Si l'on considère, par exemple, le segment CC′ relatif au poids P^{II} (voir la figure 94 au n° 171) on a :

$$CC' = CC'' - C'C''.$$

Or :

$$CC'' = \frac{BB' \times AC}{AB} = \frac{\pi D}{l}$$

et :

$$C'C'' = P^{I}.$$

Donc:

$$CC' = \frac{\pi D}{l} - P^{I}.$$

Comme le poids P^{I} constitue la somme ΣP_1 des poids situés à gauche du poids P^{II}, cette valeur est bien celle de l'expression (α).

2° *Efforts tranchants négatifs*

La solution s'obtient d'une manière analogue.

L'expression générale de l'effort tranchant négatif, en fonction de la réaction du deuxième appui, est la suivante (n° 148, 2°) :

$$T = \Sigma P_2 - X_2$$

la somme ΣP_2 des poids de droite ne renfermant pas le poids appliqué à la section.

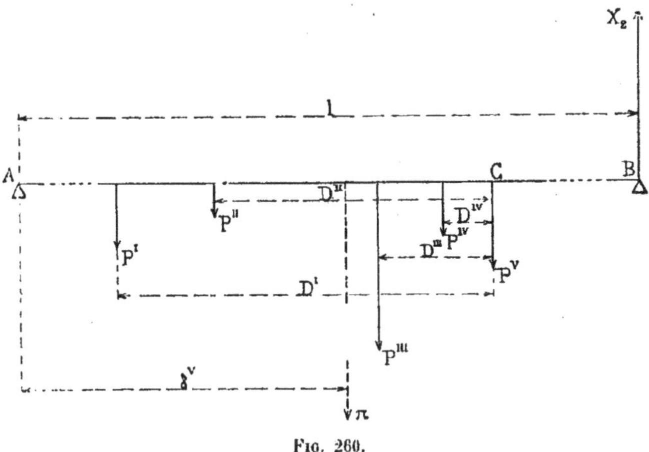

Fig. 260.

En désignant par π la résultante de tous les poids et par δ la distance de cette résultante à l'appui A, cette expression générale devient :

$$T = \Sigma P_2 - \frac{\pi\delta}{l}.$$

Quand le poids appliqué à la section C est le dernier poids P^V, l'effort tranchant est donc égal à :

$$T^V = - \frac{\pi\delta^V}{l},$$

V étant la valeur de la distance δ correspondant à la position dont il s'agit.

Si l'on déplace le système de gauche à droite, de manière à faire passer par la section C le poids P^{II} par exemple, l'effort tranchant deviendra :

$$T^{II} = \Sigma P_2 - \frac{\pi(\delta^V + D^{II})}{l},$$

d'où :

$$T^{II} - T^{V} = \Sigma P_2 - \frac{\pi D^{II}}{l}.$$

Ainsi la variation de l'effort tranchant négatif, dans la section C, quand un poids quelconque remplace le dernier poids P^{V}, a pour expression :

$$\Sigma P_2 - \frac{\pi D}{l} \qquad (\beta)$$

D étant la distance du poids considéré au dernier poids du système et ΣP_2 désignant la somme des poids situés à droite du poids considéré.

Le poids qui engendre l'effort tranchant négatif maximum est donc celui pour lequel l'expression (β) atteint sa plus grande valeur négative. Il convient de remarquer que cette expression est égale à *o* pour le dernier poids P^{V} : si donc tous les autres poids conduisent à des valeurs positives, le poids cherché n'est autre que le dernier poids du système ; si, au contraire, les autres poids fournissent une ou plusieurs valeurs négatives, le poids cherché est celui qui donne lieu à la plus grande de ces valeurs négatives.

NOTE u

Voies de fer. — Poutre parcourue par un train de longueur illimitée

1° Efforts tranchants positifs

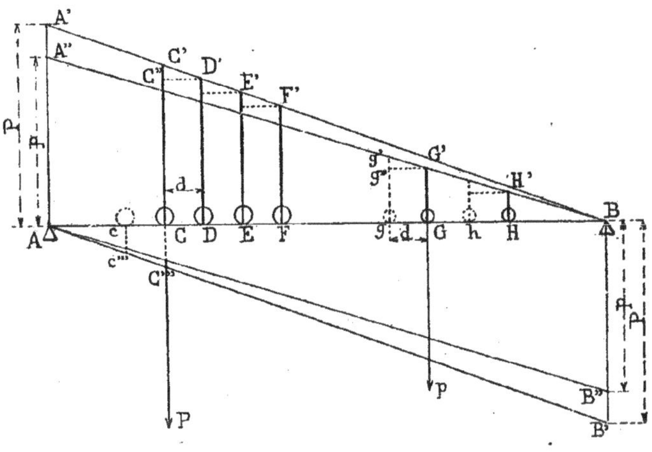

FIG. 261.

L'effort positif maximum se produit dans la section C, quand le train est disposé ainsi que l'indique la figure ci-dessus.

On peut s'en assurer en traçant les lignes représentatives des variations de l'effort tranchant (1) dans cette section, quand le train se déplace d'un appui à l'autre de la poutre.

(1) Voir la note s.

Lorsque le premier essieu de la machine passe par la section C, l'effort tranchant développé dans cette section est égal à la somme des ordonnées marqués sur la figure 261.

Tout déplacement du train ne peut que déterminer une diminution de la valeur de cet effort.

On ne saurait songer assurément qu'à faire mouvoir le train de la droite vers la gauche.

Si l'on opère ce mouvement, on constate que le premier essieu donne lieu à une diminution, tandis que tous les autres produisent une augmentation. La diminution est maximum au début, alors que l'effort positif CC′ est remplacé par l'effort négatif CC‴ ; elle va constamment en décroissant, puisque l'effort négatif CC‴ se réduit à *cc‴*, quand le deuxième essieu de la machine s'est substitué au premier, après un parcours égal à *d*. Au contraire, l'augmentation ne cesse de grandir pendant le parcours dont il s'agit : les efforts s'accroissent successivement d'une quantité qui atteint C′C″ pour chacun des trois derniers essieux de la machine et *g′g″* pour chacun des essieux du tender.

Au bout du déplacement *d*, l'augmentation est égale à une fraction seulement de l'ordonnée CC′, tandis que la diminution est mesurée par la somme des ordonnées CC′ et *cc′*. Il en résulte finalement une diminution.

Ce résultat ne serait pas changé si le déplacement amenait un nouvel essieu à franchir l'appui B.

Il est manifeste également que, si le train poursuivait sa marche, l'effort tranchant continuerait à décroître.

2° *Efforts tranchants négatifs*

Les règles énoncées se justifient par des considérations semblables à celles qui viennent d'être indiquées pour les efforts positifs.

Remarque. — Les efforts négatifs, dans une moitié de poutre, sont égaux, en valeur absolue, aux efforts positifs

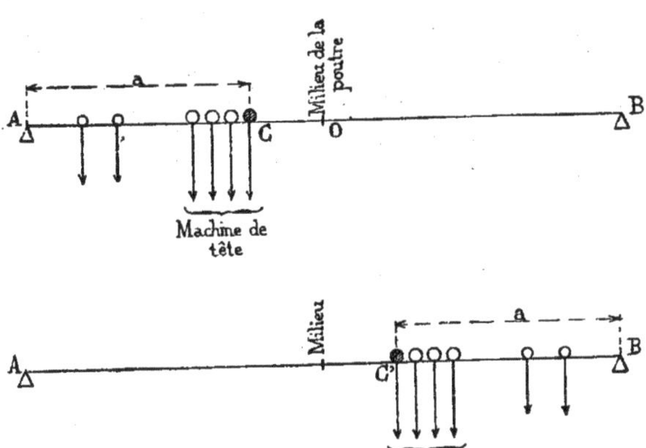

Fig. 262.

produits dans les sections symétriques de l'autre moitié de la poutre.

Cela résulte du rapprochement des deux figures ci-dessus.

Note v

Voies de terre. — Poutre parcourue par un convoi d'un nombre illimité de véhicules

1° *Efforts tranchants positifs*

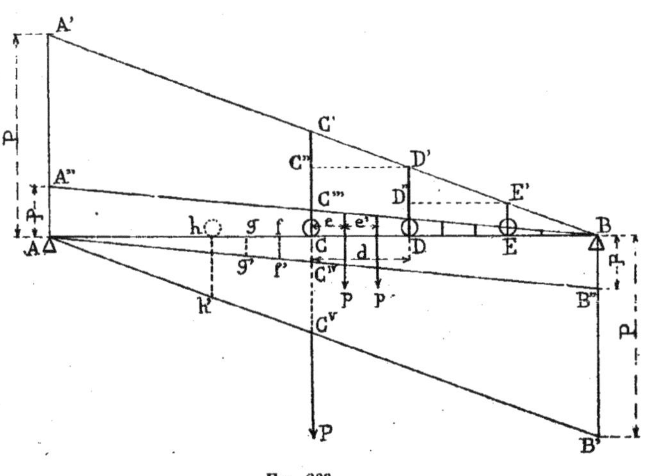

Fig. 263.

Si l'on envisage, à titre d'exemple, un convoi de tombereaux à deux chevaux (type n° 2), l'effort positif maximum se produit, dans la section C, quand le convoi est disposé ainsi que l'indique la figure ci-dessus.

On peut s'en assurer en traçant les lignes représentatives des variations de l'effort tranchant (1), dans cette section, quand le poids P de l'essieu et les poids *p* des chevaux se déplacent d'un appui à l'autre de la poutre.

(1) Voir la note s.

Lorsque l'essieu du premier tombereau passe par la section C, l'effort tranchant développé dans cette section est égal à la somme des ordonnées tracées sur la figure 263.

Tout déplacement du convoi ne pourrait déterminer qu'une diminution de la valeur de cet effort.

On ne saurait songer assurément qu'à faire mouvoir le convoi de la droite vers la gauche.

Si l'on opère ce mouvement, et si l'on considère d'abord les efforts tranchants dus seulement aux poids des essieux, on constate que le premier essieu donne lieu à une diminution, tandis que tous les autres produisent une augmentation. La diminution est maximum au début, alors que l'effort positif CC′ est remplacé par l'effort négatif CC^{v} ; elle va constamment en décroissant, puisque l'effort négatif CC^{v} se réduit à *hh′*, quand le deuxième essieu s'est substitué au premier, après un parcours égal à *d*. Au contraire, l'augmentation ne cesse de grandir pendant le parcours dont il s'agit : les efforts s'accroissent successivement d'une quantité qui atteint C′C″ pour le deuxième essieu, D′D″ pour le troisième, EE′ pour le quatrième essieu qui n'était pas tout d'abord engagé sur la portée de la poutre. Au bout du déplacement *d*, l'augmentation totale est donc égale à CC′, alors que la diminution est mesurée par la somme des ordonnées CC′ et *hh′*. Il en résulte finalement une diminution représentée par l'effort négatif *hh′*. Ce résultat devait nécessairement se produire, puisque les essieux se retrouvent dans leur position primitive, entre la section C et l'appui B, mais avec un nouvel essieu, placé à gauche de la section, et engendrant un effort négatif dans cette section.

Les variations subies par les efforts dus aux poids *p* des chevaux ne modifient pas sensiblement ce résultat.

Pendant la durée du déplacement d'une étendue égale à *e*, c'est-à-dire jusqu'au moment où le premier poids *p* vient prendre la place du premier essieu, les efforts déterminés par tous les poids *p* s'accroissent, mais l'augmentation totale reste bien inférieure à la diminution due au premier essieu P. En menant des parallèles à la poutre par les extrémités des ordonnées correspondant aux poids p, on reconnaîtrait que cette augmentation représente une portion seulement de CC‴ et, par conséquent, une fraction de CC′, qui ne constitue qu'une partie de la diminution déterminée par le premier essieu. Dès que le premier poids p dépasse la section C, toute augmentation disparaît, puisque l'effort positif CC‴ fait place à l'effort négatif CC^{IV}.

Une observation analogue peut être faite au sujet du déplacement d'une étendue égale à e', qui amènerait le deuxième poids p jusqu'à la section C.

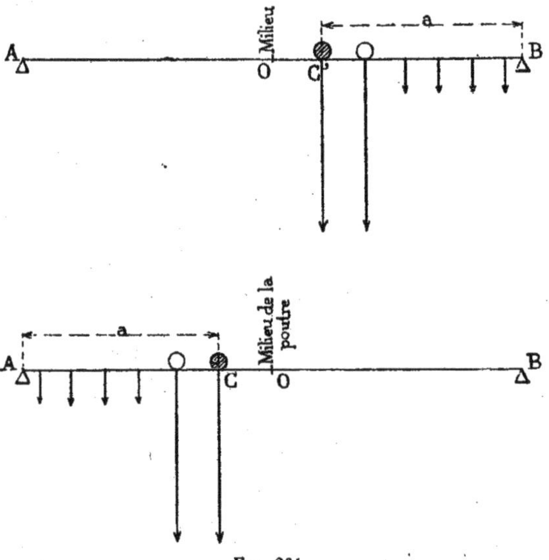

Fig. 264.

En définitive, quand, après un parcours égal à d, le deuxième essieu s'est substitué au premier, l'effort tranchant total se trouve diminué des quantités représentées par les ordonnées négatives *ff'*, *gg'*, *hh'*, et, pendant la durée de ce parcours, la valeur de l'effort tranchant reste toujours inférieure à celle qui se produisait au début.

Il est manifeste que, si le convoi poursuivait sa marche, l'effort tranchant continuerait à décroître.

2° *Efforts tranchants négatifs*

Les règles énoncées se justifient par des considérations semblables à celles qui viennent d'être indiquées pour les efforts positifs.

Remarque. — Les efforts négatifs, dans une moitié de poutre, sont égaux, en valeur absolue, aux efforts positifs produits dans les sections symétriques de l'autre moitié de poutre.

Cela résulte du rapprochement des deux figures ci-dessus.

NOTE X

Poutre chargée de poids quelconques qui se déplacent. — Cas où les charges sont transmises à la poutre par l'intermédiaire d'entretoises. — Efforts tranchants

Dans ce cas, on peut calculer les efforts tranchants comme si les entretoises n'existaient pas, c'est-à-dire en conservant aux poids des véhicules et des chevaux les positions qu'ils occupent réellement.

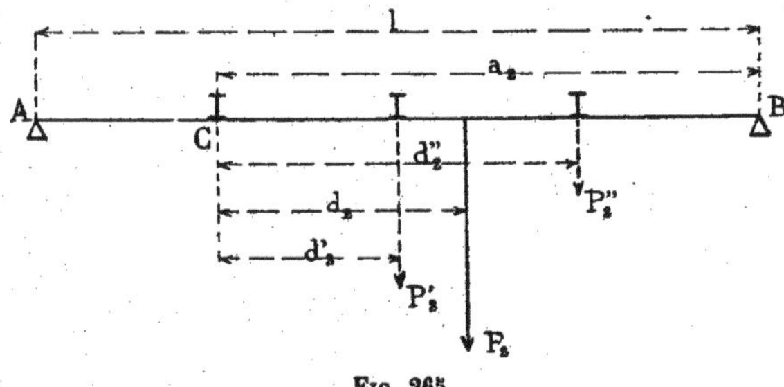

FIG. 265.

L'expression de l'effort tranchant dans une section quelconque étant (nº 180) :

$$T = \frac{a_2 \Sigma P_2 - \Sigma P_2 d_2}{l},$$

on voit que les poids n'y entrent que pour leur somme ou pour celle de leurs moments par rapport à la section.

Si donc un poids P_2, par exemple, passe dans l'intervalle de deux entretoises et si on le décompose en deux poids P'_2

et P''_2 appliqués à ces entretoises, le résultat est le même. soit qu'on introduise dans la formule les deux poids partiels P'_2 et P''_2, soit qu'on y introduise le poids unique P_2.

Cela tient à ce que l'on a, d'une part :

$$P_2 = P'_2 + P''_2,$$

et d'autre part :

$$P_2 d_2 = P'_2 d'_2 + P''_2 d''_2.$$

Note y

Voies de fer. — Essieux à appliquer aux diverses sections d'une poutre longitudinale pour y produire le moment fléchissant maximum

§ 1. — Lorsque la portée de la poutre dépasse une certaine longueur, il n'existe pour une section donnée qu'un essieu satisfaisant à la double condition énoncée au n° 92.

Si l'on envisage un essieu déterminé, cet essieu produit le moment fléchissant maximum pour toutes les portées de poutre comprises entre certaines limites. La limite inférieure représente la portée à partir de laquelle l'essieu considéré remplace celui qui le précède pour engendrer le moment maximum. Pareillement la limite supérieure représente la portée à partir de laquelle l'essieu considéré est remplacé par celui qui le suit pour donner lieu au moment maximum.

Les limites de portée entre lesquelles un essieu doit être adopté peuvent s'obtenir à l'aide de la méthode qui va être indiquée.

Cette méthode sera appliquée, à titre d'exemple, à l'essieu n° 4 (quatrième essieu de la machine de tête) du train-type pour voie normale. On supposera que la section donnée est définie par le rapport :

$$\frac{a_1}{l} = \frac{30}{100}.$$

Il s'agit de rechercher quelles sont les portées de la poutre pour lesquelles l'essieu n° 4, placé au droit de la section envisagée, produit le moment fléchissant maximum.

Ce problème peut être résolu à l'aide de la construction géométrique indiquée au n° 89.

Soit AB la portée de la poutre, et C la section, de telle sorte que l'on a :

$$\frac{AC}{AB} = \frac{30}{100}.$$

On élève, au droit de l'appui B, une perpendiculaire sur laquelle on porte les poids des quatre premiers essieux. Par

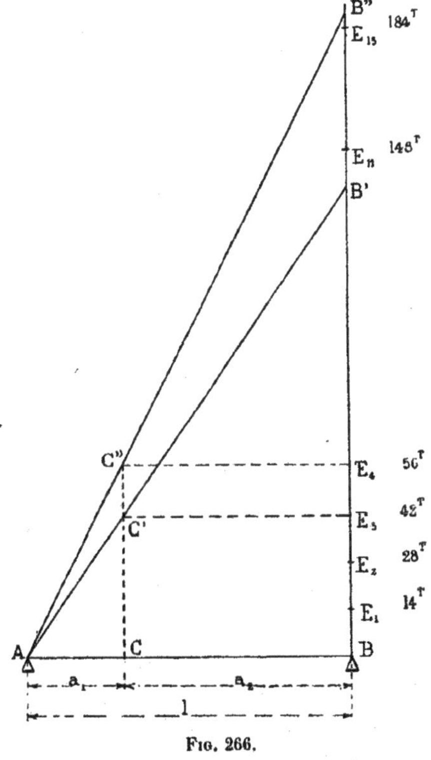

Fig. 266.

les points E_3 et E_4, on mène des parallèles à la poutre jusqu'à la rencontre de la perpendiculaire élevée au droit de la section C. On joint l'appui A aux points d'intersection C' et C'', et on prolonge les droites AC' et AC'' jusqu'à la rencontre de la perpendiculaire passant par l'appui B.

Pour que l'essieu n° 4 engendre le moment fléchissant maximum quand il est appliqué à la section C, il faut que le total des poids agissant sur la poutre, porté à partir de l'appui B, ait son extrémité comprise entre les points B' et B''.

Or, on a :

$$\frac{BB'}{AB} = \frac{CC'}{AC} = \frac{BE_3}{AC}$$

d'où :

$$BB' = BE_3 \times \frac{AB}{AC}$$

ou :

$$BB' = BE_3 \times \frac{100}{30}$$

et, comme $BE_3 = 42^T$,

$$BB' = 42^T \times \frac{100}{30} = 140^T.$$

Si l'on se reporte au schéma du train-type (voir la figure 108 au n° 183), on trouve que la plus petite somme de poids susceptible d'être atteinte est égale à 148^T. Elle correspond aux onze premiers essieux, qui exigent une longueur *d'au moins* $23^m,51 - 3^m,60$ ou $19^m,91$ pour la portion de poutre a_2, comprise entre la section C et le second appui B.

D'un autre côté, on a :

$$\frac{BB''}{AB} = \frac{CC''}{AC} = \frac{BE_4}{AC}$$

d'où :

$$BB'' = BE_4 \times \frac{AB}{AC}$$

ou :

$$BB'' = BE_4 \times \frac{100}{30}$$

et, comme $BE_4 = 56^T$,

$$BB'' = 56^T \times \frac{100}{30} = 186^T,7.$$

La plus grande somme de poids susceptible d'être atteinte est de 184^T. Elle correspond aux quinze premiers essieux, qui comportent une longueur *d'au plus* $38^m,50 - 3^m,60$ ou $24^m,90$ pour la portion de poutre a_2 située entre la section C et le second appui B.

Il en résulte que l'essieu n° 4 satisfait à la double condition énoncée au n° 92, lorsque la portion de poutre a_2 est comprise entre $19^m,91$ et $24^m,90$.

Il ne s'ensuit pas que, dans ces limites, l'essieu n° 4 engendre le moment fléchissant maximum.

Il est nécessaire d'effectuer pour l'essieu n° 3, d'une part, et pour l'essieu n° 5, d'autre part, une recherche semblable à celle qui vient d'être faite pour l'essieu n° 4.

En ce qui concerne l'essieu n° 3, on trouve qu'il satisfait à la double condition exigée, lorsque la portion de poutre a_2 est comprise entre $12^m,91$ et $21^m,10$.

Si l'on rapproche ces limites de celles qui ont été obtenues pour l'essieu n° 4, on constate qu'entre $19^m,91$ et $21^m,10$, les essieux n°s 3 et 4 remplissent tous deux les conditions voulues.

Il y a, entre ces limites, une valeur de a_2 pour laquelle les deux essieux produisent le même moment fléchissant. C'est à partir de cette valeur que l'essieu n° 4 l'emporte.

La valeur dont il s'agit s'obtient par la résolution d'une équation du premier degré.

Le moment fléchissant dû à l'essieu n° 4 a pour expression (n° 48) :

$$M_f = \frac{a_1 a_2 (\Sigma P_1 + \Sigma P_2) - (a_1 \Sigma P_2 d_2 + a_2 \Sigma P_1 d_1)}{l},$$

ou, en posant $\frac{a_1}{l} = K$:

$$\frac{M_f}{K} = a_2 (\Sigma P_1 + \Sigma P_2) - \left(\Sigma P_2 d_2 + \frac{a_2}{a_1} \Sigma P_1 d_1\right).$$

Pareillement, on a pour l'essieu n° 3 :

$$\frac{M_f}{K} = a_2 (\Sigma P'_1 + \Sigma P'_2) - \left(\Sigma P'_2 d'_2 + \frac{a^2}{a_1} \Sigma P'_1 d'_1\right).$$

L'équation à résoudre s'écrit en égalant ces deux expressions. On en tire :

$$a_2 = \frac{\Sigma P_2 d_2 + \frac{a_2}{a_1} \Sigma P_1 d_1 - \left(\Sigma P' d'_2 + \frac{a_2}{a_1} \Sigma P'_1 d'_1\right)}{\Sigma P_1 + \Sigma P_2 - (\Sigma P'_1 + \Sigma P'_2)}.$$

Le barême n° 4 donne pour des valeurs de a_2 comprises entre 19^m,91 et 21^m,10 :

$$\Sigma P_1 = 42 \qquad \Sigma P_1 d_1 = 100{,}8$$
$$\Sigma P_2 = 106 \qquad \Sigma P_2 d_2 = 1135{,}2$$

Le barême n° 3 donne :

$$\Sigma P'_1 = 28 \qquad \Sigma P'_1 d'_1 = 50{,}4$$
$$\Sigma P'_2 = 108 \qquad \Sigma P'_2 d'_2 = 1009{,}2.$$

En effectuant les opérations arithmétiques, $\frac{a_2}{a_1}$ étant remplacé par $\frac{70}{30}$ ou $\frac{7}{3}$, on trouve :

$$a_2 = 20^m,3,$$

et, par suite :

$$a_1 = \frac{3}{7} \times 20^m,3 = 8^m,7,$$

d'où :

$$l = a_1 + a_2 = 29^m,00.$$

C'est donc à partir de cette valeur de l que l'essieu n° 4 produit le moment fléchissant maximum.

En agissant à l'égard de l'essieu n° 5 comme on vient de le faire pour l'essieu n° 3, on trouverait que c'est seulement jusqu'à une portée de $45^m,5$ que l'essieu n° 4 engendre le moment fléchissant maximum.

On obtient ainsi les limites entre lesquelles la portée de la poutre doit être comprise pour que l'essieu n° 4 détermine le moment fléchissant maximum dans la section envisagée.

§ 2. — Lorsque la portée de la poutre est inférieure à une certaine longueur, il peut exister, pour une section donnée, plusieurs essieux satisfaisant à la double condition énoncée au n° 92. Et parmi ces essieux peuvent figurer les trois premiers essieux de la seconde machine (c'est-à-dire ceux qui portent les n°s 7, 8 et 9), alors que la tête du train a franchi l'appui de gauche de la poutre, auquel cas le train déborde la poutre à ses deux extrémités.

Le procédé le plus pratique consiste à construire les lignes représentatives des moments fléchissants dus aux divers essieux susceptibles d'être envisagés. Ces lignes peuvent être obtenues en calculant la valeur du moment fléchissant pour des portées variant de mètre en mètre, par exemple. Cette valeur est fournie par l'expression du n° 48 :

$$M_f = \frac{a_1 a_2 (\Sigma P_1 + \Sigma P_2) - (a_1 \Sigma P_2 d_2 + a_2 \Sigma P_1 d_1)}{l},$$

qui prend la forme suivante :

$$M_f = \frac{a_1}{l} \left\{ a_2 (\Sigma P_1 + \Sigma P_2) - \left(\Sigma P_2 d_2 + \frac{a_2}{a_1} \Sigma P_1 d_1 \right) \right.$$

$\frac{a_1}{l}$ étant le rapport qui définit la section considérée, et $\frac{a_2}{a_1}$ résultant de la valeur de ce rapport.

L'épure des diverses lignes représentatives indique les essieux qui engendrent le plus grand moment fléchissant et fait connaître approximativement les limites de portée entre lesquelles ces essieux s'appliquent. Pour déterminer exactement ces limites, il suffit de résoudre une équation du premier degré, à l'aide des barêmes, ainsi qu'on l'a fait plus haut, quand il s'est agi de trouver l'intersection des lignes représentatives dues aux essieux nos 3 et 4.

Voies de fer. — Détermination du poids maximum transmis à une entretoise par la surcharge roulante

Si l'on considère une entretoise A, située entre deux autres B et C, tout poids P, agissant dans l'intervalle compris

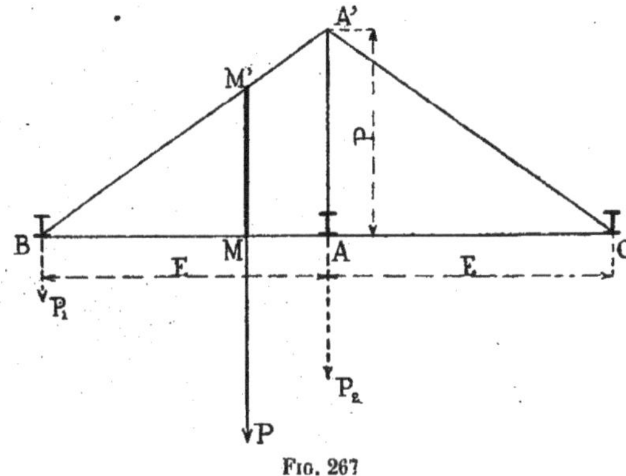

Fig. 267

entre l'entretoise envisagée et l'une de ses voisines, donne lieu à une composante P_2, dont la valeur est :

$$P \times \frac{BM}{BA}.$$

Si l'on construit la ligne brisée BA'C, en élevant en A une perpendiculaire AA' égale à P, il est aisé de voir que l'ordonnée MM' est égale à la composante P_2.

Cette ligne brisée jouit donc de cette propriété que ses

ordonnées représentent les composantes du poids P, passant par l'entretoise A, quand ce poids se trouve appliqué au droit de ces ordonnées.

Si l'on imagine un nombre quelconque de poids P distribués entre les entretoises extrêmes B et C, la somme des ordonnées correspondantes représentera la valeur de la pression totale appliquée à l'entretoise.

La propriété de la ligne BA'C est semblable à celle qui a été signalée dans la note *j* pour la ligne représentative des variations des moments fléchissants au milieu d'une poutre. Il n'y a de différence qu'à l'égard de la valeur de l'ordonnée du milieu qui est de P, au lieu d'être égale à $\frac{Pl}{4}$.

Il en résulte que la pression maximum ne peut se produire qu'autant que l'une des roues passe par l'entretoise A.

En outre, la roue à appliquer à cette entretoise pour y déterminer la pression maximum est la même que celle qui engendrerait le moment fléchissant maximum au point A, considéré comme le milieu d'une poutre de longueur BC.

Il suffit, dès lors, de se reporter au tableau du n° 185 pour la voie normale, et au tableau du n° 214 pour la voie d'un mètre. En ce qui concerne la voie normale, par exemple, on trouve ce qui suit :

PORTÉE l de la POUTRE	ROUE A APPLIQUER au milieu DE LA POUTRE
De 0 à 2^m,40	1re roue
2^m,41 11 60	2e —
11 61 14 00	3e —

Ces indications se remplacent par les suivantes :

ÉCARTEMENT E des ENTRETOISES	ROUE A APPLIQUER à l'entretoise pour produire LA PRESSION MAXIMUM
De 0 à 1m,20	1re roue
1m,21 5 80	2e —
5 81 7 00	3e —

A l'aide de ces indications, il est facile de calculer les expressions de la pression maximum en fonction de l'écartement E.

FIN

TABLE DES MATIÈRES

PREMIÈRE PARTIE

FORMULES

TITRE PREMIER

MOMENTS FLÉCHISSANTS

CHAPITRE PREMIER

Poutres supportant des charges uniformément réparties

CHAPITRE II

Poutres chargées de poids fixes

CHAPITRE III

Poutres chargées de poids mobiles

TITRE II

EFFORTS TRANCHANTS

CHAPITRE PREMIER

Poutres supportant des charges uniformément réparties

CHAPITRE II

Poutres chargées de poids fixes

CHAPITRE III

Poutres chargées de poids mobiles

DEUXIÈME PARTIE

BARÊMES ET TABLEAUX

TITRE PREMIER

PONTS SUPPORTANT DES VOIES DE FER DE LARGEUR NORMALE

POUTRES LONGITUDINALES

CHAPITRE IV

Valeurs de l'effort tranchant maximum à des intervalles égaux au dixième de la portée de la poutre

---

TITRE II

PONTS SUPPORTANT DES VOIES DE FER D'UN MÈTRE DE LARGEUR

POUTRES LONGITUDINALES

CHAPITRE PREMIER

Essieux à appliquer à des intervalles égaux au dixième de la portée de la poutre pour y produire le moment fléchissant maximum.

CHAPITRE II

Barêmes pour le calcul des poutres longitudinales

CHAPITRE III

Valeurs du moment fléchissant maximum à des intervalles égaux au dixième de la portée de la poutre

CHAPITRE IV

Valeurs de l'effort tranchant maximum à des intervalles égaux au dixième de la portée de la poutre

---

TITRE III

PONTS SUPPORTANT DES VOIES DE TERRE

POUTRES LONGITUDINALES

CHAPITRE PREMIER

Barêmes pour le calcul des poutres longitudinales

CHAPITRE II

Valeurs du moment fléchissant maximum à des intervalles égaux au dixième de la portée de la poutre

CHAPITRE III

Valeurs de l'effort tranchant maximum à des intervalles égaux au dixième de la portée de la poutre

TITRE IV

PONTS SUPPORTANT DES VOIES DE TERRE

ENTRETOISES

CHAPITRE PREMIER

Expressions du moment fléchissant maximum dans les entretoises

CHAPITRE II

Expressions de l'effort tranchant maximum dans les entretoises

TROISIÈME PARTIE

INDICATIONS PRATIQUES POUR LE CALCUL DES POUTRES

TITRE PREMIER

PONTS SUPPORTANT DES VOIES DE FER

CHAPITRE PREMIER

Poutres longitudinales

CHAPITRE II

Entretoises ou pièces de pont

TITRE II

PONTS SUPPORTANT DES VOIES DE TERRE

CHAPITRE PREMIER

Poutres longitudinales de chaussée

CHAPITRE II

Entretoises ou pièces de pont

TITRE III

OBJETS DIVERS

CHAPITRE PREMIER

CHAPITRE II

CHAPITRE III

CHAPITRE IV

Règlements ministériels relatifs à la construction des ponts métalliques

QUATRIÈME PARTIE

NOTES JUSTIFICATIVES

Pages.

Tours. — Imprimerie DESLIS FRÈRES.

www.ingramcontent.com/pod-product-compliance
Ingram Content Group UK Ltd.
Pitfield, Milton Keynes, MK11 3LW, UK
UKHW012000240726
13965UKWH00001B/57

9 782013 564571